U0383186

树莓派Python编程
入门与实战（第2版）

[美]　Richard Blum　著
　　　Christine Bresnahan

陈晓明　马立新　译

人民邮电出版社
北　京

图书在版编目（CIP）数据

树莓派Python编程入门与实战 / （美）勃鲁姆
(Richard Blum), （美）布莱斯纳罕
(Christine Bresnahan) 著；陈晓明，马立新译. -- 北
京：人民邮电出版社，2016.8（2022.8重印）
　ISBN 978-7-115-42670-3

　Ⅰ. ①树… Ⅱ. ①勃… ②布… ③陈… ④马… Ⅲ.
①软件工具－程序设计 Ⅳ. ①TP311.56

　中国版本图书馆CIP数据核字(2016)第132226号

版 权 声 明

◆ 著　　[美] Richard Blum　Christine Bresnahan

　　译　　　　陈晓明 马立新

　　责任编辑　陈冀康

　　责任印制　焦志炜

◆ 人民邮电出版社出版发行　北京市丰台区成寿寺路 11 号
　　邮编　100164　电子邮件　315@ptpress.com.cn
　　网址　https://www.ptpress.com.cn
　　固安县铭成印刷有限公司印刷

◆ 开本：787×1092　1/16
　　印张：29.75　　　　　　　2016 年 8 月第 1 版
　　字数：741 千字　　　　　　2022 年 8 月河北第 14 次印刷
　　著作权合同登记号　图字：01-2016-2413 号

定价：99.90 元
读者服务热线：(010)81055410　印装质量热线：(010)81055316
反盗版热线：(010)81055315

内容提要

　　树莓派是一个只有信用卡大小的裸露电路板，它也是一个运行开源 Linux 操作系统的完全可编程的 PC 系统。树莓派的官方编程语言是 Python，本书介绍了在树莓派上进行 Python 编程的方法。

　　本书共分 7 个部分。前 6 个部分介绍了树莓派编程环境、Python 编程基础、高级 Python 知识、图形化编程、业务编程和树莓派 Python 项目；第 7 部分附录介绍了如何将 Raspbian 加载到 SD 卡上，并介绍了树莓派的各种版本和型号。

　　本书适合对 Python 编程感兴趣的读者和树莓派爱好者，也适合想要基于低成本 Linux 平台开发应用的用户。

作者简介

    Richard Blum 作为网络和系统管理员已经在 IT 行业工作了 30 多年了,他曾经管理过超过 3500 个用户的 Microsoft、UNIX、Linux 和 Novell 服务器网络。他开发了编程和 Linux 课程,并通过网络教授世界范围内的学院和大学的学生们。Richard 有 Purdue 大学的管理信息系统的硕士学位,并且他是很多 Linux 图书的作者,包括《Linux Command Line and shell Scripting Bible》(与 Christine Bresnahan 合著)、《Linux for Dummies(第 9 版)》以及《Professional Linux Programming》(与 Jon Master 合著)。当他不再忙于计算机时,他很享受和他的妻子 Barbara 以及两个女儿 Katie Jane 和 Jessica 在一起的生活。

    作为一名系统管理员,Christine Bresnahan 在 IT 行业工作超过了 30 年。Christine 现在是印第安纳州印第安纳波利斯的常青藤技术社区学院的助理教授,她讲授 Python 编程、Linux 系统管理以及 Linux 安全课程。Christine 编写了一些 UNIX/Linux 的教学材料,并且她是《Linux Bible(第 8 版)》的作者(与 Christopher Negus 合著)以及《Linux Command Line and shell Scripting Bible》的作者(与 Richard Blum 合著)。2012 年后她变成一个树莓派的狂热分子。

前　言

　　2012 年 2 月一经官方首发，树莓派就在全球引起了一阵旋风，10000 套设备瞬间售罄。它是一个廉价的、只有信用卡大小的裸露电路板，同时，它是一个运行开源 Linux 操作系统的完全可编程的 PC 系统。树莓派可以连接到互联网上，可以插到电视上，并且其最新的第 2 版采用一个很快的 ARM 处理器，其性能可以与很多平板设备匹敌，而这一切仅需 35 美元。

　　树莓派最初只是为了激发学龄儿童对计算机的兴趣，但是它在世界范围内引起了极客、企业家和教育家的广泛关注。截至 2015 年 6 月，销售了 600 万台左右。

　　树莓派的官方编程语言是 Python。Python 是一种灵活的编程语言，可以运行在任何平台上。因此，可以在 Windows PC 或者 Mac 上编写程序并在树莓派上运行，反之亦然。Python 是一种优雅、可靠、功能强大而且非常流行的编程语言。使用 Python 作为树莓派的官方编程语言，这是一个非常正确的决定。

用 Python 编程

　　本书的目标是帮助并引导学生和爱好者在树莓派上使用 Python 编程语言。不需要任何的编程经验就能从本书中获益，我们会完成所有必要的步骤，教授创建 Python 程序并且让它运行起来。

　　第一部分将会详细介绍树莓派核心系统以及如何使用已经安装好的 Python 环境。第 1 章展示了如何配置树莓派系统，然后在第 2 章中，我们会详细介绍专门为树莓派设计的 Linux 发行版 Raspbian。第 3 章将会详细讲解使用不同的方法在树莓派上运行 Python 程序，并且会提供一些构建程序的小技巧。

　　第二部分主要关注 Python 3 编程语言。Python 3 是 Python 的最新版，并且得到了树莓派的完全支持。第 4～7 章将带你学习 Python 编程的基础知识，从简单的赋值语句（第 4 章）、算术（第 5 章）和结构化命令（第 6 章），到复杂的结构化命令（第 7 章）。

　　第 8 章和第 9 章揭开了第三部分的序幕，展示了如何使用 Python 所支持的一些奇特的数据结构，如元组、字典以及集合。我们将会在 Python 程序中大量使用这些数据结构，掌握它们会很有帮助。

　　在第 10 章中，我们将花一点额外的时间来看一下 Python 是如何处理文本字符串的。字符串处理是 Python 的一大特点，因此需要搞明白所有的这些是如何工作的。

　　完成了这些入门内容后，我们将了解 Python 中一些更复杂的概念：使用文件（第 11 章），创建自己的函数（第 12 章）、创建自己的模块（第 13 章）、面向对象的 Python 编程（第 14

章）、继承（第 15 章）、正则表达式（第 16 章）以及处理异常（第 17 章）。

第四部分介绍如何用 Python 创建一个真实世界的应用。第 18 章讨论了如何用 GUI 编程创建自己的视窗程序。最后，第 19 章介绍 Python 游戏编程的世界。

在第五部分中，我们会介绍如何创建一些面向业务的程序。第 20 章将会介绍如何把一些网络功能，如邮件或者从网页上获取数据的功能，集成到 Python 程序中。第 21 章介绍了如何跟一些流行的 Linux 数据库服务器交互。第 22 章介绍了如何编写一个能通过网络访问的 Python 程序。

第六部分将详细讲解一些针对树莓派的特性的 Python 项目。第 23 章展示了如何使用树莓派的视频和声音功能创建一个多媒体项目。第 24 章介绍了如何通过通用输入/输出（General Purpose Input/Output，GPIO）接口将树莓派和电子电路连接起来。

谁应该阅读本书

本书主要面向那些希望通过编写自己的 Python 程序来让树莓派发挥最大作用的读者，可以细分为 3 个群体。

- 希望通过一种低成本的方法学习 Python 编程的学生。
- 想发挥树莓派最大功能的业余爱好者。
- 希望寻找一个用来开发应用的低成本 Linux 平台的企业家。

如果你正在阅读本书，那么你可能不是一个编程新手，但是不熟悉如何使用 Python 编程，或者至少不熟悉树莓派环境中的 Python 编程。本书将会是快速掌握能够在各种程序中使用的 Python 功能和模块的很好的资料。

本书体例

本书包含了各种功能和体例，以帮助读者最大限度地用好本书和学好树莓派。

步骤	在本书中，我们将很多代码分解成容易理解的一步一步的程序段。
文件名、文件夹名称以及代码	这些内容都会以 monospace 字体呈现。
命令	命令和它们的语法都使用粗体。
菜单命令	所有程序菜单命令都采用如下的格式：菜单，命令。这里的菜单指的是打开的下拉菜单，命令是所选择的命令。这里有一个例子：文件，打开。这表示打开文件菜单并选择打开命令。

同时，在书中会使用以下几种版块来提醒一些重要的或者有意思的信息。

TIP　提示：

　　提示会出现在当前主题的旁边来提供额外的信息。这部分内容会提供一些额外的见解，帮助更好地理解任务。

技巧：	**NOTE**
这个版块提醒读者注意一些文档通常不会介绍的建议、解决方案或快捷方式，或者只是一些额外的有用信息。	

警告：	***CAUTION***
警告会提醒那些会导致数据丢失或其他严重后果的动作或者错误。	

目　录

第一部分

树莓派编程环境

第1章

配置树莓派

本章主要内容包括:

- 树莓派是什么
- 如何获得一个树莓派
- 你的树莓派可能需要的一些外围设备
- 如何让树莓派工作
- 如何排除树莓派的故障

本章主要介绍树莓派:它是什么,它的历史,以及为什么需要学习用 Python 在树莓派上编程。最后,你将了解到一些树莓派的外围设备以及将这些外围设备与树莓派组装好并运行起来的方法。

1.1 获取树莓派

树莓派是一个非常便宜的、只有手掌大小的完全可编程的计算机(如图 1.1 所示)。虽然树莓派的体积小,但是它的潜力无限。你可以像使用常规台式计算机一样在树莓派上创建一个非常酷的项目。例如,可以用树莓派搭建自己的家用云存储服务器。

图 1.1 树莓派 2 B 型,注意
它与曲别针的大小对比

1.1.1 了解树莓派的历史

树莓派仍然是一个相当新的设备。它是由 Eben Upton 和几个同事在英国发明的。它的第一个商业版本(A)型在 2012 年年初以 25 美元的低价正式发售。

> **TIP**
> ### 提示：树莓派的不同简称
> 人们经常使用不同的名称指代树莓派。你会看到它称为 RPi 或者直接叫作 Pi。

Upton 发明树莓派是为了解决他和其他同仁所发现的一个问题，即进入计算机科学领域的年轻人太少。因此，提供一个便宜、灵活的小型计算设备，也许能更多地激起人们对计算机科学的兴趣。

Upton 成立了树莓派基金会，期望树莓派的销量能达到 10000 台。当 A 型树莓派在 2012 年发售时，几乎是立即售罄。升级后的 B 型，在 2012 年夏末开售，销售依然火爆。

从那以后，更多的树莓派型号不断被发明出来，例如图 1.1 所示的树莓派 2 B 型。此外，现在有各种插件模块可供使用，例如，通过一个树莓派来拍摄高清晰度照片或视频的 Camera 模块。虽然树莓派最初是为了激起年轻人对计算机的兴趣而发明的，但是它也吸引了全球的业余爱好者、企业家和教育家的注意力。在短短一年中，树莓派基金会已售出约 100 万台树莓派。从树莓派诞生的时候计算，已经销售了超过 600 万台树莓派了。

> **TIP**
> ### 提示：支持树莓派基金会
> 树莓派基金会是一个慈善组织。它需要你的帮助来支持它激发年轻人对计算机的兴趣。通过购买树莓派支持它吧（raspberrypi.org）!

树莓派的拥有者将他们的设备用在很多有创造性的项目中。世界各地的人们都在用树莓派来创建有趣的项目，如语音控制的车库门、气象站、弹球机、汽车仪表盘上的触摸界面，以及动作感应照相机（如图 1.2 所示）。

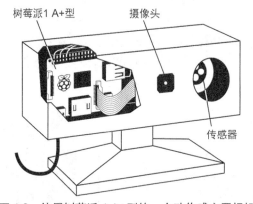

树莓派1 A+型　　　　摄像头

传感器

图 1.2 使用树莓派 1 A+型的一个动作感应照相机

1.1.2 为什么要学习用 Python 在树莓派上进行编程

树莓派项目的一个核心思想是使用 Python 编程语言。Python 使得树莓派的拥有者能够将项目的领域扩展到令人难以置信的那么广泛。

Python 是一种解释型的面向对象的、跨平台的编程语言。良好的可靠性、清晰的语法和易用性，使它成为最流行的编程语言之一。Python 是一种优雅的、功能强大的语言。

树莓派为 Python 编程提供了一个便宜到令人难以置信的开发平台。尽管 Python 因为很容易学习而被认为是一种"教学"语言，但这绝不表示 Python 功能软弱。

有了树莓派和 Python，你的项目就插上了创新的翅膀。可以用 Python 编写游戏并让其在树莓派控制的游戏机上运行。可以编写程序来控制连接到树莓派上的机器人。有些树莓派爱好者甚至将树莓派计算机发送到高空中，拍摄高清晰度的地球照片。有了树莓派和 Python，没有什么能够限制你的创新能力。

> **提示：树莓派已经可以正常运行？**   *TIP*
>
> 如果你已经有自己的树莓派并且它已经可以正常运行，可以跳过本章剩下的部分。

1.2 获取树莓派

购买树莓派之前，你需要了解一些事情。

- 购买一个树莓派时你将得到什么？
- 可用的、不同型号的树莓派。
- 在哪里购买树莓派？
- 你需要哪些外围设备？

当购买了一个树莓派的时候，你会得到一个手掌大小的、暴露的电路板，它装备了片上系统（SoC，System on Chip）、内存和多种接口。图 1.3 显示了一个 B 型树莓派 2 的样子。它不带有内部存储设备、键盘或任何外围设备，因此你需要一些其他的外围设备才能让树莓派运行起来。

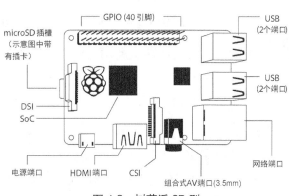

图 1.3　树莓派 2B 型

> **提示：什么是片上系统**   *TIP*
>
> 片上系统（SoC, System on Chip）是一个整合了系统中所需的所有组件的单一芯片或集成电路（IC，Integrated Circuit）。片上系统常用于手机和嵌入式设备。对于树莓派，其片上系统中包含了一个 ARM 处理器、一个用于视频处理的图形处理单元（GPU，Graphics Processing Unit），以及一个 USB 控制器等。

现在的树莓派有 3 种主要的型号。本书的附录 B 较为深入地比较了这些型号。尽管这些型号具有相似性，你可能还是要看看它们的不同功能，以帮助你选取最适合自己的型号。本书主要关注树莓派 2 的 B 型。然而，当前或之前的任何型号的树莓派，都能够很好地使用于学习 Python 编程语言。

为什么只选一种呢？

如果不能在两种型号之间做出选择，为什么不两个都买呢？这将使得项目具有额外的灵活性，大多数外围设备都能用于当前的各种型号，并且你的购买行为对树莓派基金会也是一种支持。

在哪里可以买到树莓派？当树莓派最开始发售的时候，只有少数几个地方能购买树莓派。而现在，下面列出的只是出售树莓派的众多商家中的几个。

- Farnell element14—www.farnell.com
- RS Components—uk.rs-online.com
- Allied Electronics, Inc.—www.alliedelec.com
- Amazon—www.amazon.com

1.3　哪些树莓派外围设备是必须的

在这一点上，你必须要做出决定。你可以购买一个包含了树莓派和所有必要外围设备的预包装套件，也可以分别购买树莓派和它的必要外围设备。预包装套件将节省你的时间，但是会花费更多的钱。单独购买所有的东西会比较省钱，但是会花费一些时间。所以，购买之前要综合考虑。

CAUTION

> **警告：关于购买外围设备**
>
> 　　在你购买树莓派和外围设备之前，请确保阅读了本章剩下的内容。你需要知道一些重要的事情，以避免浪费时间和金钱。

以下各节介绍启动和运行树莓派所需要的基本外围设备。

- microSD 卡。
- 电源。
- 有 HDMI 接口的电视或者计算机显示器。
- USB 键盘和鼠标。
- 网络外围设备（在某些情况下可能是可选的）。

接下来的几节将会介绍这些必要外围设备的详细信息。在本章的最后，你还将了解一些不错的额外的外部设备。

1.3.1　microSD 卡

树莓派没有内部存储设备，因此它不带预装的操作系统。microSD 卡用以存储在树莓派上运行的操作系统。必须使用一个 microSD 卡来启动树莓派。

如果用一个二手的树莓派，要注意有些旧式的树莓派型号使用了一个 SD 卡，而不是一个 microSD 卡。SD 卡和 microSD 卡之间的物理大小不同，如图 1.4 所示。

大部分预包装的树莓派套件都附带了一个预装了操作系统的 microSD 卡。如果不购买预包装套件，你有两个选择。

图 1.4　树莓派 2 B 型带有一个 SD 卡（左边）和一个 microSD 卡（右边）

- 买一个树莓派支持的 microSD 卡并自行加载必要的软件（你将会在本章的最后学到

这些内容）。

- 买一个已经预装了必要软件的 microSD 卡。在 elinux.org/RPi_Easy_SD_Card_Setup，可以找到出售这些 microSD 卡的公司的列表。

警告：使用正确的 microSD 卡   *CAUTION*

　　花一些时间来确保为树莓派购买了正确的 microSD 卡，这会在下面讨论。合适的 microSD 卡能让你的树莓派表现得更好。不合适的 microSD 卡会带来很多麻烦。

如果你决定自己购买 microSD 卡并自行安装软件，那就不能随便买一个旧的 microSD 卡。你必须买一个适用于树莓派的 microSD 卡。那么，如何找出该买哪种 microSD 卡呢？好在，嵌入式 Linux 的维基百科页面的贡献者都是热心人。在他们的树莓派 SD 卡页面（elinux.org/RPi_SD_cards）中，列出了哪种 microSD 可以使用而哪一种没用。一般来说，你需要一个至少 6GB 空间（8GB 更好）的 SDHC 卡。

提示：microSD 卡容量   *TIP*

　　树莓派基金会已经在正式测试 32GB 大小的存储卡了。然而，不必非得只是使用 microSD 卡的空间来存储文件和程序。也可以通过树莓派的 USB 端口连接存储设备。但仍然需要 microSD 卡来启动树莓派。

1.3.2　电源

树莓派并没有附带可以直接插到墙上插座的电源线。它使用一个 B 型 Micro USB 母口作为电源接口。下面是树莓派对电源的基本要求。

- 5V。
- 700～1200mA（1.2A）。

5V 是固定的，但是电流可以超过 1200mA。事实上，最好是能提供略大一点儿的电流，因为添加的外围设备（如 USB 鼠标）越多，系统需要的电流就越大。这里你有多种选择。下文会介绍更多信息。

1. 便宜的电源选项

如果你有一个带有 B 型 Micro USB 公连接器的手机充电器，那么你很幸运。看一下输出端，检查一下上面标识的输出电压和电流。如果你的手机充电器提供 5V 1200mA 的输出，那么可以用它来为树莓派供电。有些人发现，使用一些其他的充电器，如电子阅读器的充电器，树莓派同样能正常工作。注意，便宜的电源方案可能导致树莓派不稳定，这会根据特定的树莓派项目而有所不同。

提示：更长的电源线   *TIP*

　　记住当你为树莓派搭配电源线时，线越长，你的灵活度也就越大。如果用一根短的电源线连接树莓派，那么树莓派的移动和放置都会受到很大的限制。一般来说，更长的线缆等于更大的灵活度。

如果你所居住的公寓或家里，墙上的插座有 A 型 USB 接口，那么可以用这些接口给树莓派供电。你需要买一根一端是 A 型 USB 公连接器、一端是 B 型 Micro USB 公连接器的线。如果没有这种墙壁插座，可以找个电工把传统的墙壁插座替换为带有 A 型 USB 接口的插座，当然也可以使用传统适配器。

2. 较贵的电源选项

如果你不想让树莓派和手机或者电子书阅读器共享充电器，可以为树莓派购买单独的电源外围设备。这种情况下，需要有一个 USB 电源插头，以便能插入带 A 型 USB 接口的墙面插座。同时还需要一根一端是 A 型 USB 公连接器、一端是 B 型 Micro USB 公连接器的 USB 线。

这电源插头允许你插入任何墙壁插座上获取电力。而且可以使用这个 USB 电源插头来为其他 USB 兼容设备供电。如果你打算将树莓派放到背包里，或者旅行时带上，应该考虑选一个可以将线缆收纳起来的 USB 电源插头。它可以将电源插头变成一个漂亮的小立方体，不占地方而且便于携带。

电源线一端带有一个 AC 电话插头，而另一端带有一个 B 型 Micro USB 公连接器的话，那就更好了。你通常会发现，这种的高频率的电源线，可以为树莓派项目的供电更加稳定。图 1.5 展示了这种电源线的一个例子。

图 1.5　带有 AC 电话插头的树莓派电源线

1.3.3　显示输出

对于像树莓派这样小的设备，它仍然具有令人难以置信的图像显示能力。它带有一个 HDMI 接口用于输出，支持蓝光品质的播放内容。树莓派同时也提供复合输出，增加了在使用旧设备作为显示输出时的灵活性。还是需要根据树莓派的功能来做出选择。

1. 使用较旧的显示设备

如果有一个旧的模拟信号电视，也可以使用它显示树莓派的输出。所需要的是一条音频/视频（A/V）复合线缆，一端是带有一个 3.5mm 的连接口，另一端是 3 个 RCA 连接器。3 个 RCA 连接器通常的颜色组合是，黄色（用于视频）、白色和红色（用于立体音频）。

在树莓派 2 的 B 型号上，A/V 复合输出端口位于照相机串行接口（Camera Serial Interface，CSI）和网络端口之间。一台模拟电视通常有 3 个 RCA A/V 端口。它们通常的颜色是黄色、白色和红色，分别对应复合线缆的 3 色 RCA 连接器。

CAUTION

> **警告：不支持 VGA**
>
> 树莓派没有提供对 VGA 的支持。你可以使用 HDMI 输入转 VGA 输出的转换器。在购买之前，确保你阅读了任何其他购买者对这一转换器的评论，很多转换器并不能和树莓派一起工作。此外，你可能必须做一些配置文件修改，以便让这样一个转换器能够和你的树莓派的 HDMI 输出配合使用。

可以通过 DVI 端口连接到电脑显示器上。在这种情况下，需要一个适配器将 HDMI 转换到 DVI 输出。同样，就像复合视频线一样，DVI 也不带音频信号。因此，如果你需要音频，可能还需要一个转换器，将 HDMI 的视频和音频信号输出分隔开，并且使得你能够接入一根单独的音频线到扬声器。

2. 使用最新的显示设备

使用最新的设备是获取树莓派视频和音频输出的最简单的方法。要使用这种方法，需要购买 HDMI 公对公电缆。将 HDMI 的一端插入到树莓派的 HDMI 端口，另一端插入计算机显示器或者电视上。当然，应该确保所购买的 HDMI 电缆的长度能满足需求。

1.3.4 键盘和鼠标

使用什么样的键盘和鼠标，是最容易决定的树莓派外围设备。为了输入 Python 程序，尝试各种 Python 命令，以及单击树莓派的图形化用户界面图标，你需要键盘和鼠标。

树莓派 2 的 B 型有 4 个 USB A 端口，可以使用其中的两个连接任何 USB 键盘和鼠标。注意，大部分预包装树莓派套件并不包括 USB 键盘和鼠标，但是你手边可能已经有闲置的键盘和鼠标了。

USB 键盘和鼠标的耗电量 *TIP*

根据其电力需求的不同，USB 键盘和鼠标可能需要用掉树莓派 100～1000mA 的电量。查看其供电范围，并确定你所选择的电源是否能带动它们。

1.3.5 使用网线或者 Wi-Fi 适配器

让你的树莓派连接到互联网或者局域网会带来很大的便利，尽管这不一定是必须的。树莓派配备了一个 RJ45 接口用于连接有线以太网。根据局域网配置方式的不同，连接到网络可能就是将网线插到树莓派上并把另一端插到路由器后面这么简单。这种情况下，需要做的就是购买一根以太网网线外加两个 RJ45 接头。

从有线网络连接开始 *TIP*

可能的话，最好是在设置树莓派的时候就开始连接到一个有限的以太网。通过有线的连接，你可增加网络传输的速度，并且通常很少会有网络连接问题。

同样你也可以将树莓派连接到一个无线网络。这种情况下，你需要一个 USB 无线网络适配器。你可以买一个便宜的、小一点的。这种方法的缺点是需要占用树莓派的一个 USB 接口。此外，配置无线网络并不简单。但是一旦无线网络配置好，树莓派将会有更大的灵活性。

1.4 其他不错的外围设备

现在你知道到了哪些外围设备是运行树莓派所必须的，同时你可能在想有哪些额外的外围设备能让你更好地使用树莓派。如下这些外围设备会很有帮助。

- 树莓派外壳。

- 移动电源。

- 自供电的 USB 集线器。

1.4.1 挑选一个外壳

你收到的树莓派将会是一个装在防静电的袋子里的、裸露的电路板。当然你不一定必须要有一个外壳来保护你的树莓派，但是有一个外壳总是不错的主意。树莓派的外壳有各种各样的形状、大小和颜色。图 1.6 显示了一个有趣的、黑色的塑料外壳，其顶部镂空雕刻出了一个树莓的形状。这个外壳在旁边有开口，使得可以访问各种接口。

> **TIP** **官方的树莓派外壳**
>
> 也有一个官方的树莓派外壳可供使用。请访问 raspberrypi.org/raspberry-pi-official-case/ 了解这个外壳的详细信息。

很多树莓派的爱好者喜欢使用透明的外壳，在保护树莓派的同时还可以尽情地展示它。另一些树莓派的拥有者想要让自己的树莓派有一个更加光鲜的外表。图 1.7 展示了一个看起来非常专业的树莓派 1 的 B 型的外壳，所有接口在上面都有标注。

图 1.6 树莓派 2 的 B 型的一个黑色塑料外壳　　图 1.7 树莓派 1 的 B 型的一个专业外壳

需要确定哪种外壳能满足你的需求。当然如果之后改变主意的话，也可以很方便地换一个不同的外壳。

> **CAUTION** **警告：静电**
>
> 电路板不能接触静电！手上的一个小火花就能永久地损坏树莓派。这是把树莓派装到外壳里的一个重要理由。

1.4.2 移动电源

移动电源是相当不错的选择，基本上它能在任何地方给你的树莓派供电。移动电源包含一个锂离子电池组，可以通过家中墙上的插座或用 USB 电缆连接到电脑上进行充电。你可以把移动电源充好电并随身携带，当其他电源无法使用的时候，就可以用它给树莓派供电。为了能给树莓派供电，移动电源至少应能提供 5V 700～1200mA 的电流（根据你的电力需求的不同）。更昂贵的移动电源可以提供更多种方式充电，如汽车上的 12V 电源接口以及墙上插座。

你仍然需要购买一根一端是 A 型 USB 公连接器、一端是 B 型 Micro USB 公连接器的 USB 线，来将树莓派连接到移动电源上。这样做的好处是，可以在给移动电源充电的同时给树莓派供电。只是不要忘记，当添加或移除树莓派外围设备的时候，要拔掉你的移动电源充电器。

1.4.3　自供电 USB 集线器

如果你要连接一个 USB 键盘、一个 USB 鼠标、一个 Wi-Fi 网络适配器、一个 USB 外部存储设备以及其他的 USB 外围设备，USB 端口可就都用完了！不用担心，只需要购买一个自供电的 USB 集线器就可以了，它通过插到电源插座上的独立适配器获取电力。

> **警告：总线供电的 USB 集线器**　　　　　　　　　　　　　　　**CAUTION**
>
> 　确定你使用的不是一个总线供电的 USB 集线器。总线供电的 USB 集线器会从它所连接的计算机的 USB 接口获取电力。因此，它会消耗树莓派的电力。

通常情况下，自供电 USB 集线器可为每个连接的设备提供高达 500mA 的电流。它有一个 USB A 型连接线，可以通过 USB 接口连接到树莓派上。由此，可以将一个 USB 接口变成多个！

1.5　决定如何购买外围设备

现在你已经知道树莓派需要哪些外围设备了，你可以决定哪些是最适合的外围设备。可以购买树莓派和必备配件的预包装套件，或者分别购买树莓派和必要的外围设备。

如果决定买一个预包装套件，请记住以下几点。

- 这种选择会比分别购买树莓派和外围设备花更多的钱。
- 套件的种类很多，一定要确定所购买的套件包含想要的外围设备，或者做好单独买套件中没有的外围设备的打算。
- 很多套件有预装操作系统的 microSD 卡。如果购买了这样的套件，可以跳过下载软件和将其部署到 microSD 卡上的步骤，同样也可以跳过本章中的这一部分。

1.6　让你的树莓派正常工作

一旦你决定要购买树莓派，并拿到树莓派和必要的外围设备后，你就可以开始享受乐趣了。当树莓派第一次启动后，你就会知道这是一个多么强大的小机器，你真的会为此感到惊讶的。下面的小节将会介绍你需要为开机启动所做的准备。

1.6.1　自己研究一下

就像生活中许多其他的东西，如果你未雨绸缪并且研究一下，启动树莓派并让它运行起来的过程就会平稳而迅速。提前花费一些时间和精力是非常值得的。有许多优秀的资源可以提供帮助。例如，Eben Upton 和 Gareth Halfacree 编著的《树莓派用户指南（第 3 版）》[1]一书将真正帮助你

---

[1] 编者著：《树莓派用户指南（第 3 版）》已由人民邮电出版社出版（ISBN 978-7-115-40500-5）。

获得愉快的树莓派体验。很多像本书一样的书籍，也可以帮助你让树莓派运行并排除故障。

另外，互联网上还有许多资源可以帮助你进行树莓派的研究。其中最好的网站来自于树莓派基金会。这个网站（www.raspberrypi.org）充满了精彩的内容，包括常见问题的解答、帮助论坛和其他各种资源。这个网站提供了软件下载，以及关于树莓派和基金会的最新新闻。这是你入门树莓派的第一步。

1.6.2　安装软件

在完成了最初的研究之后，下一步就是下载并安装软件了。树莓派基金会的网站raspberrypi.org 提供了最新开箱即用的软件（New Out Of Box Software，NOOBS），它能够：

- 初始启动树莓派；
- 设置 microSD 卡；
- 允许选择一个操作系统；
- 安装所选的操作系统。

NOOBS 是树莓派新手的最佳选择，并且它对老手来说也很好用。因此，本书只是介绍如何使用 NOOBS。

> **NOTE** **技巧：预装操作系统的 SD 卡**
> 假如你买的是一个预包装套件，它可能已经包含了一个装有 NOOBS 的 microSD 卡了。如果是这样的话，就可以跳到第 2 章。

1.6.3　下载操作系统

在下载操作系统的机器上，需要有 SD 卡或 microSD 卡的读卡器。如果你有不同的计算机可供使用（如 Windows 机器和 Linux 机器），选最顺手的那一个。

> **TIP** **提示：需要更多细节？**
> 如果你需要下载并把 NOOBS 移入到一个 microSD 卡，参见本书附录 A。该附录将会带你一步一步地经过该过程，并提供了比这里更深入的介绍。

选好机器后，从 raspberrypi.org/downloads 网站下载 NOOBS。在站点上，有两种 NOOBS 可供选择：离线的和网络安装的，或只支持网络安装的。只支持网络安装的选项通常比下载更快，因为它并不包含任何预先选择的操作系统；然而，必须让树莓派连接到互联网以保证安装过程能够正常进行。两个版本都允许选择要在 microSD 卡上安装哪一种操作系统。

> **NOTE** **技巧：网络和 NOOBS**
> 唯一不需要树莓派连接到互联网的情况是，如果下载了离线和网络安装 NOOBS 并且随后安装了 Raspbian。否则的话，树莓派必须要联网。

在下载完成之后，检查一下下载的 NOOBS.Zip 文件的 SHA-1 校验和，以确保它和最初的文件的校验和一致。这将会验证在文件下载的过程中没有发生文件损坏。

树莓派基金会在他们的下载页面上，靠近 NOOBS 软件下载选项的地方，提供了正确的 SHA-1 校验和。Windows、OS X 和 Linux 的每一次安装都会产生一个不同的校验和。如果需要进一步了解如何验证校验和，请查阅附录 A。

> **提示：什么是校验和**　　　　　　　　　　　　　　　　　　　　　　*TIP*
>
> 　　校验和是使用一种特殊的数学算法计算出来的数字和字母的一个字符串。例如，一个 SHA-1 校验和是通过一种叫做 SHA-1 的标准算法产生的。通过一个校验和算法来运行一个文件的数据，会产生唯一的校验和。如果任何的文件数据改变了，校验和也会发生变化。因此，校验和能够确保文件的数据没有改变过或者文件没有损坏。这为检查下载的文件提供了方便。

如果下载的 NOOBS 文件的校验和与 Web 站点上的最初的文件的校验和不一致，那么，请重新下载文件。当校验和不一致，通常意味着文件在下载的过程中损坏了。

如果校验文件一致，从 NOOBS 文件解压缩文件和目录，该文件是以.zip 后缀结尾的。再一次，Windows、OS X 和 Linux 对于每一次解压缩的处理都是不同的。附录 A 详细介绍了这一点。

1.6.4　移动 NOOBS

在把 NOOBS 文件和目录放入到 microSD 卡之前，需要把闪存卡全面格式化为出厂状态。SD 协会 sdcard.org 提供了一个可以在 Windows 和 OS X 上使用的免费的 SD 卡格式化程序。对于 Linux，你可以使用 GNOME 分区编辑工具 gparted。如果需要了解详细情况，请参阅附录 A。

如果你的机器只有一个 SD 卡读卡器而没有一个 microSD 读卡器，需要在加载 microSD 卡之前将 microSD 卡插入到一个 SD 卡适配器。如果根本没有 SD 卡读卡器，可以使用一个用于 SD 卡的 USB 闪存卡适配器，在这里也管用。

> **技巧：正确地准备一张 microSD 卡**　　　　　　　　　　　　　　*NOTE*
>
> 　　不能只是从 microSD 卡删除文件，或者使用快速格式化。如果这么做的话，NOOBS 软件可能无法正确地工作，由此，树莓派也无法驱动，或者会引发其他的问题。确保使用 SD 卡格式化程序软件将 microSD 卡完全格式化为出厂状态。

下一步就是将 NOOBS 目录和文件放入到 microSD 卡中。和移动操作系统不同，你只能够将文件复制到 microSD 卡中，不需要使用镜像写入程序或工具。

> **提示：需要帮助？**　　　　　　　　　　　　　　　　　　　　　　*TIP*
>
> 　　如果对于下载 NOOBS 并将其放入到一个 microSD 卡的过程不熟悉，别忘了购买一个预装系统的 SD 卡。可以参考中 elinux.org/RPi_Easy_SD_Card_Setup 页面的 "Safe/Easy Way" 部分下所列出的销售这种卡的公司。

1.6.5　连接外围设备

现在，你的树莓派、所有必要的外部设备，以及装有 Raspbian 操作系统的 microSD 卡都准备好了，是时候收获所有准备工作的成果了。完成下面步骤，以确保一切工作正常。

1．把 microSD 卡放入到树莓派的读卡器端口中。

2．插入树莓派的电源线。先不要把电源线接到电源上。

> **TIP**　**提示：没有打开/关闭开关**
>
> 　　树莓派没有一个打开/关闭开关。因此，当将其插入电源的时候，它就自动启动了。

3．把 USB 键盘插入到树莓派的 USB 端口中。

4．把 USB 鼠标出入到树莓派的 USB 端口中。

5．将网线插入到树莓派的网络端口中（推荐的），或者将 Wi-Fi USB 适配器插入到树莓派 USB 端口中。

6．如果你使用 HDMI，将 HDMI 线插到树莓派的 HDMI 口上。在显示器或电视关闭的情况下，将线的另一端插上。然后再打开显示器或者电视。如果使用的是电视，你可能需要调整它使用的 HDMI 端口，现在就这样做。

如果你使用 HDMI 以外的其他显示输出接口，如 A/V 复合视频或 DVI 等，你需要使用跟上述类似的方式连接你的树莓派和显示器或电视。

> **TIP**　**提示：将输出和 NOOBS 组合**
>
> 　　NOOBS 不会默认地把输出显示到一个复合 A/V，即便没有连接到 HDMI 显示。当树莓派启动的时候，你必须在键盘上按下数字键 3 或者 4 来获取输出。参见本章后面的 1.7 节了解详细信息。

7．现在，已经准备好进行最初的测试硬盘了（是不是很兴奋？）。坐在显示器或 TV 前面，把树莓派的电源线插入到电源中。

如果什么也没有发生，参见本章后面的 1.7 节了解详细信息。

通常，你应该会在显示屏上看到一个彩色的方块，然后是 NOOBS 软件显示的一条消息，告诉你它在对硬盘（microSD 卡）重新分区。

在硬盘重新分区好了以后，会出现一个 NOOBS 初始化对话框。在该对话框中，有一个菜单，其第一个条目高亮显示，如下所示：

```
Raspbian - [RECOMMENDED]
A Debian Wheezy port optimized for the Raspberry Pi
```

下面的步骤将带领你完成操作系统的安装。

1．按下键盘上的回车键，或者使用鼠标选择（将 X 放在该选项后的方框中）Raspbian。

> **TIP**　**提示：Raspbian 操作系统**
>
> 　　在该菜单上，你可以从 Raspbian 以外的其他操作系统中选一个来进行安装。然而，本教程只使用 Raspbian 操作系统，因此，选择该系统并继续阅读。

2．按下键盘上的 I 键，或者用鼠标单击 Install 图标，以开始 Raspbian Linux 发布的安装过程。

3．会出现一个确认界面，带有如下所示的消息：

```
Warning: this will install the selected Operating System(s). All existing data
on SD card will be overwritten, including any OSes that are already installed.
```

按下键盘上的回车键，或者用鼠标单击 Yes 以继续安装。

此时，安装开始了，并且显示了一个包含帮助信息的幻灯片播放。此外，有一个完成进度条显示了安装进度。安装过程需要花几分钟才能完成。

当安装完成后，你会看到屏幕显示如下内容：

```
OS(es) Installation Successfully
```

4. 按下键盘上的回车键，或者使用鼠标单击 OK，就完成了安装。如果很多文字在屏幕上飞过，并且你能看到如图 1.8 所示的一个菜单，那么恭喜你，树莓派已经启动了 Raspbian 操作系统。

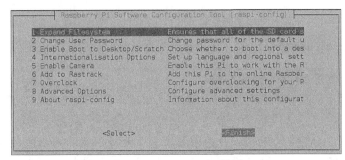

图 1.8　raspi-config 菜单

5. 一直按 Tab 键直到跳到<Finish>菜单项上，然后按回车键。

命令行出现了，如下所示：

```
pi@raspberrypi~$
```

所有的努力得到了回报，树莓派启动并运行起来了。

在命令行上输入 sudopoweroff 并回车就可以关闭树莓派了。

提示：菜单去哪了？　　　　　　　　　　　　　　　　　　　　　　*TIP*

　　再次启动时，如果你没有看见菜单，也不用担心。它被设置为只在第一次启动时显示。在第 2 章中，我们将学习如何把菜单调出来。不管树莓派是否启动，确保阅读下一小节，然后就可以安全地继续学习第 2 章了。

1.7　排除树莓派的故障

以下各节讨论了当遇到树莓派启动问题时，最常见的需要检查的一些地方。

1.7.1　检查外设连接线

树莓派的某个插头可能没有完全插入到端口中。"完全插入到端口"意味着连接器全部插入到接口中。连接器没有完全就位会导致外设只工作一段时间或完全不工作。你可以通过下面的步骤来检查外设连接线。

1. 拔掉树莓派电源线。

2. 关闭显示器或电视。

3．将连接到树莓派上的每个连接器都先拔掉再插上，并确保连接器的接口完全插入到端口了。

4．将每一个从树莓派连接到其他的设备的连接器从该设备上拔下再插回去，并确保连接器完全插入到端口了。

5．打开显示器或者电视。

6．将电源线插回到树莓派上。

1.7.2　检查 microSD 卡

如果你的树莓派开不了机，有可能是 microSD 卡没有正常工作。为确保使用的是一个有效的 microSD 卡，可以去 elinux.org/RPi_SD_Cards 页面检查树莓派是否可以兼容你的 SD 卡的。

NOTE

> **技巧：使用 LED 灯排除故障**
>
> 树莓派没有 BIOS。因此，当它通电时，它只能通过 microSD 引导。树莓派上的 LED 灯，可以帮助你诊断启动问题。如果你看到红色的 LED（PWR）灯亮，而绿色（ACT）的不亮，并且屏幕上什么也没显示，那么可能是你的 microSD 卡损坏了或者 microSD 卡上的操作系统损坏。如果想了解更多的使用 LED 排除故障的技巧，可以参阅 elinux.org/RPi_Troubleshooting#Normal_LED_status。

1.7.3　检查 NOOBS 的副本

如果你使用的是经过验证的 microSD 卡，但是树莓派仍然无法启动，那么可能是 microSD 卡上的 NOOBS 的副本损坏了。软件可能是在下载过程中破坏的，仔细检查 ZIP 文件的 SHA-1 校验和。

1.7.4　检查显示器

有些显示器不能正常地和 NOOBS 一起工作。如果 LED 等显示树莓派启动了，但是，HDMI 显示上却没有输出（或者你使用了复合 A/V 输出），那么，根据显示器的情况，你需要按下如下键盘数字之一：

1—优先 HDMI 模式；

2—HDMI 安全模式；

3—复合 PAL 模式；

4—复合 NTSC 模式。

你可能需要按下选择的数字键多次。

TIP

> **提示：**
>
> PAL 和 NTSC 美国国家电视系统委员会（National Television Systems Committee, NTSC）和电视广播制式（Phase Alternating Line, PAL）是两种不同类型的彩色编码，它们主要是帮助确定一个模拟电视的可视化质量。大多数电视机都接受这两种编码类型，但是，美国较早的电视只识别 NTSC。

1.7.5 检查你的外设

如果你已经检查了上面列出的所有内容，那么你需要验证一下所有外设和树莓派是否兼容。你可以在 elinux.org/RPi_VerifiedPeripherals 找到这些信息。

提示：还是有问题　　　　　　　　　　　　　　　　　　　　　　　　***TIP***

　　如果还是遇到 Raspberry Pi 无法启动或无法正常工作，也不要放弃。打开你喜欢的 Web 浏览器和搜索引擎，输入 Raspberry Pi Common Pitfalls forBeginners。树莓派基金会有一个很不错的论坛，其中有很多有用的信息和提示可以帮助你。

1.8 小结

在本章中，你学到了树莓派是什么，为什么发明它，如何购买树莓派以及你需要哪些外围设备来让树莓派启动并运行。你知道了树莓派可用的 NOOBS 安装软件，并且知道如何获取其副本。你还学会了如何让树莓派启动并运行，这样就可以学习 Python 编程了。本章最后总结了一些排除树莓派启动故障的技巧。

在第 2 章中，你将会学习 Raspbian 操作系统，以及如何通过它提供操作树莓派的界面。

1.9 Q&A

Q. 这本书只有这一章是关于配置树莓派的。我该从哪里获取更多的帮助？

A. 你可以从下面这些地方获取额外的帮助。

- 树莓派基金会和它的论坛，raspberrypi.org。
- 树莓派的维基百科页面 elinux.org/RPi_Hub。
- Eben Upton 和 Gareth Halfacree 编著的《树莓派用户指南（第 3 版）》一书。

Q. 本书使用的 Python 是那个版本？

A. Python 3。第 3 章会详细介绍这一主题。

Q. 本书是否包含做树莓派的食谱？

A. 不，这里没有足够的地方放所有的食谱。但是，你可以打开你最喜欢的浏览器，并在搜索引擎中键入"树莓派食谱"，你就可以得到一大堆食谱的链接了。

1.10 练习

1.10.1 问题

1. Python 简单易学，但是能力不够，所以不能用于复杂的程序。上面这种说法是对是错？
2. 树莓派可以使用不同的操作系统。对于树莓派的新用户，推荐使用哪一个系统？

3．树莓派的开关不容易在电路板上看到，它靠近如下位置。

    a．SoC

    b．RJ45 端口

    c．电源接口

    d．CSI

4．树莓派带有一个电源插头和一个 USB 键盘和鼠标。这种说法对吗？

5．树莓派新手应该使用哪一种安装软件来安装操作系统？

6．在移动 NOOBS 文件和目录之前，可以只是从 microSD 卡中删除文件吗？

7．电源供应需要提供＿＿V 才能让树莓派正常地工作。

8．树莓派基金会已经测试过，microSD 卡最大可以达到＿＿GB 可供树莓派使用。

9．可以通过 PWR LED 灯显示如下哪种颜色，来判断树莓派已经通电了？

    a．绿色

    b．红色

    c．橙色

    d．黄色

10．默认情况下，NOOBS 使用＿＿＿显示输出？

1.10.2　答案

1．这种说法是错的。Python 是一门非常强大的编程语言。

2．刚开始使用树莓派时推荐使用 Raspbian 操作系统。

3．这是一个有趣的问题，树莓派没有开关。要启动树莓派，你需要接通电源。要关闭树莓派，必须要拔下电源。

4．这种说法是错误的。树莓派不带有外围设备。要获取外围设备，必须购买它们，或者购买树莓派预包装套件。

5．为那些树莓派新手定制的安装软件叫作 NOOBS。

6．这种说法是错误的。在复制 NOOBS 文件和目录之前，要正确地或完全格式化 microSD 卡，并且将其恢复至出厂状态。否则的话，树莓派可能不会启动，或者会导致其他的问题。

7．树莓派电源需要提供 5V 的电压才能让树莓派正常地工作。

8．树莓派基金会已经测试过，microSD 卡最大可以达到 32GB 可供树莓派使用。

9．b。当 PWR LED 灯显示红色，可以判断树莓派已经通电了。

10．默认情况下，NOOBS 使用 HDMI 显示输出，即便没有连接 HDMI 显示。

第2章

认识 Raspbian Linux 发行版

本章主要内容包括:

- 什么是 Linux
- 如何使用 Raspbian 命令行
- Raspbian 图形用户界面

在本章中将学习 Raspbian,它是运行在树莓派上的操作系统,并且它支持 Python 编程环境。通过本章的学习,你应该知道如何使用 Raspbian 的图形用户界面,熟悉系统的预装组件以及一些基本的 shell 命令。

2.1 了解 Linux

Linux 是流行的桌面操作系统,流行度仅次于微软 Windows 和苹果 OS X。因此,一般公众往往不知道 Linux 操作系统。但是,Linux 是一种令人难以置信的强大和灵活的操作系统,可以运行在大到超级计算机小到嵌入式设备上。

> **技巧: 使用 Linux 的设备**　　　　　　　　　　　　　**NOTE**
>
> 　如果你知道 Kindle 电子书阅读器也运行 Linux,你可能会惊讶不已。2011 年出现在电视游戏节目 Jeopardy! 中的 IBM Watson 超级计算机也是运行 Linux 的。

树莓派的操作系统 Raspbian 是 Linux 的一个分支。要理解 Linux 发行版,可以用汽车来打比方。汽车有很多不同的特征,如外形、颜色、自动或手动车窗、电加热或者普通座椅等,不同的车有不同的特点。然而,每辆汽车都有一台发动机。树莓派操作系统的"发动机"就是 Linux。而各种特定的功能都属于 Raspbian 发行版的一部分。

Raspbian 发行版是基于一个叫作 Debian 的 Linux 发行版的。Debian 始于 1993 年,是一个有广大用户群的稳定的版本。它是许多其他流行的 Linux 发行版的基础,如 Ubuntu。

> **TIP** **提示：Raspbian 软件包**
>
> 你可以在树莓派上安装和使用超过 35000 种软件包，其中许多都是免费的！你可以在树莓派商店 store.raspberrypi.com 找到一个软件包的列表。

Raspbian 是基于 Debian 的，因此，它具有与 Debian 一样的稳定性和其他优点。这意味着你的树莓派使用的是一个非常强大的操作系统。Raspbian 和树莓派基金会提供了很多应用程序，如文字处理、强大的基于 Python 的 3D 游戏程序等。

你可以从 www.raspbian.org 找到 Raspbian Linux 发行版的文档和帮助信息。另外，由于 Raspbian 是基于 Debian 的，还有许多其他的 Debian 文档可供参考。大部分的 Debian 相关文档也适用于 Raspbian。以下是 Debian 的一些优秀参考文档。

- 《The Debian Administrator's Handbook》，可以从 debian-handbook.info 找到相关信息。
- 《The Debian User Guide》，你可以很容易地从 Raspbian 图形界面访问它。
- Debian 项目网站，www.debian.org/doc/，它提供了很多文档以及一个用户论坛。

2.2 使用 Raspbian 命令行

树莓派第一次启动的时候，你不必提供用户名和密码。然而，在初始化启动之后的所有后续启动中，都会看到 Raspbian 的登录屏幕。清单 2.1 显示了如何登录树莓派。默认情况下，输入用户名 pi 和密码 raspberry 就可以了。注意当你输入密码的时候，屏幕上不会显示任何东西，这是正常的。

清单 2.1　登录树莓派

```
Raspbian GNU/Linux 7 raspberrypi tty1
raspberrypi login: pi
Password:
Linux raspberrypi 3.18.11-v7+ #781 SMP PREEMPT Tue Apr 21 18:07:59
BST 2015 armv7l
The programs included with the Debian GNU/Linux system are free software;
the exact distribution terms for each program are described in the
individual files in /usr/share/doc/*/copyright.

Debian GNU/Linux comes with ABSOLUTELY NO WARRANTY, to the extent
permitted by applicable law.
Last login: Tue Jun 16 18:39:35 2015
pi@raspberrypi ~ $
```

成功登录后，可以看到清单 2.1 所显示的信息。Raspbian 的提示符看起来就像这样：

```
pi@raspberrypi ~ $
```

这也称为 Linux 命令行。通过使用命令行，你可以输入命令以完成不同的任务。要让命令生效，其大小写要正确，并按回车键提交。

> **NOTE** **技巧：Linux shell 是什么？**
>
> 当你在命令行输入命令时，你就在使用一种叫作 Linux shell 的特殊的工具。Linux shell 是一个交互式的工具，可以让你运行程序、管理文件、控制进程等。有若干种不同的 Linux shell，Raspbian 默认使用 dash shell。

清单 2.2 显示了输入 whoami 命令后的结果。whoami 命令会显示键入了命令的用户是谁。在这个例子中，你可以看到是用户 pi 输入了命令。

清单 2.2 在命令行输入一条命令

```
pi@raspberrypi ~ $ whoami
pi
pi@raspberrypi ~ $
```

可以用 Linux 命令行做很多事情。表 2.1 列出的一些命令可以帮助你开始学习 Python 编程。

表 2.1   一些基本的命令行命令

命　　令	描　　述
cd	改变当前的位置到提供的路径
cat	显示一个文件的内容
mkdir	使用提供的文件夹路径创建一个新的文件夹
ls	显示当前位置的文件和文件夹
pwd	显示你所在位置的路径（当前的工作路径）

在接下来的"实践练习"中，你可以开始使用这些命令以便更好地理解它们。

▼ 实践练习

登录并使用一些命令行命令

在本节，你将会在 Raspbian 命令行中尝试使用一些命令。正如在下面的操作步骤中所看到的，使用命令行一点也不难。

1. 给树莓派通上电。你会看到很多启动消息滚过屏幕。这些消息提供了很多信息，最好养成看这些消息的习惯。可能你不知道它们是什么意思，但是不用担心。随着时间的推移，你将会了解。

2. 在 raspberrypi login:提示符后，键入 pi 并且按回车键；然后会看到 Password:提示符。

3. 在 Password:提示符之后，输入 raspberry 并且按回车键。如果成功，你将会看到 pi@raspberrypi~ $提示符；如果没有成功，你会看到消息"Login incorrect"（登录错误）并且会再次看到 raspberrypi login:提示符。

提示：空密码   *TIP*

　　如果你从来没有使用过 Linux 命令行登录，你可能会感到奇怪，当你输入密码的时候什么都不显示。通常情况下，在图形用户界面中，当你输入密码时，每一个字符都会被显示成点或者星号；而在 Linux 命令行中，输入密码时则什么都不显示。

4. 在 pi@raspberrypi ~ $提示符之后，输入 whoami 并且按回车键。你应该看到单词 pi 显示了出来，然后在下一行，又一个 pi@raspberrypi ~ $提示符会显示出来。

5. 现在，在提示符后输入命令 calendar 并且按下回车。可以看到关于今天以及接下来几天的一些有意思的事情。

> **TIP** | **提示：探索文件和文件夹**
>
> 在接下来的几个步骤中，我们将探索文件和文件夹。这些东西非常重要，在学会这些后，你就知道在哪里存储在学习本书时所编写出来的程序了。

6. 输入 ls 命令然后回车。你应该可以看到当前文件夹下的所有文件和子文件夹列表。这个文件夹又称为"当前工作目录"。

7. 输入 pwd 命令然后回车。它会显示当前工作目录的实际名称。如果你使用用户 pi 登录进树莓派，默认情况下它会显示当前工作目录是/home/pi。

8. 输入 mkdir py3prog 后回车，来创建一个叫 py3prog 的子文件夹。你将会使用它来存储所有的 Python 程序以及工作进程。

9. 你可以输入 ls 命令并回车，来查看所创建的子文件夹。除了刚才在第 6 步中看到的文件和子文件夹外，你现在应该可以看到 py3prog 子文件夹。

10. 如果要把当前工作目录变成新创建的 py3prog，可以输入 cd py3prog 然后回车。

11. 要确定你在正确的工作目录下，可以键入 pwd 并回车，应该会显示目录名称为 /home/pi/py3prog。

12. 现在可以通过简单地输入 cd 并回车，回到用户 pi 的主目录。要确定成功退回到了主目录，可以键入 pwd 并回车。应该显示目录名为/home/pi，表示已经退回到了主目录。

> **TIP** | **提示：管理命令**
>
> 现在可以开始使用一些命令来帮助你管理树莓派。

13. （警告：下面这条命令不会工作，当然它也不应该工作。）输入命令 reboot 然后回车。你应该看到消息：reboot: must be superuser.，如清单 2.3 所示。

清单 2.3 尝试不用 sudo 重启

```
pi@raspberrypi ~ $ reboot
reboot: must be superuser.
pi@raspberrypi ~
```

> **TIP** | **提示：了解 sudo**
>
> 有些命令在你没有特殊权限的情况下无法执行。例如，根用户也叫作超级用户，这个账户最初被配置成 Linux 中的一个全能用户。设立它的主要目的是默认可以管理整个系统。在某些情况，根用户与微软 Windows 系统中的管理员账户类似。
>
> 出于安全考虑，最好避免使用根用户登录。在 Raspbian 上，甚至不允许登录到 root 账户。
>
> 那么，该如何执行那些需要 root 权限的命令呢，例如安装软件或者重启树莓派？sudo 命令可以帮助你完成操作。sudo 表示"超级用户执行"（superuser do）。那些被允许使用 sudo 的账户，就可以执行管理任务。树莓派的用户账户 pi 默认情况就被授权使用 sudo 命令。因此，如果你登录到 pi 账户，就可以在命令前加上 sudo 来执行任何需要超级用户权限的命令。

14. 输入 sudo reboot 然后回车，树莓派应该就重启了。

15. 在树莓派的 raspberrypi login:提示符后输入 pi 然后回车。现在应该看到了 Password:提示符。

16. 在 Password:提示符之后，输入 raspberry 并且按回车键。如果成功，你将会看到 pi@raspberrypi ~ $提示符。如果没有成功，你会看到消息"Login incorrect"并且会再次看到 raspberrypi login:提示符。

17. 如果要修改账户 pi 的默认密码，输入命令 sudoraspi-config 并且回车。应该可以看到跟第一次启动一样的基于文本的菜单：

```
1 Expand Filesystem
2 Change User Password
3 Enable Boot to Desktop/Scratch
4 Internationalisation Options
5 Enable Camera
6 Add to Rastrack
7 Overclock
8 Advanced Options
9 About raspi-config
```

18. 按向下箭头键直到到达 Change User Password（修改用户密码）菜单选项。按回车键。

19. 屏幕上应该会显示"You will now be asked to enter a new password for the pi user"（现在你要为用户 pi 输入一个新密码）。按回车键。

20. 当你在屏幕左下角看见 Enter new UNIX password（输入新的 UNIX 密码）时，输入账户 pi 的新密码，然后按回车键（密码需要至少 8 个字符长，使用字母和数字的组合）。同样，当输入新密码时，它不会显示在屏幕上。

21. 当你在屏幕左下角看见 Retype new UNIX password:时，再次输入账户 pi 的新密码，然后按回车键。如果输入正确，则会看到屏幕上显示密码更改成功。在这种情况下，按回车键继续。

22. 如果密码输入不正确，你将会看到一个消息 There was an error running do_change_pass。在这种情况下，需要重复步骤 18～21 步直到成功。

23. 回到 Raspbian 配置（raspi-config）菜单，按 Tab 键高亮以选择<Finish>，然后按回车键退出菜单。

24. 在屏幕的左下角，你应该会看到已经回到 Raspbian 提示符了。在 Raspbian 提示符后输入 sudopoweroff 并回车就可以退出树莓派并关闭电源。

现在你已经知道了几个 Linux 命令行命令了。你可以进行登录、切换到子目录、列出子目录中的文件，甚至做一些管理工作，如改变账户的密码或重启系统。

▲

2.3 使用 Raspbian 图形用户界面

默认情况下，当你启动树莓派并登录后会进入到 Linux 命令行。但是树莓派还有一个图形用户界面（GUI，Graphical User Interface）。

为了打开图形化界面，你需要在命令行键入 startx 并且回车。然后轻量级的 X11 桌面环境（LXDE，Lightweight X11 Desktop Environment）就启动了，你可以看到一个如图 2.1 所示的图形化界面。

图 2.1　树莓派 LXDE 图形界面

TIP | **提示：Linux 桌面环境**

　　Linux 的好处之一，就是可以随意改变桌面环境。不用总是对着同一个桌面。每一个桌面环境都提供了一个独特的图形化界面与计算机进行交互。

　　下面是一些流行的桌面系统。

- KDE——一个跟微软 Windows 环境相似的桌面。
- Xfce——一个轻量级的但是全功能的图形桌面。
- GNOME——一个历史上很流行的桌面，也是许多 Linux 发行版的默认桌面。
- LXDE——一个轻量级但是功能强大的桌面，专门为小型计算机而设计。

　　Raspbian 默认使用 LXDE。本书中对图形界面的描述都是基于 LXDE 桌面环境的。

2.4　LXDE 图形界面

在 LXDE 图形界面中，可以看到以下两个部分。

- 桌面区；
- LXPanel 区。

桌面区使你能够为常用的程序和文件创建快捷图标，从而更容易访问它们。只需要双击图标，就可以启动程序或打开文件。默认情况下，桌面上只会出现一个快捷图标，就是垃圾箱图标。可以在桌面的任何地方单击鼠标右键，以创建一个新的文件夹或文件图标。

LXPanel 是桌面顶部的包含了几个图标的一个工具栏区域。它使得你能够将一些较小的程序（叫作 applet）放置到桌面界面上。有很多的 applet 可以用来直接在 LXPanel 上提供基本的信息，以供你查看；其中的一些 applet，允许单击鼠标按钮可以快速启动程序。下面的小节将会更加深入地介绍 LXPanel 是如何工作的。

> **技巧：我想直接使用图形界面**　　　　　　　　　　　　　　　**NOTE**
>
> 　　因为可以通过 LXTerminal 程序使用命令行，因此你也许想让树莓派直接启动进入图形界面。这可以通过下面的步骤设置。
>
> 　　1. 在命令行提示符输入 sudoraspi-config 并且按回车键。
>
> 　　2. 在文字菜单上，按下箭头按钮直到到达 Enable boot toDesktop/Scratch 菜单项然后按回车键。
>
> 　　3. 当你看到一个 Choose Boot Option 窗口，其中带有不同的启动选项，选择 Desktop 选项，然后按下 Tab 直到到达<OK>选项，然后按下回车键。
>
> 　　4. 在配置菜单上，一直按 Tab 直到选中<Finish>选项，然后按回车键。
>
> 　　5. 当你看到一个新窗口显示 Would you like to reboot now？（现在重启吗？），按 Tab 选择<Yes>，然后按回车键。树莓派重启完成后就直接进入 LXDE GUI 界面了，不需要输入用户名和密码。
>
> 　　如果你改变了注意，想在树莓派启动之后进入命令行，你可以运行 LXTerminal 程序并键入 sudo raspi-config 来改变启动行为配置选项。

LXPanel

默认情况下，树莓派的 LXPanel 包含了 10 个 applet，如表 2.2 所示。

表 2.2　　　　　　　　　　　　　　　　LXPanel 的 Applet

applet	描　　述
Programs Menu	提供一个菜单以访问树莓派上安装的应用程序
Epiphany	一个 Web 浏览器
PCManFM	一个图形化文件管理器
LXTerminal	命令行的一个窗口界面
Mathematica	用于创建图形、音频和 3D 动画的一个图形化模型
Wolfram	Wolfram 编程语言的一个命令行界面
Network Manager	管理网络连接的一个图形化界面
Volume Manager	管理扬声器音量的一个图形化界面
CPU Utilization	显示当前 CPU 使用情况
Clock	显示当前时间

LXPanel 上最左边的第一个图标是 LXDE Programs Menu 图标（上面带有一个树莓派图案的按钮）。

当你单击这个 LXDE 程序菜单图标时，你可以看到几个菜单类别和选项（参见表 2.3）。

表 2.3　　　　　　　　　　　　　　　　LXDE 菜单

菜 单 类 别	描　　述
Accessories	诸如计算器、文本编辑器、图像浏览器等各种有用的程序，还有 LXTerninal 程序
Game	诸如 Minecraft 的各种游戏
Help	到 Debian 和 Raspbian 帮助站点的链接
Internet	各种网络浏览器，包括 Epiphany
Programming	编程开发环境，如 IDLE

续表

菜 单 类 别	描　　　述
Preferences	帮助你调整图形界面环境的程序，如定制显示外观
Run	执行一条命令行命令的程序，如 sudopoweroff
Shutdown	LXDE 注销管理窗口

　　下一个 LXPanel 图标是 Web 浏览器。它提供了 Web 浏览功能，以便你可以从树莓派的桌面来浏览大多数的 Web 站点。

　　然后是 PCManFM 文件管理器图标。如图 2.2 所示，文件管理窗口跟微软 Windows 资源管理器类似，它允许你使用图形化的方式浏览文件和文件夹。

图 2.2　LXDE 文件管理器

　　接下来是 LXTerminal 图标。LXTerminal 程序提供了到命令行界面的一个入口。可以单击 LXTerminal 图标以启动程序。在打开了窗口之后，可以输入和命令行提示窗口完全相同的命令。例如，图 2.3 展示了在 LXTerminal 输入 whoami 命令之后的结果。可以看到，允许你停留在 GUI 中并且还可以输入命令行命令。

　　在 LXPanel 最右侧，是显示系统信息的 4 个 applet。首先是 Network Manager applet，它显示树莓派是否连入了网络。接下来是 Volume

图 2.3　LXTerminal 命令行界面

Manager 图标，它显示扬声器是否关闭，并且允许你调整音量。

　　然后是 CPU Utilization applet。它可以显示系统的当前效能，在后台可以显示为一个数字或者一个图表。通过图表，很容易看到 CPU 使用的最近的历史信息，并且能够抓住趋势。如果 GUI 中的一个窗口打开很缓慢，不妨看看这个 applet。你可能会看到树莓派真的很忙。

　　最后，Digital Clock 图标显示了树莓派所识别的当前时间。如果将鼠标悬停于其上，将会显示当前日期。可以单击 Digital Clock 图标以查看当前的日历。再次单击它，则会隐藏当前的日历。

探索 LXDE 图形界面

现在你已经知道了 LXDE 图形界面上的各种图标和 LXPanel 面板上的各种特性，是时候自己动手探索一下树莓派的 GUI 了。在下面的步骤中，你将有机会同时在命令行和 LXDE 图形界面中尝试一些东西，例如修复一些潜在的问题或恼人的事情。

1. 将树莓派连接上网络，如果你还没有这么做的话。

警告：有线和 Wi-Fi   ***CAUTION***

在下面的步骤中你会更新你的 Raspbian Linux 发行版的软件。做这件事情的时候，最好能使用有线网络。使用 Wi-Fi 连接会比较麻烦，而且由于软件缺陷可能会导致你需要做很多不必要的工作。最安全的方法是就是先连接到有线网络，更新软件，然后再尝试连接到 Wi-Fi。

2. 启动树莓派。

3. 在 raspberrypi login:提示符下，输入 pi 按回车键；然后应该能看到 Password: 提示符。

4. 在 Password: 提示符下，输入 raspberry 或者输入在上一个"实践练习"部分创建的密码，然后按回车键，应该可以看到 pi@raspberry~$提示符。

警告：你修改密码了吗？   ***CAUTION***

在本章前面的部分中，你可能已经把密码从 raspberry 改成其他的了。如果沿着上述步骤操作的话，一定要在步骤 4 中输入该密码。

5. 在 pi@raspberrypi~$提示符下，输入 startx 然后按回车键，启动 Raspbian 的 LXDE 图形界面。

6. LXDE 图形界面启动后，单击 LXTerminal 图标，打开命令行界面。应该可以看到熟悉的 pi@raspberry~$提示符。

7. 用鼠标单击选中 LXTerminal 窗口。输入 whoami 并且按回车键。应该可以看到回应和另一个命令行提示符，就跟你在命令行中输入该命令所看到的一样。

8. 为了把 Raspbian Linux 发行版的软件更新到最新，你可以在同一个 LXTerminal 窗口输入 sudo apt-get dist-upgrade 并且按下回车。应该可以看到若干软件更新的消息和一个问题 Do you want to continue [Y/n]?

9. 输入 Y 并且按回车键。如果软件已经是最新版了，则会得到这样一条信息"0 upgrade, 0 newly installed…"；但是，如果软件已经严重过时，更新会花几分钟时间；软件更新会一直持续下去，直到所有软件都更新完成。

警告：获取软件包的问题   ***CAUTION***

如果软件更新很快就结束了，并且得到这样一条信息 E: Unable to fetch some archives…，则有可能是树莓派没有连接到网络或者无法连接到互联网。你必须要确保树莓派能访问网络，以保证软件更新能正常进行。

10. 现在你的系统已经是最新的了，下面来给树莓派添加一个额外的包。你需要安装一个屏幕保护程序包来保证 LXPanel 上的 ScreenLock 正常工作。在 LXTerminal 窗口输入 sudo apt-get install xscreensaver 然后按回车键。

11. 应该能看到一些软件更新的消息和一个问题 Do you want to continue [Y/n]? 输入 Y 并且按回车键。当提示符再次出现时，屏幕保护程序就安装好了。

12. 现在让 LXTerminal 窗口开着，单击 LXPanel 最左侧的 LXDE 程序菜单图标来打开菜单。

13. 鼠标悬浮在 LXDE 菜单的 Preferences 项上，以打开子菜单，然后单击 Screensaver，最后 Screensaver 的配置窗口会出现，如图 2.4 所示。

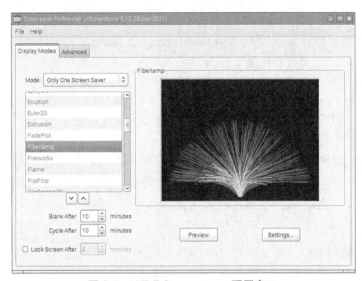

图 2.4　LXDE Screensaver 配置窗口

TIP　提示：响应缓慢的窗口

　　如果窗口在 GUI 中打开比较慢也不要感到惊讶。树莓派正在全力工作让它们能迅速打开。如果一个窗口看起来很慢，可以看看 LXPanel 面板右侧的 CPU 监视器，看你树莓派是否处于较重的负载。

14. 如果看到一个窗口显示 The XScreenSaver daemon doesn't seem to be running on display "o:" Launch it now?（XScreenSaver 后台进程似乎没有运行在显示器 "o:" 上，现在启动它？），单击窗口上的 OK 按钮。

15. 在 Screensaver 配置窗口上，确认选中了 Display Modes 标签，如图 2.4 所示。

16. 单击 Mode 下拉菜单并且选择 Only One Screen Saver。

17. 然后还是在 Screensaver 配置窗口上，在 Mode 部分下面的列表中，滚动不同的屏幕保护程序窗口直到找到 Fiberlamp 并且选择它。

18. 现在单击配置窗口上的 Preview 按钮，等几秒后，你应该可以看到屏幕保护程序。

19. 单击屏幕保护程序的任意位置返回 LXDE 图形界面。

20. 现在单击 Screensaver 配置窗口右上角的白色叉号关闭这个窗口，这可能需要几秒时间。

21. 你可以单击 LXPanel 上的 ScreenLock 图标来测试屏幕锁定。几秒后，屏幕保护程序应该会出现。

22. 单击屏幕保护程序窗口的任意位置，这次不会退回到 LXDE 图形界面，而是会有一个新窗口弹出，显示 Please enter your password。

23. 输入密码并且按回车键。

警告：你修改密码了吗?

在本章的开始，你可能已经把你的密码从 raspberry 改成其他密码了。如果沿着本章开始时的实践练习步骤操作的话，那么已经把密码从 raspberry 改成其他密码了！确保你在第 23 步中输入该密码。

CAUTION

---

24. 当 LXDE 图形界面再出现时，选择 LXTerminal。

25. 在 LXTerminal 窗口，输入 exit 并且回车来关闭这个窗口。

现在你应该已经学会如何将 LXDE 的图形界面调整成自己喜欢的类型了。

▲

2.5 小结

在本章中，你学习了有关 Raspbian Linux 发行版的一些知识。现在你可以在 Linux 的命令行中执行命令或者通过 LXDE 的图形界面使用树莓派了。你也知道如何获取 Debian 和 Raspbian 的文档资源，并且知道如何更新树莓派上的软件包。现在你对树莓派已经有了一定的了解。在第 3 章中，我们将学习如何搭建和探索 Python 编程环境。

2.6 Q&A

Q：我不喜欢在 Linux 命令行输入命令，该怎么办？

A：没关系。LXDE 图形界面基本能实现很多 Linux 命令行里命令的功能。但是，如果你同时知道命令行和 GUI 如何使用，将会带来更多的使用灵活性并增强你排除故障的能力。

Q：我能安装除 LXDE 以外的其他图形界面吗？

A：是的，一些树莓派的用户比较倾向于 Xfce 桌面。参照 http://www.raspbian.org/Raspbian Forums 来获取一个新的界面。

Q：请问本书专注于命令行还是图形界面的 Python 编程？

A：本书主要侧重于使用 GUI 进行 Python 编程。

2.7 练习

2.7.1 问题

1. Raspbian 是一个基于 Debian 的发行版，Linux 是它的内核，对还是错？

2. 在命令行输入哪条命令能重启树莓派？

    a. reboot

    b. restart

    c. sudo reboot

3. 树莓派默认使用哪一种图形界面环境？

4. 在加载了软件之后，必须用什么用户账户登录到树莓派？

    a. admin

    b. pi

    c. system

    d. test

5. 什么命令行命令会显示一个文件的内容。

6. 什么命令允许你使用根用户账户的权限来运行一个程序？

7. startx 命令行命令启动 LXDE 窗口。对还是错？

8. 如何调用出现在 LXDE 窗口顶部的命令栏？

    a. LXPanel

    b. Task Manager

    c. Launcher

    d. Start bar

9. 应该使用什么工具来将树莓派修改为自动启动 LXDE 图形化桌面？

10. Firefox 浏览器默认地安装于树莓派上。对还是错？

2.7.2 答案

1. 对的。Raspbian 是基于 Debian 的 Linux 发行版。

2. 为了从命令行重启树莓派，你需要输入 sudo reboot。

3. 轻量级的 X11 桌面环境（LXDE）图形界面是 Raspbian 默认的环境。

4. 在初次安装了 Raspbian 之后，必须使用 pi 用户账户登录。

5. cat 命令行命令能够显示一个文本文件的内容。

6. sudo 命令行命令允许你使用根用户权限来运行一个程序。

7. 对的。startx 命令会启动 LXDE 图形化桌面程序。

8. LXPanel 作为一个操作栏出现在桌面的顶部，并且包含了菜单、程序图标和 applet。

9. raspi-config 工具允许你修改树莓派系统中的基本设置。

10. 错。树莓派使用 Epiphany 作为 LXDE 中的默认浏览器。

第3章

搭建编程环境

本章主要内容包括:

- 为什么学习 Python
- 怎样检查 Python 环境
- Python 交互式 shell
- 使用 Python 开发环境
- 如何创建并运行一个 Python 脚本

在本章中,你将会探索 Python 编程环境,了解各种工具,它们可以帮助你学习 Python 编程。在本章结束时,你将熟悉 Python 交互式 shell 和 Python 开发环境,你将编写出自己的第一行 Python 代码。

3.1 探索 Python

如果对 Python 没有兴趣的话,你是不会来读这本书的! Python 是一门非常流行的语言,也是最常用的编程语言之一。Python 可以在各种各样的平台使用,如 Windows、基于 Linux 的系统以及 Apple OS X。最棒的是它还免费。

此外,Python 具有易于理解的语法。语法指的是 Python 命令,它们以一定的顺序出现在 Python 语句中,加上其他的字符,如引号" ",就可以让 Python 语句正常工作了。Python 的语法使得初学者能很容易且很快地开始编程。尽管它用起来很简单,但是 Python 仍为高级程序员提供了大量丰富而强大的功能。

3.1.1 Python 简史

Python 编程语言由 Guido van Rossum 发明于 20 世纪 90 年代初。Python 这个名字来源于当时流行的电视节目"Monty Python's Flying Circus"。

这些年,Python 编程语言变得相当流行。它同样也进行了一些改变。

3.1.2 Python v3 和 Python v2

Python 最近从版本 2 升级到版本 3 了。下面是这两个版本的一些主要区别。

- Python 的 v3 版基于 Unicode,并且提供了一些前瞻性的特性支持。Unicode 是一种计算机字符集的编码方式,用来表示和处理各种字符。Python 的 v2 版是基于 ASCII 码的,它只能处理英文字符。使用 Unicode 则可以同时处理英文字符和非英文字符。
- Python v3 比 Python v2 更轻巧。Python 开发者经常说"Python 会植入你的大脑"。使用 Python v3 的这种感觉会比使用 Python v2 更真实,所以现在更容易快速学习 Python 了。
- 为了让 Python 编程语言更长寿,Python v3 做了几处变化。因此,现在花时间学习它会让你在未来长期受益。

很多系统同时支持 Python v2 和 Python v3,包括 Raspbian 在内。提供 Python v2 的环境主要是考虑向后兼容的问题。也就是说,你可以在 Raspbian 上运行 Python v2 的程序。但是,为了把你带向正确的方向,本书主要关注 Python v3。

3.2 检查你的 Python 环境

Raspbian 发行版默认安装了 Python v3 环境和一些必要的工具。下面是预装了的 Python 功能。

- Python 解释器。
- Python 交互式 shell。
- Python 开发环境。
- 文本编辑器。

即使所有这些都已经预装了,再次检查一下所有功能也是非常必要的。这些检查只需要几分钟时间。

TIP | **提示:什么是解释器和开发环境**

如果你不理解一个程序解释器做些什么,或者没有听说过交互式 Python shell,也没关系。本章稍后将会介绍这些内容。

3.2.1 检查 Python 解释器和交互式 shell

要检查系统中的 Python 解释器和交互式 shell 的版本,需要在 LXDE 图形界面上打开 LXTerminal,然后输入 python3 -V 并回车,如清单 3.1 所示。

清单 3.1 检查 Python 的版本

```
pi@raspberrypi ~ $ python3 -V
Python 3.2.3
pi@raspberrypi ~ $
```

如果你看到消息 command not found，那么可能的原因是没有安装 Python3 解释器。跳到本章 3.3 节，去解决这个问题。

3.2.2　检查 Python 开发环境

要看看是否安装了 Python 开发环境，打开图形化界面（如果还没有打开的话），并且单击 Menu 图标（该按钮上有树莓派的图像），会出现一个下拉菜单。将鼠标选定到该菜单的 Programming 选项，并且在其菜单中查找 Python 3 图标，如图 3.1 所示。

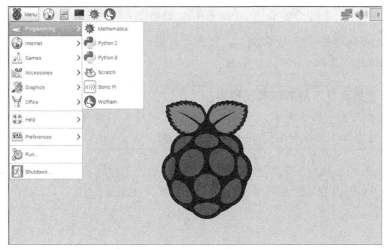

图 3.1　Python 3 图标菜单选项

如果没有在 Programming 菜单中看到 Python 3 图标，跳到 3.3 节部分修复这个问题。

3.2.3　检查文本编辑器

最后应该检查一个叫 nano 的文本编辑器的安装情况。在本章中，你将会了解什么是文本编辑器。打开 LXTerminal，键入 nano-V 并按回车键，检查 nano 文本编辑器是否安装了（见清单 3.2）。

清单 3.2　检查 nano 的版本

```
pi@raspberrypi:~$ nano -V
 GNU nano version 2.2.6 (compiled 16:52:03, Mar 30 2012)
 (C) 1999, 2000, 2001, 2002, 2003, 2004, 2005, 2006, 2007,
 2008, 2009 Free Software Foundation, Inc.
 Email: nano@nano-editor.org Web: http://www.nano-editor.org/
 Compiled options: --disable-wrapping-as-root
 --enable-color --enable-extra --enable-multibuffer
 --enable-nanorc --enable-utf8
pi@raspberrypi:~$
```

如果看到消息 command not found，那么可能是没有安装 nano 文本编辑器。跳到本章的 3.3 节修复这个问题。

当然，希望没有任何功能缺失，并且树莓派已经安装了所有的 Python 环境和工具。如果所有检查都正常的话，可以跳过下一节，直接进入 3.3.1 小节。

3.3 安装 Python 和工具

如果你发现 Python 环境中缺了什么，别担心，这不是大问题。在这节中，你可以通过如下的步骤快速安装所有的东西。

1．如果你的树莓派是使用有线连接到互联网的，确保它能连接到网络然后启动你的树莓派。

2．启动图形界面，如果它没有自动启动的话。如果使用的无线网络的话，确保它是工作的。

3．单击 Terminal 图标打开一个终端。在命令行提示符下，输入 sudo apt-get install python3 idle3 nano 然后按回车键。

> *TIP* **提示：但是我并不需要所有的程序！**
> 　　在第三步中的命令中，如果包含你已经安装了的软件，也不用担心。如果需要的话，该命令只会对已安装的软件进行升级。

应该看到几条关于软件安装或升级的信息，然后是一个问题 Do you want to continue [Y/n]? 输入 Y 然后按回车键。安装结束后，你会看到提示符。现在回到 3.2.2 小节，确保 Python 开发环境一切正常。

检查键盘

如果你在英国生活和工作，那么应该可以跳过这一节。如果是住在别处，那么你的键盘极有可能配置不正确。

目前为止，你的键盘可能没有问题。但是，做一个小的测试：按下键盘上的@键，你是不是看到了双引号（"）而不是@符号？如果是这样的话，那么你需要读完本小节以正确配置键盘。

如果你使用的是一个典型的 U.S.键盘，通过下面的步骤来使键盘能在 Python 开发过程中正常工作。

1．启动树莓派并进入 LXDE 图形界面。

2．双击 Terminal 图标打开终端窗口。

3．输入 sudo raspi-config 并按下回车键。

4．在 Raspi-config 窗口中，按向下箭头键直到选中 Internationalisation Options 选项，然后按下回车键。将会出现一个新的菜单。

> *TIP* **提示："Internationalisation" 的拼写正确吗？**
> 　　如果你来自美国，看到单词 Internationalization 的拼写中使用了 s 而不是 z，你可能会纳闷儿。注意，术语的美式英语和英式英语在拼写上有几处不同。但两种拼写都是正确的。

5．按向下箭头键，直到到达 Change Keyboard Layout 选项。下一个窗口打开可能需要几秒钟，请耐心等待。

6．当下一个窗口显示 Please select the model of the keyboardof this machine.，按回车键接受默认选项。

> **警告：特殊键盘**   **CAUTION**
>
> 如果你使用特殊的键盘，如 Dvorak 键盘，那么 English (US)选项可能无法在你的键盘上正常工作。键盘上的按键产生的都是不正确的字符。这可能会妨碍你登录树莓派！
>
> 如果你有一个特殊键盘，在键盘类型选择窗口中选择一个最符合你的需求的选项。如果弄错了，你的键盘出现异常的行为，也不要担心。你可以重新启动树莓派并保持按住 Shift 键，以进入到 Recovery 模式。一旦进入了 Recovery 模式，就可以选择键盘布局了。

7．当下一个窗口显示 Please select the layout matching the keyboard for this machine.，按向下箭头键向下滚动，直到你选中 Other 选项，按下回车键。

8．当下一个窗口显示 The layout of keyboards varies per country [...]，按向下箭头键滚动菜单，直到选中 English (US)选项，按下回车键。

9．会再一次看到一个窗口显示 Please select the layout matching the keyboard for this machine.，按向下箭头键滚动菜单，直到选中之前不可用的 English(US)选项，按下回车键。

10．在下面列出的 3 个界面上，修改配置或者按下回车键接受默认选项就可以了。

- Key to function as AltGr。
- Compost Key。
- Use Control Alt Backspace。

11．在 raspi-config 窗口中，按 Tab 键直到选中<Finish>选项，然后按下回车键。

12．因为对键盘的改动需要重启系统才能生效，现在在终端窗口中输入 sudo reboot 并回车。

13．在树莓派启动后，测试你的键盘是否正常工作。看一下按@键是否显示@，按下"键是否显示一个双引号(")。

在这里，可以重新启动树莓派并且按住 Shift 键进入 Recovery 模式，从而修复任何的问题。一旦进入 Recovery 模式，可以选择键盘布局。在最糟糕的情况下，你无法进入 Recovery 模式，这时候返回第 1 章并将 NOOBS 安装软件的一个全新版本放入到 microSD 卡中，然后，重新安装 Rasbian。通过这么做，可以返回到"常规的"键盘操作。

3.4 关于 Python 解释器

Python 是一种解释型的语言，而不是一种编译型的语言。编译型的语言在执行之前需要一次性将其所有的程序语句变成二进制代码，而解释型的语言，每次检查一条语句，翻译成二进制代码然后执行。

通过使用下列 3 类工具，你可以学习大部分的 Python 语法和概念。

- 交互式 shell——交互式 shell 允许你输入一条 Python 语句然后立即检查错误并执行。

- 开发环境——这个工具提供了很多特性来帮助 Python 程序开发。它有一个交互式 shell，每一条 Python 语句在输入的时候就被解释了。它还包含了一个文本编辑器，可以在其中开发叫做脚本的整个 Python 程序。此外，它还具有有用的功能能够帮助 Python 脚本开发，例如彩色显示代码。

- 文本编辑器——文本编辑器是创建和修改文本文件的程序。文本编辑器并不会像字处理器那样格式化文本，也并不会解释输入到其中的 Python 程序，它只是帮助创建一个 Python 脚本文件。

TIP | **提示：执行 Python 脚本**
当一个 Python 脚本创建好之后，可以通过命令行或者开发环境 shell 来运行它。即使一个脚本中有多条 Python 语句，但是解释器每一次只解释一条语句，直到解释完整个文件为止。

现在你已经对各种 Python 工具有了一个简单的了解，可以开始更深入地探索了。学习这些工具的使用方法将帮助你学习 Python 编程。

3.5　关于 Python 交互式 shell

Python 交互式 shell 主要是用来测试一些 Python 语句和检查语法错误。可以在 GUI 终端中输入 python3 并按下回车键来进入 Python 交互式 shell。

TIP | **提示：Python2 的交互式 shell**
如果想要尝试一些 Python v2 的语句，仍然可以在 Raspbian 上使用 Python2 的交互式 shell。输入命令 python 或 python2 并按下回车键来打开它。

图 3.2 显示了交互式 shell。注意欢迎信息中显示了 Python 解释器的版本号。在一些帮助信息之后，提示符就显示出来了，是三个大于号，即>>>。

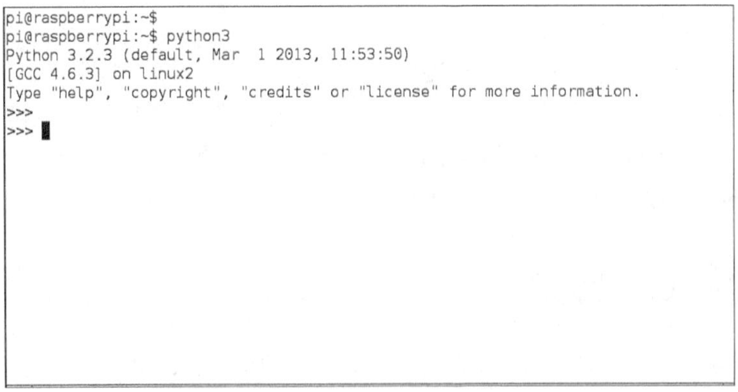

图 3.2　Python 交互式 shell

现在输入一条 Python 语句并按下回车键就可以让 shell 解释它了。Python 解释器会检查语句的语法。如果语法是正确的，那么这条语句会转换成二进制并且执行。

提示：使用图形界面还是命令行?　　　　　　　　　　　　　　　*TIP*

　　在本章中的 Python 交互式 shell 的例子都是使用 GUI 中的一个终端。不过，你也可以在 GUI 之外的命令行中使用 Python 交互式 shell。

　　图 3.3 显示了一条使用 print 函数的语句：print（"I love my Raspberry Pi!"）。Python 交互式 shell 解释、转换并且执行指令，最后在屏幕上打印出 I love my Raspberry Pi!

```
pi@raspberrypi:~$
pi@raspberrypi:~$ python3
Python 3.2.3 (default, Mar  1 2013, 11:53:50)
[GCC 4.6.3] on linux2
Type "help", "copyright", "credits" or "license" for more information.
>>>
>>> print("I love my Raspberry Pi!")
I love my Raspberry Pi!
>>>
>>>
```

图 3.3　在 Python 交互式 shell 中使用 print 函数

　　如果想要获取关于使用交互式 shell 或者 Python 语句的帮助，可以键入 help()并按下回车键。图 3.4 显示了交互式 shell 的帮助功能。

```
>>>
>>> help()

Welcome to Python 3.2!  This is the online help utility.

If this is your first time using Python, you should definitely check out
the tutorial on the Internet at http://docs.python.org/3.2/tutorial/.

Enter the name of any module, keyword, or topic to get help on writing
Python programs and using Python modules.  To quit this help utility and
return to the interpreter, just type "quit".

To get a list of available modules, keywords, or topics, type "modules",
"keywords", or "topics".  Each module also comes with a one-line summary
of what it does; to list the modules whose summaries contain a given word
such as "spam", type "modules spam".

help>
```

图 3.4　交互式 shell 的帮助功能

　　可以输入 Python 的关键字，例如 print 来获得其相关的帮助。也可以输入模块名或主题来获取帮助信息。如果要退出帮助信息，可以按 Q 键。如果要退出交互式 shell 的帮助，可以按住 Ctrl 键，然后按一下 D 键，这个组合键写作 Ctrl+D。或者，也可以输入 quit 并按下回车键来退出。

　　当用完了 Python 交互式 shell 后，只需输入 exit()然后按回车键，Python 就会退出交互式 shell，并回到命令行。

▼　　　　　　　　　　　　　　　　　　　　　　　　　　　　　　实践练习

探索 Python 交互式 shell

　　现在该你自己来尝试交互式 shell 了！跟着下面步骤在交互式 shell 中输入一条 print 语句然后退出：

1. 启动你的树莓派并登录到系统中。

2. 如果树莓派没自动进入 GUI 界面，则输入 startx 然后按下回车键。

3. 双击 Terminal 图标打开一个终端。

4. 在命令行提示符下，输入 python3 并按下回车键盘。现在应该就在 Python 交互式 shell 里了。

CAUTION | **警告：语法检查**
　　在你按下回车键之前，花点时间检查一下 Python 语句。非常容易犯的错误是，只有一个引号或者使用错误的大小写（例如，写成 Print 而不是 print）。养成在按下回车键之前检查命令的习惯会为你节省很多修改错误的时间。

5. 在>>>之后，输入 print ("This is my first Python statement!")然后按下回车键。你应该能看到 shell 中显示 This is my first Python statement!你已经迈出了走向伟大的 Python 编程的第一小步。

CAUTION | **警告：键盘不工作**
　　当按下"（双引号）键得到的却是一个@符号时，那么键盘可能没有正确配置，回到本章之前的"检查键盘"一节。

6. 要退出 Python 交互式 shell，可以输入 exit()并且按下回车键。

▲

3.6　关于 Python 开发环境 shell

　　开发环境 shell 是用户创建、运行、测试和修改 Python 脚本的工具。通常开发环境会改变代码关键语法的颜色，以便更容易识别各种语句。这种颜色标注，有利于脚本的测试、修改以及调试。另一个不错的功能是代码自动完成，当输入 Python 关键字时，开发环境会提供一些屏幕提示来帮助你完成代码。

　　除此之外，开发环境还提供语法检查，因此你可以在不运行整个 Python 脚本的情况下就检查出语法错误。通常，开发环境工具还提供了自动缩进来保持整个脚本的缩进一致。

　　最后，环境中调试工具提供了单步功能帮助你解决 Python 脚本中的逻辑错误。那么开发环境不能做什么？它不能替你写一个 Python 脚本，但是它能帮助你完成这件事。

　　IDLE 是默认安装在 Raspbian 上的 Python 开发环境，并且它也是本书主要使用的环境。还有很多其他的 Python 开发环境工具，包括下面这些。

- PyCharm—www.jetbrains.com/pycharm/

- Komodo IDE—www.activestate.com/komodo-ide/

- PyDev Open Source Python plug-in for Eclipse—pydev.org

你可以通过 wiki.python.org/moin/IntegratedDevelopmentEnvironments 找到关于集成开发

环境（Integrated Development Environment，IDE）的更多介绍。

IDLE 开发环境 shell

IDLE 表示交互式开发环境。这个开发环境提供了一个内建的文本编辑器、一个交互式 shell 以及很多其他的特性，来帮助创建和测试 Python 脚本。

要在 GUI 中启动 IDLE，只需双击桌面上的 Python 3 图标。你也可以从程序菜单中找到它。图 3.5 显示了支持 Python 3 的 IDLE Python 交互模式（Shell）。

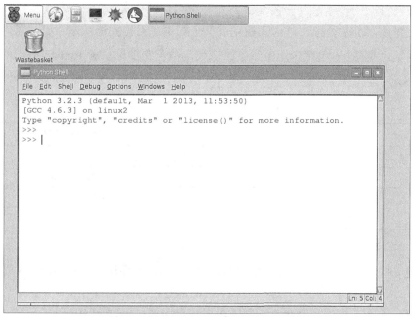

图 3.5　支持 Python 3 的 IDLE 的交互式模式

提示：把 IDLE 添加到桌面　　　　　　　　　　　　　　　　　　*TIP*

　　由于你将要在本书中大量使用 IDLE，应该为其在桌面上添加一个快捷图标。找到位于树莓派的 Programming 菜单下的 Python 3 图标，并且用鼠标右键单击它。从下拉菜单中选择 Add to Desktop。

IDLE 窗口的标题栏显示 Python Shell。注意这个窗口使用跟 Python 交互式 shell 使用同样的提示。因为 IDLE 环境在这种开发模式下使用 Python 交互式 shell，所以我们称之为交互式模式。

技巧：IDLE 无处不在　　　　　　　　　　　　　　　　　　　　*NOTE*

　　使用 IDLE 最大的优点是它不仅能在 Linux 中使用，也可以在 Windows 和 OS X 上使用。

交互式模式有很多特性帮助你创建和测试 Python 脚本。下面是一些当你开始 Python 编程时最重要的特性：

- 菜单驱动的选项以及它们对应的快捷键——例如，要打开一个新的 IDLE 窗口，可以单击 File 菜单项然后从下拉菜单中选择 New Window。也可以使用快捷键打开一个新的 IDLE 窗口，按下 Ctrl+N 组合键即可。
- 基本的文本编辑器——为了输入一个 Python 脚本，可以从交互式 IDLE 主窗口打开一个新的窗口，以使用基本的文本编辑器。这个文本编辑器允许通过菜单或者快捷键完成诸如剪切和粘贴文本的一些操作。
- 代码自动完成——当你输入 Python 语句时，一些有帮助的提示会出现在屏幕上，帮助你完成当前的语句。
- 语法检查——当你输入一条命令并且回车后，Python 解释器会检查语句是否有语法错误并且立即提示问题。这比在完成整个脚本之后再找语法错误好多了。
- 代码颜色高亮——IDLE 程序通过改变代码颜色帮助你了解 Python 语句的逻辑。

表 3.1 显示了它使用的颜色。

表 3.1　　　　　　　　　　　　　　　　IDLE 代码颜色

颜　　色	Python 项目
红色	注释
橘色	Python 关键字
绿色	字符串字面值
蓝色	定义的名字（函数、类）
紫色	内建的函数

- 缩进支持——Python 在某些地方要求使用格式化的缩进。IDLE 程序会重新组织这些必须的缩进并自动修正（更多关于缩进的信息，参见本书第 6 章）。
- 调试特性——调试是指从一个程序中去除不正确的语法或逻辑。在 IDLE 中，Python 解释器的语法检查会找出语法错误。你可以使用 IDLE 调试器来发现逻辑错误，它允许你单步调试脚本而不用添加更多的 Python 语句来调试。
- 帮助——任何人都会需要帮助，IDLE 提供了一个非常好的帮助功能。你可以通过单击 Help 菜单项然后从下拉菜单中选择 IDLE Help 来使用帮助功能。

自己尝试一下 IDLE 的特性会帮助你更好地学习使用 IDLE 工具。下面的"实践练习"就提供了这样的机会。

▼　　　　　　　　　　　　　　　　　　　　　　　　　　　　　　　　　　　　实践练习

探索 Python IDLE 工具

在下面的步骤中，你将会尝试一些 IDLE 工具的特性。不要被这个工具中花哨的功能搞得眼花缭乱。请按照下面的步骤来尝试基本功能并了解一下这个环境。

1．如果树莓派没有启动的话，就启动它并登录系统。

2．如果启动后没有自动进入 GUI，就输入 startx 并按下回车键。

3．双击添加到桌面上的 Python 3 快捷图标打开 IDLE 程序，或者通过 Raspberry 菜单图标，将鼠标悬停在 Programming 菜单项上，并单击 Python 3 菜单项。现在你应该打开了 IDLE 交互式模式窗口。

提示：Python 3 不是 Python 2　　　　　　　　　　　　　　　　　　　　**TIP**

　　你也许已经注意到了 Python 3 菜单选项旁边有一个漂亮的 Python 2 图标。这是为 Python 2 准备的 IDLE 程序。确保选择 Python 3 以继续本章的课程。

---

4. 在 IDLE 窗口上，在>>>提示符后，输入 print 后停下来看看屏幕。你应该注意到 print 命令变成了紫色。这是因为 print 语句被认为是 Python 内建的函数（在后续的章节，我们将学习各种内建函数）。这些颜色是为了让你更好地认识 Python 语句的语法并理清脚本的逻辑。可以参考表 3.1 的各种 IDLE 颜色的含义。

5. 按空格键然后输入 "This is my first Python"，再停下来看看屏幕。你应该注意到文本 This is my first Python 被标记成绿色，因为 Python 认为它是字符串（我们会在后续的章节学习到更多关于字符串的知识。现在，只需注意其颜色就好了）。

6. 不要正确完成你的 Python 语句，直接按下回车键就好了。（这里故意试图产生一个语法错误，以看看 IDLE 如何处理语法问题）。应该能看到这条消息：Syntax Error: EOL error while scanning string literal，这是因为你没有正确结束 print 函数。

7. 在 IDLE 3 窗口，输入 print(然后停止。你会看到窗口上出现一个屏幕提示，如图 3.6 所示。IDLE 尝试通过给出屏幕提示给予指导。

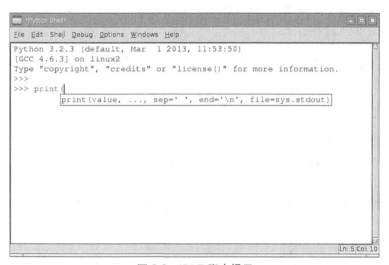

图 3.6　IDLE 脚本提示

8. 输入 "This is my first Python statement in IDLE" 以完成这条 Python 语句。看看你的 Python 语句，并确保它是这样的：print ("This is my first Python statement in IDLE")。如果它不正确，那么，你可以用左、右箭头键和 Delete 键进行修改。当你确定它是正确的时候，按下回车键。应该看到如图 3.7 所示的输出。恭喜！你刚刚在 IDLE 里正确输入了自己的第一条 Python 语句。

9. 最后，按 Ctrl+Q 组合键以退出 IDLEshell。IDLE 交互式窗口应该关闭了。

```
Python Shell                                              _ □ ✕
File  Edit  Shell  Debug  Options  Windows  Help
Python 3.2.3 (default, Mar  1 2013, 11:53:50)
[GCC 4.6.3] on linux2
Type "copyright", "credits" or "license()" for more information.
>>>
>>> print("This is my first Python statement in IDLE")
This is my first Python statement in IDLE
>>>
>>>


                                                      Ln: 8 Col: 4
```

图 3.7　IDLE 中的 Python 语句的输出

NOTE

> **技巧：退出 IDLE**
>
> 　　可以使用各种不同的方法退出 IDLE。就像在第 9 步中一样，可以按 Ctrl+Q 组合键退出。同样，也可以使用菜单选项：单击 File 菜单，然后选择 Exit。
>
> 　　第三种方法是输入 Python 语句 exit()。当你这么做的时候，会有一个窗口弹出来，它的标题是 Kill?，并且会显示 The program is still running! Do you want to kill It?然后你可以单击 OK 按钮。最后一种方法相对比较暴力，但是它可以退出 IDLE 并回到 GUI。

　　现在你已经试用了 IDLE，它的基本功能对你应该更有用。随着 Python 的使用经验的增长，你可能会想尝试一些更强大的功能。

TIP

> **提示：更多地了解 IDLE**
>
> 　　Python 官方网站维护了一份关于 IDLE 的使用的文档，非常值得去看看。你可以在这里 docs.python.org/3/library/idle.html 找到它。

3.7　创建 Python 脚本

　　可以将 Python 语句写入文件，然后再批量运行它们，而不是在每次需要运行程序的时候都一行一行输入 Python 语句。这些包含 Python 语句的文件叫作脚本。

　　你可以通过 Python 交互式 shell 或者用 IDLEShell 运行这些 Python 脚本。清单 3.3 显示了名为 sample.py 的脚本文件，它包含了两条语句。

清单 3.3　sample.py 脚本

```
pi@raspberrypi ~ $ cat py3prog/sample.py
print("Here is a sample python script.")
```

```
print("Here is the second line of the sample script.")
pi@raspberrypi ~ $
```

> **提示：sample.py 在哪儿？** TIP
>
> 在你的树莓派上是找不到这个脚本 py3prog/sample.py 的。它是为本书而创建的。在本章的后面，你将学会如何创建自己的 Python 脚本。

3.7.1 在交互式 shell 中运行 Python 脚本

为了在 Python 交互式 shell 中执行 sample.py 脚本，可以在命令行中键入 python3 py3prog/sample.py，然后按回车键。清单 3.4 显示了结果。就像你看见的那样，shell 执行了这两条语句，并且没有出现任何问题。

清单 3.4 执行 sample.py

```
pi@raspberrypi ~ $ python3 py3prog/sample.py
Here is a sample python script.
Here is the second line of the sample script.
pi@raspberrypi ~ $
```

> **提示：脚本存储位置** TIP
>
> 把 Python 脚本存储在一个标准的位置是个不错的注意，本书使用子文件夹/home/pi/py3prog 存储文本文件。

3.7.2 在 IDLE 中运行 Python 脚本

要在 IDLE 中运行 sample.py 脚本，首先启动 IDLE，然后在交互式模式中（shell）按组合键 Ctrl+O 或者选择 File 菜单中的 Open 选项。然后 Open 窗口会打开，定位到 Python 脚本所在的位置，在这个例子中，sample.py 在/home/pi/py3prog 目录，如图 3.8 所示。选中脚本后单击 Open 按钮。

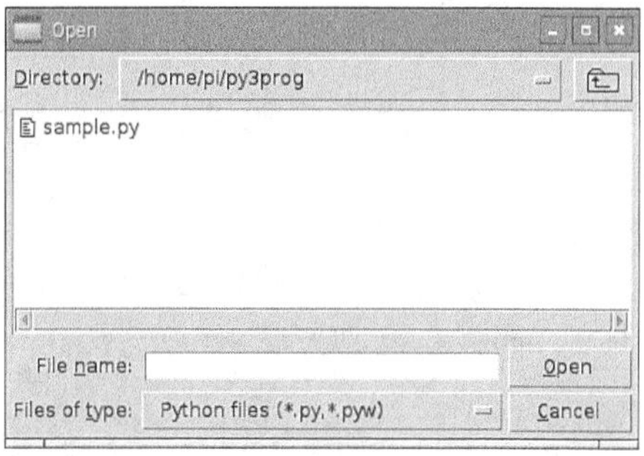

图 3.8 在 IDLE 中打开一个 Python 脚本

当你单击 Open 按钮时，另一个 IDLE 窗口会打开，它会显示 Python 脚本，并在窗口的标题栏显示它的位置和名字（如图 3.9 所示）。

现在，运行 Python 脚本，在 Python 脚本窗口，按 F5 键或单击 Run 菜单，然后选择 Run Module。控制会回到最初打开的 IDLE 窗口（IDLE 交互模式窗口），然后 Python 脚本的运行结果会显示出来，如图 3.10 所示。

> **警告：我的脚本在哪里输出？** CAUTION
>
> 当第一次使用 IDLE 时，你可能会对 Python 脚本输出到哪里感到困惑。只要记住，输出始终显示在 IDLE 的主交互模式窗口中。在这个窗口的标题栏上写有“Python Shell”。

图 3.9　在 IDLE 中一个已经打开的脚本

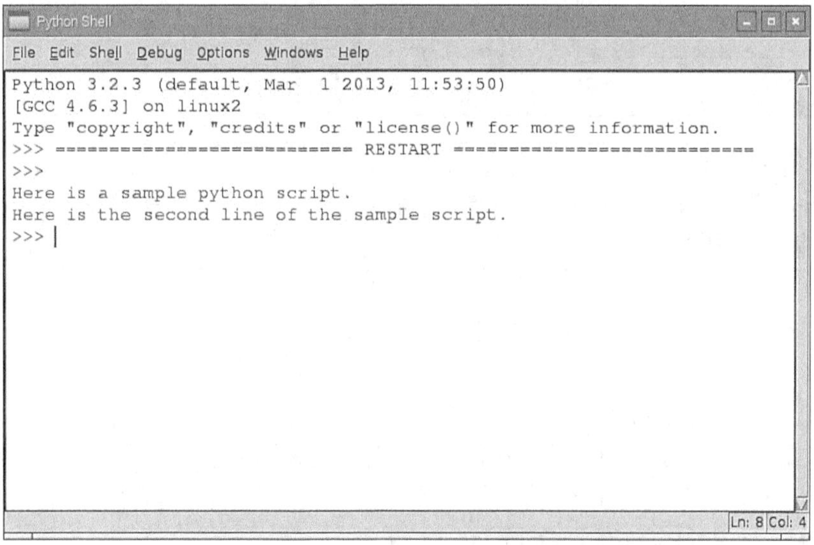

图 3.10　Python 脚本在 IDLE 中被执行

现在你已经知道两种运行脚本的方法了，是时候看看如何创建一个脚本了。要创建一个脚本，同样有两种方法可供选择。

3.7.3　使用 IDLE 创建一个脚本

在 IDLE 中创建脚本非常容易。在 IDLE 交互模式窗口上按 Ctrl+N 组合键或者单击 File 菜单，然后选择 New Window，就可以轻松打开一个 IDLE 文本编辑窗口。你会看到这个新打开的窗口的标题栏上显示的是 "Untitled"。它是一个基本的 IDLE 文本编辑器。在这个模式下，当你输入 Python 语句时，它们不会被解释执行，当然也就没有输出会显示。

在基本的 IDLE 文本编辑器中，输入一些 Python 语句来创建脚本。完成之后，可以把这些语句保存到一个文件中。

> **技巧：在 IDLE 中进行编辑**
>
> 你不应局限于仅使用箭头方向键和 Delete 键编辑文本文件。看看在编辑菜单中的所有可用选项，可以撤销一个修改、查找单词、复制和粘贴等。IDLE 文本编辑器功能比较简单，但它能为你提供很大的帮助。

要保存 Python 脚本文件，可以通过按 Ctrl+S 组合键或单击 File 菜单，然后选择 Save。一个 Save As 窗口就会出现，如图 3.11 所示。选择要保存文件的目录，输入文件的名字，然后单击 Save 按钮。

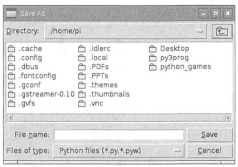

图 3.11　从 IDLE 编辑器中保存一个 Python 脚本

> **技巧：Python 脚本中的"py"**
>
> 在图 3.11 中，文件结尾有一个.py。这个文件扩展名表示它是一个 Python 脚本。因此，所有的 Python 脚本都应该像 scriptname.py 一样命名。

3.7.4　使用文本编辑器创建一个 Python 脚本

除了 IDLE 之外，还有一些其他的文本编辑器可以使用。在 Raspbian 上有两个默认可用的编辑器。一个是 Leaf Pad，这是一个面向学龄儿童的工具；另一个是 nano。

> **技巧：文本编辑器的更多知识**
>
> 可用的文本编辑器比本书所介绍的要多得多。其中的一些是默认安装的，而另一些则需要单独安装。要了解文本编辑器的完整列表，请访问如下的 Web 页面：www.raspberrypi.org/documentation/linux/usage/text-editors.md。

nano 文本编辑器非常小型且轻量化，对树莓派来说非常完美。和其他更复杂的文本编辑器相比，nano 非常易用。相较于 IDLE 中的编辑器，nano 最大的优点是它可以同时在 GUI 和命令行中使用！

在命令行中，可以输入 nano 然后按下回车键来启动 nano 文本编辑器。但是注意，nano 文本编辑器不会对 Python 语句进行任何语法检查，它也不会在你输入代码时进行任何代码高亮变色的提示。当然，它也不会进行自动缩进。当编辑 Python 脚本时，nano 不会提供任何手把手的帮助，尽管有些程序员希望编辑器能帮他们做这些事情。

图 3.12 展示了如何使用 nano 文本编辑器。nano 编辑器程序窗口的标题栏的最左边以 GNU nano 打头，然后是 nano 编辑器的版本号。在标题栏的中间，如果你创建了一个新的文件的话，

将会显示 New Buffer，或者如果你在编辑一个文件的话，这里显示的是所编辑的文件的名称。

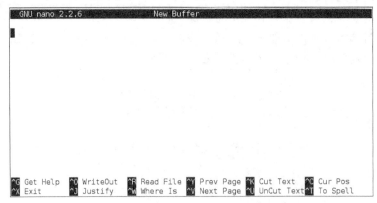

图 3.12 nano 文本编辑器

nano 编辑器的中间面板是编辑区域，这里是添加新的 Python 语句或者对已有的文件进行修改的地方。

> **TIP** **提示：消息区**
>
> 在 nano 编辑器的窗口底部两行的右上方是一个特殊的消息/问题区域。这块区域通常是空白的。但是当 nano 有一条特殊的消息或者问题，例如 File Name to Write:，它就会显示在这里。

nano 编辑器底部两行的内容展示了最常用的键盘命令。这些快捷键实际上是 nano 文本编辑器的命令。这个窗口使用^来表示 Ctrl 键。因此，命令^G 表示使用 Ctrl+G 组合键。表 3.2 列出了 nano 编辑器的一些基本的命令。

表 3.2 一些基础的 nano 命令

组 合 键	执 行 命 令
Ctrl+G	打开 nano 帮助信息
Ctrl+X	退出当前打开的窗口
Ctrl+O	把当前的内容存储到一个文件
Ctrl+F	在编辑器中打开一个文件

如果想要了解 nano 编辑器的更多信息，你可以按 Ctrl+G 组合键以阅读它的帮助信息，另一个途径是访问 nano 编辑器的主页 www.nanoeditor.org。

3.8 使用适当的工具

现在你已经学习了文本编辑器、Python 交互式 shell 以及 IDLE，你可能试图去记住用哪个工具运行 Python 脚本或者测试 Python 语句。表 3.3～表 3.5 将会回答这些问题，在接下来的几章，可以用它作为快速参考。

表 3.3 测试 Python 语句

工 具	启动工具的图标或命令
Python 交互式 shell	python3
Python 开发环境—交互模式（shell）	IDLE 3

表 3.4	创建 Python 脚本
工 具	启动工具的图标或命令
nano 文本编辑器	nano
Python 开发环境—编辑模式和交互模式	IDLE 3，Ctrl+N

表 3.5	运行 Python 脚本
工 具	启动工具的图标或命令
Python 交互式 shell	python3 filename.py
Python 开发环境—编辑模式和交互模式	IDLE 3、Ctrl+O 或者 F5

当你不知道应该用哪个工具的时候你应该查看这些表格。只有知道何时该使用一个工具，这个工具才是有用的。

3.9 小结

在本章中，你了解了 Python 的历史，了解了如何确保正确地安装了合适的 Python 工具，以及如何正确地设定你的键盘。然后你又了解了如何用工具来测试 Python 语句，并且知道了如何创建和运行 Python 脚本。

到此时为止，你已经设置好并了解了 Python 开发环境。现在，艰苦的工作即将得到回报。在第 4 章中，你将输入一些真正的 Python 语句。

3.10 Q&A

Q. 必须使用 nano 文本编辑器吗？

A. 不。可以使用 IDLE 中自带的基本的编辑器代替 nano，也可以尝试使用 Leaf Pad 或者安装其他文本编辑器，如 gedit。如果仍然对这些编辑器不满意，甚至可以安装 vi/vim 编辑器。

Q. 我可以用一个文字处理工具创建 Python 脚本吗？

A. 是的，可以。但是，一定要注意将你创建的文件保存为纯文本文件。

Q. 我必须使用 IDLE 吗？

A. 不。但是，至少学习一种开发环境工具是比较明智的选择。在学习本书中的概念的时候，那些脚本和代码片段都比较小。但是当你真的开始写脚本的时候，它们会变得特别庞大。这个时候熟悉开发环境将会非常有帮助。

3.11 练习

3.11.1 问题

1. 当存储一个 Python 脚本时，文件扩展名是.python。对还是错？

2．Python 编程语言的名字从何而来？

    a．巨蟒剧团之飞翔的马戏团。

    b．蟒蛇。

    c．希腊的巨蟒。

3．在 IDLE 交互式模式，哪种颜色表示一个字符串？

4．在 IDLE 交互式模式中，哪种颜色表示一个函数？

5．IDLE 提供了如下的哪种功能（如果适用的话，可以多选）？

    a．基本的文本编辑器

    b．语法检查

    c．代码脚本编程

    d．代码自动完成

    e．以上所有选项

6．要使用 nano 文本编辑器，在命令行输入_____。

7．要访问 IDLE 开发环境，单击_____图标，它默认地位于 GUI 菜单中。

8．Python 2 是基于_____编码的，而 Python 3 是基于 Unicode 编码的。

9．IDLE、nano 和 Python 3 应该/不应该（二选一）是在 Raspbian 上默认安装的。

10．可以在 IDLE 的交互模式中（shell）中输入 exit 来退出 IDLE。这种说法正确还是错误？

3.11.2 答案

1．错误，Python 的文件扩展名是.py。

2．Python 语言的名称来源于巨蟒剧团之飞翔的马戏团。

3．在 IDLE 交互式模式，绿色表示一个字符串。

4．在 IDLE 交互式模式，紫色表示一个函数，例如 print 函数。

5．IDLE 提供了 a.基本的文本编辑器 b. 语法检查和 d. 代码自动完成。然而，它不能为你自动编写脚本。

6．在命令行输入 nano 以访问 nano 文本编辑器。

7．单击 Python 3 图标以访问 IDLE 开发环境。

8．Python 2 基于 ASCII 编码，它只支持英文字符，而 Python 3 基于 Unicode，它支持英文和非英文字符的编码。

9．IDLE、nano 和 Python 3 都应该在 Raspbian 上默认安装。

10．错的。在 IDLE 的交互模式（shell）中，必须输入 exit()才能够退出 IDLE。

第二部分

Python 编程基础

第 4 章

Python 基础

本章主要内容包括:

- 从脚本产生输出
- 让脚本可读
- 如何使用变量
- 给变量赋值
- 数据类型
- 输入信息到脚本

在本章中,你将会学到一些 Python 的基础知识,如使用 print 函数进行输出。你将了解变量以及如何给它们赋值,同时还将了解一些数据类型。在本章结束时,你将会了解如何使用 input 函数向脚本内输入数据,并编写自己的第一个 Python 脚本!

4.1　Python 脚本的输出

了解如何从一个 Python 脚本产生输出,这对于一个 Python 编程语言的初学者来说是一个不错的起点。你可以从 Python 交互式解释器中立刻得到 Python 语句的输出结果,并且可以体验正确的语法。我们在第 3 章中所见到 print 函数也是一个不错的着眼点。

4.1.1　探索 print 函数

函数(function)是一组完成一个特定任务的 Python 语句的集合。你也可以直接输入单条的 Python 语句来执行一个任务。

提示："新"的 print 函数

在 Python 2 中，print 并不是一个函数，从 Python 3 开始它变成了一个函数。知道这一点很重要，特别是你要将一个脚本从 v2 转换到 v3 的时候。

print 函数的任务是输出内容。输出的内容叫作参数（argument）。print 函数的基本语法如下：

```
print( argument )
```

技巧：标准函数库

print 函数是一个内建函数，它是 Python 标准函数库的一部分。你不需要做任何事情就能使用这个函数。这些函数会随着 Python 一起默认安装。

print 函数的参数可以是字符，如 ABC 或者 123，也可以是存储在变量里的值。在本章的稍后部分，你将会学习关于变量的内容。

4.1.2 使用字符作为 print 的参数

要使用 print 函数来显示字符（也叫字符串常量），你需要使用单引号或者双引号将字符括起来。清单 4.1 显示了使用一对单引号括起来的字符（一个句子），它可以用作 print 函数的参数。

清单 4.1 用一对单引号括起来的字符

```
>>> print('This is an example of using single quotes.')
This is an example of using single quotes.
>>>
```

清单 4.2 展示了使用双引号的 print 函数，你可以看到清单 4.1 和清单 4.2 的输出结果都不包含引号，只有字符。

清单 4.2 用一对双引号括起来的字符

```
>>> print("This is an example of using double quotes.")
This is an example of using double quotes.
>>>
```

提示：选择一种引号并且持续保持一致

如果你喜欢在 print 函数中用单引号将字符串括起来，那么就一直使用它们。如果你更喜欢使用双引号，那么就坚持使用双引号。虽然 Python 并不区分单双引号，但是在这个 print 函数中使用单引号，而在下一个 print 中使用双引号是一种很不好的风格，这会让代码变得难以理解。

有时需要输出一个包含单引号的字符串来表示单词的所有格或简写。在这种情况下，可以使用双引号包围需要输出的整个句子，如清单 4.3 所示。

清单 4.3 使用双引号保护单引号

```
>>> print("This example protects the output's single quote.")
This example protects the output's single quote.
>>>
```

还有的时候，你需要输出包含双引号的字符串，如表示引用时。清单 4.4 展示了在字符串中使用单引号来包含双引号。

清单 4.4　使用单引号保护双引号

```
>>> print('I said, "I need to protect my quotation!" and did so.')
I said, "I need to protect my quotation!" and did so.
>>>
```

技巧：使用单引号包含单引号　　　　　　　　　　　　　　　　　***NOTE***

　　你可以在单引号中嵌入单引号，或者在双引号中嵌入双引号。但是，你需要使用一种叫作"转义序列"（escape sequence）的特殊字符来完成这件事，在本章的后面会讲到这些。

4.1.3　格式化 print 函数的输出

可以使用 print 函数输出各种格式。例如，你可以使用无参数的 print 函数输出一个空行，如下所示：

```
print()
```

图 4.1 所示的屏幕展示的 Python 脚本在两行输出中间插入了一个空行。

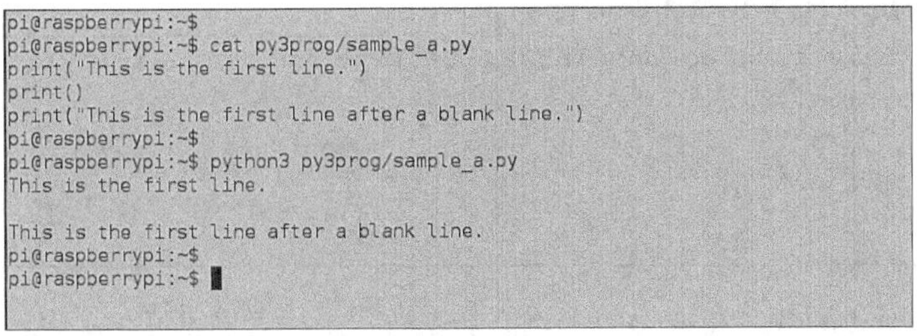

图 4.1　在脚本输出中添加一个空行

另一种格式化的方法是在 print 函数中使用三重引号。三重引号就是三组双引号。

清单 4.5 显示了如何使用三重引号来嵌入一个换行符（通过按下回车键）。当现实输出时，每个嵌入的换行符让下句出现在下一行。这样，换行符将你的内容输出到下一个新行。不过要注意，你无法看到嵌入在代码行中的换行符，你只能看到它的输出效果。

清单 4.5　使用三重引号

```
>>> print("""This is line one.
... This is line two.
... This is line three.""")
This is line one.
This is line two.
This is line three.
>>>
```

也可以使用三重引号来保护要输出的单引号和双引号。清单 4.6 显示了在同一个字符串

中使用三重引号来包含单引号和双引号。

清单 4.6　使用三重引号保护单引号和双引号

```
>>> print("""Raz said, "I didn't know about triple quotes!" and laughed.""")
Raz said, "I didn't know about triple quotes!" and laughed.
>>>
```

> **TIP** | **提示：但是我喜欢单引号**
> 　　三重引号并不一定是三组双引号。你可以使用三组单引号代替双引号以达到一样的效果！

4.1.4　使用转义序列控制输出

转义序列是一系列字符，它允许一条 Python 语句"偏离"正常的行为。它通常用于输出格式化或者保护字符。转义字符全部都以反斜杠（\）开头。

为输出添加特殊的格式化的一个例子是\n 转义序列。\n 转义序列强制将其之后的任何字符在下一行输出。这就是换行，它插入的格式化字符是换行符。清单 4.7 展示了使用\n 转义序列插入换行符的一个例子。可以看到它导致输出格式化成与清单 4.5 中使用三重引号相同的效果。

清单 4.7　使用转义序列添加换行符

```
>>> print("This is line one.\nThis is line two.\nThis is line three.")
This is line one.
This is line two.
This is line three.
>>>
```

通常情况下 print 函数只在输出的末尾添加换行符。但是在清单 4.7 中，print 函数的正常行为被强制改变了，因为使用了\n 转义序列。

> **NOTE** | **技巧：引号和转义序列**
> 　　无论使用单引号、双引号还是三重引号将 print 的参数括起来，转义序列都能正常工作。

你还可以使用转义序列来保护语法中使用的各种字符。清单 4.8 显示了使用反斜杠字符（\）保护单引号，这样它就不会被当作 print 函数的语法的一部分了。相反，这个引号会显示在输出中。

清单 4.8　使用转义序列保护引号

```
>>> print('Use backslash, so the single quote isn\'t noticed.')
Use backslash, so the single quote isn't noticed.
>>>
```

在 Python 脚本中，你可以使用许多不同的转义序列。表 4.1 给出了一些可用的序列。

表 4.1 一些 Python 转义序列

转义序列	描 述
\'	在输出中显示一个单引号
\"	在输出中显示一个双引号
\\	在输出中显示一个反斜杠
\a	在输出中制造一声钟声
\f	在输出中插入一个换页
\n	在输出中插入一个换行符
\t	在输出中插入一个水平制表符
\u####	显示以四个十六进制数字（（####））所表示的 Unicode 字符

通过表 4.1 可以发现，你不仅可以在输出里插入格式化的内容，也可以制造声音。另一个有的趣转义序列是在输出中显示 Unicode 字符。

4.1.5 好玩的东西

由于采用了 Unicode 转义序列，你可以在输出中打印各种文字。在第 3 章中，我们学习了一点关于 Unicode 的内容，通过使用\u 转义序列可以显示 Unicode 字符。每一个 Unicode 字符用一个十六进制数来表示。你可以在 www.unicode.org/charts 找到这些十六进制数，可以找到很多的 Unicode 字符！

圆周率（π）的 Unicode 十六进制符号为 03c0。要使用 Unicode 显示这个符号，你必须在 print 函数中，给这个数字加上\u 前缀。清单 4.9 显示了输出圆周率符号。

清单 4.9 使用 Unicode 转义序列

```
>>> print("I love my Raspberry \u03c0!")
I love my Raspberry π!
>>>
```

实践练习

使用 print 函数创建输出

在本章中，你已经学习了如何使用 print 函数产生和格式化输出。现在，应该来尝试这个多功能的 Python 工具了。请按照下面的步骤操作。

1. 启动树莓派并且登录。

2. 如果 GUI 没有自动启动，请输入 startx 并且按下回车打开它。

3. 双击 Terminal 图标打开一个终端。

4. 在命令行提示符处输入 python3 并回车。现在你应该已经进入 Python 交互式 shell 了，你可以输入 Python 语句并且立即得到结果。

5. 在 Python 交互式 shell 提示符（>>>）处输入 print ('I learned about the print function.')然后按下回车键。

6．在提示符处，输入 print ('I learned about single quotes.')并按下回车键。

7．在提示符处，输入 print ("Double quotes can also be used.")并按下回车键。

TIP | **提示：使用三重双引号输入多行**
　　　在第 8 步到第 10 步，你不会在一行中写完 print 函数，相反，将会用三重双引号完成多行输入和显示。

8．在提示符处输入 print ("""I learned about things like...并按下回车键。

9．输入 triple quotes，然后按下回车键。

10．输入 and displaying text on multiple lines.""")并按下回车键。注意在你没有输入结束圆括以完成输入之前，Python 的 print 语句的参数并不会输出。

11．在提示符处输入 print ('Single quotes protect "double quotes" in output.')并按下回车键。

12．在提示符处输入 print ("Double quotes protect 'single quotes' in output.")并按下回车键。

13．在提示符处输入 print ("A backslash protects \"double quotes\" in output.")并按下回车键。

14．在提示符处输入 print ('A backslash protects \'single quotes\' in output.')并按下回车键。使用反斜杠来保护单引号或双引号，能确保你能在 print 函数中使用一致的引号。

15．在提示符处输入 print ("The backslash character \\ is an escape character.")并按下回车键。

16．在提示符处输入 print ("Use escape sequences to \n insert a linefeed.")并按下回车键。在输出中，请注意句子的一部分，"Use escape sequences to" 在一行，然后 "insert a linefeed" 在另一行。这是句子中间插入的转义字符\n 的作用。

17．在提示符处输入 print ("Use escape sequences to \t\t insert two tabs or")并按下回车键。

18．在提示符处输入 print ("insert a check mark: \u2714")并按下回车键。

你可以用 print 函数做很多事情。事实上，你可以花 1 小时来体验输出格式。不过，你仍然需要学习更多重要的 Python 的基础知识（如格式化脚本）以获得更好的可读性。

▲ ——————————————————

4.2 格式化脚本

正如开发环境 IDLE 会在 Python 脚本变得庞大时提供帮助，一些小的实践也将会对你有所帮助。早点了解这些技巧，让它们变成你的习惯，你的 Python 编程技能将会增长（就像你的脚本长度增长一样）。

4.2.1 长文本行

有时你必须使用 print 输出很长的文本行，如你提供给用户的一段指令说明。长输出行会使代码难以阅读并导致脚本的逻辑很难被理解。Python 应该是"适合人们理解"的，养成截断长输出行的习惯会帮助你实现这个目标。有好几个方法可以做到这一点。

> **提示：脚本用户？** **_TIP_**
>
> 　　你可能从来没有听说过与计算机相关的术语"用户"。用户是那个使用计算机或者运行脚本的人，有时会用"终端用户"来指代。编写脚本时，你应当始终将"用户"记在心中，即便脚本的"用户"就是你自己。

第一种分解较长的输出行的方法是使用字符串连接符。字符串连接是将两个或更多的字符串用"胶水"连接到一起，把它们变成一个字符串。在这种方法中的"胶水"是加号（+）。然而，要使其正常工作，你还需要使用反斜杠（\）改变 print 函数在行尾添加换行符的常规行为。因此，如清单 4.10 所示，你需要使用两个符号+\。

清单 4.10　长文本行的字符串连接

```
>>> print("This is a really long line of text " +\
... "that I need to display!")
This is a really long line of text that I need to display!
>>>
```

可以从清单 4.10 中看到，两个字符串连接到了一起，并在输出中显示成一个字符串。然而，还有一个更简洁的方法完成这件事！

可以去掉+\仅保留引号括起来的字符串。print 函数会自动连接这些字符串！它能完美地处理这种情况，并且看起来还更整洁。清单 4.11 展示了这种方法。

清单 4.11　连接长文本行

```
>>> print("This is a really long line of text "
... "that I need to display!")
This is a really long line of text that I need to display!
>>>
```

使用简单语法以提供更好的可读性，这始终是一条好的规则。然而，有时你需要使用复杂的语法。这时，注释会帮助你。

4.2.2　创建注释

在脚本中，注释是脚本作者的笔记。注释的目的是使人们能够更好地理解脚本的逻辑。Python 解释器会忽略注释。但是，注释对需要修改或调试脚本的人来说非常宝贵。

> **技巧：良好代码形式的标准** **_NOTE_**
>
> 　　如果你要从事正规的 Python 编程工作，持续让代码保持良好的形式，这一点很重要。好的形式的标准就是 Style Guide for Python Code，参见 https://www.python.org/dev/peps/pep-0008/。

要添加一条注释，可以将井号（#）放在它前面。Python 解释器忽略井号后的所有内容。

例如，当你编写 Python 脚本时，在脚本中插入包含你的名字的注释并且说明脚本的用途，这是一个好主意。图 4.2 显示了一个例子。一些脚本编写者把这些类型的注释放在脚本的顶部，而另一些人则将它们放在脚本的底部。如果你在脚本中插入了带有自己名字的注释，当这个脚本被分享时，你至少会获得他人的尊重。

```
pi@raspberrypi:~$
pi@raspberrypi:~$ cat py3prog/sample_b.py
# sample_b.py - Demonstrate inserting a blank line using print.
# Author:      Christine Bresnahan
# Date:        11/22/2016
##############################################################
#
print("This is the first line.")
print()          # Inserts a blank line in output
print("This is the first line after a blank line.")
pi@raspberrypi:~$
pi@raspberrypi:~$ █
```

图 4.2　Python 脚本中的注释

也可以使用一行的井号（#）将脚本的各个部分隔离开，使得代码更清晰。图 4.2 显示了使用一行井号分开注释部分和脚本主体部分。

最后，你可以在 Python 语句的末尾添加注释。注意图 4.2 中的 print ()语句后面紧跟着一句注释# Inserts a blank line in output。

放置在一个语句的结尾处的注释，叫作结尾注释，它使特定代码行变得清晰。

这几个简单的技巧将真正地帮助你提高代码的可读性。在编写和修改 Python 脚本时，将这些技巧付诸实践会为你节省大量的时间。

4.3　理解 Python 变量

变量是存储一个值的名称，以便在脚本后面使用该值。变量就像一个咖啡杯。咖啡杯通常是用来装咖啡的，不过，咖啡杯也可以装茶、水、牛奶、岩石、砂砾、沙子……就是这么回事。你可以把变量认为是"对象的持有者"，可以在 Python 脚本中查看并使用它。

> *TIP* | **提示：对象的引用**
>
> 　　实际上 Python 并没有变量，它们是对变量对象的引用。但是你就认为它们是变量就好了。

当你给咖啡杯…（不，是变量）…起名字的时候，要注意在 Python 中变量的名称是区分大小写的。例如变量 CoffeeCup 和变量 coffeecup 是不同的。Python 变量名的命名还有其他的一些规则。

- 不能使用关键字作为变量名。
- 变量名的第一个字符不能是数字。
- 变量名不能包含空格。

4.3.1　Python 关键字

Python 关键字的列表经常会变化。因此，在你创建变量前应该看看变量名是否在当前列表里。要查看关键字，你需要使用标准库中的一个函数。但是，这个函数并不像 print 函数一样是内建的函数。在 Raspbian 系统中有这个函数，但是在使用之前，需要将该函数导入到 Python 中。这个函数的名称是 keyword。清单 4.12 显示了如何进行导入该函数并确定关键字。

清单 4.12 确定 Python 的关键字

```
>>> import keyword
>>> print(keyword.kwlist)
['False', 'None', 'True', 'and', 'as',
 'assert', 'break', 'class', 'continue',
 'def', 'del', 'elif', 'else', 'except',
 'finally', 'for', 'from', 'global', 'if',
 'import', 'in', 'is', 'lambda', 'nonlocal',
 'not', 'or', 'pass', 'raise', 'return',
 'try', 'while', 'with', 'yield']
>>>
```

在清单 4.12 中，命令 import keyword 将 keyword 函数引入到 Python 中，以便能够使用它。接下来的语句 print (keyword.kwlist) 使用 keyword 和 print 函数显示当前的 Python 关键字清单。这些关键字不能用作变量名。

4.3.2 创建 Python 变量名

变量名的第一个字符不能使用数字，但可以是以下几种。

- 字母 a 到 z。
- 字母 A 到 Z。
- 下划线（_）。

首字符之外的其他字符可以是以下几种字符。

- 数字 0 到 9。
- 字母 a 到 z。
- 字母 A 到 Z。
- 下划线（_）。

> **技巧：使用下划线代替空格**　　　　　　　　　　　　　　　　　　**NOTE**
> 　　因为你不能在变量名中使用空格，但是在空格的地方使用下划线是个不错的主意，这能使你的变量名变得具有可读性。例如，与其创建一个像 coffeecup 的变量名，不如使用变量名 coffee_cup。

即使在决定了变量名后，你仍然不能使用它。在使用变量前必须为其赋值。

4.4 给 Python 变量赋值

在 Python 中对变量赋值非常简单。首先写下变量名，然后是一个等号（=），最后是要赋予变量的值。语法就像这样：

variable = value

清单 4.13 创建了 coffee_cup 变量，并且给它赋了一个值。

清单 4.13　创建变量 coffee_cup 并赋值

```
>>> coffee_cup='coffee'
>>> print(coffee_cup)
coffee
>>>
```

如清单 4.13 所示，print 函数可以将变量的值打印出来而不需要任何引号。你可以更进一步，将一个字符串和一个变量作为 print 函数的两个参数输出。print 函数知道这两个是单独的参数，因为它们使用逗号（,）分隔开了，如清单 4.14 所示。

清单 4.14　显示文本和变量

```
>>> print("My coffee cup is full of", coffee_cup)
My coffee cup is full of coffee
>>>
```

4.4.1　格式化变量和字符串输出

使用变量又带来了一些额外的格式问题。例如，print 函数会自动在遇到逗号时添加一个空格。这就是为什么你不需要在 My coffee cup is full of 结尾处添加空格，如清单 4.14 所示。很多时候，你想使用空格之外的其他东西来分隔变量和字符串。这种情况下，可以在语句中使用分隔符。清单 4.15 使用 sep 参数，在输出中使用星号（*）代替空格作为分隔符。

清单 4.15　在输出中使用分隔符

```
>>> coffee_cup='coffee'
>>> print("I love my", coffee_cup, "!", sep='*')
I love my*coffee*!
>>>
```

注意，也可以在 print 语句中的任意字符串之间使用变量。在清单 4.15 中，print 函数接受了 4 个参数。

- 字符串"I love my"。
- 变量 coffee_cup。
- 字符串"!"。
- 分隔符'*'。

变量 coffee_cup 在两个字符串之间。因此，出现了两个星号（*），在 print 函数的每个参数之间各有一个。在 print 函数中混合字符串和变量，这为脚本的输出提供了很大的灵活性。

> **TIP**　**提示：结尾**
>
> 　　使用 end 关键字而不是 sep 关键字，能够在 print 语句的末尾使用一个字符（或者是表 4.1 中给出的转义序列之一）。例如，可以通过如下的这条语句，使用一个感叹号和一个换行作为结尾。
>
> ```
> print("I love my", coffee_cup,end='!/n')
> ```

4.4.2 避免使用未赋值的变量

在给一个变量赋值之前，不能使用变量。变量在赋值之后才会创建。清单 4.16 展示了这样的一个例子。

清单 4.16 未赋值变量的行为

```
>>> print(glass)
Traceback (most recent call last):
File "<stdin>", line 1, in <module>
NameError: name 'glass' is not defined
>>>
>>> glass='water'
>>> print(glass)
water
>>>
```

当执行清单 4.6 中的第一条 print(glass)语句的时候，变量 glass 还没有赋值。因此，Python 解释器会发出一条错误消息。在第 2 次执行 print(glass)语句之前，已经给 glass 变量赋值了一个字符串 water。因此，galss 变量创建了，并且在执行第 2 条 print(glass)语句的时候没有给出错误消息。

4.4.3 将长字符串赋值给变量

如果想要将长字符串赋值给变量，可以使用若干方法将它分解成多行字符串。在 4.2 节中，我们已经学习过使用 print 函数进行多行文本输出，这里的概念也是类似的。

第一个方法是使用字符串连接符（+）将字符串放到一起，并且使用转义字符（\）阻止插入换行符。可以看到清单 4.17 中两个长文本行连接到一起并赋值给变量 long_string。

清单 4.17 在变量赋值操作中连接字符串

```
>>> long_string="This is a really long line of text" +\
... " that I need to display!"
>>> print(long_string)
This is a really long line of text that I need to display!
>>>
```

另一个方法是使用括号将变量的值括起来。清单 4.18 去掉了+\，并在整个长字符串两边加上括号让其连成一个字符串。这就将值放到了一个单个的长字符串中以进行输出。

清单 4.18 在变量赋值操作中合并文本

```
>>> long_string=("This is a really long line of text"
... " that I need to display!")
>>> print(long_string)
This is a really long line of text that I need to display!
>>>
```

清单 4.18 中使用的方法是一种更简洁的方法，这让脚本的可读性更好。

> **TIP** | **提示：将短字符串赋值给变量**
> 同样可以使用括号来将短字符串赋值给变量，这对提高脚本的可读性有很大帮助。

4.4.4　给变量赋予更多类型的值

变量的值不一定仅仅是字符串，它也可以是数字。在清单 4.19 中，将所消耗的特定饮料的杯数赋值给了变量 cups_consumed。

清单 4.19　给变量赋值一个数值

```
>>> coffee_cup='coffee'
>>> cups_consumed=3
>>> print("I had", cups_consumed, "cups of", coffee_cup, "today!")
I had 3 cups of coffee today!
>>>
```

同样也可以把一个表达式的结果赋值给变量。在清单 4.20 中，计算了表达式 3+1，它的值 4 赋值给了变量 cups_consumed。

清单 4.20　给变量赋值表达式的结果

```
>>> coffee_cup='coffee'
>>> cups_consumed=3 + 1
>>> print("I had", cups_consumed, "cups of", coffee_cup, "today!")
I had 4 cups of coffee today!
>>>
```

在本书第 5 章中，我们将了解更多 Python 脚本中的数学运算。

4.4.5　给变量重新赋值

当你给变量赋予了一个值后，它并不会一直是同一个值。可以给变量重新赋值，变量之所以称为变量，就是因为它们的值可以改变。

在清单 4.21，变量 coffee_cup 的值从 coffee 变成 tea。要对变量重新赋值，只需要写下赋值语句，后面再跟着新的值就可以了。

清单 4.21　重新赋值一个变量

```
>>> coffee_cup='coffee'
>>> print("My cup is full of", coffee_cup)
My cup is full of coffee
>>> coffee_cup='tea'
>>> print("My cup is full of", coffee_cup)
My cup is full of tea
>>>
```

> **技巧：变量名的大小写**
>
> 　　在 Python 中，我们倾向于对可变的变量使用全部小写的名称，如 coffee_cup。对于一个值永远不会被改变的变量，我们使用全部大写字母（例如，PI = 3.14）的名称。不变的变量称为符号常量。

4.5　关于 Python 数据类型

　　当通过赋值语句创建一个变量时，如 variable = value，Python 会决定它的数据类型并把数据类型分配给这个变量。数据类型（data type）定义了变量的存储和操作的规则。Python 根据分配给该变量的值来确定数据类型。

　　到现在为止，本章一直都集中在字符串上。当我们输入语句 coffee_cup = 'tea' 后，Python 看到引号里面的字符，然后确定 coffee_cup 应该是一个字符串类型，即 str。表 4.2 列出了 Python 中的一些基本的数据类型。

表 4.2　　　　　　　　　　　　Python 基本数据类型

数 据 类 型	描　　　　述
float	浮点数
int	整数
long	长整数
str	字符串或字符串常量

　　可以使用 type 函数来确定 Python 给一个变量分配了什么数据类型。在清单 4.22 中，可以看到两个变量分配了不同的数据类型。

清单 4.22　为变量分配数据类型

```
>>> coffee_cup='coffee'
>>> type(coffee_cup)
<class 'str'>
>>> cups_consumed=3
>>> type(cups_consumed)
<class 'int'>
>>>
```

　　Python 给 coffee_cup 分配了数据类型 str，因为它看到了引号括起来的一个字符串。然而，对于变量 cups_consumed，Python 看到了一个整数，因此给它分配了数据类型 int。

> **技巧：print 函数和数据类型**
>
> 　　print 函数会给它的参数分配 str 数据类型。只要是它的参数，它都会这样做，如引号括起来的字符串、数字、变量等任何东西。因此，可以在 print 函数的参数中混合使用多种数据类型。它将会把所有的东西都转换为字符串类型然后输出。

对 cups_consumed 变量做一点小小的修改，将会导致 Python 改变它的数据类型。在清单 4.23 中，将赋给 cups_consumed 的值从 3 改成 3.5。这导致 Python 将 cups_consumed 的数据类型从 int 变成 float。

清单 4.23　改变变量的数据类型

```
>>> cups_consumed=3
>>> type(cups_consumed)
<class 'int'>
>>> cups_consumed=3.5
>>> type(cups_consumed)
<class 'float'>
>>>
```

你会发现 Python 帮你干了很多"脏活累活儿"，这也是 Python 如此受欢迎的原因之一。

4.6　获取用户输入

很多时候，你可能需要让用户通过键盘为脚本提供输入。为了完成这个任务，Python 提供了 input 函数。input 函数是一个内建的函数，它的语法如下：

variable =input(*user prompt*)

在清单 4.24 中，将从 input 函数获取的值赋值给了变量 cups_consumed。用户收到提示，要求他们输入这些数据。给用户的提示信息作为 input 函数的参数来指定。用户输入应答并按下回车键。这个操作使得 input 函数将 3 赋值给变量 cups_consumed。

清单 4.24　通过脚本输入为变量赋值

```
>>> cups_consumed=input("How many cups did you drink? ")
How many cups did you drink? 3
>>> print("You drank", cups_consumed, "cups!")
You drank 3 cups!
>>>
```

对于用户提示，可以使用单引号或者双引号将提示字符串括起来。清单 4.24 中的 input 函数中，提示信息是以双引号括起来的。

TIP | **提示：善待你的用户**

　　善待你的用户，即使用户只是你自己。把输入的答案和提示信息挤在一起并不好玩。在每一个提示后加一个空格，使用户有一点喘息的余地来给出答案。清单 4.24 中的问号（？）和双引号之间填了就添加了一个空格。

input 函数将所有的输入都当作字符串处理，而这不同于 Python 其他的变量赋值操作。记住在 Python 脚本中如果 cups_consumed = 3，会给它分配整数类型（int）。但是当使用 input 函数时，如清单 4.25 所示，数据类型会设置为字符串（str）。

清单 4.25　通过 input 函数分配数据类型

```
>>> cups_consumed=3
>>> type(cups_consumed)
<class 'int'>
>>> cups_consumed=input("How many cups did you drink? ")
How many cups did you drink? 3
>>> type(cups_consumed)
<class 'str'>
>>>
```

如果要将从键盘输入的字符串转换成期望变量，我们可以使用 int 函数。int 函数可以将一个数字从字符串数据类型转换成整数类型。也可以使用 float 函数将字符串类型的数字转换成浮点数类型。清单 4.26 展示了如何将变量 cups_consumed 转换成整数类型。

清单 4.26　通过 int 函数进行数据类型转换

```
>>> cups_consumed=input("How many cups did you drink? ")
How many cups did you drink? 3
>>> type(cups_consumed)
<class 'str'>
>>> cups_consumed=int(cups_consumed)
>>> type(cups_consumed)
<class 'int'>
>>>
```

这里棘手的问题是，你需要使用一个嵌套函数。嵌套函数是在一个函数中使用另一个函数。其一般的格式如下：

variable = functionA (functionB ( ))

清单 4.27 使用这种方法将输入的数据的类型从字符串转换为整数。

清单 4.27　使用嵌套函数

```
>>> cups_consumed=int(input("How many cups did you drink? "))
How many cups did you drink? 3
>>> type(cups_consumed)
<class 'int'>
>>>
```

使用嵌套函数使得 Python 脚本更简洁。然而，这么做的代价是代码有一点难以阅读。

实践练习

在 Python 中用变量进行输入和输出

现在，我们来看看在 Python 中使用变量进行输入和输出。在下面的步骤中，我们将编写一个脚本而不是使用 Python 交互式命令行：

1. 打开树莓派的电源并登录系统，如果系统还没启动的话。

2. 如果 GUI 界面没有自动启动的话，输入 startx，然后按下回车键打开它。

3. 双击 Terminal 图标打开 Terminal。

4. 如果想要参照本书学习，你需要创建一个目录来保存自己的 Python 脚本。在命令行提示窗口中，输入 mkdir py3prog 并按下回车键。

5. 在命令提示符处，输入 nano py3prog/script0401.py，然后按下回车键。这个命令将打开 nano 编辑器，并创建文件 py3prog/script0401.py。

6. 在 nano 编辑器窗口输入下列代码，在每一行结尾处按下回车键。

```
# My first real Python script.
# Written by <your name here>
#
############# Define Variables ###########
#
amount=4                  #Number of vessels.
vessels='glasses'         #Type of vessels used.
liquid='water'            #What is contained in the vessels.
location='on the table'   #Location of vessels.
#
############# Output Variable Description #################
#
print("This script has four variables pre-defined in it.")
print()
#
print("The variables are as follows:")
#
print("name: amount", "data type:", type(amount), "value:", amount)
#
print("name: vessels", "data type:", type(vessels),"value:", vessels)
#
print("name: liquid", "data type:", type(liquid),"value:", liquid)
#
print("name: location", "data type:", type(location),"value:", location)
print()
#
############# Output Sentence Using Variables #############
#
print("There are", amount, vessels, "full of", liquid, location, end='.\n')
print()
#
```

TIP 提示：当心！
请务必在这里多花点时间，避免录入错误。仔细检查输入到 nano 编辑器中的代码，可以使用删除键和上下箭头键进行更正。

7. 通过按 Ctrl+O 组合键，你可以将刚才键入的文本保存到文件中。该脚本的文件名会和提示信息 Filename to write 显示在一起。按下回车键确认将内容写入到脚本 script0401.py 中。

8. 按 Ctrl+X 组合键退出文本编辑器。

9. 输入 Python3 py3prog/script0401.py，然后按下回车键运行这个脚本。如果遇到任何错误，可以在下一步修复它们。你应该会看到如图 4.3 所示的输出。这个输出是正确的，但是有一点点混乱，可以在下一步中整理。

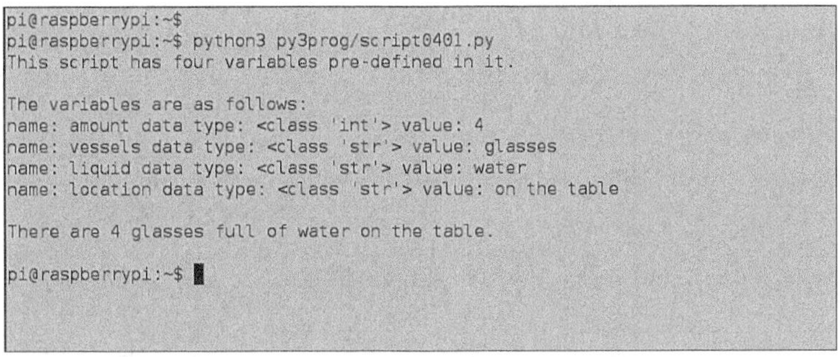

```
pi@raspberrypi:~$
pi@raspberrypi:~$ python3 py3prog/script0401.py
This script has four variables pre-defined in it.

The variables are as follows:
name: amount data type: <class 'int'> value: 4
name: vessels data type: <class 'str'> value: glasses
name: liquid data type: <class 'str'> value: water
name: location data type: <class 'str'> value: on the table

There are 4 glasses full of water on the table.

pi@raspberrypi:~$
```

图 4.3　Python 脚本 script0401.py 的输出

10. 在命令提示符处，输入 nano py3prog/script0401.py，然后按下回车键。这个命令将打开 nano 编辑器，在其中可以修改脚本 script0401.py。

11. 跳到脚本的 Output Variable Description 部分，然后在每一行的结尾添加一个分隔符。应该修改哪些行以及如何修改都如下面所示：

```
print("name: amount", "data type:", type (amount), "value:", amount, sep='\t')
#
print("name: vessels", "data type:", type (vessels), "value:", vessels, sep='\t')
#
print("name: liquid", "data type:", type (liquid), "value:", liquid, sep='\t')
#
print("name: location","data type:",type (location), "value:",location, sep='\t')
```

12. 按下 Ctrl+O 组合键保存修改后的文件。按下回车键将内容写入到脚本 script0402.py 中。当 nano 询问 Save file under DIFFERENTNAME ?的时候，输入 Y 并按下回车键。

13. 按下 Ctrl+X 组合键退出文本编辑器。

14. 输入 Python3 py3prog/script0402.py，然后按下回车键运行这个脚本。你应该可以看见如图 4.4 所示的输出，更整洁了！

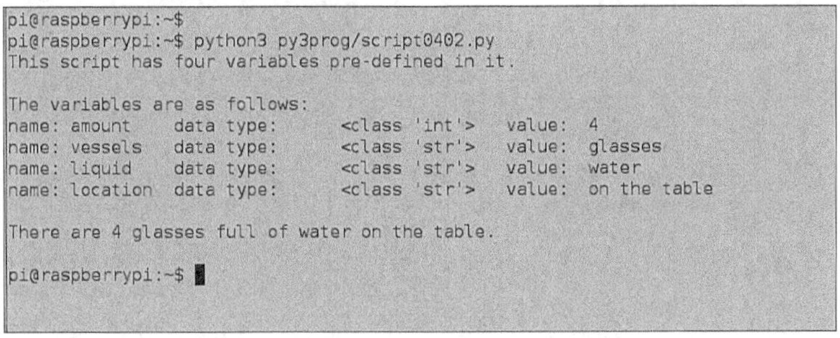

```
pi@raspberrypi:~$
pi@raspberrypi:~$ python3 py3prog/script0402.py
This script has four variables pre-defined in it.

The variables are as follows:
name: amount    data type:    <class 'int'>    value: 4
name: vessels   data type:    <class 'str'>    value: glasses
name: liquid    data type:    <class 'str'>    value: water
name: location  data type:    <class 'str'>    value: on the table

There are 4 glasses full of water on the table.

pi@raspberrypi:~$
```

图 4.4　script0402.py 的输出，适当的格式化了

15. 在命令提示符处输入 nano py3prog/script0402.py，并按下回车键，尝试在脚本中增加一些输入。

16. 跳到脚本的最下面，然后添加如下所示的 Python 语句。

```
################### Get Input ####################
#
print()
print("Now you may change the variables' values.")
print()
#
amount=int(input("How many vessels are there? "))
print()
#
vessels = input("What type of vessels are being used? ")
print()
#
liquid = input("What type of liquid is in the vessel? ")
print()
#
location=input("Where are the vessels located? ")
print()
#
################# Display New Input to Output ##########
#
print("So you believe there are",
amount, vessels, "of", liquid, location, end='. \n')
print()
#
#################### End of Script ####################
```

17. 按下 Ctrl+O 组合键保存修改后的文件。先不要按下回车键，把文件名改为 script0403.py，然后再按下回车键。当 nano 询问 Save file under DIFFERENTNAME ?的时候，输入 Y 并按下回车键。

18. 按下 Ctrl+X 组合键退出文本编辑器。

19. 输入 Python3 py3prog/script0403.py 然后回车运行这个脚本。然后在提示处输入回答。（这里应该比较有趣！）图 4.5 显示了输出是什么样的。

```
pi@raspberrypi:~$
pi@raspberrypi:~$ python3 py3prog/script0403.py
This script has four variables pre-defined in it.

The variables are as follows:
name: amount    data type:        <class 'int'>    value: 4
name: vessels   data type:        <class 'str'>    value: glasses
name: liquid    data type:        <class 'str'>    value: water
name: location  data type:        <class 'str'>    value: on the table

There are 4 glasses full of water on the table.


Now you may change the variables' values.

How many vessels are there? 99

What type of vessels are being used? bottles

What type of liquid is in the vessel? tea

Where are the vessels located? on the wall

So you believe there are 99 bottles of tea on the wall.

pi@raspberrypi:~$
```

图 4.5 script0403.py 的完整输出

你可以多次运行这个脚本，尝试各种类型的回答，看看结果是什么样的。你也可以尝试对脚本进行一些小的修改，看看会发生什么。多做实验并尝试脚本，这将能够加深你对 Python 的理解。

▲ _____

4.7 小结

在本章中，我们对 Python 的基础知识有了一个不错的了解。我们学习了在 Python 中的输出和格式化输出，创建合法的变量名，给变量赋值以及各种数据类型和 Python 何时使用这些数据类型。我们学习了 Python 如何处理来自键盘的输入，以及如何将接收到的输入转换成对应的数据类型。最后，我们创建并运行了第一个 Python 脚本。在第 5 章中，我们将深入了解 Python 的数学计算。

4.8 Q&A

Q. 除了本章所学的输出格式化外，我还能使用其他类型的输出格式化吗？

A. 是的，你也可以使用 format 函数，第 5 章将会介绍。

Q. 在 print 函数中，单引号和双引号哪种更好？

A. 没有哪种更好。使用哪一种是个人喜好。但是，如果你选择了任何一种，最好坚持一致。

Q. script0403.py 的回答是墙上装茶的瓶子?!

A. 本书是一本易学的教程。你可以随意修改 script0403.py 的答案。

4.9 练习

4.9.1 问题

1. print 函数是 Python 标准库的一部分并且被认为是内建的函数。对还是错？
2. 什么时候创建变量和并为其指定数据类型？
3. ___序列是 Python 语句"偏离"其正常的行为。
4. 哪一个是有效的 Python 转义序列？
   a. //
   b. \'
   c. ESC
5. 哪一个转义序列将会在输出中插入一个换行。
6. Python 脚本中的一条注释应该以什么字符打头？
7. 下面哪一个是有效的 Python 数据类型？

    a．int。

    b．input。

    c．print。

8．哪个函数使我们能够查看一个变量的数据类型？

9．如果给一个变量赋值数字 3.14，它将会指定为哪一种数据类型？

10．input 函数是 Python 标准库的一部分，因此当作一个内建函数。对还是错。

4.9.2　答案

1．对的。print 函数标准库的内建函数，因此不需要被显示导入它。

2．变量在被赋值时被创建和分配数据类型。变量的值和数据类型在被重新赋值时会改变。

3．（转义）序列是 Python 语句"偏离"其正常的行为。

4．b。参见表 4.1 了解一些有效的 Python 转义序列。

5．\n Python 转义序列将会在输出中插入换行。

6．Python 中的注释应该以一个#符号打头，Python 解释将会忽略其后的内容。

7．int 是一个 Python 数据类型。input 和 print 都是内建的 Python 函数，参见表 4.2 了解数据类型。

8．type 函数使得我们能够查看变量的数据类型。

9．如果给一个变量赋值数字 3.14，Python 将会为其指定浮点数据类型。参见表 4.2 了解数据类型。

10．对的。Input 函数是标准库的内建函数。不需要导入它就可以使用。

第5章

在程序中使用算术

本章主要内容包括:

- 使用基础的数学

- 使用分数

- 使用复数

- 在脚本中使用 math 模块

- 使用 Python 的其他数学库

基本上,你编写的每一个 Python 脚本都需要使用某种类型的数学运算。无论是递增计数器还是计算信号的傅里叶变换,你都需要知道如何在 Python 中使用数学运算和函数。本章会详细讲解所有关于数字以及在树莓派上执行运算所需的基础知识。

5.1 使用数学运算符

Python 支持你在其他编程语言中见到过的几乎所有的数学操作符。本节将详细讲解如何在 Python 脚本中使用数学操作符。

5.1.1 Python 数学操作符

为了感受一下 Python 如何处理数字,可以打开 IDLE 窗口在命令行上实验一些简单数学运算。你可以将 IDLE 命令行当作计算器使用,输入任何类型的数学方程式,然后它就会返回一个答案。

这有是在 IDLE 中执行基本数学运算的例子:

```
>>> 1 + 1
2
```

```
>>> 5 - 2
3
>>> 2 * 5
10
>>> 15 / 3
5.0
>>>
```

正如你所见到的，Python 支持你在学校中学过的所有基础数学操作符（使用星号做乘法，使用正斜杠做除法）。

TIP | **提示：除法的数据类型**

注意，当我们进行除法时，Python 会自动将输出转换成浮点数据类型，即使两个输入都是整数。这是 Python v3.2 的一个新的特性！

除了支持我们在小学学过的基本的数学运算外，Python 还提供了一些其他的数学运算符。表 5.1 中列出了 Python 脚本中可以使用的所有运算符。

表 5.1

运 算 符	描 述
+	加法
-	减法
*	乘法
/	除法
%	取模
//	整除
**	求幂
&	二进制与
|	二进制或
^	按位异或
~	二进制补码
<<	向左移位
>>	向右移位
and	逻辑与
or	逻辑或
not	逻辑非

整除运算符（//）返回一个除法结果的整数部分（也就是我们叫作"舍尾"的部分）。取模运算符返回除法的余数（也就是我们叫作"余下"的部分）。

也许你注意到了在表中有两种与和或运算符。在二进制和逻辑运算符之间有点小小的区别。二进制操作符用于按位运算中，可以使用按位运算来操作二进制数，以执行二进制运算。

如果使用二进制运算符，那么你可能想要指明值是二进制的。想要这样做，可以在数字前面使用 0b 符号，如下所示：

```
>>> a = 0b01100101
>>> b = 0b01010101
>>> c = a & b
>>> bin(c)
'0b1000101'
>>>
```

要将 c 的值以二进制的记数法表示，可以使用 bin()函数。

逻辑运算符可以和布尔值 True 和 False 一起使用。它们通常用在 if-then 比较语句中（参见第 6 章）。如下的示例展示它们如何工作：

```
>>> a = 101
>>>b = 85
>>> if ((a > 100) and (b < 100)): print("It worked!")

It worked!
>>> if ((a > 100) and (b > 100)): print("It worked!")

>>>
```

在输入 if 语句后，IDLE 产生一个空行，等待你完成这条语句，按下回车键完成这个操作。在这个例子中，我们使用逻辑运算符 and 比较了两个条件。当两个条件都为 True 时，Python执行 print()语句。如果任何一个为 False，Python 则跳过 print()语句。

5.1.2 运算符的优先级

正如你期待的那样，Python 遵循所有数学运算的基本规则，包括运算符的优先级。在下面的例子中，Python 首先进行一个乘法操作，然后进行加法操作：

```
>>> 2 + 5 * 5
27
>>>
```

就像在数学运算中一样，Python 也允许你使用括号改变运算顺序：

```
>>> (2 + 5) * 5
35
>>>
```

可以在运算中嵌套任意多层的括号。不过要小心确认匹配和结束了所有的括号。如果没有这么做，就像下面的例子一样，Python 会继续等待所缺少的括号：

```
>>> ((2 + 5) * 5
```

当按下回车键时，Python 会返回一个空行而不是显示结果。它在等待你输入缺失的括号来结束这条语句。为了结束这条命令，只要在空行上输入缺少的括号就可以了：

```
)
35
>>>
```

IDLE 完成运算并显示结果。

5.1.3 在数学运算中使用变量

在 Python 数学运算中，最有用的功能就是可以在公式中使用变量。这些变量可以包含 Python 数学运算中的任何的数据类型。下面的例子展示了，如果在计算中混合使用数据类型，Python 会坚持使用浮点数据类型的输出结果：

```
>>> test1 = 5
>>> test1 * 2.0
10.0
>>>
```

注意，在运算中使用一个变量前一定要赋值，否则 Python 会报错，就像下面的例子所示：

```
>>> test10 * 5
Traceback (most recent call last):
  File "<pyshell#0>", line 1, in <module>
    test10 * 5
NameError: name 'test10' is not defined
>>>
```

不仅可以在运算中使用变量，还可以把运算的结果赋值给一个变量。Python 会自动设置变量的数据类型以匹配要保存的计算结果：

```
>>> test1 = 2 + 5
>>> result = test1 * 5
>>> print( result )
35
>>>
```

变量 result 保存了运算的结果，可以使用 print()函数显示结果。正如在例子里看到的，我们可以在运算的任何地方使用变量。

将数字和计算结果赋值给变量的能力，对于在 Python 脚本中使用数学运算是至关重要的。清单 5.1 给出了 script0501.py 脚本。它执行了一个简单的运算并显示结果。

清单 5.1　script0501.py 脚本

```
#!/usr/bin/python3
test1 = 2 + 5
result = test1 * 5
print(result)
```

通过添加#!行，可以直接运行 Python 脚本而不需要在命令行上指明 python3 程序。然而，还必须使用 chmod 命令来让 Python 代码文件变得可执行：

```
$ chmodu+x script0501.py
```

当运行 script0501.py 脚本时，你只会看见 print() 函数输出的内容：

```
$ ./ script0501.py
35
$
```

脚本中进行的所有数学运算过程都不会显示出来！

5.1.4 浮点数的精度

在之前的计算中，你可能已经看到了一些浮点运算的奇怪行为。下面的例子说明了这一点：

```
>>> 5.2 * 9
46.800000000000004
>>>
```

5.2 乘以 9，结果应该是 46.8，但是 IDLE 实际显示的结果却有一些出入。

这是由于底层的 CPU 处理浮点的方法所引起的。由于浮点数据类型将数字转换成一种特殊的格式，导致计算有一些不精确。

没有办法在运算中回避这个问题，但可以使用 Python 的一些技巧，让结果显示得更好一些。

5.1.5 显示数字

解决浮点数精度问题的一种方法是只显示结果中的适当的部分。可以使用 print() 函数来格式所显示的数字。

默认情况下，print() 函数显示计算结果的实际值：

```
>>> result = 5.2 * 9
>>> print(result)
46.800000000000004
>>>
```

但是，可以使用一些 Python 的技巧来格式化输出。

不管输出是什么样的，print() 函数实际上是产生输出的一个字符串对象（在这种情况下，字符串就像是数字结果）。因为输出是字符串，因此可以在输出上使用 format() 函数（参见本书第 10 章），它允许你定义 Python 如何显示字符串对象。

format() 函数允许用 {} 占位符将变量从字符串文本中分离出来：

```
>>> print ("The result is {}".format(result))
The result is 46.800000000000004
>>>
```

这没有任何帮助，但是显然，可以使用 {} 占位符来帮助你格式化输出。

只需要在 {} 占位符中定义一个模板，然后 Python 使用它来格式化数字输出。例如，要限制只输出小数点后两位，可以使用模板 {0:.2f} 来产生输出：

```
>>> print("The result is {0:.2f}".format(result))
The result is 46.80
>>>
```

现在好多了！模板中的第 1 个数字定义了开始显示的位数，第 2 个数字（.2）定义了小数的位数。模板中的 f 告诉 Python，这个数字是一个浮点数的格式。

5.1.6　运算符缩写

Python 提供了一些数学运算的快捷方式。如果你正在对一个变量进行操作并计划将结果存储到同一个变量中，不必使用长格式：

```
>>> test = 0
>>> test = test + 5
>>> print(test)
5
>>>
```

相反，可以使用一个增量赋值：

```
>>> test = 0
>>> test += 5
>>> print(test)
5
>>>
```

这个特性可以在加法、减法、乘法、除法、取模、整除和求幂中使用。

5.2　使用分数进行计算

Python 提供了一些在其他编程语言中不太常见但是很酷的数学特性，其中之一是直接操作分数。本节将详细讲解如何在 Python 脚本中操作分数。

5.2.1　分数对象

Python 模块 fractions 定义了一个叫作 Fraction 的特殊对象。Fraction 对象包含分数的分子和分母，它们作为对象的独立属性。

要使用 Fraction 对象，首先需要导入 fractions 模块。在导入了这个类后，可以创建一个 Fraction 的实例，如下所示：

```
>>> from fractions import Fraction
>>> test1 = Fraction(1, 3)
>>> print(test1)
1/3
>>>
```

Fraction()方法的第 1 个参数是分子，第 2 个参数是分母。现在可以在这个变量上进行任何类型的分数操作了，如下所示：

```
>>> result = test1 * 4
>>> print(result)
4/3
>>>
```

从 Python v3.3 开始，Fraction()构造函数可以将浮点型的数值转换成 Fraction 对象，如下所示：

```
>>> test2 = Fraction(5.5)
>>> print(test2)
11/2
>>>
```

现在，我们知道了如何创建分数，下一步开始在运算中使用它们。

5.2.2 分数操作

在创建一个 Fraction 对象后，可以在该对象和任意一个 Fraction 对象上，进行任何的算术操作，如下面的例子所示：

```
>>> test1 = Fraction(1, 3)
>>> test2 = Fraction(4, 3)
>>> result = test1 * test2
>>> print(result)
4/9
>>>
```

Python 也可以计算一些公分母问题，像这样：

```
>>> test1 = Fraction(1,3)
>>> test2 = Fraction(1,2)
>>> result = test1 + test2
>>> print(result)
5/6
>>>
```

现在，可以像使用其他十进制数字一样对分数进行运算。如果你的工作环境中要使用分数的话，这将会使得生活变得简单很多。

5.3 使用复数

在科学和工程领域，Python 还支持复数以及复数的计算。一个复数是由实部和虚部的组合来表示的。

提示：虚数 *TIP*
根据定义，一个虚数是-1 的平方根，理论上，这样的数是不存在的，因此使用术语虚数表示。

一个复数由一个实部、一个加号和一个虚部，后面跟着一个j组成。例如，复数 1+2j，1 是实部，2 是虚部。

尝试使用复数进行计算，没错，这非常复杂。由实部和虚部组成的复数导致在计算时与你通常所见到的计算有一些不同。本节将讲解如何在 Python 脚本中处理复数。

5.3.1 创建复数

可以使用 complex()创建复数，这是 Python 核心库的内建函数。如下面的例子所示，要创建一个复数，需要指定实部作为第一个参数，然后指定虚部作为第二个参数：

```
>>> test = complex(1, 3)
>>> print(test)
(1+3j)
>>>
```

当需要显示复数时，Python 使用 j 格式显示它，以方便查看。

5.3.2 复数运算

在定义了一个复数后，可以对它进行任何类型的数学计算，如下所示：

```
>>> result = test * 2
>>> print(result)
(2+6j)
>>>
```

正如你所期待的，可以使用两个复数进行运算，如下面的例子所示：

```
>>> test1 = complex(1, 2)
>>> test2 = complex(2, 3)
>>> result = test1 + test2
>>> print(result)
(3+5j)
>>> result2 = test1 * test2
>>> print(result2)
(-4+7j)
>>>
```

复数的运算需要用心。如果需要处理复数，至少你还有 Python 这位朋友。

5.4 math 模块的高级功能

Python 支持一些高级数学功能，可以使用 math 模块中的方法，它提供了一些在高级计算中常见的三角函数、统计和数论方法。

好在，Raspbian 发行版的 Python 会默认安装 math 模块，所以不需要单独安装一个软件包。但是，必须使用 import 语句将模块导入到 Python 脚本中方可使用其中的方法：

```
>>> import math
>>> math.factorial(5)
120
>>>
```

如果只是想使用 math 模块中某一个方法，但是需要多次使用，可以用 from 语句来导入这个函数：

```
>>> from math import factorial
>>> factorial(7)
5040
>>>
```

math 模块提供了很多数学函数供你使用。下面的小节对它所提供的内容做了一个概述。

5.4.1 数值函数

数值函数提供了很多方便的功能，如绝对值、阶乘以及判断一个值是否是数字等功能。同时，还可以判断是什么类型的数字。表 5.2 列出了可以在 math 模块中找到的数值函数。

表 5.2   Python 中的数值函数

函　数	描　述
ceil(x)	返回大于 x 的最小整数
copysign(x,y)	复制 x 的符号到 y
fabs(x)	返回 x 的绝对值
factorial(x)	返回 x 的阶乘
floor(x)	返回小于 x 的最大整数
fmod(x, y)	返回 x 除 y 的余数
frexp(x)	将浮点型数分为底数与指数
fsum(iterable)	返回列表所有值的和
isfinite(x)	返回 TRUE 如果 x 不是无穷并且是一个数字
isinf(x)	返回 TRUE 如果 x 是一个负数或者负无穷
isnan(x)	如果 x 不是一个数值的话，返回 TRUE
ldexp(x, i)	返回 x * (2 ** i)的值
modf(x)	返回 x 的整数部分与小数部分
trunc(x)	返回 x 的整数类型的整数部分

如果你熟悉数学知识，大多数方法的作用都是一目了然的。fsum()函数可能需要一些解释。它将一些列的值求和，但是，你需要指定一个列表或是元组（参见第 8 章），如下面的例子所示：

```
>>> math.fsum([1, 2, 3])
6.0
>>>
```

只要把需要求和的数字放到列表中，然后把它传递给 fsum()函数。

5.4.2 幂和对数函数

如果要处理对数和指数，Python 的 math 模块也提供了一些函数。表 5.3 给出了可以用的对数函数。

表 5.3   Python 对数函数

函　数	描　述
exp(x)	返回 e**x 的值
expm1(x)	返回 e**(x-1)的值
log(x,[base])	返回 x 的自然对数或者以 base 为底的对数
log1p(x)	返回 1+x 的自然对数（e 为底）

函　　数	描　　述
log2(x)	返回以 2 为底的 x 的对数
log10(x)	返回以 10 为底的 x 的对数
pow(x, y)	返回 x**y
sqrt(x)	返回 x 的平方根

pow()函数实现了和标准的**数学操作符一样的功能。将它包含在 Python 中，主要是为了保持完整性，因为 pow()函数在许多其他编程语言中都是存在的。

5.4.3　三角函数

如果需要处理三角计算，math 模块中也有很多三角函数。表 5.4 给出了可供使用的三角函数。

表 5.4　　　　　　　　　　　　　　Python 的三角函数

函　　数	描　　述
acos(x)	返回 x 弧度的反余弦值
asin(x)	返回 x 弧度的反正弦值
atan(x)	返回 x 弧度的反正切值
atan2(y, x)	返回(y/x)弧度的反正切值
cos(x)	返回 x 弧度的余弦值
hypot(x, y)	返回勾股定理中 sqrt(x*x + y*y)找到的斜边
sin(x)	返回 x 弧度的正弦值
tan(x)	返回 x 弧度的正切值
degrees(x)	将 x 弧度转换为角度
radians(x)	将 x 角度转换为弧度

注意，三角函数需要使用弧度作为参数。如果要使用角度，记住要先进行转换，如下所示：

```
>>> angle = 90
>>> radangle = math.radians(angle)
>>> anglesine = math.sin(radangle)
>>> print(anglesine)
1.0
>>>
```

现在，可以开始进行三角计算了！

5.4.4　双曲函数

双曲函数与三角函数多少有点相关。三角函数是源于圆的计算，而双曲函数是源于双曲线的计算。表 5.5 给出了 math 模块所支持的双曲函数。

表 5.5 Python 双曲函数

函　　数	描　　述
acosh(x)	返回 x 的反双曲余弦值
asinh(x)	返回 x 的反双曲正弦值
atanh(x)	返回 x 的反双曲正切值
cosh(x)	返回 x 的双曲余弦值
sinh(x)	返回 x 的双曲正弦值
tanh(x)	返回 x 的双曲正切值

正如三角函数一样，双曲函数也必须要指定弧度的参数。

5.4.5 统计数学函数

math 模块包含了一些统计学的函数以方便使用，如表 5.6 所示。

表 5.6

函　　数	描　　述
erf(x)	返回 x 的统计误差函数
erfc(x)	返回 x 的互补误差函数
gamma(x)	返回 x 的 gamma 函数
lgamma(x)	返回 x 的 gamma 函数的绝对值的自然对数

误差函数是统计分析中的核心计算。要计算正态分布和进行 Q 函数统计，需要使用它。要计算统计数列的正常四分位数，需要使用互补误差函数。

5.5 使用 NumPy 数学库

除了 math 模块中的那些函数外，很多使用了巧妙的数学计算方法的工程师、科学家和统计学家，将他们自己对 math 模块的功能扩展都共享了出来。

其中一个 Python 的高级数学运算的核心库叫 NumPy。NumPy 模块提供了很多操作多维数组的方法，这在高级的科学和统计学计算中尤为重要。NumPy 由以下部分组成。

- 一个多维数组对象类。
- 操作数组的方法。

NumPy 中的多维数组对象与 Python 中标准的列表和元组有些许不同，你可以简单将它们用在需要使用数组的数学运算中。Python 对数组对象的处理与列表和元组不同。下面小节介绍如何使用 NumPy 的特性。

5.5.1 NumPy 数据类型

NumPy 提供了 5 种核心的数据类型，可以在数组中使用它们。

- bool——布尔值。

- int——整数。

- uint——无符号整数。

- float——浮点数。

- complex——复数。

在这 5 种核心数据类型中，你还可以在数据类型的末尾标注一下位数大小，如 int8、float64 或者 complex128。如果不标注大小，Python 会基于 CPU 平台来（如 32 位或 64 位）推测位数。

为了使用 NumPy 模块的函数，你需要将其 NumPy 模块导入到你的脚本中。然而，可能需要耐心等待一下，将所有的库方法导入进来需要花一些时间！

5.5.2 创建 NumPy 数组

树莓派 Python v3 的默认安装已经包含了 NumPy 模块，因此可以直接进行高级数组的操作。

这里有几个不同的方法来创建 NumPy 数组。一种是通过已有的 Python 列表或元组来创建，如下所示：

```
>>> import numpy
>>> a = numpy.array(([1, 2, 3], [0, 2, 4], [3, 2, 1]))
>>> print(a)
[[1 2 3]
 [0 2 4]
 [3 2 1]]
>>>
```

这个例子使用 3 个 Python 列表创建了一个 3 乘 3 的数组。

如果没有定义数据类型，Python 会通过数据来推测数据类型。如果需要改变数组的数据类型，可以通过指定 array() 的第 2 个参数来实现。例如，下面的例子展示了指定数组的值以浮点数据类型存储：

```
>>> a = numpy.array(([1,2,3], [4,5,6]), dtype="float")
>>> print(a)
[[ 1. 2. 3.]
 [ 4. 5. 6.]]
>>>
```

也可以生成全 0 或全 1 的数组，如下所示：

```
>>> x = numpy.zeros((3,5))
>>> print(x)
[[ 0. 0. 0. 0. 0.]
 [ 0. 0. 0. 0. 0.]
 [ 0. 0. 0. 0. 0.]]
>>> y = numpy.ones((5,2))
```

```
>>> print(y)
[[ 1. 1.]
 [ 1. 1.]
 [ 1. 1.]
 [ 1. 1.]
 [ 1. 1.]]
>>>
```

此外，还可以使用 arrange() 函数创建规则递增的数组，如下所示：

```
>>> c = numpy.arange(10)
>>> print(c)
[0 1 2 3 4 5 6 7 8 9]
>>>
```

还可以指定起始值和结束值，以及增量。

5.5.3 使用 NumPy 数组

NumPy 的好处在于它处理数组的能力。而这些功能在 Python 标准列表或元组中是相当难用的，你必须手动循环列表或元组，来让每一个元素相加或相乘。通过使用 NumPy，可以变得简单，如下所示：

```
>>> a = numpy.array(([1, 2, 3], [4, 5, 6]))
>>> b = numpy.array(([7, 8, 9], [0, 1, 2]))
>>> result1 = a + b
>>> print(result1)
[[ 8 10 12]
 [ 4  6  8]]
>>> result2 = a * b
>>> print(result2)
[[ 7 16 27]
 [ 0  5 12]]
>>>
```

现在，用 Python 处理数组是一件轻而易举的事！

5.6 小结

Python 支持相当广泛的数学特性，可以在 Python 脚本中进行任何类型的数学运算，也可以直接使用标准的 Python 数学操作符进行数学计算，如加法、减法以及除法。

如果需要进行更高级的数学运算，可以将 math 模块引入到脚本中。math 模块提供了数论、三角函数和基本统计学的函数。

最后，可能在某个时候需要进行一些高级的科学计算或统计计算。Python 用户已经创建了一些非常有用的库供你使用。最流行的库当属 NumPy，它包含了许多线性几何、高级统计学和信号处理运算所需的多维数组操作函数。

在接下来的一章中，我们将介绍如何通过使用 if 控制语句来控制程序，这允许为 Python 程序添加一些动态功能。

5.7　Q&A

Q. 应该使用什么样的数据类型来存储 Python 中的货币值？

A. 应该使用浮点数据类型，因为这样数值可以包含两位小数的美分值。

Q. Python 支持自增（++）和自减（--）吗？

A. 虽然自增和自减运算符在其他语言中相当流行，但是当前 Python 并没有提供这些运算符。

5.8　练习

5.8.1　问题

1. 什么函数是用来求一个数的平方根的？

    a. pow()

    b. sqrt()

    c. log2()

    d. sin()

2. 你必须引入 math 库以使用 Python 三角函数。对还是错？

3. 怎样使用 Fraction 类创建一个分数？

4. 使用什么字符表示除法操作符？

    a. |

    b. /

    c. \

    d. ~

5. 什么函数将一个数字转换为一个二进制表示？

6. 使用什么函数来改变一个浮点数值的显示方式？

7. 什么函数允许创建虚数？

8. floor()函数返回比一个指定的浮点值小的最大的整数值。对还是错？

9. 什么数学函数计算一个数字的幂？

    a. sqrt()

    b. exp()

    c. pow()

    d. raise()

10．什么数学库包含了用于处理多维数组和数组乘法的函数？

5.8.2 答案

1．应该使用 sqrt()函数来求平方根。

2．对的。Python 标准库仅支持标准的数学功能和特性。需要单独引入 math 模块来使用高级的数学特性，如三角函数。

3．Fraction 类使用 Fraction()方法来创建一个分数值。Faction()方法的格式是 Fraction（分子，分母），分子和分母用不同的值表示。

4．在数学表达式中，使用斜杠（/）作为除法符号。

5．bin()函数将一个数字转换为二进制表示。

6．format()函数允许你指定一个浮点数值如何显示。

7．complex()函数创建一个标准值的虚数部分。

8．对的。floor()函数返回比一个指定的浮点值小的最大的整数值。

9．选 c。pow()函数允许指定两个值，一个数字，以及要计算它的幂次。

10．NumPy 库提供了高级的数学函数，包括用于处理多维数组的函数。

第 6 章

控制你的程序

本章主要内容包括:

- 怎样使用 if-then 语句

- 怎么使用多重分支语句

- 怎样添加 else 部分

- 将 if-else 语句串在一起

- 测试条件

在此前的 Python 脚本中,Python 处理语句的顺序就是语句出现的顺序。所有的操作以正确的顺序运行,这对传统的顺序操作来说已经可以了。然而,并不是所有程序都是如此。

很多程序需要某种程度上逻辑流程控制。这意味着 Python 需要能够在给定的条件下执行特定的语句,并且在另一些条件下执行另一个不同的语句。整个这一类语句叫作结构化的命令,可以让 Python 基于某些变量的条件或值来跳过或者循环执行语句。

Python 中提供了一些结构化命令,我们会单独来介绍。在本章中,我们来看看 if 语句。

6.1 使用 if 语句

最基本的结构化命令就是 if 语句了。Python 中的 if 语句具有如下的基本格式:

```
if ( condition ): statement
```

如果你曾经在其他编程语言中使用过 if 语句,这个格式可能看起来可能有些奇怪,因为语句中没有 "then" 关键字。

Python 使用冒号充当 "then" 关键字。Python 对括号内的条件进行求值,然后当返回 True 时执行冒号后的内容,当条件返回 False 时就跳过冒号后的语句。

使用 if 语句

让我们通过一些例子来展示如何使用 if 语句。

1. 在图形化界面的桌面上打开 Python3 IDLE 界面（参见第 3 章）。

2. 给一个变量赋值。在>>>提示符之后，输入 type x=50，并按下回车键。

> **提示：按两次回车键**　　　　　　　　　　　　　　　　　　　　　　**TIP**
>
> 　　当使用 if 语句时，每次输入语句并按下回车键后，IDLE 程序会暂停在下一行，看看你是否要输入其他任何语句，只要再按一次回车就可以结束这条语句。

3. 使用 if 语句测试变量。在提示符后，输入 if (x == 50):print("The value is 50")，并且按下回车键两次。由于 x 确实等于 50（该条件返回 True），应该会看到如下结果：

```
The value is 50
```

> **提示：双等于号**　　　　　　　　　　　　　　　　　　　　　　　　**TIP**
>
> 　　在条件检查中，需要使用双等于号（==）。如果使用单个的等于号，Python 会认为你要把一个值赋给变量。本章后面的小节中将会介绍双等于号。

4. 尝试测试另一个条件。在提示符后面，输入 if (x < 100): print("The value is less than 100")，并且按下回车键两次。由于 x 小于等于 100（该条件返回 True），应该会看到如下结果：

```
The value is less than 100
```

5. 这次来尝试一个失败的条件。在提示符后面，输入 if (x > 100): print("The value is more than 100")，并且按下回车键两次。由于 x 并不大于 100（该条件返回 True），应该不会得到输出结果而只是得到一个>>>提示符。

6.2　组合多条语句

　　基本的 if 语句格式允许你根据条件的结果来处理一个语句。很多时候，也许你想根据条件的结果将多条语句组合在一起。这正是 Python 的 if 语句与众不同的另一个地方。

　　许多编程语言使用括号或者关键字来表示被 if 语句控制的一组语句。但是，在 Python 中，使用缩进来代替括号和关键字将语句组合在一起。

　　要把一组语句组合到一起，必须将每一条语句在脚本中单独放置在一行，并从 if 语句的位置开始缩进。如下面的例子所示：

```
>>> if (x == 50):
        print("The x variable has been set")
```

```
    print("and the value is 50")
```

```
The x variable has been set
and the value is 50
>>>
```

在 IDLE 中测试这段代码时，当你在 if 语句后按下回车键后，IDLE 对每一行自动缩进。当输完这条语句后，只要在空行上按下回车键就可以了。

如果在 Python 脚本中使用 if 语句并且使用诸如 nano 的文本编辑器，那必须记住要手动缩进"else"部分的语句。如果使用的是 IDLE 编辑器的话，它会自动为你缩进"else"部分的语句。

对于 if 语句块之外的语句，通过不缩进它们来表示。清单 6.1 展示了在名为 script0601.py 的脚本中这么做的一个示例。

在第 3 步中，条件检查变量 x 是否等于 50。由于 x 等于 50，Python 执行该行的 print 语句并打印出字符串。

同样，在第 4 步中，条件检查 x 变量中存储的值是否小于 100。由于 x 小于 100，Python 再次执行 print 语句以显示字符串。

然而，在第 5 步中，x 变量中存储的值并不大于 100，因此，条件返回逻辑值 False。这导致 Python 跳过了冒号后面的 print 语句。

清单 6.1　在 Python 脚本中使用 if 语句

```
1: # Using if statement indentation in a script
2: print()
3: x=int(input("Number to set x equal to: "))
4: print()
5: if (x == 50):
6:     print("The x variable has been set")
7:     print("and the value is 50")
8: print("This statement executes no matter what the value is")
9: print()
```

请注意第 6 行和第 7 行从第 5 行的 if 语句的位置开始缩进。但是，第 8 行的 print()语句没有缩进，这意味这它不是"then"语句块的一部分。

CAUTION

> **警告：相同的缩进**
>
> 　　尽管可以使用制表符或空格进行缩进，但是，不能混合使用这两种缩进方式。例如，如果使用单个的制表符进行缩进，那么，就一直使用单个的制表符。如果使用 3 个空格进行缩进，那么继续使用 3 个空格。不能一次使用一个空格，下一次使用一个制表符，第三次又使用 3 个空格。

为了测试，从命令行执行 script0601.py：

```
pi@raspberrypi:~$ python3 py3prog/script0601.py

Number to set x equal to: 50

The x variable has been set
```

```
and the value is 50
This statement executes no matter what the value is
```

```
pi@raspberrypi:~$
```

现在，如果你将 x 的值改成 25，你会得到下面的输出：

```
pi@raspberrypi:~$ python3 py3prog/script0601.py
```

```
Number to set x equal to: 25
```

```
This statement executes no matter what the value is
```

```
pi@raspberrypi:~$
```

Python 跳过了"then"部分的 print() 语句，但是执行了下一条没有缩进的 print() 语句。

6.3 通过 else 语句添加其他条件

在 if 语句中，对于是否运行语句，你只有一个选项。如果条件返回 False 逻辑值，Python 则移动到脚本中的下一条语句。但是当条件为 False 时，如果可以执行另一组语句，这种做法将会更好，而这正是 else 提供的功能。

else 语句提供了另一组语句：

```
>>> x=25
>>> if (x == 50):

        print("The value is 50")
else:
        print("The value is not 50")


The value is not 50
>>>
```

当把 if 语句和 else 语句一同使用时，需要注意如何放置 else 语句。如果让 else 缩进的话，就会得到 Python 的一条错误消息：

```
>>> if (x == 50):
        print("The value is 50")
        else:

SyntaxError: invalid syntax
>>>
```

在 Python 脚本中，if 和 else 适用同样的规则。当创建脚本文件时，一定要确保 else 语句放在了正确的位置。正确的对齐意味着，else 语句需要和 if 语句行对齐并且不会缩进。清单 6.2 展示了这一点。

清单 6.2 在 Python 脚本中使用 else 语句

```
pi@raspberrypi:~$ cat py3prog/script0602.py
# Using the else statement in a script
print()
```

```
x=int(input("Number to set x equal to: "))
print()
if (x == 50):
    print("The value is 50")
else:
    print("The value is not 50")
print()
pi@raspberrypi:~$
```

清单 6.2 中显示代码中 else 语句和 if 语句在同样的缩进层级上。当运行 script0602.py 脚本时，根据 x 所设置的值，只有一条 print()语句会被执行：

```
pi@raspberrypi:~$ python3 py3prog/script0602.py

Number to set x equal to: 25

The value is not 50

pi@raspberrypi:~$ python3 py3prog/script0602.py

Number to set x equal to: 50

The value is 50

pi@raspberrypi:~$
```

这同样适用于“if”或者“else”代码块使用多条语句的情况。清单 6.3 给出了一条更复杂的 if/else 语句。

清单 6.3　在 if 和 else 语句块中使用多条语句

```
pi@raspberrypi:~$ cat py3prog/script0603.py
# Using the else statement in a script
print()
x=int(input("Number to set x equal to: "))
print()
if (x == 50):
    print("The x variable has been set")
    print("The value is 50")
else:
    print("The x variable has been set, but...")
    print("...the value is not 50")
print()
print("This ends the test")
pi@raspberrypi:~$
```

可以通过调整赋给变量 x 的值来控制输出。当运行脚本并且将 x 设置为 25 时，会得到如下输出：

```
pi@raspberrypi:~$ python3 py3prog/script0603.py

Number to set x equal to: 25
```

```
The x variable has been set, but...
...the value is not 50

This ends the test
pi@raspberrypi:~$
```

当你将 x 的值改成 50 时，会得到如下输出：

```
pi@raspberrypi:~$ python3 py3prog/script0603.py

Number to set x equal to: 50

The x variable has been set
The value is 50

This ends the test
pi@raspberrypi:~$
```

if/else 语句块中的所有内容都是基于对语句的缩进，因此一定要小心处理语句的结构。

6.4 使用 elif 添加更多的条件

到目前为止，我们看到了如何使用 if 或 if 和 else 的组合来控制语句块，这使得我们对脚本的控制有相当多的灵活性。然而，还有更多。

有时需要将一个值与多个范围的条件进行比较。解决办法之一是将多条 if 语句串联到一起，如清单 6.4 所示。

清单 6.4　针对多个条件使用多条 if 语句

```
pi@raspberrypi:~$ cat py3prog/script0604.py
# Testing multiple conditions
print()
x=int(input("Number to set x equal to: "))
print()
if (x > 100):
    print("The value of x is very large")
if (x > 50):
    print("The value of x is medium")
if (x > 25):
    print("The value of x is small")
if (x <= 25):
    print("The value of x is very small")
print()
print("This ends the test")
pi@raspberrypi:~$
```

当运行 script0604.py 脚本时，Python 根据用户输入到变量 x 中的值，仅执行一条 print() 语句：

```
pi@raspberrypi:~$ python3 py3prog/script0604.py

Number to set x equal to: 45
```

```
The value of x is small

This ends the test
pi@raspberrypi:~$
```

这样对于 50 以下的数字可以工作，但是这种解决方法有一点丑陋。此外，任何大于 50 的数字将会导致多条 print 语句运行。好在，还有一个更好的解决方案。

> **TIP** | **提示：比较操作符**
>
> if 语句中用到的大于号（>）、小于号（<）以及小于或等于号（<=），都是比较操作符。本章后面的小节中将会介绍它们。

Python 支持 elif 语句，它可以将多条 if 语句串起来，然后以一条捕获所有条件的 else 语句结束。elif 语句的基本格式如下：

```
if ( condition1 ): statement1
elif ( condition2 ): statement2
else: statement3
```

当 Python 运行这段代码时，首先检查 condition1 的结果。如果它返回 True，Python 会执行 statement1 然后退出 if/elif/else 语句。

当 condition1 结果为 False 时，Python 会检查 condition2 的结果。如果它返回 True 的话，Python 会执行 statement2 然后退出 if/elif/else 语句。

如果 condition2 结果为 False 时，Python 会执行 statement3 然后退出 if/elif/else 语句。

清单 6.5 给出如何程序中使用 elif 的一个例子。

清单 6.5 使用 elif 语句

```
pi@raspberrypi:~$ cat py3prog/script0605.py
# Using elif statements
print()
x=int(input("Number to set x equal to: "))
print()
if (x > 100):
    print("The value of x is very large")
elif (x > 50):
    print("The value of x is medium")
elif (x > 25):
    print("The value of x is small")
else:
    print("The value of x is very small")
print()
print("This ends the test")
pi@raspberrypi:~$
```

当运行 script0605.py 代码时，根据变量 x 的值，只有一条 print() 语句会执行。默认情况下，会看到这样的输出：

```
pi@raspberrypi:~$ python3 py3prog/script0605.py

Number to set x equal to: 45
```

```
The value of x is small

This ends the test
pi@raspberrypi:~$
pi@raspberrypi:~$ python3 py3prog/script0605.py

Number to set x equal to: 20

The value of x is very small

This ends the test
pi@raspberrypi:~$
```

使用 elif 语句，比使用一组 if 语句要简洁很多。你可以看到，你能完全控制脚本中的哪些代码会被 Python 运行！

6.5 在 Python 中比较值

if 语句的执行是围绕着所做出的比较来进行的。Python 提供了很多比较操作符，让你可以比较所有类型的数据。本节会介绍 Python 脚本中不同类型的比较操作。

6.5.1 数字比较

最常见的比较类型是比较两个数字的值。Python 提供一组操作符用来在 if 语句中进行比较。表 6.1 显示了 Python 支持的数字比较的运算符。

表 6.1 数字比较运算符

运 算 符	描 述
==	等于
!=	不等于
>	大于
>=	大于或等于
<	小于
<=	小于或等于

当比较成功时，比较操作会返回一个逻辑 True，当比较失败时，会返回一个 False 值。例如，下面的语句：

```
if (x >= y): print("x is larger than or equal to y")
```

只有当变量 x 的值大于或等于变量 y 的值时，print() 才会被执行。

警告：判断相等
　进行相等比较的时候要小心！如果碰巧使用了一个等号，这会变成一条赋值语句而不是比较语句。Python 会处理赋值语句，然后总是会返回 True，而这可能不是你想要的结果。

CAUTION

6.5.2 字符串比较

和数字比较不同，字符串比较有一点点麻烦，但比较两个字符串是否相等还是比较简单的：

```
x="end"
if (x == "end"): print("Sorry, that's the end of the game")
```

当在字符串中使用大于或者小于比较操作符时，会感到比较迷惑。什么时候一个字符串值会大于另一个字符串呢？

Python 进行了一种所谓的字符串值的逐一比较。这种方法是将字符串中的字母转换成 ASCII 中等价的数字，然后对数值进行比较。

这有一个测试字符串比较的例子：

```
>>> a="end"
>>> if (a < "goodbye"):
        print("end is less than goodbye")
elif (a > "goodbye"):
        print("end is greater than goodbye")

end is less than goodbye
>>>
```

Python 比较值"end"和"goodbye"，然后决定哪个值"更大"。因为字符串"end"在某种排序方法下在"goodbye"之前，因此认为"end"是"小于"字符串"goodbye"的。还有另一种方式来考虑它："goodbye"比"end"要长不少，因此，它比"end"大。

现在，试一下这个例子：

```
>>> a="End"
>>> if (a < "goodbye"):
        print("End is less than goodbye")
elif (a > "goodbye"):
        print("End is greater than goodbye")

End is less than goodbye
>>>
```

将"end"改成大写的，它仍然比"goodbye"小。

接下来，让我们来比较以大写字母开头单词和全小写的单词：

```
>>> if (a == "end"):
        print("End is equal to end")
elif (a < "end"):
        print("End is less than end")
elif (a > "end"):
        print("End is greater than end")
```

```
End is less than end
>>>
```

大写开头的字符串的值小于全小写的字符串。知道这个特性，对于在 Python 中比较字符串是相当重要的。

6.5.3　布尔值比较

由于 Python 把 if 语句条件计算为一个逻辑值，测试布尔值就相当容易了：

```
>>> x=True
>>> if (x): print("The value is True")

The value is True
>>> x=False
>>> if (x): print("The value is True")

>>>
```

将变量的值设置为逻辑 True 或者 False 是非常直接的做法。然而，也可以通过布尔值比较来测试一个变量的其他特性。

如果给变量设置一个值，Python 也会使用一个布尔值比较：

```
>>> a=10
>>> if (a): print("The a variable has been set")

The a variable has been set
>>>
```

这同样适用于将一个字符串值赋给一个变量：

```
>>> b="this is a test"
>>> if (b): print("The variable has been set")

The variable has been set
>>>
```

然而，如果一个变量的值是 0，那么它会被认为是 False：

```
>>> c=0
>>> if (c): print("The c variable has been set")

>>>
```

因此在将变量计算为布尔值的时候，应当注意！

6.5.4　评估函数返回值

布尔值经常用于测试函数的返回值。当执行一个函数时，它会返回一个返回值。可以使用 if 语句测试返回值来判断函数成功还是失败。

这种用法的一个例子是使用 Python 中的 isdigit()方法。isdigit()方法检查所提供的值是否能转换成一个数字，如果可以，它会返回 True。

```
>>> x="35"
>>> x.isdigit()
True
>>>
```

可以使用这个方法来检查用户输入脚本的值是否是个数字。清单 6.6 给出如何使用它的一个例子。

清单 6.6　在条件中使用函数

```
pi@raspberrypi:~$ cat py3prog/script0606.py
# Testing Function Results
print()
name=input("Please enter your first name: ")
age=input("Please enter your age: ")
print()
if (age.isdigit()):
    print(name,":", sep='')
    print("In ten years your age will be:", int(age)+10)
else:
    print("Sorry", name, "the age you entered is not a number")
print()

pi@raspberrypi:~$
```

if 语句检查变量 age 是否是一个数字。如果是，则脚本显示数据。如果不是，它显示一条错误信息。

测试这个程序运行的一个例子如下：

```
pi@raspberrypi:~$ python3 py3prog/script0606.py

Please enter your first name: Samantha
Please enter your age: test

Sorry Samantha the age you entered is not a number

pi@raspberrypi:~$
pi@raspberrypi:~$ python3 py3prog/script0606.py
Please enter your first name: Samantha
Please enter your age: 22

Samantha:
In ten years your age will be: 32

pi@raspberrypi:~$
```

第 1 个测试使用了一个错误年龄的数据，脚本捕获到这个错误！第 2 个测试使用了正确的数据，脚本正常工作。

6.6 检查复杂的条件

到目前为止，所有的例子都仅在条件中使用一个比较检查。Python 允许将多个比较条件组织到一条 if 语句中。本节将介绍一些技巧，可以使用它将多个条件检查组合到一条 if 语句中。

6.6.1 使用逻辑运算符

Python 允许你使用逻辑操作符（参见第 5 章）将比较语句组合到一起。因为检查每一个条件都会产生一个布尔值结果，Python 将逻辑运算应用到这些条件结果上。逻辑运算的结果会决定 if 语句的结果：

```
>>> a=1
>>> b=2
>>> if (a == 1) and (b == 2): print("Both conditions passed")

Both conditions passed
>>>
>>> if (a == 1) and (b == 1): print("Both conditions passed")

>>>
```

当使用逻辑运算符 and 时，两个条件必须都返回 True，Python 才会处理"then"语句。如果其中一个返回 False，Python 将跳过"then"代码块。

也可以使用逻辑运算符 or 来做复合条件检查：

```
>>> a=1
>>> b=2
>>> if (a == 1) or (b == 1): print("At least one condition passed")

At least one condition passed
>>>
```

在这种情况下，任意一个条件通过，Python 都会处理"then"语句。由于 a 等于 1，所以会处理"then"语句，即使 b 并不等于 1。

6.6.2 组合条件检查

可以不使用逻辑操作符来将多个条件检查组合成一个单个的条件以进行检查。看一下如下的例子：

```
>>> a=1
>>> b=2
>>> c=3
>>> if a < b < c: print("they all passed")
```

```
they all passed
>>>
>>> if a < b > c: print("they all passed")

>>>
```

在这个例子中，Python 首先检查变量 a 的值是否小于变量 b 的值，然后检查变量 b 的值是否小于的变量 c 的值。如果两个条件都通过了，则 Python 执行语句；如果其中任意一个条件失败了，Python 跳过代码。

6.7　对条件检查取反

最后还有一个 Python 程序员喜欢用的 if 语句技巧，就是如果逆转"then"和"else"代码块的顺序，有时能带来很大的便利。

这可能是因为一个代码块比另一个长，因此我们想将较短的那个代码块放在前面。也可能是因为按照脚本的逻辑，检查否定的条件更能说明情况。

可以使用逻辑运算符 not（参见第 5 章）对一个条件取反：

```
>>> a=1
>>> if not(a == 1): print("The 'a' variable is not equal to 1")

>>> if not(a == 2): print("The 'a' variable is not equal to 2")

The 'a' variable is not equal to 2
>>>
```

这个 not 运算符将相等性比较的结果取反，使得一个 False 的返回结果变为 True，因此产生与没有 not 操作符相反的动作。

> ***TIP*** | **提示：条件取反**
> 　你也许已经注意到了，可以使用 not 运算符或者使用相反的数字运算符（如用 != 代替 ==）来对一个条件进行取反。两种方法在脚本中产生相同的结果。

6.8　小结

本章的内容覆盖了 if 语句的基本用法。if 语句允许在脚本中使用一个或多个条件来检查数据。当需要在脚本中进行任何类型的比较时，这是非常方便的。if 语句允许你根据一个比较的结果来决定执行什么语句。可以添加 else 语句，当比较失败时，以提供另一条逻辑路径。

可以通过在 if 语句中使用一个或多个 elif 来扩展比较。可以不断将 elif 语句串联到一起，来不断比较额外的值。

在接下来的一章中，我们就来看一些更高级的控制语句，可以使用它们来使脚本更加灵活。我们将讨论能使代码循环执行多次的 Python 语句。

6.9 Q&A

Q. Python 支持在其他语言中常见的 select 和 case 语句吗？

A. 不，你需要与 if 语句一同使用的 elif 来完成相同效果。

Q. If 和 else 代码块中的语句数量有限制吗？

A. 没有，你可以随你的需要在 if 或者 else 代码块中添加任意多的语句。

Q. 在 if 语句中，对使用多少个 elif 语句有限制吗？

A. 没有，你可以嵌套任意多的 elif 语句在你的代码中。然而，你必须小心，因为越多的 elif 语句，也就意味着 Python 需要花更多的时间来计算代码的值。

6.10 **练习**

6.10.1 问题

1. 当你想检查变量 z 的值是否大于或等于 10 时，应该使用什么比较符？

    a. >

    b. <

    c. >=

    d. ==

2. 如何写一条 if 语句，仅当变量 z 的值在 10～20（不包括这两个值）之间时显示一条信息？

3. 在一条 if 语句中，分号(;)充当一个 "then"。对还是错？

4. 一条 if 语句的条件返回一个_____或一个_____逻辑值。

5. 在一条 if 语句代码块中，Python 使用_____来指定一组语句。

6. 当 if 语句的条件返回一个 False 值的时候，_____代码块中的语句将会执行，假设没有包含 elif 语句的话。

    a. then

    b. elif

    c. outside

    d. else

7. 如下的哪一个不是一个数值比较操作符？

    a. !=

    b. >

    c. =>

    d. ==

8．字符串"Hello"和字符串"Goodbye"哪一个更大？

9．当运行 Python 中的一个函数的时候，该函数返回一个＿＿＿＿，这可以在一条 if 语句中进行测试。

10．如何写一条 if 语句，当猜的数字落在 5～10 或者等于 10 时，给游戏玩家一条状态信息？

6.10.2 答案

1．c。一个通常的错误是忘记了大于和小于操作符不包含被指定的数字！

2．你可以使用连续的大于或小于符号将变量嵌套在其中：

```
if 10 < z < 20: print("This is the message")
```

3．错的。在一条 if 语句中，冒号(:)充当一个"then"。

4．一条 if 语句的条件返回一个 True 或一个 False 逻辑值。

5．在一条 if 语句代码块中，Python 使用缩进来指定一组语句。

6．选 d。当 if 语句的条件返回一个 False 值的时候，else 代码块中的语句将会执行，假设没有包含 elif 语句的话。

7．选 c。=>不是一个数值比较操作符，然而>=是。

8．字符串"Hello"比字符串"Goodbye"大，因为在一个排序方法中，它在"Goodbye"的后面。

9．当运行 Python 中的一个函数的时候，该函数返回一个返回值，这可以在一条 if 语句中进行测试。

10．你可以使用 elif 语句来添加对值范围的检查。首先检查小的范围是非常重要的，因为较大的范围会包含较小的范围：

```
pi@raspberrypi:~$ cat py3prog/script0607.py
# Test for Answer within Range
#
answer=42
print()
guess=int(input("What is your guess? "))
print()
#
######################################################
#
if (guess == answer):
    print("Correct!")
#
elif (guess >= answer - 5) and (guess <= answer + 5):
    print("You're within 5 of the correct number")
#
```

```
elif (guess >= answer - 10) and (guess <= answer + 10):
    print("You're within 10 of the correct number")
#
elif (guess >= answer - 15) and (guess <= answer + 15):
    print("You're within 15 of the correct number")
#
else:
    print("Sorry. You are WAY off of the correct number.")
#
print()
pi@raspberrypi:~$
pi@raspberrypi:~$ python3 py3prog/script0607.py

What is your guess? 42

Correct!

pi@raspberrypi:~$ python3 py3prog/script0607.py

What is your guess? 57

You're within 15 of the correct number

pi@raspberrypi:~$
```

第 7 章

循环

本章主要内容包括：

- 如何处理重复的任务
- 如何使用 for 循环
- 如何使用 while 循环
- 如何使用嵌套循环

在本章中，我们将学习到更多的结构化语句以帮助使用 Python 编写脚本。具体而言，重点在于重复性的任务以及用什么样的结构处理这些任务。

7.1 执行重复的任务

使用计算机的一个巨大好处是，它会不厌其烦地一遍又一遍地执行一个任务。把一个任务一遍又一遍地执行叫作重复。

重复的同义词是迭代。在编程的世界中，迭代是重复执行一组已定义的任务，直到产生期待的结果或者任务已被执行了期望的次数的过程。

在 Python 中提到循环时，则使用迭代这个词。一轮循环称为一次迭代。多次经过一个循环称为通过循环迭代。现在，将最后这三段话的内容一遍一遍地迭代，直到你理解了迭代这个术语的含义。

7.2 使用 for 循环进行迭代

在 Python 中，for 循环结构称为"记数控制"循环，这是由于循环的任务设定为执行一定的次数。如果想要一组语句被执行 5 次，可以使用 for 循环来完成这个任务。

for 循环的在 Python 中的语法结构如下所示：

```
for variable in [ data_list ]:
    set_of_Python_statements
```

注意在 for 循环结构中没有结束语句。在一些编程语言或者脚本语言中，你会看到一个"done"或者"end"之类的语句。在 for 循环中，Python 语句需要在 for 结构下使用缩进。这与 if-then 语句是类似的。

> **提示：循环的缩进**   ***TIP***
>
>   正如我们在第 6 章中所学到的 if-then 语句一样，循环中的语句需要缩进。注意在 IDLE 中，编辑器会自动帮你做这些。然而，在文本编辑器中，你需要自己使用制表符或者空格进行缩进。

for 循环的逻辑如下。

- 在 for 循环构建时，循环的 data_list 中的第一个值会被赋值给变量 variable。
- 循环中的 Python 语句被执行，在执行期间可以使用变量所赋的值。
- 在该次循环结束后，data_list 中的下一个值将被重新赋给变量。
- 然后执行循环中的语句，在执行期间可以使用被重新赋值的变量。
- for 循环会一直执行，直到循环范围中的所有的值都被赋给变量，并且每次循环体中的 Python 语句都被执行。

与其阅读这些说明，不如深入到具体例子中来了解。以下各节将帮助你更好地理解循环。

7.2.1 遍历列表中的数字

可以使用 for 循环遍历一个数字列表中的数字，如清单 7.1 所示。循环体中的唯一一语句是 print(the_number)，这条语句会打印当前循环体的数字。

清单 7.1 一个 for 循环

```
>>> for the_number in [1, 2, 3, 4, 5]:
        print (the_number)

1
2
3
4
5
>>>
```

注意清单 7.1 中 for 循环中的数据列表的格式。数字用一对方括号括起来，并且数字用逗号分隔开来。列表中的数字将会从第一个数字（1）开始，赋值给变量 the_number。在 print(the_number)执行完成之后，列表中的下一个数字会赋值给变量 the_number。图 7.1 以单步的方式展示了整个 for 循环。

循环会持续执行直到列表中的最后一个值赋值给变量，并且循环中的语句执行完成。这样，列表中的所有数字都会使用了，而且每次迭代一个。

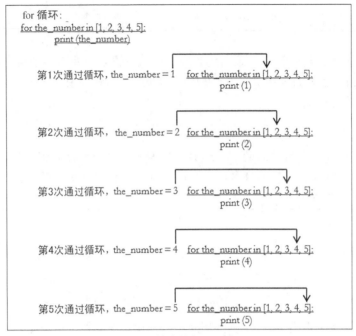

图 7.1　单步执行 for 循环

7.2.2　注意一些"陷阱"

需要注意 for 循环结构中一些潜在的问题。第一个"陷阱"是忘记在 for 循环的值列表后加冒号。清单 7.2 显示了出现这种问题时会得到的错误信息。

清单 7.2　缺少冒号的 for 循环

```
>>> for the_number in [1, 2, 3, 4, 5]
  File "<stdin>", line 1
    for the_number in [1, 2, 3, 4, 5]
                                     ^
SyntaxError: invalid syntax
>>>
```

TIP | **提示：Python 交互式命令行与文本编辑器**
　　当在 Python 交互式命令行中测试循环语句时，需要在最后一个循环语句后按两次回车键。这个操作告诉交互式命令这个循环已经准备好被解释并计算结果了。然而，在文本编辑器中，不需要多按下一次回车键。

下一个"陷阱"是在数据列表中忘记使用逗号。在清单 7.3 中，可以看到没有产生任何错误，但是，这可能不是所期望的结果。

清单 7.3　在 for 循环的数据列表中忘记使用逗号

```
>>> for the_number in [12345]:
      print(the_number)
```

```
12345
>>>
```

不要忘记保持缩进一致。如果使用空格作为缩进，那么一定要保证对每一条 for 循环体中的语句使用同样数量的空格作为缩进。如果使用制表符，那么记住使用同样数量的制表符进行缩进。在清单 7.4 中，可以看到 Python 抱怨一行使用了空格缩进而另一行使用了制表符缩进。

清单 7.4　不一致的缩进

```
>>> for the_number in [1, 2, 3, 4, 5]:
        print("Spaces used for indentation")
        print("Tab used for indentation")
  File "<stdin>", line 3
    print ("Tab used for indentation")
                                      ^
TabError: inconsistent use of tabs and spaces in indentation
>>>
```

下一项不是一个真正的"陷阱"，而是一个提醒，使用的数字列表中的数字不一定要按照数字的顺序排列。清单 7.5 显示了这样的一个例子。

清单 7.5　非数字顺序的数字列表

```
>>> for the_number in [1, 5, 15, 9]:
        print(the_number)

1
5
15
9
>>>
```

可以看到，数据被按照它们在数字列表中的顺序进行处理。Python 在处理这个列表时没有报任何的错误，它简单地遵循列表中的顺序。

> **提示：数字列表中的空格**　　　　　　　　　　　　　　　　　　　　　**TIP**
>
> Python 并不会限制你在数字列表中的逗号和数字之间放多少个空格。数字列表 [1, 5,15, 9] 对于 for 循环来说是合法的。然而，这种格式很不好。最好是在数字列表中每一个逗号和下一个数字之间放一个空格。

7.2.3　由值指定的数据类型

在 for 循环中，Python 会像你期待的那样处理数据类型。在清单 7.6 中，可以看到当 Python 将每一个数字赋值给变量 the_number 时，指定的是 int（整数）数据类型。

清单 7.6　数字列表的数据类型

```
>>> for the_number in [1, 5, 15, 9]:
        print(the_number)
```

```
        type(the_number)

1
<class 'int'>
5
<class 'int'>
15
<class 'int'>
9
<class 'int'>
>>>
```

如果需要的话，Python 也会在赋值过程中改变数据类型（如清单 7.7 所示）。例如，从整数 5 到浮点数 5.5 会导致数据类型也改变。

清单 7.7　改变数据类型

```
>>> for the_number in [1, 5.5, 15, 9]:
        print(the_number)
        type(the_number)

1
<class 'int'>
5.5
<class 'float'>
15
<class 'int'>
9
<class 'int'>
>>>
```

7.2.4　遍历字符串列表

除了遍历数据列表中的数字外，也可以用 for 循环处理字符串列表。在清单 7.8 中，字符串列表中使用 5 个单词代替了数字。

清单 7.8　字符串列表

```
>>> for the_word in
['Alpha','Bravo','Charlie','Delta','Echo']:
        print(the_word)

Alpha
Bravo
Charlie
Delta
Echo
>>>
```

循环遍历数据列表中的每一个单词，就像对数字列表所做的一样。然而，注意，需要使用引号将每一个单词括起来。

7.2.5　使用变量进行遍历

数据列表并没有限制为仅是数字和字符串。也可以在 for 循环的数据列表中使用变量。
在清单 7.9 中，数字 10 赋值给了变量 top_number。

清单 7.9　数据列表中的变量

```
>>> top_number=10
>>> for the_number in [1,2,3,4,top_number]:
        print(the_number)

1
2
3
4
10
>>>
```

正如你所见到的，for 循环对于这种变化是可以处理的。循环将把 10 赋值给 top_number
变量，并且迭代能正常处理这个数字。

7.2.6　使用 range 函数进行迭代

可以使用 range 函数来创建一个连续的数字列表，而不是将数据列表中的所有数字都列
出来。range 函数非常适合在列表中使用。

为了在循环中使用 range 函数，可以如清单 7.10 所示，用它替换数字列表。括号中的一个
数字叫作停止数字。在这个例子中，停止数字是 5。注意数字的范围开始于 0 然后到 4 结束。

清单 7.10　在 for 循环中使用 range 函数

```
>>> for the_number in range (5):
        print(the_number)
```

```
1
2
3
4
>>>
```

在清单 7.10 中，使用 range 函数将会创建这样一个数字列表：[0, 1, 2, 3, 4]。默认情况下，range 函数生成从 0 开始到停止数字之间的所有数字的一个列表。因此，停止数字是 5，那么 range 函数会将 5 减 1，即在 4 时停止产生数字。

NOTE | **技巧：只限整数**

range 函数只接受整数作为参数，不接受浮点数或者字符串。

可以通过包含一个起始数字作为参数，从而改变 range 的行为。语法如下所示：

range(*start* , *stop*)

如清单 7.11 所示。

清单 7.11　在 rang 函数中使用一个 Start 数字

```
>>> for the_number in range (1,5):
        print(the_number)

1
2
3
4
>>>
```

变量可以用于 range 函数中设定范围的地方。清单 7.12 展示了如何在 range 中使用变量。

清单 7.12　在 range 函数中使用变量

```
>>> start_number=3
>>> stop_number=6
>>> for the_number in range (start_number, stop_number):
        print(the_number)

3
4
5
>>>
```

TIP | **提示：表达式的范围**

可以使用数学表达式作为起始数字或者停止数字。这是一个漂亮的技巧，可以增加逻辑透明度。例如，想要在循环中使用数字 1~5，可以使用 range(1,5+1) 作为 range 语句，会很直观地看到 range 函数停在哪个数字。

要改变 range 函数生成数字列表的增量，可以给 range 函数增加一个步进参数。默认情况下，range 函数对列表中的数字递增 1。通过添加步进参数，使用 range(start, stop, step) 的格式，也可以修改增量。在清单 7.13 中，增量从默认的 1 改成 2。

清单 7.13　在 range 函数中使用步数

```
>>> for the_number in range (2,9,2):
        print(the_number)

2
4
6
8
>>>
```

也可以使用 range 函数创建一个递减的数字列表。通过将步进设成负数来达到这个效果。当然，需要非常小心地指定起始数字和结束数字。清单 7.14 产生了与清单 7.13 同样的结果，只不过顺序是相反的。注意清单 7.14 和清单 7.13 中 range 函数的参数的不同。

清单 7.14　在 range 函数中递减

```
>>> for the_number in range (8,1,-2):
        print(the_number)

8
6
4
2
>>>
```

现在，你对 for 循环已经有一些基本的了解了，是时候尝试一些实际的 for 循环的例子了。

实践练习

在 for 循环中验证用户的输入

从脚本获取用户输入的一个重要部分就是验证输入。这就是所谓的输入验证。当你按照以下的步骤编写脚本的时候，想要允许脚本用户进行三次尝试。此外，希望可以尝试一些新的东西，例如，一条 break 语句。遗憾的是，这不是像喝杯茶这样的休息。请按照下面的步骤操作。

1. 打开树莓派的电源并登录系统，如果系统还没启动。

2. 如果 GUI 界面没有自动启动的话，输入 startx，然后按下回车键打开它。

3. 双击 Terminal 图标打开终端。

4. 在命令提示符处，输入 nano py3prog/script0701.py，然后按下回车键。这条命令将打开 nano 编辑器，并创建文件 py3prog/script0701.py。

5. 在 nano 编辑器窗口输入下列代码，在每一行结尾处按下回车键：

```
# script0701.py - The Secret Word Validation.
# Written by <your name here>
# Date: <today's date>
```

```
#
############ Define Variables ##########
#
max_attempts=3              #Number of allowed input attempts.
the_word='secret'          #The secret word.
#
############# Get Secret Word ##############
#
print()
for attempt_number in range (1, max_attempts + 1):
    secret_word=input("What is the secret word? ")
    if secret_word == the_word:
        print()
        print("Congratulations! You know the secret word!")
        print()
        break          # Stops the script's execution.
    else:
        print()
        print("That is not the secret word.")
        print("You have", max_attempts - attempt_number, "attempts left.")
        print()
```

TIP
| 提示：当心！ |
| 在这里要慢慢来，注意别出现格式错误。可以使用删除键和上下键来进行更正。 |

CAUTION
| 警告：恰当的缩进 |
| 记住当使用文本编辑器时，需要确认自己进行了合适的缩进。如果没有对 for 和 if 的代码块进行缩进，Python 会报错。如果需要的话，回顾本章前面的 7.2.2 小节，会对这有帮助。 |

6. 通过按下 Ctrl+O 组合键，可以将刚才键入的文本保存到文件中，按下回车键将内容写入到脚本 script0701.py 中。

7. 按下 Ctrl+X 组合键退出文本编辑器。

8. 输入 Python3 py3prog/script0701.py，然后按下回车键，以运行这个脚本。当第一次运行这个脚本时，输入 secret 来正确回答它。应该可以看到如图 7.2 所示的输出。

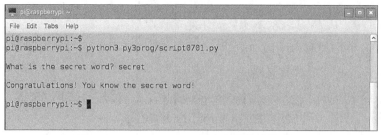

图 7.2 script0701.py 在正确回答时的输出

在你输入正确回答后，脚本由于执行了 break 语句而停止。break 语句可以将循环终止。换句话说，它让你跳出循环。

9. 再一次输入 Python3　py3prog/script0701.py，然后按下回车键运行这个脚本。这次，输入错误答案，回答除了 secret 之外的任何内容，应该可以看到如图 7.3 所示的输出。

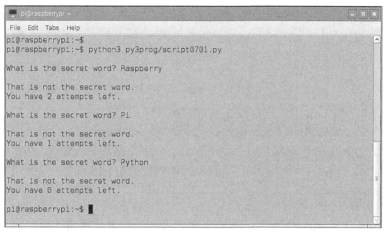

图 7.3　script0701.py 在错误回答时的输出

▲

输入验证是一个非常重要的工具。刚刚创建的这个小脚本，是使用 for 循环来做用户输入验证的一个例子。接下来，我们会看到 while 循环，这是可以在 Python 脚本中用来做输入验证的另一种循环。

7.3　使用 while 循环

在 Python 中，while 循环就是所谓的"条件控制的"循环，因为循环的任务会一直执行直到达到期望的条件。一旦达到条件，循环就停止了。例如，你可能想要循环任务一直执行，直到某个条件不再为真。在这种情况，可以在 Python 中使用 while 循环。

在 Python 中，while 循环的语法结构如下：

```
while condition_test_statement :
    set_of_Python_statements
```

就像 for 循环一样，while 循环使用缩进来表明与它相关的语句（代码块）。condition_test_statement 检查一个条件，并且当这个条件被判断为真时，在循环代码块中的语句会被执行。在每一次迭代中，都会检查条件。如果检查条件后判断为假，迭代停止。

7.3.1　使用数字条件来进行迭代

在 while 循环的条件测试语句中，可以使用一个数字或一个数学表达式。例如，清单 7.15 展示了在 while 循环中使用一个数学条件。

清单 7.15　一个 while 循环

```
>>> the_number=1
>>> while the_number <= 5:
```

```
        print(the_number)
        the_number=the_number + 1

1
2
3
4
5
>>>
```

在清单 7.15 中，while 语句的测试条件检查变量 the_number 的值。只要该变量的值比 5 小或者等于 5，接下来的 Python 语句都会执行。在第 4 行，while 循环中的最后一条语句将变量的值加 1。因此，当变量 the_number 等于 6 时，while 循环的测试语句返回 false，这时，迭代就停止了。

TIP　**提示：先验**

　　while 循环是先验循环，这意味着测试语句先于代码块中语句执行。这也是为什么需要在执行 while 循环的测试条件之前，必须先给变量 the_number 赋值。这类循环称为先验循环，或者叫作进入控制循环。

7.3.2　使用字符串作为判断条件进行遍历

字符串可以被用作 while 循环条件测试语句的一部分。在清单 7.16 中，while 测试语句检查变量 the_name，然后看它是否不等于（!=）一个空字符串。while 循环只需要名字不为空即可构建列表，也就是说，只要脚本用户没有直接按下回车键而输入空名字。

清单 7.16　使用字符串作为循环测试条件

```
1: >>> list_of_names=""
2: >>> the_name="Start"
3: >>> while the_name != "":
4:         the_name=input("Enter name: ")
5:         list_of_names=list_of_names + the_name
6:
7: Enter name: Raz
8: Enter name:
9: >>>
```

NOTE　**技巧：循环结束标记**

　　在清单 7.16 中，当按下回车键时，会把一个空字符串或空值赋给变量 the_name，这会导致 wihile 循环终止。这种空字符串或空值叫作标记值。标记值可以是用来表示循环结束的任何一个预定值。因此，标记值可以用来终止 while 循环。

在清单 7.16 中，可以做一个不错的改进，在第 5 行，可以使用一个更高效的快捷运算符来替换这段非常长的代码。我们在第 5 章中学习过这个快捷运算符，它叫作增量赋值运算符。使用这个快捷运算符之后，第 5 行现在如下所示：

```
list_of_names += the_name
```

另一个改进是在 while 循环中添加一条 else 从句。如果引入这两个改动的话，清单 7.16 就变成清单 7.17 了。

清单 7.17　while 循环中的一个 else 从句

```
>>> list_of_names=""
>>> the_name="Start"
>>> while the_name != "":
        the_name=input("Enter name: ")
        list_of_names += the_name
    else:
        print(list_of_names)

Enter name: Raz
Enter name: Berry
Enter name: Pi
Enter name:
RazBerryPi
>>>
```

在清单 7.17 中，变量 list_of_names 在 while 循环终止后打印出来。然而，你应该知道，else 从句可能在 while 测试语句返回 false 的任何时候执行，这可能是在第一次循环中就发生的事情！清单 7.18 对 Python 语句做了一些改动，以演示这个潜在的问题。

清单 7.18　因为先验循环导致的 else 从句问题

```
>>> list_of_names=""
>>> the_name="Start"
>>> while the_name != "Start":
        the_name=input("Enter name: ")
        list_of_names += the_name
    else:
        print(list_of_names)


>>>
```

在循环语句被执行前，测试语句就返回了 false。然而，else 部分仍然执行了，并且由于 list_of_names 当前设置为空，这在第 9 行上打印了一个空行。可以看到，else 子句在 while 循环中的运作方式与在 if/else 中非常不同。

7.3.3　使用 while True

你可以使用 while 语句创建一个无限循环。一个无限循环是一个不会结束的循环。为这种类型的循环添加一条 break 语句可以让其变得可用。看看清单 7.19，第 3 行上的 while 测试语句修改为 while True:，这使得循环变成无限的，这意味着循环会无限迭代。因此，第 5 行对一个新加的标记值进行测试。如果没有键入名字而直接按下了回车键，if 语句会返回 true，然后会执行 break。因此，无限循环停止。

清单 7.19　while True 和 break

```
>>> list_of_names=""
>>> the_name="Start"
>>> while True:
        the_name=input("Enter name: ")
        if the_name == "":
            break
        list_of_names += the_name
    else:
        print(list_of_names)

Enter name: Raz
Enter name: Berry
Enter name: Pi
Enter name:
>>>
```

另一个需要注意的是，在清单 7.19 中，else 子句没有执行。这是因为，当在循环中进行 break 时，任何 else 子句中的语句都会被跳过，你直接"跳"出了 while 循环。为了让名称打印出来，可以删除 else 子句，并把 print 语句移动到 if 中的 break 之前，如清单 7.20 所示。

清单 7.20　修复 else 子句

```
>>> list_of_names=""
>>> the_name="Start"
>>> while True:
        the_name=input("Enter name: ")
        if the_name == "":
            print(list_of_names)
            break
        list_of_names += the_name

Enter name: Raz
Enter name: Berry
Enter name: Pi
Enter name:
RazBerryPi
>>>
```

实践练习

使用 while 循环输入数据

循环对于输入数据而言是一个有用的工具。在接下来的步骤中，我们会创建一个脚本，并在其中使用 while 循环输入一个假想的俱乐部成员列表。这个脚本首先会询问要输入的成员名字的数量，然后 while 循环会询问成员的名字、中间名以及姓氏，步骤如下。

1. 启动你的树莓派并且登录。

2. 如果 GUI 没有自动启动，请输入 startx，并且按下回车键打开它。

3. 双击 Python 3 图标打开 IDLE 窗口。

4. 按 Ctrl+N 组合键打开 IDLE 编辑窗口。

5. 将清单 7.21 所示的代码输入到 IDLE 编辑器中，当需要输入下一行时，按回车键。

清单 7.21   script0702 .py 脚本

```
#script0702.py -Enter Python Club Members using while loop
#Written by <Your name here>
#Date: <Today's date>
#
#################### Define Variables ####################
names_to_enter=int(input("How many Python club member names to enter? "))
names_entered=0
#
while names_to_enter > names_entered: #Iterate to enter names
      member_number = names_entered + 1
      print()
      print ("Member #" + str(member_number))
      first_name = input("First Name: ")
      middle_name = input("Middle Name: ")
      last_name = input("Last Name: ")
      names_entered += 1
      print ()
      print ("Member #", member_number, "is",
              first_name, middle_name, last_name)
```

提示：当心!   *TIP*

请务必在这里多花点时间，避免输入错误。仔细检查输入到 nano 编辑器中的代码。可以使用删除键和上下箭头进行更正。

注意这里没有添加输入验证代码来验证输入的名字是否存在，这将在下一节中加上。

6. 在 IDLE 中按 F5 键来测试你的脚本，然后回答那些问题。结果应该如图 7.4 所示。

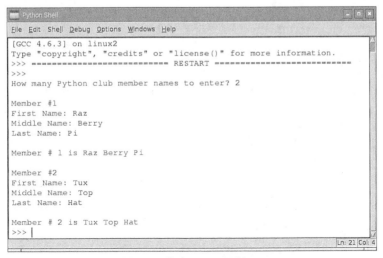

图 7.4   脚本 script0702.py

7. 如果想保存这个脚本，按下 Ctrl+S 组合键打开另存为窗口，双击 py3prog 文件夹图标，在文件名栏输入 script0702.py，然后单击保存按钮。

8. 按下 Ctrl+Q 组合键退出 IDLE 环境。

▲

在本小节中，没有在 while 循环中加入输入验证。在本章的下一部分，你将看到如何使用嵌套循环来优化 script0702.py。

7.4　创建嵌套循环

嵌套循环是在一个循环语句中嵌入另一个循环语句。例如，位于 while 循环代码块中的一个 for 循环就是嵌套循环。清单 7.22 显示了一个使用嵌套循环的脚本。它有一个 for 循环，在 for 的代码块中包含了 3 个 while 循环。script0703.py 是对你上一节实践练习里所写脚本的改进。

清单 7.22　script0703.py 中的一个嵌套循环

```
pi@raspberrypi:~$ cat py3prog/script0703.py
# script0703.py - Demonstration of a nested loop.
# Author: Blum and Bresnahan
#
################################################################
#
# Find out how many club member names need to be entered
names_to_enter=int(input("How many Python club member names to enter? "))
#
# Loop to enter names:
for member_number in range (1, names_to_enter + 1):
    print()
    print("Member #" + str(member_number))
#
    first_name=""   # Intialize first_name
    middle_name=""  # Intialize middle_name
    last_name=""    # Intialize last_name
#
### Loop to get first name
    while first_name == "":
            first_name=input("First Name: ")
#
### Loop to get middle name
    while middle_name == "":
            middle_name = input("Middle Name: ")
#
### Loop to get last name
    while last_name == "":
            last_name = input("Last Name: ")
#
    # Display a member's full name
```

```
    print()
    print ("Member #", member_number, "is",
              first_name, middle_name, last_name)
pi@raspberrypi:~$
```

第一个改动是，主 while 循环改为了 for 循环。使用 for 循环消除了需要持续跟踪已经输入了多少名称。

for 循环中嵌套了 3 个 while 循环。这些 while 循环通过保证了用户不会输入一个空白名称，改进了输入验证。

在清单 7.23 中，你可以看到新的脚本运行以及输入验证改进后的例子。当用户意外地按下回车键，而不是输入 Raz 的中间名，脚本会循环到输入语句并再次询问。

清单 7.23 script0703.py 的输出

```
pi@raspberrypi:~$ python3 py3prog/script0703.py
How many Python club member names to enter? 1
Member #1
First Name: Raz
Middle Name:
Middle Name:
Middle Name: Berry
Last Name: Pi

Member # 1 is Raz Berry Pi
pi@raspberrypi:~$
```

清单 7.21 和清单 7.22 显示了嵌套循环的一个简单的例子。在 Python 脚本中，嵌套循环经常用于处理数据表、编写图片算法、操作游戏等程序中。

7.5 小结

在本章中，我们学习了如何创建 for 循环和 while 循环。此外，本章还介绍了诸如预测、标记值以及输入验证等知识。最后，体验了 for 循环和 while 循环，并了解了嵌套循环。在第 8 章中，我们将从结构化命令开始，去探究列表和元组。

7.6 Q&A

Q. Python v3 支持 xrange 函数吗？

A. 是也不是。在 Python v2 中，xrange 函数与 range 函数都是可以用的。在 Python v3 中，range 函数是旧的 xrange 函数，Python v2 中 range 函数已经没有了。Python 的创造者做出这种改变是因为 xrange 比 range 能更有效地使用内存。遗憾的是，要从 Python v2 的 xrange 转到 Python v3，需要删除 range 前的 x。

Q. 在循环中使用 break 语句不好吗？

A. 这得看情况。如果能避免使用 break 当然是最好的。但是，很多情况下你没办法转而使用另一种方法，你只能使用 break。大部分守旧的程序员认为使用 break 是不好的。

Q．我正在运行 Python 脚本，但是它进入了一个无限循环！我该怎么办？

A．可以通过按下 Ctrl+C 组合键来停止一个 Python 脚本的运行。如果它不工作，试试 Ctrl+Z 组合键。

7.7　练习

7.7.1　问题

1．for 循环是记数控制的循环，while 循环是条件控制的循环。对还是错？

2．只要满足如下哪个条件，一个计数控制的循环就会继续？

　　a．计数返回一个 True 的代码

　　b．计数返回一个 False 的代码

　　c．还有要处理的项

3．什么类型的循环是预测的？

4．如下的代码有什么语法错误？

```
for a_number in [5, 10, 1]
    print(a_number)
```

5．如下的代码有什么语法错误？

```
while True:
print ("Hello World")
```

6．一个＿＿＿＿循环是不会结束的循环。

7．一个＿＿＿＿＿是用于表示数据结束的任意的预定义的值。

8．当在一个 while 循环中执行一条 break 语句的时候，else 子句中的 Python 语句会跳过。对还是错？

9．如下的代码有什么语法错误？

```
for the_number in ['A','B','C','A',1]:
    print(the_number)
```

10．如果你想为 for 循环产生一个数字列表，从 1 开始到 10，每步为 1，应该使用哪一条 range 语句？

　　a．range(10)

　　b．range(1, 10, 1)

　　c．range(1, 11)

7.7.2　答案

1．对的。for 循环遍历一组操作数次，每一次迭代都是被计数的，而 while 循环直到一个特定的条件被满足，然后它停止。

2．选 c。计数控制的循环，会针对列表中的每一项进行迭代。

3．while 循环是一个先验循环，因为条件测试语句会在循环的代码块中的语句之前被执行。

4．在结束方括号 ")" 的后面，漏掉了一个冒号(:)。代码应当写成如下这样才是正确的：

```
for a_number in [5, 10, 1]:
    print(a_number)
```

5．while 循环的 print 语句没有正确地缩进。代码应当写成如下这样才是正确的：

```
while True:
    print ("Hello World")
```

6．一个无限循环是不会结束的循环。

7．一个标记值是用于表示数据结束的任意的预定义的值。

8．对的。

9．这是一个复杂的问题。代码的语法并没有错误！包含了两个字母 A 和一个数字可能很奇怪，但是代码是对。

```
for the_number in ['A','B','C','A',1]:
    print(the_number) \
```

10．答案 c 是正确的。range(1, 11)产生下面的数字列表：[1, 2, 3, 4, 5, 6, 7, 8, 9, 10]。记住最后一个停止数字，是不包含在输入列表中的。

第三部分

高级 Python 知识

第 8 章

使用列表和元组

本章主要内容包括：

- 使用元组和列表

- 使用多维列表

- 构建列表

当使用变量时，有时如果你将数据值分组存放，就可以很方便地在脚本中遍历它们。使用独立变量很难做到这一点，但是 Python 提供了合适的解决方法。

大多数的编程语言使用数组变量来存储多个数据值，但是使用一个单个的索引变量指向这些值。Python 有一点不同，它不使用数组变量；相反，它使用其他变量类型，即列表和元组。本章会解释如何使用列表和元组在 Python 中存储和操作数组。

8.1 关于元组

Python 中的元组数据类型允许存储多个值，但是不能改变这些值。用编程的术语来说，这些数据值是不可变的。

在创建元组后，可以将元组当成一个单独的对象使用，也可以引用其中的任何一个单独的值。在接下来的小节中，我们将详细讲解如何在脚本中创建和使用元组。

8.1.1 创建元组

在 Python 中有很多不同的方法创建一个元组：

- 使用括号创建一个空的元组，如下面的例子所示：

```
>>> tuple1 = ()
>>> print(tuple1)
```

```
()
>>>
```

- 在赋值表达式中，在一个值后面添加一个逗号，如下面的例子所示：

```
>>> tuple2 = 1,
>>> print(tuple2)
(1,)
>>>
```

- 在赋值表达式中，使用逗号分隔多个值，如下面的例子所示：

```
>>> tuple3 = 1, 2, 3, 4
>>> print(tuple3)
(1, 2, 3, 4)
>>>
```

- 使用 Python 内建的函数 tuple()并且指定一个可迭代的值（如列表，我们会在后面介绍列表），如下面的例子所示：

```
>>> list1 = [1, 2, 3, 4]
>>> print(list1)
[1, 2, 3, 4]
>>> tuple4 = tuple(list1)
>>> print(tuple4)
(1, 2, 3, 4)
>>>
```

可能你已经注意到了，Python 使用括号将数据值集合起来表示元组。

元组中并非只能存储数字值，也可以使用字符串值：

```
>>> tuple5 = "Sunday", "Monday", "Tuesday", "Wednesday", "Thursday","Friday",
"Saturday"
>>> print(tuple5)
('Sunday', 'Monday', 'Tuesday', 'Wednesday', 'Thursday', 'Friday',
'Saturday')
>>>
```

可以使用单引号或者双引号来表示一个字符串（参见第 10 章）。

CAUTION | **警告：元组是不可变的**
一旦创建了元组，就不能改变其中的数据值，也不能添加或者删除值。

8.1.2 访问元组中的数据

创建元组后，可能希望能够访问其中存储的数据。要这样做，需要使用索引。

索引指向一个元组中的单独的数据值。可以在 Python 语句中使用索引值来获取存储在元组中特定位置的数据值。

使用索引值 0 可以引用存储在元组中的第一个值。从 0 开始可能容易令人混淆，在尝试引用数据值时一定要小心！如下面的例子所示：

```
>>> tuple6 = (1, 2, 3, 4)
>>> print(tuple6[0])
1
>>>
```

要引用元组中某一个索引，只要使用方括号将索引值括起来，然后将其添加到元组变量名后面。

如果尝试引用一个不存在的索引值，Python 会产生如下错误：

```
>>> print(tuple6[5])
Traceback (most recent call last):
  File "<pyshell#33>", line 1, in <module>
    print(tuple6[5])
IndexError: tuple index out of range
>>>
```

8.1.3 访问一个范围内的值

除了可以访问元组中的一个单独数据值，Python 还允许获取数据值的一个子集。如果需要获取一个元组中数据值的连续的子集（所谓的切片），你可以使用这样的索引格式[i:j]，i 是起点索引值，j 是终点索引值。如下面的例子所示：

```
>>> tuple7 = tuple6[1:3]
>>> print(tuple7)
(2, 3)
>>>
```

警告：元组的起点和终点切片   *CAUTION*

注意，切片所定义的新元组中第一个值是起点索引值，但是结尾的值是终点索引值的前一个值。这可能有点容易令人混淆。为了帮助记住这种格式，在定义元组切片时使用方程式 i<=x<j，在这里 x 是那些想要获取的值。

最后，还有一种格式可以用来从元组中提取数据元素，即[i:j:k]，i 是起点索引值，j 是终点索引值，k 是步长，用来在起点和终点之间递增索引值。下面的例子展示了它是如何工作的：

```
>>> tuple8 = 1, 2, 3, 4, 5, 6, 7, 8, 9, 10
>>> tuple9 = tuple8[0:6:2]
>>> print(tuple9)
(1, 3, 5)
>>>
```

tuple9 包含了 tuple8 变量中从索引 0 开始直到索引 6，每次间隔一个索引的所有数据值。因此，所得到的元组由索引 0、2 和 4 组成，由此创建了元组（1，3，5）。

8.1.4 使用元组

因为元组值是不可变的，Python 中没有任何函数可以操作元组中的值。但是，有一些函数可以帮助你获取元组中数据的信息。

1. 检查元组是否包含一个值

有两个比较操作可以用来检查元组变量是否包含某个特定的数据值。

当元组包含所指定的数据元素时，比较操作符 in 会返回一个布尔值 True。

```
>>> if 7 in tuple8: print("It's there!")

It's there!
>>> if 12 in tuple8:
        print("It's there!")
else:
        print("It's not there!")
It's not there!
>>>
```

也可以将 not 逻辑运算符和 in 比较符一起使用，以便对结果取反。

```
>>> if 7 not in tuple8:
        print("It's not there!")
else:
        print("It's there!")
It's there!
>>>
```

有时添加一个 not 逻辑运算符会让比较变得很方便，比如，当想要调换 "then" 和 "else" 代码块来将较短的代码块放在长的代码块前面时。

2. 获取元组中数据的数量

Python 中的 len()函数允许你方便地确定元组中有多少个元素。下面的示例展示了如何使用它：

```
>>> len(tuple8)
10
>>>
```

CAUTION 　**警告：引用元组中的最后一个值**

在对元组使用 len()函数时，需要小心。初学者常犯的一个错误是认为 len()函数返回的值是元组中最后一个值的索引。因为元组的索引是从 0 开始的，因此元组的结尾值的索引比 len()函数的返回值小 1。

3. 找出元组中最小和最大的值

Python 提供了 min()和 max()函数，让你可以很容易地找出元组中最小（min()）和最大（max()）值，如下所示：

```
>>> min(tuple8)
1
>>> max(tuple8)
10
>>>
```

min()和 max()函数同样也对存储字符串值的元组有效。Python 使用标准的 ASCII 比较来确定最小值和最大值：

```
>>> min(tuple4)
'Friday'
>>> max(tuple4)
'Wednesday'
>>>
```

这是来找出元组中存储值的范围的一种很方便的方法。

4. 连接元组

虽然不能改变元组中包含的数据值元素，但是可以连接两个或者多个元组值来创建一个新的元组：

```
>>> tuple10 = 1, 2, 3, 4
>>> tuple11 = 5, 6, 7, 8
>>> tuple12 = tuple10 + tuple11
>>> print(tuple12)
(1, 2, 3, 4, 5, 6, 7, 8)
>>>
```

如果你不熟悉元组的话，可能会有点误解。加号不是用来进行加法运算；对于元组，加号当作连接操作符。注意，连接两个元组会创建一个新的元组并且包含原来两个元组值中的所有数据元素。

8.2 关于列表

列表与元组很相似，可以通过一个列表变量来存储多个数据值。但是，列表是可变的，并且可以修改、添加或者删除存储在列表中的数据值。这能为 Python 脚本增加很多功能。

接下来的章节将展示如何创建列表，以及从列表中提取和使用数据。

8.2.1 创建一个列表

有 4 种不同的方法可以创建一个列表变量，这与元组非常像：

- 使用一对空的方括号创建一个空的列表，如下所示：

```
>>> list1 = []
>>> print(list1)
[]
>>>
```

- 使用方括号将一组逗号分隔的值括起来，如下所示：

```
>>> list2 = [1, 2, 3, 4]
>>> print(list2)
[1, 2, 3, 4]
>>>
```

- 使用 list()函数从另一个可迭代的对象中创建列表，如下所示：

```
>>> tuple11 = 1, 2, 3, 4
>>> list3 = list(tuple11)
>>> print(list3)
[1, 2, 3, 4]
>>>
```

- 使用列表解析

用列表解析来创建列表是从其他数据中创建列表的一种复杂过程。随后我们将会一直讨论它是如何工作的。注意，对于列表，Python 使用方括号，而不是像元组那样使用圆括号。

就像元组一样，列表可以包含任何类型的数据，不仅仅是数字，如下所示：

```
>>> list4 = ['Rich', 'Barbara', 'Katie Jane', 'Jessica']
>>> print(list4)
['Rich', 'Barbara', 'Katie Jane', 'Jessica']
>>>
```

8.2.2　从列表中获取数据

上一个小节中的示例展示了如何通过引用列表变量，从一个列表中获取所有的数据。可以使用索引值来从列表中获取某个值，就像元组一样。如下所示：

```
>>> print(list2[0])
1
>>> print(list2[3])
4
>>>
```

也可以使用一个负数作为列表索引。负数索引会从列表尾部向前取值：

```
>>> print(list2[-1])
4
>>>
```

注意，当使用负的索引值时，-1 是列表的末尾，因为-0 和 0 一样。

列表也支持通过切片功能来获取列表中元素的一个子集，就像下面的例子一样：

```
>>> list4 = list2[0:3]
>>> print(list4)
[1, 2, 3]
>>>
```

8.2.3　使用列表

正如之前所提到的，列表和元组之间的主要区别是，可以修改列表中的数据元素。这意味着，可以做很多对元组不能做的事情！本小节将详细介绍可以对列表使用的不同的操作。

1. 修改列表值

可以对列表做的一项最基本的操作是修改列表中的值。这就像使用赋值语句一样简单，通过索引引用某个列表项，然后给它赋一个新的值。例如，如下的示例显示了将第二个值（使用索引 1 来引用）修改为 10：

```
>>> list1 = [1, 2, 3, 4]
>>> list1[1] = 10
>>> print(list1)
[1, 10, 3, 4]
>>>
```

当打印这个列表值时，它的第 2 个值是 10。

在更复杂的操作中，你可以使用另一个列表或元组来替代当前列表的一个子集。通过使用列表切片方法，可以引用并修改一个子集，如下所示：

```
>>> list1 = [1, 2, 3, 4]
>>> tuple1 = 10, 11
>>> list1[1:3] = tuple1
>>> print(list1)
[1, 10, 11, 4]
>>>
```

Python 使用 tuple1 中的值替换从索引 1 开始到索引 3 结束的所有数据元素。

2. 删除列表中的值

可以使用 del 语句删除一个列表中的元素，如下所示：

```
>>> print(list1)
[1, 10, 11, 4]
>>> del list1[1]
>>> print(list1)
[1, 11, 4]
>>>
```

也可以使用切片方法删除一个列表中的某个子集的所有元素，如下所示：

```
>>> list5 = [1, 2, 3, 4, 5, 6, 7, 8, 9, 10]
>>> del list5[3:6]
>>> print(list5)
[1, 2, 3, 7, 8, 9, 10]
>>>
```

切片方法允许你选择想从列表中删除的元素。

3. 弹出列表值

Python 提供了一个特殊的函数，可以从列表中获取一个元素并同时从列表中删除它。pop() 函数允许从列表中取出任何一个值。例如，这个例子从列表 list6 中弹出索引序号为 5 的值：

```
>>> list6 = [1, 2, 3, 4, 5, 6, 7, 8, 9, 10]
>>> list6.pop(5)
6
>>> print(list6)
[1, 2, 3, 4, 5, 7, 8, 9, 10]
>>>
```

当从列表中弹出一个值时，其后方的元素会移位来替换被弹出的元素。

如果没有给 pop() 函数指定一个索引值，它会弹出列表中的最后一个元素，如下所示：

```
>>> list6.pop()
10
>>> print(list6)
[1, 2, 3, 4, 5, 7, 8, 9]
>>>
```

4. 添加新的元素

可以使用 append() 函数向已经存在的列表中添加新的元素，如下所示：

```
>>> list7 = [1.1, 2.2, 3.3]
>>> list7.append(4.4)
>>> print(list7)
[1.1, 2.2, 3.3, 4.4]
>>>
```

append() 函数会将新的数据值添加到已有的列表的末尾。

也可以通过使用 insert() 函数将一个新元素值插入到列表一个指定的索引位置上。insert() 函数需要两个参数。第一个参数表示想将新的数据值放到哪一个索引位置之前，第二个参数是需要插入的值。因此，要在列表前面插入一个值，可以这样使用：

```
>>> list7.insert(0, 0.0)
>>> print(list7)
[0.0, 1.1, 2.2, 3.3, 4.4]
>>>
```

如果要插入到列表中间，可以这样：

```
>>> list7.insert(3, 2.5)
>>> print(list7)
[0.0, 1.1, 2.2, 2.5, 3.3, 4.4]
>>>
```

insert() 语句将 2.5 插入到了索引 3 的前面，这使得它成为新的索引 3 的值并且将列表中的其他元素向后移动一个位置。

可以组合使用 append() 和 pop() 函数，在 Python 脚本中实现一种叫作栈的数据结构。可以向栈中压入数据值，然后按照和压入的顺序相反的顺序获取它们（即后进先出[LIFO]）。为了做到这一点，可以在不使用索引的情况下，用 append() 函数往一个空的列表中添加新的元素，然后使用 pop() 函数获取这些元素。清单 8.1 显示了一个这样的例子。

清单 8.1　对列表使用 list() 和 pop()

```
#!/usr/bin/python3

list1 = []

# push some data values into the list
list1.append(10.0)
list1.append(20.0)
```

```
list1.append(30.0)
print("The starting list is", list1)

# pop some values and see what happens
result1 = list1.pop()
print("The first item removed is", result1)
result2 = list1.pop()
print("The second item removed is", result2)

# add one more data value and see where it goes
list1.append(40.0)
print("The final version is", list1)
```

脚本 script0801.py 使用变量 list1 创建了一个空的列表，然后向其中添加了一些值。然后使用 pop()函数获取了一些值。当运行 script0801.py 时，应该可以得到如下的输出：

```
pi@raspberrypi ~/scripts $ python3 script0801.py
The starting list is [10.0, 20.0, 30.0]
The first item removed is 30.0
The second item removed is 20.0
The final version is [10.0, 40.0]
pi@raspberrypi ~/scripts $
```

在计算较长的表达式时，一般使用栈来存储值，因为可以将值和操作符压入到栈里，然后以相反的顺序获取它们。

5. 连接列表

在使用 append()函数的时候，需要特别小心。如果尝试附加一个列表到另一个列表时，也许不会得到想要的结果，如下所示：

```
>>> list8 = [1, 2, 3]
>>> list9 = [4, 5, 6]
>>> list8.append(list9)
>>> print(list8)
[1, 2, 3, [4, 5, 6]]
>>>
```

当在 append()函数的参数中使用一个列表对象时，Python 会将这个列表作为一个独立的数据元素进行处理。因此，在这个例子中，list8[3]的值是一个列表：

```
>>> print(list8[3])
[4, 5, 6]
>>>
```

如果想要连接 list8 和 list9，需要使用 extend()函数，如下所示：

```
>>> list8 = [1, 2, 3]
>>> list9 = [4, 5, 6]
>>> list8.extend(list9)
>>> print(list8)
[1, 2, 3, 4, 5, 6]
>>>
```

现在的结果是在一个列表中包含两个列表中所有的元素。使用加号也同样有效，就像对元组的操作一样：

```
>>> list8 = [1, 2, 3]
>>> list9 = [4, 5, 6]
>>> result = list8 + list9
>>> print(result)
[1, 2, 3, 4, 5, 6]
>>>
```

同样，结果是在一个列表中包含两个列表的数据元素。

6. 其他的列表函数

除了已经讨论过的列表的函数，Python 还包括其他一些方便的列表函数。例如，可以使用 count()函数统计一个指定的数据值在列表中出现了多少次，如下所示：

```
>>> list10 = [1, 5, 8, 1, 34, 75, 1, 23, 34, 100]
>>> list10.count(1)
3
>>> list10.count(34)
2
>>>
```

值 1 在列表中出现了 3 次，值 34 在列表中出现了 2 次。

也可以使用 sort()函数来对列表中的值进行排序，如下所示：

```
>>> list11 = ['oranges', 'apples', 'pears', 'bananas']
>>> list11.sort()
>>> print(list11)
['apples', 'bananas', 'oranges', 'pears']
>>>
```

CAUTION | **警告：就地排序**
　　sort()函数会使用排序后的顺序替换列表中的数据值之前的顺序。这会改变单个的数据元素的索引位置，因此在新列表中引用元素时，需要注意。

可以使用 index()函数找出某个元素在列表中的位置。index()函数返回元素在列表中第一次出现的索引位置值。

```
>>> list11.index('bananas')
1
>>>
```

用 reverse()函数可以很容易地反转列表中所存储元素的顺序，如下所示：

```
>>> list12 = [1, 2, 3, 4, 5]
>>> list12.reverse()
>>> print(list12)
[5, 4, 3, 2, 1]
>>>
```

所有的元素仍然在列表中，只不过是顺序变成与最初的顺序相反了。

8.3　使用多维列表存储数据

Python 支持使用多维列表——也就是说，列表的数据元素本身也是列表！

在多维列表中，其中包含的每一个特定的数据元素，都会与多个索引值关联。记录多维列表中的数据会变得相对复杂，但是这些列表确实能派上用场。

可以像创建普通列表一样创建多维列表，只要将列表作为元素就可以了。参见如下的示例：

```
>>> list13 = [[1, 2, 3], [4, 5, 6], [7, 8, 9]]
>>> print(list13)
[[1, 2, 3], [4, 5, 6], [7, 8, 9]]
>>>
```

要引用多维列表中的一个数据值，需要指定主列表的索引值，以及在数据值列表中的索引值。使用方括号括住每一个索引值，并以按照最外层列表到最内层列表的顺序来放置这些值，如下面的示例所示：

```
>>> print(list13[0][0])
1
>>> print(list13[0][2])
3
>>> print(list13[2][1])
8
>>>
```

第一个例子获取第一个列表的第一个值，最后一个例子获取了第三个列表的第二个值。这里演示的是一个二维列表。还可以在列表中使用列表的列表，这样就创建了一个三维列表。可以继续增加维度，但是当超过三维之后，列表就会变得非常复杂了。

8.4　在脚本中使用列表和元组

列表和元组在 Python 脚本中具有非常广泛的用途。一旦将数据装入元组或者列表，就可以使用 Python 中众多的函数来处理这些数据的信息。这将会使数学计算容易很多！

接下来的章节将介绍可以对元组和数组使用的最常用的函数。

8.4.1　遍历一个列表或元组

对列表和元组的一个最常见的操作，就是在循环中遍历其中的元素。这样做，可以获得列表或元组中的每一个数据元素并进行处理。

为了实现遍历操作，需要使用 for 语句（在第 7 章讨论过"循环"），如下所示：

```
>>> list14 = [1, 15, 46, 79, 123, 427]
>>> for x in list14:
      print("One value in the list is", x)


One value in the list is 1
```

```
One value in the list is 15
One value in the list is 46
One value in the list is 79
One value in the list is 123
One value in the list is 427
>>>
```

在 for 语句的每一次迭代中，变量 x 包含了列表中的一个单个的数据值，print 语句显示了在每一次迭代中变量 x 的当前值。

8.4.2　排序和倒序

在 8.2.4 小节，我们看到了如何对一个列表中的数据进行排序和反转。Python 中有其他一些函数允许将列表排序或者反转后生成另一个列表，而不改变原始的列表。

函数 sorted() 返回一个排过序的列表：

```
>>> list15 = ['oranges', 'apples', 'pears', 'bananas']
>>> result1 = sorted(list15)
>>> print(list15)
['oranges', 'apples', 'pears', 'bananas']
>>> print(result1)
['apples', 'bananas', 'oranges', 'pears']
>>>
```

变量 list15 保持原始的列表不变，然后变量 result1 包含排过序的列表。

函数 reversed() 返回一个反转过的列表，但是有一点复杂。它不返回列表本身，而是返回一个可迭代的对象，但不可以直接访问该对象，却可以在 for 语句中使用它，如下所示：

```
>>> list15 = ['oranges', 'apples', 'pears', 'bananas']
>>> result2 = reversed(list15)
>>> print(result2)
<list_reverseiterator object at 0x01559F70>
>>> for fruit in result2:
        print("My favorite fruit is", fruit)


My favorite fruit is bananas
My favorite fruit is pears
My favorite fruit is apples
My favorite fruit is oranges
>>>
```

如果你尝试打印变量 result2，会得到一条信息说它是一个 reverseiterator 对象并且是不能打印的。但是，可以使用 for 语句来遍历 result2 中的值。

8.5　使用列表解析创建列表

正如本章前面的 8.2.1 小节所提到的，创建列表的第四种方法是使用列表解析。使用列表解析是通过处理其他列表或元组中的值来创建列表的一种简洁方法。

列表解析语句的基本格式如下：

[expression for variable in list]

其中变量表示列表中的每一个值，就像正常的 for 语句一样。列表解析将表达式应用到每一个变量上，从而为一个新的列表创建出新的数据值。如下的示例展示了列表解析是如何工作的：

```
>>> list17 = [1, 2, 3, 4]
>>> list18 = [x*2 for x in list17]
>>> print(list18)
[2, 4, 6, 8]
>>>
```

在这个例子中，列表解析定义了表达式 x*2，这会把原始的列表中的每一个数据值都乘以 2。

只要你愿意，可以将表达式变得更复杂。Python 仅仅将表达式应用到新列表的数据上。也可以在列表解析中使用字符串函数和值，如下所示：

```
>>> tuple19 = 'apples', 'bananas', 'oranges', 'pears'
>>> list19 = [fruit.upper() for fruit in tuple19]
>>> print(list19)
['APPLES', 'BANANAS', 'ORANGES', 'PEARS']
>>>
```

在这个示例中，可以对列表中包含的字符串值使用 upper()函数（参见第 10 章）。

8.6 关于 range 类型

在本章末尾，还要提及另一个可以包含多个数据元素的 Python 数据类型。range 数据类型包含了一个不可变的序列，它就像元组一样工作，但是更容易创建它。

可以使用 range()方法来创建一个新的范围值，格式如下所示：

range(start, stop, step)

start 值决定范围从哪个数值开始，stop 值决定范围到哪里结束（结束值总是比 stop 值小 1）。step 值决定了值与值之间的增量。start 和 step 是可选的，如果没指定它们，Python 会假设 start 是 0，step 是 1。

range 数据类型有点古怪，不能直接引用它，例如，想要打印它的内容，但可以引用其中的某个元素。如下所示：

```
>>> range1 = range(5)
>>> print(range1)
range(0, 5)
>>> print(range1[2])
2
>>> for x in range1:
    print(x)


0
1
```

```
2
3
4
>>>
```

当试图打印变量 range1 时，Python 返回了 range 对象，显示了 start 和 stop 值。然后，可以打印 range1[2]的值，它会返回 range1 的第三个元素。

range 数据类型在 for 语句中非常有用，就像在之前的例子中所显示的那样。可以通过指定范围来很方便地在 for 循环中遍历一个范围的值。

> **CAUTION** **警告：range()的变化**
>
> 在 Python v2 中，函数 range()会以标准列表数据类型来创建一个数字序列。Python v3 改变了这个行为，把 range 数据类型从 list 数据类型区分开来。如果你的代码在 Python v2 下运行的话，要小心，它将把 range 当作 list！

8.7   小结

在本章中，我们了解了 Python 中的元组和列表数据类型。元组允许使用一个变量索引多个元素。元组的值是不可变的，因此一旦创建了元组，就不能在程序代码中改变它。列表也包含多个元素，但是可以修改、添加和删除列表中的值。当需要在脚本中遍历数据值时，它们就能派上用场了。列表解析允许从另一个列表、元组或者范围值创建一个新的列表。可以定义复杂的转换规则，Python 会将其转换为列表解析，这使得它成为 Python 中的一个多用途的工具。

在下一章中，我们会将注意力转移到另一类的数据类型上，即字典和集合。

8.8   Q&A

Q. 能使用列表进行矩阵运算吗？

A. 不太容易。Python 没有内建的函数能够直接对列表的值进行数学运算。你需要自己写代码来遍历列表中的数据并进行计算。

好在，NumPy 模块（参见第 5 章）提供了一个单独的矩阵对象，以及用来进行矩阵数学运算的函数。

Q. 大多数程序语言支持关联的数组，即将一个键和一个值在数组中匹配。列表或者元组支持这种特性吗？

A. 不支持。Python 使用独立的数据类型来支持关联数组特性（参见第 9 章）。元组和列表只能使用数字索引。

8.9   练习

8.9.1   问题

1. Python 使用什么表示一个列表对象？

    a．括号。

    b．方括号。

    c．大括号。

2．你可以改变一个元组中的元素，但不能改变列表中的元素。对还是错。

3．当你需要快速创建一个将 3 变成 30 的列表，应该用什么样的列表解析语句？

4．要从一个元组中提取索引值 1 到 3 的一个分片（包括索引 3），应该使用什么范围？

5．如何在元组分片中指定单步增量？

6．max()函数用于包含字符串值的元组中。对还是错？

7．如下哪个函数从一个元组值创建一个列表？

    a．tuple()

    b．list()

    c．braces

8．什么索引值获取列表中的最后一个值？

9．使用什么函数来从一个列表的中间删除一个值？

10．使用什么函数在列表的末尾添加一个值？

8.9.2　答案

1．b。你需要记住 Python 对元组使用括号，对列表使用方括号。

2．错的。Python 允许改变一个列表中的元素，但是元组中的元素是保持不变的，不能改变它们！

3．[x * 3 for x in range(11)]。这个解析使用变量 x 表示这个范围中的数字。每一次迭代将这个数字乘以 3，然后保存到新列表。

4．[1:4]。记住，范围到达比最后的值所指定的索引小 1 的位置，因此，必须指定索引 4，才能获取索引位置为 3 的值。

5．[i:j:k]。第 3 个位置(k)定义了所使用的单步增量。

6．对的。max()将返回元组中最大的字符串值。

7．b。list()函数将会把一个元组值转换为可以修改的一个列表值。

8．[-1]。-1 索引获取列表中的最后一个值。

9．pop()。pop()函数可以从列表中的任何位置删除一个值。

10．append()。insert()函数可以在特定的位置添加一个值，但是 append()函数只能够在列表的末尾添加一个新值。

第 9 章

字典和集合

本章主要内容包括：

- 什么是字典
- 如何填充字典
- 如何从字典获取信息
- 什么是集合
- 如何对集合编程

在本章中，我们将学习两种额外的 Python 数据类型：字典和集合。我们将学习到它们是什么，如何创建它们，如何向其中填充数据，如何管理以及如何在 Python 脚本中使用它们。

9.1 理解 Python 字典

字典是一个简单的结构，也叫作关联数组。字典中的每一个数据叫作元素、条目或者记录。每一个元素又分成两部分，一部分叫作值，存储了有效数据；另一个部分叫作键，键是不可变的，它在字典中用来对值进行索引，并且只能关联到一个特定的值。因此，字典元素的另一个名字是键/值对。

> **TIP** | **提示：此"字典"非彼字典**
> 不要让字典这个词欺骗了你。Python 中的字典与图书馆中那个包含词的定义的字典是不同的。例如有一点差异，字典中的一个词可能有多种定义。但是 Python 中的一个键只有一个值。

Python 的字典的一个例子是，在一所学院中，有学生的名字和与其相关联的学生证号码的列表。该学院决定创建一个 Python 字典，其中学号是键，而学生名字是值。每一个学号只关联一个学生姓名。因此，这个学院字典的键/值对就是学号/学生姓名。

9.2 字典基础

在对字典进行编程之前，需要学习一些基础内容，例如，如何访问字典中的数据。学习这些基础只是可以帮助你阅读 9.3 节。

9.2.1 创建一个字典

在 Python 中创建和使用一个字典是非常简单的。为了创建一个空的字典，可以使用 Python 语句：

dictionary_name ={}

在清单 9.1 中，创建了一个叫作 student 的字典，然后对其使用了 type 函数。你可以看到，student 是一个字典（dict）类型。

清单 9.1　创建一个空的字典

```
>>> student={}
>>> type(student)
<class 'dict'>
>>>
```

9.2.2 填充字典

填充字典的意思是向字典中添加键和与其关联的值。要填充字典，可以使用下面的语法：

dictionary_name={key1:value1, key2:value2...}

> **提示：不需要预创建**　　　　　　　　　　　　　　　　　　　　　*TIP*
>
> 　在填充之前，不需要创建一个空的字典。可以使用一条命令创建并填充字典。使用命令填充字典时，Python 会自动帮你创建字典。

清单 9.2 显示了填充字典的一个例子。在这里，3 个学生填充到了 student 字典中。键是学号，如 400A42，而值是学生的姓名。

清单 9.2　填充一个字典

```
>>> student={'400A42':'Paul Bohall','300A04':'Jason Jones'}
>>> student
{'300A04': 'Jason Jones', '400A42': 'Paul Bohall'}
>>>
```

注意，在清单 9.2 中三组学生键/值对是包含在一对大括号中的。每一个键/值对元素使用逗号与其他的元素分隔。同时，每一个键/值对都是字符串，因此必须使用引号将其括起来。

提示：字典是无序的

  一个 Python 字典中的元素是无序的。这也是为什么你以特定的顺序将键/值对加入到字典中，它们却以不同的顺序显示出来！

也可以一次添加一个键/值对。这种方法的语法是 dictionary_name[key1]=value1，如清单 9.3 所示。

清单 9.3 一次向字典中填充一对键/值

```
>>> student['000B35']='Raz Pi'
>>> student
{'000B35': 'Raz Pi', '300A04': 'Jason Jones', '400A42': 'Paul Bohall'}
>>>
```

如下是关于键/值对的一些重要的注意事项。

- 键不能是一个列表。
- 键必须是一个不可变的对象。
- 键可以是一个字符串。
- 键可以是一个数字（整数或浮点数）。
- 键可以是一个元组。
- 键只能属于一个值（重复使用键是不被允许的）。

键/值对中的值的规则就相对简单。

9.2.3 获取字典中的数据

想要获取字典中的一个值，可以使用下面的语法：

dictionary_name[key]

显然，用这种方法，需要知道键才能获取到与其关联的值。

在清单 9.4 中，从示例的学生字典中获取了一个值。通过使用值所关联的键，就可以获取到这个值。

清单 9.4 通过一个值的键获取它

```
>>> student['000B35']
'Raz Pi'
>>>
```

提示：映射

  键/值对也叫作映射，这是因为一个键直接映射到一个特定的值。

在查找键/值对元素时，需要知道这些规则。

- 如果在字典中查找一个不存在的键，会得到一个 KeyError 异常。
- 当使用字符串作为键时，需要使用正确的大小写。

- 只能使用键来访问值。不能使用数字索引来访问字典中的键/值对，因为它们在字典中是关联的，和位置无关的。

为了避免当键不存在时出现错误异常，可以使用 get 操作。其基本语法如下：

database_name.get(key, default)

当使用 get 操作找到一个键时，它会返回所关联的值。当 get 操作没有找到键时，它会返回在可选的 default 参数中所列出的字符串。清单 9.5 显示了一个例子，它先成功地从字典中找到了一个键，然后又进行了一次失败的尝试。

清单 9.5　使用字典的 get 操作

```
>>> student.get('000B35','Not Found')
'Raz Pi'
>>> student.get('000B34','Not Found')
'Not Found'
>>>
```

注意当出现不成功的尝试时，就会显示第二个字符串（defaul 中的'Not Found'）。这是因为 defaul 允许你创建自己的错误信息。如果在 get 操作没有使用 defaul 参数，并且要查找的键不在字典中，将会得到字符串 "None"。

也可以使用循环来获取字典中的值。首先，可以通过使用 keys 操作获取字典的键的列表。其语法是 dictionary_name.keys()。将这个操作的结果作为一个值赋给一个变量。然后，可以使用 for 循环来遍历字典，如清单 9.6 所示。

清单 9.6　使用 for 循环遍历字典

```
>>> key_list=student.keys()
>>> print(key_list)
dict_keys(['000B35', '300A04', '400A42'])
>>>
>>> for the_key in key_list:
        print(the_key, end=' ')
        student[the_key]


000B35 'Raz Pi'
300A04 'Jason Jones'
400A42 'Paul Bohall'
>>>
```

注意，在清单 9.6 中，学号不是以顺序显示的。记住在字典中，元素是没有顺序的。你可以使用 sorted 函数来解决这个问题。

提示：字典键不是列表　　　　　　　　　　　　　　　*TIP*

对于清单 9.6，你可能认为可以像 key_list.sort()这样使用列表的操作，但是这不会起作用。变量 key_list 实际上是一个字典键（dict_keys）对象类型，而并不是一个列表。因此，不能对它使用列表的操作！

在清单 9.7 中，key_list 变量先进行了排序，然后，在 for 循环中将其用作一个迭代来遍历字典。

清单 9.7　使用排过序的键列表遍历字典

```
>>> key_list=student.keys()
>>>
>>> type(key_list)
<class 'dict_keys'>
>>>
>>> key_list=sorted(key_list)
>>>
>>> type(key_list)
<class 'list'>
>>>
>>> for the_key in key_list:
        print(the_key, end=' ')
        student[the_key]


000B35 'Raz Pi'
300A04 'Jason Jones'
400A42 'Paul Bohall'
>>>
```

注意清单 9.7 中变量 key_list 在排序后对象类型改变了！它从 dict_keys 变成了列表。

9.2.4　更新一个字典

记住，键是不可变的，因此不能修改它们。然而，你可以更新一个键关联的值。其语法是 database_name[key]=value。在清单 9.8 中，学号（键）"000B35" 所关联的学生姓名也被修改了。

清单 9.8　更新一个字典元素

```
>>> student['000B35']  #Element shown before the change.
'Raz Pi'
>>>
>>> student['000B35']='Raz B Pi'  #Element change.
>>>
>>> student['000B35']  #Element shown after the change.
'Raz B Pi'
>>>
```

在清单 9.8 中，一个特定的键被更新为一个新的值。然而，如果这个键不存在，会创建一个新的键/值对。所以，不仅可以使用这种方法更新字典，也可以用它来添加一个新的元素。

当需要从一个字典中删除一个键/值对时，可以使用下面的语法：

```
del dictionary_name[ key ]
```

但是，如果键/值对不存在于字典中，del 操作会抛出一个错误异常。在清单 9.9 中，删除这个元素前，使用了一条 if 语句确定该键是存在的。

清单 9.9 删除一个字典元素

```
>>> student
{'300A04': 'Jason Jones', '000B35': 'Raz B Pi', '400A42': 'Paul Bohall'}
>>>
>>> if '400A42' in student:
        del student['400A42']


>>> student
{'300A04': 'Jason Jones', '000B35': 'Raz B Pi'}
>>>
```

> **提示：has_key 不再可用** *TIP*
> 字典的 has_key 操作允许你确定字典中是否包含一个键。对于 Python v3 来说，这个字典操作不再可用了。相反，现在需要使用 if 语句，如清单 9.9 所示。

9.2.5 管理一个字典

除了已经在本章看到的内容外，还有其他几个操作在使用字典的时候也非常有用。表 9.1 列出了这些操作，有一些已经介绍过了。

表 9.1　　　　　　　　　Python 管理字典的操作

操　　作	函　　数
len(*dictionary*)	返回字典中元素的个数
dictionary.keys()	返回当前字典中所有的键（不返回值）
dictionary.values()	返回当前字典中所有的值（不显示键）
dictionary.items()	返回一个元组包含字典的键/值对
dictionary.update(*other_dictionary*)	比较 dictionary 和 other_dictionary，然后把 dictionary 中缺少但是 other_dictionary 有的元素添加到 dictionary 中。最后，将 dictionary 中匹配 other_dictionary 的键/值对更新到 other_dictionary 中
dictionary.clear()	移除所有字典中的元素

现在，我们已经对字典操作有了认识，可以了解如何使用字典来进行编程了。

9.3 用字典编程

可以使用字典做一些气象数据处理。在本节中，我们可以看到 3 个不同的 Python 脚本使用字典存储天气数据，然后对其进行分析。

第一个脚本 script0901.py 使用印第安纳州印第安纳波利斯的五月份的每天最高温度（华氏）填充了字典。在清单 9.10 中，可以看到字典用来存储收集到的数据。每一个字典元素的键是五月的一天，每一个键所关联的值是这天所记录的最高温度。

清单 9.10 脚本 script0901.py

```
1: pi@raspberrypi:~$ cat py3prog/script0901.py
2: # script0901.py - Populate the Record High Temps
```

```
Dictionary
3:  # Author: Blum and Bresnahan
4:  # Date: May
5:  ###########################################################
6:  #
7:  #
8:  # Populate dictionary for Record High Temps (F) during May
9:  print()
10: print("Enter the record high temps (F) for May in Indianapolis...")
11: #
12: may_high_temp={} #Create empty dictionary
13: #
14: for may_date in range(1, 31 + 1): #Loop to enter temps
15: #
16:         # Obtain record high temp for date
17:         prompt="Record high for May " + str(may_date) + ": "
18:         record_high=int(input(prompt))
19:         #
20:         # Put element in dictionary
21:         may_high_temp[may_date]=record_high
22: #
23: ###########################################################
24:
25: # Display Record High Temps Dictionary
26: #
27: print()
28: print("Record High Temperatures (F) in Indianapolis during Race Month")
29: #
30: date_keys=may_high_temp.keys() #Obtain list of element keys
31: #
32: for may_date in date_keys: #Loop to display key/value pairs
33:         print("May", may_date, end = ': ')
34:         print(may_high_temp[may_date])
35: #
36: ###########################################################
37: pi@raspberrypi:~$
```

在第 12 行，创建了空字典 may_high_temp。然后，在第 14 行到第 21 行使用 for 循环将 31 天的最高温度（华氏）添加到字典中。然后在第 27 行到第 34 行再使用另一个 for 循环将字典中的每一个元素提取出来一个一个地显示。注意，为了让值能够按照正确的顺序显示，在第 34 行使用它们的键获取了这些值。

清单 9.11 显示了运行这个脚本的一部分输出。所输入的数据是印第安纳波利斯五月的每日最高温度（华氏）的记录。在数据输入之后，会将它们显示到屏幕上。

清单 9.11　script0901.py 的输出

```
pi@raspberrypi:~$ python3 py3prog/script0901.py

Enter the record high temps (F) for May in Indianapolis...
Record high for May 1: 88
```

```
Record high for May 2: 85
Record high for May 3: 88
[...]
Record high for May 29: 90
Record high for May 30: 92
Record high for May 31: 90

Record High Temperatures (F) in Indianapolis during Race Month
May 1: 88
May 2: 85
May 3: 88
[...]
May 29: 90
May 30: 92
May 31: 90
pi@raspberrypi:~$
```

现在，字典中已经装入了记录的华氏温度。要将温度转化为摄氏温度，可以对原来的脚本做一个小改动。

清单 9.12 显示了新脚本的一部分。脚本用户必须只输入一次华氏温度。代码使用一个循环，对温度进行如下的操作。

- 创建一个新的字典，其中包含了华氏温度数据的一个副本（第 27 行到第 29 行）。
- 新字典中的每一个华氏温度值都会被提取出来，并转换为摄氏温度（第 36 行到第 37 行）。
- 使用当月的日期键，将温度数据更新为其相应的摄氏温度值（第 39 行）。

清单 9.12　脚本 script0902.py

```
1: pi@raspberrypi:~$ cat py3prog/script0902.py
2: # script0902.py - Populate the Record High Temps (F) Dictionary
[...]
14: for may_date in range(1, 31 + 1): #Loop to enter temps
15: #
16:         # Obtain record high temp for date
17:         prompt="Record high for May " + str(may_date) + ": "
18:         record_high=int(input(prompt))
19:         #
20:         # Put element in dictionary
21:         may_high_temp[may_date]=record_high
22: #
23: #############################################################
24: #
25: # Create the Celcius version of the Dictionary
26: #
27: may_high_temp_c={}                      #Create empty dictionary
28: #
29: may_high_temp_c.update(may_high_temp)   #Create deep copy
30: #
31: date_keys=may_high_temp_c.keys()        #Obtain list of element keys
32: #
```

```
33: for may_date in date_keys:                          #Loop to convert F to C
34: #
35:             high_temp_f=may_high_temp_c[may_date]    #Obtain Fahrenheit
36: #
37:             high_temp_c=(high_temp_f - 32) * 5 / 9   #Convert to Celcius
38: #
39:             may_high_temp_c[may_date]=high_temp_c    #Update dictionary
40: #
41: #########################################################
42: #
43: # Display Record High Temps Dictionaries (Both F & C)
44: #
45: print()
46: print("Record High Temperatures in Indianapolis during Race Month")
47: #
48: date_keys=may_high_temp.keys()              #Obtain list of element keys
49: #
50: for may_date in date_keys:                         #Loop to display key/value pairs
51:             print("May", may_date, end = ': ')
52:             print(may_high_temp[may_date],"F", end = '\t')
53:             print("{0:.1f}".format(may_high_temp_c[may_date]),"C")
54: #########################################################
55: pi@raspberrypi:~$
```

在清单 9.12 中，注意在第 29 行使用了字典操作.update。这个操作会对字典做一个深拷贝。深拷贝会同时复制一个对象的结构和它的值。而另一个方面，浅拷贝只复制一个对象的结构。

> **TIP** | **提示：缺乏效率的脚本**
>
> 脚本 script0902.py 缺乏效率，这表现在它让用户输入数据，然后复制一份这个字典，然后再将华氏温度转换为摄氏温度并存储在字典的副本中。记住，这些脚本只是为了学习而已。如果要将它们用于非教育的目的，应该重新编写以变得更加高效。实际上，重新编写它们是学习 Python 编程的一个很好的练习方式。

在清单 9.12 中，在第 37 行使用了一个数学公式将华氏温度转化成摄氏温度。在第 5 章中，我们已经学习过 Python 中的数学。一旦转换完成，字典 may_high_temp_c 中的值通过赋值而更新。记住，当你在赋值语句中使用一个已有的键时，这个键所关联的值会直接更新。

在清单 9.13 中，可以看到脚本 script0902.py 的输出。注意看清单 9.13 中摄氏温度的输出，然后再回顾清单 9.12 中的第 53 行。正如在第 5 章中所学到，format 函数让计算得到的摄氏温度以合适的格式显示出来。

清单 9.13 脚本 script0902.py 的输出

```
pi@raspberrypi:~$ python3 py3prog/script0902.py

Enter the record high temps (F) for May in Indianapolis...
Record high for May 1: 88
Record high for May 2: 85
Record high for May 3: 88
```

```
[...]
Record high for May 29: 90
Record high for May 30: 92
Record high for May 31: 90

Record High Temperatures in Indianapolis during Race Month
May 1: 88 F      31.1 C
May 2: 85 F      29.4 C
May 3: 88 F      31.1 C
[...]
May 29: 90 F     32.2 C
May 30: 92 F     33.3 C
May 31: 90 F     32.2 C
pi@raspberrypi ~ $
```

现在，有了可以从字典中获取华氏温度的一个脚本，然后，还有另一个脚本可以计算摄氏温度。最后，还需要一个脚本能够对温度做一些计算以供研究天气时使用。

清单 9.14 显示了 script0903.py 的一部分。这个脚本将温度数据存储到一个字典中，使用和其他脚本获取数据类似的方式来获取数据，然后计算每日最高温度的最大值、最小值和模态。

清单 9.14　脚本 script0903.py

```
1:  pi@raspberrypi:~$ cat py3prog/script0903.py
2:  # script0903.py - Populate the Record High Temps (F) Dictionary
3:  #                - Determine Max/Min/Mode of High Temps
[...]
24: #
25: # Determine Maximum, Minimum, and Mode Temps
26: #
27: temp_list=may_high_temp.values()
28: max_temp=max(temp_list)      #Determine maximum high temp
29: min_temp=min(temp_list)      #Determine minimum high temp
30: #
31: # Determine mode (most common) high temp ###
32: #
33: # Import Counter function
34: from collections import Counter
35: #
36: # Count temps and take the most frequent (mode) temperature
37: mode_list=Counter(temp_list).most_common(1)
38: #
39: # Extract mode high temp from 2-dimensional mode list
40: mode_temp=mode_list[0][0]
41: #
42: print()
43: print("Maximum high temp in May:\t", max_temp,"F")
44: print("Minimum high temp in May:\t", min_temp,"F")
45: print("Mode high temp in May:\t\t", mode_temp,"F")
46: #
47: ########################################################
48: pi@raspberrypi:~$
```

计算最大值和最小值很简单。只要从字典中获取值，如在第 27 行，使用.values 操作。接下来，在第 28 行和第 29 行，使用内建的 max 或者 min 函数来确定哪个是最大值以及哪个是最小值。尽管这些计算相当简单，确定高温模态可能会多花费一点时间。

> **NOTE**
>
> **技巧：什么是模态？**
>
> 在一个列表的值中，出现最多的值就是模态。因此，在列表 1，2，3，3，3 中，数字 3 就是列表的模态。

要确定最通常的温度（模态），需要导入非内建的 Counter 函数，如清单 9.14 中第 34 行所示（第 13 章将会更加深入地介绍重要的模块）。温度值列表在 most_common 操作下返回一个二维的排过序的对象。（我们在第 8 章学习过二维列表）。温度模态是这个列表的第一个项，在第 40 行被提取出来。清单 9.15 显示了该脚本的输出。

清单 9.15　script0903.py 的输出

```
pi@raspberrypi:~$ python3 py3prog/script0903.py

Enter the record high temps (F) for May in Indianapolis...
Record high for May 1: 88
Record high for May 2: 85
Record high for May 3: 88
[...]
Record high for May 29: 90
Record high for May 30: 92
Record high for May 31: 90

Maximum high temp in May:          92 F
Minimum high temp in May:          85 F
Mode high temp in May:             89 F
pi@raspberrypi:~$
```

通过在 Python 脚本中使用字典，可以临时存储这些温度数据，然后在需要时进行计算。使用字典也使得我们能够很容易地通过键（即这个月的某一天）访问存储的温度。

9.4　理解 Python 集合

集合是由一组元素组成。不像字典中的元素，集合中的元素只包含值，没有键。对于集合，必须注意以下两点：

- 集合中的元素是无序的。
- 每一个元素都是唯一的。

因为集合中的元素是无序的，因此不能像列表一样使用索引来访问集合中的元素。但是，与列表类似，集合可以包含不同的数据类型（我们在第 8 章学习过关于列表的内容）。在某些情况下，使用集合比使用列表更有效率。

> **NOTE**
>
> **技巧：冻结**
>
> 集合中的数据元素是可变的。有另外一种集合类型，叫作 frozenset。frozenset 是不变的，因此它的元素是不可以修改的，它的值在本质上是被冻结的。

9.5 集合基础

要创建一个空的集合，可以使用内建的 set 函数，其语法如下所示：

set_name =set()

在清单 9.16 中，针对"108 Python Set Fundamentals"班级创建了一个叫作 students_in_108 的集合。使用 type 函数查看类型，可以看到 students_in_108 的类型是集合对象类型。

清单 9.16　创建一个空的集合

```
>>> students_in_108=set()
>>> type(students_in_108)
<class 'set'>
>>>
```

填充集合

要向集合中添加一个元素，可以使用.add 操作，其语法如下所示：

set_name .add(*element*)

要向 students_in_108 中添加元素值，可以一次输入一个，然后按下回车键，如清单 9.17 所示。

清单 9.17　使用.add 操作填充集合

```
>>> students_in_108=set()
>>> students_in_108.add('Raz Pi')
>>> students_in_108.add('Jason Jones')
>>> students_in_108.add('Paul Bohall')
>>>
>>> students_in_108
{'Paul Bohall', 'Raz Pi', 'Jason Jones'}
>>>
```

要显示集合中的当前元素，可以键入集合的名字，如清单 9.17 所示，可以看见这些元素是无序的。

通过使用另一个不太繁琐的方法，可以使用一条命令创建和填充一个集合。要做到这一点，可以使用如下的语法：

```
set_name([element1, element2, ..., elementn])
```

在清单 9.18 中，为"133 Python Programming"班级创建了一个新的集合。

清单 9.18　使用一条命令填充一个集合

```
>>> students_in_133=set(['Raz Pi', 'Linda Routt', 'Kathy Huang'])
>>>
>>> students_in_133
{'Linda Routt', 'Raz Pi', 'Kathy Huang'}
>>>
```

要正确地创建元素，必须把它们放在括号之间。在这个例子中，所有的元素都是字符串，但是元素也可以是整数、浮点数、列表和元组等。

9.6 从集合获取信息

数学中的集合理论使得集合在脚本中有了用武之地。通过集合，可以很容易地确定哪个特定的元素在多个集合中、一个集合与另一个集合有何不同、一个元素在一组集合中是否是唯一等。

9.6.1 集合成员

可以确定一个元素是否属于一个特定集合。如清单 9.19 所示，可以使用一条 if 语句来检查一个元素是否是一个集合的成员。

清单 9.19 检查一个集合的成员

```
>>> student='Raz Pi'
>>>
>>> if student in students_in_108:
        print(student, "is in 'Python Set Fundamentals' class.")
    else:
        print(student, "is not in the class.")

Raz Pi is in 'Python Set Fundamentals' class.
>>>
```

如清单 9.19 中所示，学生 Raz Pi 并不是集合 students_in_108 的成员。

9.6.2 并集

并集是合并两个集合的所有元素以创建第三个集合。不能用+操作符创建并集。但是，可以使用如下的语法：

new_set_name= set_name#1.union(set_name#2)

清单 9.20 是将集合合并的一个例子。

清单 9.20 进行并集

```
>>> students_union=students_in_108.union(students_in_133)
>>>
>>> students_in_108
{'Raz Pi', 'Jason Jones', 'Paul Bohall'}
>>>
>>> students_in_133
{'Raz Pi', 'Linda Routt', 'Kathy Huang'}
>>>
>>> students_union
{'Paul Bohall', 'Kathy Huang', 'Raz Pi', 'Jason Jones', 'Linda Routt'}
>>>
```

集合操作.union 将集合的成员都合并到一起。但是，记住集合中的每一个元素都必须是唯一的。因此，即使学生 Raz Pi 在两个集合中都存在，但是，他仅在并集 students_union 中出现一次。

9.6.3 交集

交集的成员是在两个集合中都有的元素。例如，在清单 9.20 中，学生 Raz Pi 同时在 students_in_108 和 students_in_133 两个集合中。因此，两个集合交叉产生的一个集合包含了学生 Raz Pi（如清单 9.21 所示）。

清单 9.21 进行交集

```
>>> students_inter=students_in_108.intersection(students_in_133)
>>>
>>> students_in_108
{'Raz Pi', 'Jason Jones', 'Paul Bohall'}
>>>
>>> students_in_133
{'Raz Pi', 'Linda Routt', 'Kathy Huang'}
>>>
>>> students_inter
{'Raz Pi'}
>>>
```

9.6.4 差集

差集，又叫作补集，是根据包含在第一个集合但是不在第二个集合中的元素而创建的第三个集合。实际上，从第一个集合中减掉第二个集合，剩下的就是差集。

清单 9.22 展示了差集的一个例子。再次使用 108 和 133 班级的学生的集合，集合 students_in_108 已经减掉了集合 students_in_133。这只是删除了学生 Raz Pi。因此，剩下的差集包含 Jason Jones 和 Paul Bohall。

清单 9.22 进行差集

```
>>> students_dif=students_in_108.difference(students_in_133)
>>>
>>> students_in_108
{'Raz Pi', 'Jason Jones', 'Paul Bohall'}
>>>
>>> students_in_133
{'Raz Pi', 'Linda Routt', 'Kathy Huang'}
>>>
>>> students_dif
{'Jason Jones', 'Paul Bohall'}
>>>
```

注意在清单 9.22 中，即使有些学生在 students_in_133 中但是不在 students_in_108，去掉

他们也不会产生什么副作用。使用差集操作符，可以去掉那些在被减集合中不存在的元素而不报错。

9.6.5　对称差集

对称差集有些许不同，它仅包含存在于某一个集合中的元素。我们再看看学生的例子，对称差集会包含 students_in_108 和 students_in_133 中所有的学生，但除了 Raz Pi 外。因为 Raz Pi 同时在两个集合中，它将会从对称差集中排除掉，如清单 9.23 所示。

清单 9.23　进行对称差集

```
>>> students_symdif=students_in_108.symmetric_difference(students_in_133)
>>>
>>> students_in_108
{'Raz Pi', 'Jason Jones', 'Paul Bohall'}
>>>
>>> students_in_133
{'Raz Pi', 'Linda Routt', 'Kathy Huang'}
>>>
>>> students_symdif
{'Jason Jones', 'Paul Bohall', 'Linda Routt', 'Kathy Huang'}
>>>
```

9.6.6　遍历集合

使用循环从集合中获取元素是非常容易的，因为集合本身可以用于迭代。清单 9.24 显示了这样一个例子。

清单 9.24　遍历一个集合

```
>>> for the_student in students_in_133:
        print(the_student)


Raz Pi
Linda Routt
Kathy Huang
>>>
```

注意，使用 for 循环遍历集合没有什么问题。但是，因为集合是无序的，可能会获得一个无序的显示。

TIP | **提示：排序会改变类型**
　　可以使用 sorted 函数来对集合排序。但是，注意，sorted 会将集合变成列表对象类型。

9.7 修改一个集合

集合并不是不可变的。更新一个集合并不意味着修改集合中某个元素。例如，回到学生集合的例子，在 students_in_108 中，元素'Paul Bohall'不能更新为'Same Bohall'，因为集合没有索引的功能。更新集合实际上意味着进行一堆的添加操作。

要更新一个集合，可以使用这种语法：

set_name .update([*element(s)_to_add*])

在清单 9.25 中，使用 update 操作，对集合 students_in_108 执行了一系列添加操作。正如你所见到的，两个额外的元素添加到了集合中。

清单 9.25 更新集合

```
>>> students_in_108
{'Raz Pi', 'Jason Jones', 'Paul Bohall'}
>>>
>>> students_in_108.update(['Scott Vowels','Clayton Rackley'])
>>>
>>> students_in_108
{'Raz Pi', 'Jason Jones', 'Paul Bohall', 'Clayton Rackley', 'Scott Vowels'}
>>>
```

也可以从集合中删除元素。有两种操作可以用来删除元素。第一种是 remove 操作，其语法如下：

set_name .remove([*element(s)_to_remove*])

另一种是 discard 操作，其语法如下：

set_name .discard([*element(s)_to_discard*])

清单 9.26 使用 remove 操作从 students_in_108 中删除了两个学生。

清单 9.26 从集合中删除元素

```
>>> students_in_108
{'Raz Pi', 'Jason Jones', 'Paul Bohall', 'Clayton Rackley', 'Scott Vowels'}
>>>
>>> students_in_108.remove('Scott Vowels')
>>> students_in_108.remove('Clayton Rackley')
>>>
>>> students_in_108
{'Raz Pi', 'Jason Jones', 'Paul Bohall'}
>>>
```

remove 操作和 discard 操作的最主要区别是对缺失元素的处理。如清单 9.27 所示，如果一个元素不存在于集合中，但是你试图删除这个元素，Python 会抛出一个错误异常。但是使用 discard 操作就不会报错。

清单 9.27　remove 和 discard 之间的区别

```
>>> students_in_108
{'Raz Pi', 'Jason Jones', 'Paul Bohall'}
>>>
>>> students_in_108.discard('Scott Vowels')
>>>
>>> students_in_108.remove('Clayton Rackley')
Traceback (most recent call last):
  File "<pyshell#61>", line 1, in <module>
    students_in_108.remove('Clayton Rackley')
KeyError: 'Clayton Rackley'
>>>
```

TIP | **提示：不能一次删除多个元素**

不能像 update 操作那样 remove 或 discard 操作多个元素，需要一次 remove 或者 discard 一个元素。

9.8　用集合编程

在本节中，我们会做更多的天气温度研究——这次用集合。通过使用印第安纳波利斯五月的最高温度（华氏）记录，我们将构建两个集合，然后使用集合的操作对它们进行一些分析。

要创建第一个温度集合 highMayTemp2012，先通过 for 循环初始化该集合，然后填充它。清单 9.28 显示了脚本 script0904.py 的一部分。

清单 9.28　用脚本 script0904.py 填充一个集合

```
pi@raspberrypi:~$ cat py3prog/script0904.py
# script0904.py - May high temps (F) research with sets
# Author: Blum and Bresnahan
# Date: May
##############################################################
#
# Populate set with High Temps (F) during May 2015 in Indianapolis
print()
print("Enter the high temps (F) for May 2015 in Indianapolis...")
#
highMayTemp2015=set()              #Create empty set
#
for may_date in range(1, 31 + 1): #Loop to enter temps
#
        # Obtain high temp for date
        prompt="High temperature (F) May " + str(may_date) + " 2015: "
        high_temp=int(input(prompt))
        #
        # Put element in set
        highMayTemp2015.add(high_temp)
#
print()
```

```
print("The high temperatures (F) for May 2015 in a set are:")
print(highMayTemp2015)
#
[...]
```

技巧：骆驼命名法　　　　　　　　　　　　　　　　　　　　　**NOTE**

　　在脚本 script0904.py 中，集合的名称 highMayTemp2013 使用了一种叫作驼峰法的变量命名方式。骆驼命名法在 Python 脚本命名中非常流行，它以小写开头，然后每一个后续的单词以大写开头。这使得更容易区分脚本。关于这种方式的名称来源，据说是因为这种命名看起来像是骆驼的数个驼峰。

script0904.py 中没有什么特别的。在前面，我们已经看到过如何收集数据放到集合中。在这个脚本中，第二个集合没有在清单 9.28 中显示出来，它以与第一个集合同样的方式构建，只不过其名字是 highMayTemp2011。

提示：实际的温度数据　　　　　　　　　　　　　　　　　　　**TIP**

　　本章使用了印第安纳州印第安纳波利斯真实的 5 月温度数据。数据来自于www.accuweather.coms。

现在必备的数据已经加载到脚本中了，你可以做一些小的集合数学运算来进行分析。首先，可以使用交集来比较 2012 年和 2011 年 5 月的最高温度。交集操作会显示两个年份的 5 月所共有的最高温度。在清单 9.29 中，用于求交集的 Python 语句包含有.intersection 方法。

清单 9.29　使用脚本 script0904.py 进行交集

```
pi@raspberrypi:~$ cat py3prog/script0904.py
[...]
################################################################
# Determine Shared High Temps for May
#
# Find intersetion of high temp sets
shared_temps=highMayTemp2015.intersection(highMayTemp2014)
#
# Print out determined data
print()
print("High Temps (F) Shared by May 2015 & May 2014")
print(sorted(shared_temps))
#
[...]
```

同样，也可以对温度数据进行集合数学运算来找出哪个月更冷（2011 年 5 月或是 2012 年 5 月）。要实现这一点，必须对集合求差集。清单 9.30 显示了 script0904.py 的代码，它进行了差集操作。

清单 9.30　在脚本 script0904 中求差集

```
pi@raspberrypi ~ $ cat py3prog/script09024.py
[...]
################################################################
```

```
# Determine Which Month was Cooler - May 2015 or May 2014
#
# Find difference of high temp sets
diff_temps2015=highMayTemp2015.difference(highMayTemp2014)
diff_temps2014=highMayTemp2014.difference(highMayTemp2015)
#
# Print out determined data
print()
print("Which month do you think was cooler?")
print("May 2015:", sorted(diff_temps2015))
print("                    or")
print("May 2014:", sorted(diff_temps2014))
#
###########################################################
pi@raspberrypi ~ $
```

两个差集构建了出来，如清单 9.30 所示。这两个差集最后都打印了出来，以便脚本用户可以确定哪个月更冷。

现在，我们已经看到了 scirpt0904.py 的构建，再来看一下当这个脚本运行时的输出。清单 9.31 显示了交集和差集的最终结果。

清单 9.31 script0904.py 的输出

```
pi@raspberrypi:~$ python3 py3prog/script0904.py

Enter the high temps (F) for May 2015 in Indianapolis...
High temperature (F) May 1 2015: 71
High temperature (F) May 2 2015: 75
[...]
High temperature (F) May 30 2015: 84
High temperature (F) May 31 2015: 67

The high temperatures (F) for May 2015 in a set are:
{64, 65, 67, 70, 71, 75, 76, 78, 79, 80, 82, 83, 52, 85, 86, 84}

Enter the high temps (F) for May 2014 in Indianapolis...
High temperature (F) May 1 2014: 55
High temperature (F) May 2 2014: 52
[...]
High temperature (F) May 30 2014: 84
High temperature (F) May 31 2014: 84

The high temperatures (F) for May 2014 in a set are:
{66, 68, 69, 70, 73, 74, 76, 77, 78, 79, 80, 81, 83, 52, 85, 54, 55, 84, 58, 63}

High Temps (F) Shared by May 2015 & May 2014
[52, 70, 76, 78, 79, 80, 83, 84, 85]

Which month do you think was cooler?
May 2015: [64, 65, 67, 71, 75, 82, 86]
                    or
May 2014: [54, 55, 58, 63, 66, 68, 69, 73, 74, 77, 81]
pi@raspberrypi:~$
```

注意，尽管 31 天的数据都输入了，但是这个集合还是非常小的。请记住，一个集合中的每个元素都必须是唯一的，所以任何重复的温度都会被删除。你已经看到，使用集合数学运算能帮助你得出有关数据的答案。根据 Python 脚本的计算结果，在印第安纳波利斯哪个月更凉快：是 2012 年 5 月还是 2011 年 5 月？

9.9 小结

在本章中，我们介绍了两种数据类型：字典和集合。我们学习了如何创建空的字典和集合，以及如何填充它们。此外，还介绍了一些基本方法，例如如何从字典和集合获取数据，更新和管理字典和集合。最后，我们看到了使用这些数据类型的一些实际例子。在第 10 章中，我们将了解另一种对象类型：字符串。

9.10 Q&A

Q. 什么是字典的 pop 操作？

A. 字典的 pop 操作是删除键/值对的一种方法。它很像已经废弃的 has_key 操作，在这个操作中，你可以指定当键不存在的时候应该返回什么内容。

Q. 如何能确定一个集合是另外一个集合的子集？

A. 可以对集合使用.issubset 操作。也可以通过.issuperset 操作来确定一个集合是否是另一个集合的超集。

Q. 为什么本章没有实践练习？

A. 遗憾的是，本章没有足够的时间来进行实践。但是，可以自己回到 9.3 节和 9.8 节做练习，尝试那些脚本。也可以找世界上其他地方的数据来代替印第安纳波利斯的天气数据，以便让事情变得更有趣。

9.11 练习

9.11.1 问题

1. 字典的键可以在同一时间关联一个或多个值。对还是错？
2. 以下对于字典的键的说法，哪一个是正确的？
    a. 它必须属于一个值
    b. 它不能是一个列表
    c. 它必须是一个不可变的对象
    d. 以上都是
3. 根据元素的类型，元素以字母顺序或者数字顺序放入到字典中。对还是错？
4. 字典键/值对有时候也叫作_____，因为单个的键直接映射到一个特定的值。

5. 要从字典 RazPi 中删除键为 Berry 的一个元素，使用＿＿＿＿＿＿Python 语句。

6. 如下哪些是字典管理操作（选择所有适用的）？

    a．.keys()

    b．.diff()

    c．.items()

    d．.clear()

7. 一个集合的元素是可变的并且可以修改。对还是错？

8. 术语＿＿＿＿＿＿用来表示变量的名称以小写字母开头，但是变量名中的后续每一个单词，首字母都是大写的。

9. 一个最多出现在列表中的数据元素被叫作什么？

10. 如果你想要一个集合只包含两个集合的差异部分，应该使用哪种集合操作。

    a．并集。

    b．差集。

    c．交集。

9.11.2　答案

1. 错的。字典键只能与一个值关联，每一个键只有一个值。

2. 选 d。上述说法都是对的。

3. 错的。字典元素是无序的，因此，要获取一个值必须要有键。

4. 字典键/值对有时候也叫作映射，因为单个的键直接映射到一个特定的值。

5. 要从字典 RazPi 中删除键为 Berry 的一个元素，使用 delRazPi[Berry]Python 语句。

6. a、c 和 d。参见表 9.1 了解字典管理操作。

7. 对的。集合的元素是可变的，并且可以修改。

8. 术语骆驼命名法用来表示变量的名称以小写字母开头，但是变量名中的后续每一个单词，首字母都是大写的。一个例子是 myFirstVariable。

9. 模态是一个列表中出现最多的数据项。

10. 答案 c 是正确的。进行一个交集操作能产生一个集合只包含同时存在于集合 1 和集合 2 中的元素。

第 10 章

使用字符串

本章主要内容包括：

- 如何创建字符串
- 使用字符串函数
- 格式化字符串输出

Python 编程语言的一个强项就是它处理文本的能力。在操作字符串、搜索以及格式化文本方面，Python 几乎很轻松。本章会介绍如何在脚本中创建和使用字符串。

10.1 字符串的基础知识

在深入 Python 文本世界之前，让我们先来看一下处理文本的一些基础知识。对于初学者来说，Python 将文本数据作为字符串处理。以下各节概述了如何使用 Python 来创建和使用字符串，以及如何将文字处理功能添加到 Python 脚本中。

10.1.1 字符串格式

Python v3 戏剧性地改变了对字符串的处理。在之前的版本中，Python 会将字符串存储成 ASCII 格式，它使用一个字节值来存储一个字符。

Python v3 改变了这一切，现在 Python 使用 Unicode 格式存储字符串。Unicode 的格式使用 2 个字节来存储每个字符，因此它能比 ASCII 格式容纳更多的文本字符。这使得它能够支持多种不同的语言，并在编程世界中更受欢迎。

提示：在 Python v3 中使用 ASCII   ***TIP***

    仍然可以在 Python v3 中使用 ASCII 字符和 ASCII 代码工作。可以通过存储原始的 ASCII 码值的二进制值来存储 ASCII 的字符串。如下所示：

```
>>> binarystring = b'This is an ASCII string value'
>>> print(binarystring)
b'This is an ASCII string value'
>>> print(binarystring[1])
104
>>>
```

因为 Python 将字符串值存储为二进制数据。如果尝试直接访问一个字母，你会得到这个字母的二进制代码。可以使用 chr() 函数将 ASCII 码值转换成对应的字符串值，如下所示：

```
>>> print(chr(binarystring[1]))
h
>>>
```

如果只在脚本中使用英语，那么 Python v3 改用 Unicode 不会有什么影响。

还是像以前一样存储文本值，然后使用同样的方法来获取它们。然而，使用 Unicode 使得你能够在脚本中使用更多种类的特殊字符！

10.1.2　创建字符串

在 Python 中创建字符串是非常直接的。只要使用一条简单的赋值语句将一个值赋给一个变量就可以了。然后，对于字符串值，则必须使用引号来界定字符串的起点和终点，如下面的示例所示：

```
>>> string1 = 'This is a test string'
>>> print(string1)
This is a test string
>>>
```

可以使用单引号或者双引号来界定一个字符串值，但是，在 Python 社区中，使用单引号在某种程度上已经成为一种标准了，除非文本值中本身有引号。

如果一个文本值包含单引号，可以使用双引号来定义这个字符串的起点和终点：

```
>>> string2 = "This'll work when defining a string"
>>> print(string2)
This'll work when defining a string
>>>
```

或者，可以在字符串中的引号前使用反斜杠将其转义：

```
>>> string3 = 'This\'ll also work when defining a string'
>>> print(string3)
This'll also work when defining a string
>>>
```

反斜杠不是字符串值的一部分，它告诉 Python 在字符串中单引号是字符串的一部分。同样的技巧对字符串中的双引号也起作用。

在程序或在 IDLE 界面中，可以使用反斜杠将长字符串截断成多行，在一行的结尾添加一个反斜杠，然后在下一行继续刚才的字符串。Python 会将两行重新组合到一起当成一个字符串，如下所示：

```
>>> string4 = 'This is a long string value \
that spans multiple lines.'
>>> print(string4)
This is a long string value that spans multiple lines.
>>>
```

当然，还有另一种创建长字符串的方法，叫作三重引号。使用三重引号，需要将三个单引号或者双引号放在字符串的起点，然后再在这个字符串的结尾处同样放置三个单引号或者双引号，如下面的示例所示：

```
>>> string5 = '''This is another long string
value that will span multiple
lines in the output'''
>>> print(string5)
This is another long string
value that will span multiple
lines in the output
>>>
```

注意，使用三重引号的方法，字符串值会保留字符串文本中所添加的换行符。如果需要存储已经嵌入了要显示换行符的字符串，这就能派上用场了。

10.1.3 处理字符串

在将一个字符串值赋给一个变量后，可以将其作为一个整体使用，或者也可以处理这个字符串值的某一部分。

就像我们在之前的 print()例子中看到过的，要引用整个字符串，只需要指定变量名就可以。也可以通过 Python 中一些不同的技术，来获取存储在变量中的字符串的一个子集。

在某种程度上，Python 将字符串当作元组对待（参见第 8 章）。可以使用索引值来引用一个字符串中的单个字符，如下所示：

```
>>> string6 = 'This is a test string'
>>> print(string6[5])
i
>>>
```

然而，作为元组，Python 将不会允许使用索引来改变字符串中的某个字符。如下所示：

```
>>> string6[5] = 'a'
Traceback (most recent call last):
  File "<pyshell#16>", line 1, in <module>
    string6[5] = 'a'
TypeError: 'str' object does not support item assignment
>>>
```

就像对元组一样，可以使用切片功能从字符串中获取一个大的子集。具体方法如下：

```
>>> print(string6[5:7])
is
>>>
```

当想要从字符串中获取特定的数据时，切片是一个非常强大的工具，就好像在从网页上抓取内容一样。除了切片外，Python 同样支持很多其他的字符串函数来帮助你操作字符串值。下一节将介绍一些在编写脚本时很有用的字符串函数。

10.2 使用函数操作字符串

Python 在处理字符串方面流行的主要原因是它有非常多的字符串处理函数。以下的各节将会讲解在编写 Python 脚本时会用到的字符串函数。因为有这么多的字符串函数可供选择，下面的小节通过将它们分类来进行一些简化。

10.2.1 改变字符串值

Python 提供了一些可以操纵文本或是字符串的函数。表 10.1 显示了操作字符串时常用的字符串函数。

表 10.1 字符串操作函数

函　　　数	描　　　述
capitalize()	使字符串的第一个字符大写，其他字符小写
casefold()	将所有字符改成小写，也包括一些其他语言中的特殊字符
center(*width*[, *char*])	将字符串置于 width 个空格的中间位置，使用空格或者 char 字符
encode(*encoding*, *errors*)	返回字符串的另一种编码形式，使用 encoding 指定的编码
expandtabs([*tabsize*])	使用指定数量的空格替换制表符
ljust(*width*[, *char*])	使用 width 个空格或者 char 字符将字符串左对齐
lower()	将所有字符变成小写
lstrip([*chars*])	移除开头的空白字符或 chars 指定的字符串
replace(*old*, *new*[, *count*])	使用子串 new 替换子串 old。如果指定了 count，只替换前 count 次出现的
rjust(*width*[, *char*])	使用 width 个空格或者 char 字符将字符串右对齐
rstrip([*chars*])	移除结尾的空白字符或者 chars 中指定的字符串
strip([*chars*])	移除开头和结尾的空白字符或 chars 中指定的字符串
swapcase()	将字符串中的所有字符的大小写反转
title()	将所有单词的第一个字符大写，其他小写
translate(*map*)	根据字典中的字符映射值来转换字符
upper()	将所有字符转换为大写
zfill(*width*)	在左侧填充 0 来创建 width 个字符串

字符串操作函数不会改变原始字符串，它们会返回一个新的字符串。如果想要在脚本中使用，则需要将其赋值给另一个变量，如下所示：

```
>>> string7 = 'Rich is working on the problem'
>>> string8 = string7.replace('Rich', 'Christine')
>>> print(string7)
Rich is working on the problem
```

```
>>> print(string8)
Christine is working on the problem
>>>
```

replace()函数修改字符串文本然后将结果返回给变量 string8，原始的字符串 string7 保持不变。

10.2.2　分割字符串

字符串操作中的另一个有用的功能是将字符分割成若干子串。当需要解析字符串来查找一些单词时，这是非常有用的。表 10.2 显示了 Python 中可用的字符串分割函数。

表 10.2　　　　　　　　　　　　　字符串分割函数

函　　数	描　　述
partition(*char*)	将字符串从指定字符第一次出现的地方分割
rpetition(*char*)	将字符串从指定字符最后一次出现的地方分割
rsplit(*char*[, *max*])	返回一列子串，在指定的字符出现的地方将字符串分割，如果 max 值被指定，则只有最右边 max 个子串会被分割出来
split(*char*[, *max*])	返回一列子串，在指定的字符出现的地方将字符串分割，如果指定 max 值，则只有 max 个子串被分割出来
splitlines([keepends])	将字符串在行尾分割为多行。如果指定了 keepends，换行符会被包含在子串中

如果没有指定一个分割字符，分割函数会使用任何空白字符作为分割字符。在下面的例子中，结果是一串值，每一个元素都是独立的单词：

```
>>> string9 = 'This is a test string used for splitting'
>>> list1 = string9.split()
>>> print(list1)
['This', 'is', 'a', 'test', 'string', 'used', 'for', 'splitting']
>>>
```

这是从字符串中分割出单词的一个"利器"。

分割字符串有时就像一门艺术，有时也需要一些试验才能获取正确的结果。

10.2.3　连接字符串

与分割字符串相反的是将一列字符连接到一起，可以使用 join()函数来完成这件事。join()函数允许你将列表中的字符串重新组合成一个字符串。

join()函数有一点奇怪，但是，它功能很多，并且如果要操作字符串的话，这个函数很有用。

join() 函数使用一个单个的参数，表示想要连接到一个字符串中的列表或元组。然而，这并没有告诉 join()使用那个字符来分隔列表中的值。需要定义一个字符串变量让 join()使用。要了解它是如何工作的，可以快速浏览一下 join()函数的功能。这有一些额外的操作使用之前例子中创建的变量 list1。

```
>>> list1[7] = 'joining'
>>> string10 = ' '.join(list1)
>>> print(string10)
```

```
This is a test string used for joining
>>>
```

这个例子显示了一些不同的字符串。首先，它将 list1 中索引 7 位置上的元素替换成一个新的单词。然后它使用 join() 函数将列表重新组装成一个字符串值。用两个单引号包围空格字符，所以 join() 函数用空格字符将列表中的元素连接起来。将新的字符串打印出来以后，可以看到字符串列表已经重新组装了，包含被更新的值，并且使用空格分隔。这是修改字符串中单词的一种较为复杂的方法。

10.2.4　测试字符串

字符串操作中的一个重要的功能，是以特定的条件来测试字符串。Python 提供了若干字符串测试函数来做这些事情，表 10.3 展示了这些函数。

表 10.3　　　　　　　　　　　字符串测试函数

函　　数	描　　述
endswith(*chars*[,*start*[,*end*]])	如果字符串以指定的字符串结尾则返回 True。可以为切片指定一个可选的开始和结尾位置
isalnum()	如果字符串只包含数字和字母则返回 True
isalpha()	如果字符串只包含字母则返回 True
isdecimal()	如果字符串只包含十进制字符则返回 True
isdigit()	如果字符串只包含数字则返回 True
isidentifier()	如果字符串是一个有效 Python 标识符则返回 True
islower()	如果字符串只包含小写字符则返回 True
isnumeric()	如果字符串只包含数字字符则返回 True
isprintable()	如果字符串只包含可打印的字符则返回 True
isspace()	如果字符串只包含空白字符则返回 True
istitle()	如果字符串是 title 格式则返回 True
isupper()	如果字符串值包含大写字符则返回 True
startswith(*chars*[,*start*[,*end*]])	如果字符串以指定的字符开始则返回 True。可以为切片指定一个可选的开始和结束位置

字符串测试函数可以帮助验证脚本所接收的输入数据。如果脚本从用户那请求一个数值，那么在真正地使用用户输入的这个值之前先对它进行测试，这是一个不错的主意！可以通过创建一个测试脚本来试试这个函数。

▼　　　　　　　　　　　　　　　　　　　　　　　　　　　　　　　实践练习

测试字符串

通过下面的步骤向一个小脚本中添加字符串测试特性：

1. 打开你最喜欢的文本编辑器，然后添加如下代码：

```
#!/usr/bin/python3
choice = input('Please enter your age: ')
```

```
if (choice.isdigit()):
    print('Your age is ', choice)
else:
print('Sorry, that is not a valid age')
```

2. 将这个文件作为 script1001.py 另存到 Python 代码文件夹中。

3. 在命令行提示符处，运行这个程序：

```
python3 sscript1001.py
```

脚本 script1001.py 使用 isdigit()字符串函数测来试 input()函数返回的字符串。如果字符串包含一个非法的数字，脚本会创建一条信息告诉用户这个错误信息：

```
pi@raspberry script% python3 script1001.py
Please enter your age: 34
Your age is 34
pi@raspberry script% python3 script1001.py
Please enter your age: Rich
Sorry, that is not a valid age
pi@raspberry script% python3 script1001.py
Please enter your age: 12g5
Sorry, that is not a valid age
pi@raspberry script%
```

也可以用同样的方法尝试使用其他字符串测试功能，看看它们是如何验证从提示符下输入的不同类型的文本。

▲ ──

10.2.5 查找字符串

另一种常用的字符串函数是查找字符串中的特定值。Python 提供了很多函数来完成这件事。

如果你想知道一个字符串中是否包含一个子字符串，可以使用 in 操作符。当字符串包含子字符串时，in 操作符返回 True，如果不包含，则返回 False。如下所示：

```
>>> string12 = 'This is a test string to use for searching'
>>> 'test' in string12
True
>>> 'testing' in string12
False
>>>
```

如果需要知道子字符串在字符串中的确切位置，则需要使用 find()或者 rfind()函数。

find()函数会返回它所找到的子字符串的起始位置的索引，如下所示：

```
>>> string12.find('test')
10
>>>
```

find()函数的结果显示字符串"test"从被搜索的字符串的位置 10 开始（字符串的索引从 0 开始）。如果子字符串不在字符串中，find()函数返回值−1：

```
>>> string12.find('tester')
-1
>>>
```

find()函数会查找整个字符串，除非指定了起始值和结束值以定义一个切片，如下所示：

```
>>> string12.find('test', 12, 20)
-1
>>>
```

还有一点也很重要，find()函数只返回子字符串第一次出现的位置：

```
>>> string13 = 'This is a test of using a test string for searching'
>>> string13.find('test')
10
>>>
```

可以使用 rfind()函数从右侧开始搜索一个字符串：

```
>>> string13.rfind('test')
26
>>>
```

另一个搜索函数是 index()函数。它执行与 find()函数一样的功能，但是在没有找到子字符串时，它不会返回-1，而是返回一个 ValueError 错误，如下所示：

```
>>> string13.index('tester')
Traceback (most recent call last):
  File "<pyshell#9>", line 1, in <module>
    string13.index('tester')
ValueError: substring not found
>>>
```

返回一个错误而不是一个值的好处是，可以将这个错误当作代码异常捕获（参见第 17 章），以便让脚本采取相应的操作。

如果只是想统计子字符串在字符串中出现的次数，可以使用 count()函数，如下所示：

```
>>> string13.count('test')
2
>>>
```

有了 find()、index()和 count()函数，就有了查找字符串中的数据的全部武器。

10.3　格式化字符串输出

Python 包含了一个强力的工具来格式化脚本中的输出。format()函数允许声明想要的输出的格式。本节介绍 format()函数如何工作以及如何使用它来定义脚本输出的格式。

CAUTION | **警告：Python 字符串格式化函数的改变**

Python 定义 format()函数的格式化字符串方法在第 2 版和第 3 版之间发生了戏剧性的变化。因为本书主要关注 Python v3，我们只介绍 v3 版的 format()函数的格式化函数。如果需要使用 Python v2 格式化函数，请参阅 www.python.org。

10.3.1　format()函数

format()函数是 Python 内建的字符串函数中最复杂的函数。然而，一旦掌握了它的窍门，你会发现在脚本中的很多地方都要使用它，以便让输出更加友好。

format()函数的语法如下：

string .format(*expression*)

在使用 format()函数时，需要注意两个部分。string 部分是想要显示的字符串，然后 expression 用来定义想要在输出中嵌入什么变量。

在输出的字符串中,同样需要在字符串中显示变量的位置嵌入占位符。有两种占位符可供使用。

- 位置占位符。
- 命名占位符。

接下来会讨论这两种类型的占位符。

1. 位置占位符

位置占位符在输出的字符串中会创建一些位置，用来按表达式中的变量排列的顺序插入变量的值。要使用占位符，需要将索引序号用括号括起来放到字符串文本中。这看起来会有点混乱，但实际上是非常直接明了的。看下面的例子：

```
>>> test1 = 10
>>> test2 = 20
>>> result = test1 + test2
>>> print('The result of adding {0} and {1} is {2}'.format(test1, test2,
 result))
The result of adding 10 and 20 is 30
>>>
```

Python 将表达式列表中的每一个变量的值插入到与之相关联的占位符的位置。变量 test1 放到位置{0}，变量 test2 放到位置{1}，然后变量 result 放到位置{2}上。

2. 命名占位符

相对于使用索引值，对于命名占位符来说，可以为每一个放到输出的字符串中的占位符分配一个变量。给每一个表达式中使用的字符串指定名字，然后在输出的字符串中的占位符中使用这些名字，如下面的例子所示：

```
>>> vegetable = 'carrots'
>>> print('My favorite vegetable is {veggie}'.format(veggie=vegetable))
My favorite vegetable is carrots
>>>
```

Python 将命名占位符{veggie}替换成在 format()表达式中给 veggie 分配的值。如果有在表达式中使用多个命名值，只需要用逗号将它们分隔开来，如下所示：

```
>>> vegetable = 'carrots'
>>> fruit = 'bananas'
```

```
>>> print('Fruit: {fruit}, Veggie: {veggie}'.format(fruit=fruit,
veggie=vegetable))
Fruit: bananas, Veggie: carrots
>>>
```

也可以将字符串和数字值直接赋值给命名占位符，如下所示：

```
>>> print('My favorite fruit is a {fruit}.'.format(fruit='banana'))
My favorite fruit is a banana.
>>>
```

你可能会想，到目前为止，这一切只是增加了显示字符串的额外的复杂性。但是，format()函数真正的力量来自于它的格式化功能。下一节将会讨论这些功能。

10.3.2 格式化数字

format()函数真正发挥作用的时候，是需要在输出中显示数字时。默认情况下，在print()函数的输出中，Python 将数字作为字符串来对待。这可能会导致一些丑陋的打印输出。因为对很多事情没有任何控制，如显示多少个小数位，或者是否使用科学计数法来显示较大的值。

format()函数提供了范围广泛的格式化代码，可以确切指定 Python 如何显示这个值。只需将格式化表达式以字符串的形式放到占位符中就行了，用冒号将占位符编号或名称分隔开。

可以根据想显示的数据类型的不同使用不同的格式化代码。如下面的例子所示：

```
>>> total = 3.4999999
>>> print('The total is {0:.2f}'.format(total))
The total is 3.50
>>>
```

这段格式化代码告诉 Python 将浮点值四舍五入到小数点后两位。现在，这很方便！接下来的各节将详细介绍对于显示不同类型的数据，可以使用的代码。

1. 整数值

显示整数值不需要太多的格式化。默认情况下，Python 使用十进制格式显示整数值，通常情况下这很好。

然而，可以通过指定格式化代码让 Python 将整数值自动转换为另一种进制（如八进制或十六进制）。表 10.4 中列出了可用的整数格式代码。

表 10.4 整数格式表达式

表　达　式	描　　述
b	使用二进制格式显示
c	打印前将整数转换为 Unicode 字符
d	使用十进制格式显示
o	使用八进制格式显示
x	使用小写十六进制格式显示
X	使用大写十六进制格式显示
N	使用数字分隔符显示数字

使用这些代码没有任何麻烦的地方。只需要将它们包含在需要输出数字的占位符中就可以了，如下所示：

```
>>> test1 = 154
>>> print('Binary: {0:b}'.format(test1))
Binary: 10011010
>>> print('Octal: {0:o}'.format(test1))
Octal: 232
>>> print('Hex: {0:x}'.format(test1))
Hex: 9a
>>>
```

现在就要开始看到 format()函数的强大功能了！

2. 浮点值

显示浮点值可能会有些痛苦。不仅需要注意带着若干位小数的非常小的值，还需要注意非常大的数字。为了让浮点数以用户友好的方式显示出来，可以使用 format()函数的浮点格式化代码。表 10.5 显示了可供使用的格式。

| 表 10.5 | 浮点数格式表达式 |
表　达　式	描　　　述
e	使用科学计数法显示值
E	使用大写 E 的科学计数法显示值
f	使用固定数显示值
F	使用固定数显示值，但是使用大写的 NAN 和 INF
g	无格式
G	无格式，但是当值太大时，则使用科学记数法显示
n	不使用格式，但是应用数字分隔符
%	将值显示为一个百分数，乘以 100 然后以固定数显示

对于浮点数，除了格式化代码外，还可以指定 Python 应该保留的小数位数。如下面的例子所示：

```
>>> test1 = 10
>>> test2 = 3
>>> result = test1 / test2
>>> print(result)
3.3333333333333335
>>> print('The result is {0:.2f}'.format(result))
The result is 3.33
>>>
```

不使用 format()函数的话，print()函数会将变量 result 的结果显示为很多重复的小数位。格式.2f 告诉 Python 使用固定小数位数的格式，即保留两位小数。

3. 符号格式化

format()函数提供了一种方法来定义 Python 如何处理一个数字中的符号。

正号（+）告诉 Python 对于正数和负数都应该在输出中使用符号，负号（-）告诉 Python 只对负数使用符号，默认情况下只对负数使用符号。

使用符号格式化的例子如下所示：

```
>>> test1 = 45
>>> print(test1)
45
>>> print('{0:+}'.format(test1))
+45
>>> test2 = -12.56
>>> print(test2)
-12.56
>>> print('{0:+.2f}'.format(test2))
-12.56
>>>
```

如果需要数字在输出中对齐，可以在符号格式化中使用一个空格。空格告诉 Python 对于正数应该使用一个前导空格，而对于负数应该使用负号。

4. 位置格式化

如果需要让数字列对齐，也有一些格式表达式可以使用。表 10.6 描述了可以帮助在输出中对齐数字的可用工具。

表 10.6　　　　　　　　　　位置格式表达式

表 达 式	描 述
<	左对齐值（默认）
>	右对齐值
=	在符号和数字之间添加填充
^	将值居中

使用左对齐、右对齐和居中，可以在位置格式化代码之前指定需要为数字预留的空格数，然后 Python 会将数字放入相应的位置，可以在这里看到：

```
>>> print('The result is {0:>10d}'.format(test1))
The result is         45
>>>
```

Python 为输出的值预留了 10 个空格，然后在空格区域让值右对齐。

使用这些格式化选项，就应该能在任何时候输出需要的格式了！

10.4　小结

本章介绍了 Python 如何处理字符串，我们学习了用来处理它们的那些函数。可以使用切片从一个大的字符串的特定位置取出一个子字符串，或者可以使用字符串分割函数根据分割符来提取子字符串。也可以使用查找函数在一个字符串中查找一个子字符串。最后，一些方便的字符串格式化函数可以格式化任何 Python 脚本所产生的输出。

在下一章中，我们将学习如何在 Python 脚本中使用文件。了解如何在脚本中存储和获取文件是非常重要的，使用纯文本文件是做到这一点的最简单的方法！

10.5 Q&A

Q．Python 支持使用正则表达式搜索字符串中的文本吗？

A．支持，正则表达式相当复杂，会在独立的章节讲解（参见第 16 章）。

Q．能在 Python 字符串中嵌入不可打印和其他字符吗？

A．可以，可以使用 Unicode 转义编码 Unicode 字符，然后再嵌入它的数值编码。只需要在编码前使用一个\u。例如，空格的 Unicode 编码是 0020，因此，可以这样做来把它嵌入到一个字符串中：

```
>>> print('This\u0020is\u0020a\u0020test')
This is a test
>>>
```

10.6 练习

10.6.1 问题

1．什么函数可以用来在字符串中将一个词换成另一个词？

   a．swapcase()

   b．split()

   c．replace()

   d．find()

2．format()函数可以将数值显示为十六进制或二进制。对还是错？

3．当想显示的货币值需要保留两位小数时，需要使用 format()函数的哪个格式化表达式？

4．在 Python 中，应该使用什么方法来定义一个多行字符串值？

5．什么字符串函数将所有的字符转换为小写的，但仍然接收特殊字符？

6．什么字符串函数将字符串中的第一个字母转换为大写的，而其他的字符保留小写。

7．什么字符串测试函数确定一个字符串没有包含任何特殊字符？

8．哪个函数能够确切地告知要查找的字符串在一个字符串中的什么位置？

9．什么 format()功能使用名称而不是索引值来引用一个字符串中的一个变量？

10．什么 format()格式化代码把一个整数值显示为十六进制的形式？

10.6.2 答案

1．c。replace()函数允许我们在一个字符串中搜索一个特定子字符串并且将其替换为另一个字符串。

2．对的，当你使用 format() 函数显示变量时，可以指定使用十进制、十六进制还是二进制。

3．2f。"f"告诉 Python 将数字显示为一个浮点数，然后".2"告诉它只显示浮点数的两位小数。这正是显示货币值所需要的！

4．三个引号。可以在多行文本字符串的开头和末尾使用三个引号，来将其定义为一个字符串值。

5．casefold()。casefold() 函数在字符转换为小写的时候将忽略特殊字符。

6．capitalize()。capitalize() 函数只将字符串中的第一个字母转换为大写，而其他的字符保留小写。

7．isalmum()。只有当字符串中所有的字符要么是一个数字要么是一个字母，isalmum() 函数才会返回一个 True 值。

8．find() 函数。in 函数只是返回 True 或 False 值，它不会告诉你字符串的位置。

9．named 占位符允许给文本输出中的变量位置指定一个名称。

10．x。x 格式化代码把一个整数值显示为十六进制的形式。

第 11 章

使用文件

本章主要内容包括:

- Python 能处理的文件类型
- 如何打开一个文件
- 读取文件的数据
- 向文件中写数据

将字符串、列表、字典等存储在内存中，这对于小的 Python 脚本是可行的。但是，当编写大型脚本时，需要将数据存储在文件中。在本章中，我们将介绍如何在 Python 脚本中使用各种各样的文件。

11.1　理解 Linux 文件结构

Python 可以处理各种操作系统下的文件结构。Python 可以对文本文件、二进制文件以及压缩文件等进行输入和输出。如果你想要一门具备强大的文件处理功能并且还能跨平台的语言，那么 Python 就是你想要的语言。

表 11.1 列出了一些 Python 可以处理的文件类型。记住这并不是完整的列表！

表 11.1

数　　据	文 件 类 型	描　　述
二进制数字	二进制	二进制数据是为程序使用的，并且不能被文本编辑器读取。这些数据通常在 Python 中比较难处理
压缩的数据	zip、bzip2、gzip、tar	被压缩工具压缩的数据，如 gzip
数值	文本	数字数据，作为字符串被存储
字符串	文本	字符串使用 UTF-8 或者 ASCII 存储
XML	XML	可扩展标记语言（XML）数据
逗号分隔的数据	文本	逗号分隔值（CSV），用于其他应用中，例如数据库

注意在表 11.1 中的文件类型可以有所重叠。例如，一个数值文本文件创建以后可以被压缩。表 11.1 的主要目的是展示 Python 处理各种文件格式的能力非常灵活。

TIP | **提示：不知所措?**
　　不用对表 11.1 中的不同文件感到不知所措。本章主要关注于处理文本文件（你可以松一口气了）。

Python 可以处理的这些各种文件位于 Raspbian 目录结构的不同地方。它们的类型或用途决定了它们在目录结构中的位置。

看一下 Linux 目录

Linux 目录结构也可以称为一颗倒置的树，因为目录结构的顶部叫作根。如图 11.1 所示，顶级根目录（/）的下面是子目录。

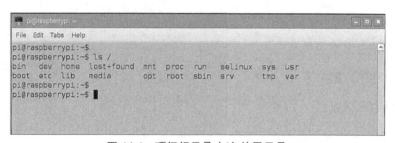

图 11.1　顶级根目录（/）的子目录

每一个子目录又根据其用途来存储特定的文件。目录名有两种书写方式：作为绝对目录引用或者作为相对目录引用。

绝对目录引用通常从根目录开始。例如，当你使用账号 pi 登录到树莓派后，就在目录 /home/pi 中了。这是一个绝对目录引用，因为它从根目录（/）开始。

TIP | **提示：不知所措?**
　　绝对目录引用以根目录（/）开始，记住这一点的简单方法是句式记忆，例如："绝对目录绝对从根目录开始。"

相对目录引用不会从根目录开始。相反，它表示目录相对于当前所处的工作目录的路径。第 2 章介绍过，当前工作目录是你当前在目录结构中所处的位置。可以使用 shell 命令 pwd 看到当前的工作目录。

清单 11.1 显示了使用相对目录引用的例子。在清单 11.1 中，命令 pwd 显示了用户 pi 的当前工作目录。可以看到当前工作目录是/home/pi，这是一个绝对目录引用。

清单 11.1　相对目录引用的例子

```
pi@raspberrypi:~$ pwd
/home/pi
pi@raspberrypi:~$ ls py3prog
sample_a.py    script0402.py    script0603.py    script0607.py script0901.py
```

```
sample_b.py      script0403.py    script0604.py    script0701.py script0902.py
sample.py        script0601.py    script0605.py    script0702.py script0903.py
script0401.py    script0602.py    script0606.py    script0703.py script0904.py
pi@raspberrypi:~$
```

为了显示位于/home/pi/py3prog 子目录中的 Python 脚本，ls 命令使用了相对目录引用 py3prog。要使用绝对目录引用，可以使用这个命令 ls /home/pi/py3prog。

为了帮助你学习如何在 Python 中使用文件，本书接下来的部分使用表 11.2 中所示的目录。所有这些目录都以绝对目录引用的方式显示。

表 11.2　　　　　　　　　　　本书的 Python 目录

目　　录	存储的内容
/home/pi/py3prog	Python 脚本
/home/pi/temp	临时文件数据
/home/pi/data	永久文件数据

11.2　通过 Python 管理文件和目录

在第 2 章中，我们已经学习了如何创建目录。在那一章中，使用 shell 命令 mkdir 创建了 /home/pi/py3prog 目录。现在，我们将学习如何使用 Python 程序管理文件和创建文件夹。

Python 带有一个叫做 os 的多平台函数。os 函数允许你使用各种操作系统的功能，如创建目录。表 11.3 列出了一些可用于在 Python 中管理文件和目录的 os 方法。

表 11.3　　　　　　　　　　　一些 os 模块方法

方　　法	描　　述
os.chdir('*directory_name*')	将你当前的工作目录改成 directory_name
os.getcwd()	提供当前工作目录的绝对目录引用
os.listdir('*directory_name*')	提供 directory_name 中的文件和子目录。如果没有提供 directory_name，则返回当前工作目录中的文件和子目录
os.mkdir('*directory_name*')	创建一个新的目录
os.remove('*file_name*')	从当前工作目录中删除 file_name。它不会删除目录和子目录。它不会询问"你确定吗？"
os.rename('*from_file*', '*to_file*')	将当前目录中的文件 from_file 重命名成 to_file
os.rmdir('*directory_name*')	删除目录 directory_name。如果它包含任何文件则不会删除

os 函数并不是 Python 的内建函数。因此，在使用表 11.3 中的方法前，需要使用 Python 语句 import os 导入这个模块。

> **技巧：更多的 os 功能**　　　　　　　　　　　　　　　　　　　　　　**NOTE**
> os 的功能还有很多。要了解这些方法，可以参考 docs.python.org/3/library/os.html。

清单 11.2 显示了一些 os 方法的用法。import os 语句导入了 os 函数，并且 os.mkdir 方法创建了一个新的子目录 MyNewDir。要从当前的工作目录切换到这个新创建的子目录，使用

os.chdir 方法。

清单 11.2　使用 os 模块

```
pi@raspberrypi:~$ pwd
/home/pi
pi@raspberrypi:~$ python3
[...]
>>>
>>> import os
>>> os.getcwd()
'/home/pi'
>>>
>>> os.mkdir('MyNewDir')
>>> os.chdir('MyNewDir')
>>> os.getcwd()
'/home/pi/MyNewDir'
>>>
```

运用 Python 中的这些方法，可以在脚本中管理目录。可以在这些目录中创建和使用文件。

CAUTION

警告：引入 os 会降低可移植性

　　尽管 os 函数是一种很方便的工具，但还是要注意，它潜在地降低了 Python 脚本到其他操作系统的可移植性。如果你打算只是在 Raspbian Python 脚本中使用 os 函数的话，移植性不是一个问题。

11.3　打开文件

要在 Python 中访问文件，需要使用内建的 open 函数。这个函数的基本语法如下：

filename_variable =open(*filename* , *options...*)

表 11.4 列出了 open 函数的一些可用选项。

表 11.4　　　　　　　　　　　　open 函数选项

选　　项	描　　述
mode	指定模式，如读
buffering	指定缓冲策略
encoding	指定要将字符串转换成哪种格式
errors	指定如何处理编码、解码的错误
newline	指定如何处理文件中的换行符
closed	指定当文件关闭后何时关闭文件描述符
opener	指定要调用的一个函数

使用哪个选项与要打开的文件类型（见表 11.1）相关。在这里，出于学习的目的，重点看一下 open 函数的 mode 选项。

11.3.1 指定打开模式

对于 open 函数的 mode 选项，有几种模式可以指定，如表 11.5 所示。

表 11.5   open 函数的 mode 指定值

模　　式	描　　述
a	如果文件存在，打开文件并将内容写入文件结尾之后。如果文件不存在，则创建它
r	打开文件用于读取
w	如果文件存在，打开文件用于写入，它将会擦除文件当前的内容。如果文件不存在，则创建

对于所有的选项，都可以在其后加上一个 b 和/或+。例如，选项 r 可以是 r+，rb 或者 rb+。一个 b 加到模式后面表示文件是二进制。因此，模式 wb 表示打开一个二进制文件用于写入。在模式后面附加一个+，表示两件事情：一是文件的指针会在文件的开头；另外，表示打开文件用于读取和写入/添加。

> **技巧：什么是文件指针？**   **NOTE**
>
> 把文件指针当作是一个位置游标。当从文件读取（或写入）数据时，它指向当前在文件中的位置。在本章稍后，还会更详细地介绍文件指针。

在列表 11.3 中，打开了文件 May2015TempF.txt。在打开它之前，调用一些 os 函数来导航到该文件所在的位置。

清单 11.3　打开一个临时文件

```
pi@raspberrypi:~$ python3
[...]
>>>
>>> import os
>>> os.mkdir('/home/pi/data')
>>> os.chdir('/home/pi/data')
>>> os.getcwd()
'/home/pi/data'
>>>
>>> temp_data_file=open('May2015TempF.txt','w')
>>>
```

> **提示：可能的错误**   **TIP**
>
> 记住，如果系统上已经有/home/pi/data 目录了，试图执行清单 11.3 的 os.mkdir 语句的时候，可能会得到一条错误消息。这是因为，你试图使用 os.mkdir 方法创建一个目录，而该目录已经存在。Python 会对此报错。

一旦文件打开了，可以在变量 temp_data_file 上使用文件的方法。注意在清单 11.3 中，当使用 open 函数时，文件名和模式参数被当作字符串传递给函数。如果需要的话，还可以使用变量作为参数。

11.3.2 使用文件对象方法

可以使用文件对象的变量名来操作一个打开的文件。清单 11.3 中的文件的变量是 temp_data_file。这个变量名叫做文件对象，有一些与之相关联的方法。例如，一旦文件被打开，你可以检查各种文件属性。表 11.6 显示了用来检查文件属性的文件对象的一些方法。

表 11.6   检查文件属性的文件对象方法

方　　法	描　　述
filename_variable.closed	如果文件关闭了就返回 True，如果文件没有关闭则返回 False
filename_variable.mode	返回文件的当前模式（如 w+或 r）
filename_variable.name	返回被打开的文件的名称

清单 11.4 展示了使用这些文件对象方法来确定当前文件的属性。

清单 11.4 　判断文件属性

```
pi@raspberrypi:~$ python3
[...]
>>>
>>> import os
>>> os.chdir('/home/pi/data')
>>> os.getcwd()
'/home/pi/data'
>>> temp_data_file=open('May2015TempF.txt','r')
>>>
>>> temp_data_file.closed
False
>>> temp_data_file.mode
'r'
>>> temp_data_file.name
'May2015TempF.txt'
>>>
```

在清单 11.4 中，.closed 方法返回 False，表示文件打开了。.mode 方法返回'r'，表示文件当前以只读的方式打开。.name 方法返回了在 open 函数中使用的名称。注意，返回的文件名并不包含一个绝对目录引用。这是因为该文件是在当前工作目录下的，因此并不需要一个绝对目录引用。

在清单 11.5 中，打开的文件不在当前工作目录下，因此需要对 open 参数进行一点小改动。

清单 11.5 　使用绝对目录引用打开一个文件

```
pi@raspberrypi:~$ python3
[...]
>>>
>>> import os
>>> os.getcwd()
'/home/pi'
>>> temp_data_file=open('/home/pi/data/May2015TempF.txt','r')
```

```
>>>
>>> temp_data_file.name
'/home/pi/data/May2015TempF.txt'
>>>
```

注意，清单 11.5 中的 open 函数使用了绝对目录引用。当文件打开后，文件对象方法.name 返回了整个文件的名称及其目录地址。这是因为，这些文件对象方法结果实际上是基于 open 函数中使用的属性的。

现在，你已经知道如何打开一个文件，下面应该学习如何读取文件。本章的下一个要点就是读取文件。

11.4 读取文件

要读取一个文件，首先必须先使用 open 函数打开文件。模式的选择必须允许文件可读，可以使用 r 模式。在文件打开后，可以使用一条语句将整个文件读入到你的 Python 脚本中，也可以逐行读取文件。

> **提示：我的数据在哪儿？** *TIP*
>
> 　　如果按照本章的代码列表运行，在你的系统的 May2015TempF.txt 文件中不会有任何数据。要成功地运行下去，需要在这个文件中有一些数据。可以通过 nano 文本编辑器快速地添加一些数据（第 3 章介绍过 nano 文本编辑器）。在命令行提示窗口中，输入 nano/home/pi/data/May2015TempF.txt，输入你当地在一个完整的 31 天的月份中的每日最高温度（按照 day-of-month temp 的格式，使用华氏温度），然后保存并关闭该文件。

11.4.1 读取整个文件

可以使用文件对象方法.read 把一个文本文件的整个内容都读入到一个变量中，如清单 11.6 所示。

清单 11.6　将文件的整个内容读取到一个变量中

```
pi@raspberrypi:~$ python3
[...]
>>> temp_data_file=open('/home/pi/data/May2015TempF.txt','r')
>>>
>>> temp_data=temp_data_file.read()
>>> type(temp_data)
<class 'str'>
>>>
>>> print(temp_data)
1 71
2 75
3 78
[...]
```

```
29 84
30 84
31 67
>>> print(temp_data[0])
1
>>> print(temp_data[0:4])
1 71
>>>
```

在清单 11.6 中，变量 temp_data 从.read 方法接收了整个文件的内容。数据作为一个字符串（str）存储到了变量 temp_data 中。print 函数和字符串切片显示了文件数据的一小块（第 10 章介绍过字符串切片的内容）。由于所有的数据都存在一个单独的变量中，想要的数据片段，必须从 temp_data 变量的字符串中分片出来。尽管这很方便，但当想要一行一行地读取文件的数据的时候，还是需要时间。

11.4.2　逐行读取文件

在 Python 中，也可以逐行读取文件。要在脚本中逐行读取文件，可以使用.readline 方法。

> **TIP** **提示：什么才算行？**
> 以 Python 的角度来看，一个文本文件的行是被换行符\n 中断的任意长度的字符串。

在清单 11.7 中，.readline 方法用在了临时文件/home/pi/data/May2012TempF.txt 上。一个 for 循环用来逐行遍历整个文件，然后将读取的每一行打印出来。

清单 11.7　逐行读取文件

```
pi@raspberrypi:~$ python3
[...]
>>> temp_data_file=open('/home/pi/data/May2015TempF.txt','r')
>>>
>>> for the_date in range(1,31+1):
        temp_data=temp_data_file.readline()
        print(temp_data,end='')
1 71
2 75
3 78
[...]
29 84
30 84
31 67
>>>
```

注意，在清单 11.7 中，当打印临时数据时，print 函数的换行符（\n）通过使用 end=''被抑制。这是需要的，因为在数据的每一行的末尾已经有了\n 字符了。如果不抑制 print 函数的换行符（\n），那么得到的输出会是双倍行距的。

> **技巧：去除换行符!** **NOTE**
>
> 也许有些时候，需要删除.readline 方法读入到 Python 脚本中的换行符，可以使用 strip 方法来做到这一点。由于换行符是在字符串行的最右侧，更具体地说，应该使用.rstrip 方法。如果在清单 11.7 中使用此方法，则应该是这样的：temp_data = temp_data.rstrip('\n')。

逐行读取文件时，正如你所期待的一样，是按顺序读取的。Python 会维护一个文件指针来跟踪其在文件中的当前位置。在清单 11.8 中，使用.tell 方法，当前文件指针的位置显示了多次。注意，每次读取数据文件行，指针的位置都会变化。清单 11.8 中，在文件打开后，.tell 方法立即显示了当前文件指针的位置。由于文件刚刚打开，最初的文件指针设置为 0，即文件的开头。

清单 11.8　使用.tell 跟随文件指针

```
pi@raspberrypi:~$ python3
[...]
>>> temp_data_file=open('/home/pi/data/May2015TempF.txt','r')
>>>
>>> temp_data_file.tell()
0
>>> for the_data in range(1,31+1):
        temp_data=temp_data_file.readline()
        print(temp_data,end='')
        temp_data_file.tell()

1 71
5
2 75
10
3 78
15
[...]
30 84
171
31 67
177
>>>
```

前面的示例中，通过在一个 for 循环中嵌入一个.tell 方法，可以看到文件指针的变化过程。在该 for 循环中，在每一行读入并打印之后，显示文件指针的当前位置，每个文件指针结果都表示要读取的下一个字符。

11.4.3　不按顺序读取文件

实际上，可以使用文件指针直接访问文件中的数据。和字符串切片一样，这需要知道需要访问的数据在文件中的位置。要直接访问数据，需要使用.seek 和.read 方法。

对一个文本文件来说，.read 方法使用如下的基本语法：

```
filename_variable.read( number_of_characters )
```

在清单 11.9 中，在 temp_data_file 上使用.read 方法来读取文件的前 4 个字符。接下来，
.tell 方法指出现在文件指针指向第 4 个字符。后续的.read 只读取了一个字符，即换行符（\n）。
这是为什么接下来的 print 命令打印了两个空行（第 8 行和第 9 行）。

清单 11.9　使用.read 读取文件数据

```
pi@raspberrypi:~$ python3
[...]
>>> temp_data_file=open('/home/pi/data/May2015TempF.txt','r')
>>>
>>> temp_data=temp_data_file.read(4)
>>> print(temp_data)
1 71
>>>
>>> temp_data_file.tell()
4
>>> temp_data=temp_data_file.read(1)
>>> print(temp_data)

>>> temp_data_file.tell()
5
>>> temp_data=temp_data_file.read(4)
>>> print(temp_data)
2 75
>>> temp_data_file.tell()
9
>>>
```

要将文件指针重新定位到文件的开头，需要使用.seek 方法。.seek 方法的基本语法如下：

```
filename_variable.seek(position number)
```

文件开头的位置编号是 0。清单 11.10 显示了一个使用.seek 和.read 不按顺序读取文件的
例子。

清单 11.10　使用.seek 重定位文件指针

```
>>>
>>> temp_data_file.tell()
9
>>> temp_data_file.seek(0)
0
>>> temp_data=temp_data_file.read(4)
>>> print(temp_data)
1 71
>>> temp_data_file.seek(25)
25
>>> temp_data=temp_data_file.read(4)
>>> print(temp_data)
```

```
6 86
>>>
```

注意，在清单 11.10 中，在使用.seek 将文件指针设置为 0 后，.read 方法读取了文件中接下来的 4 个字符。这类似于清单 11.7 中.readline 方法的工作。然而，由于在这个例子中只读取了 4 个字符，不需要在 print 函数中抑制换行符(\n) 了。

在前面的例子中，当文件指针定位到第 25 个字符，下一个.read 方法从该位置开始，再次读取了接下来的 4 个字符。实际上，这跳过了文件的几个数据行。因此，将.seek 和.read 方法一起使用允许不按顺序地读取一个文件。

打开文件，并逐行读取

在下面的步骤中，我们会在 Python 外创建一个文件。在创建该文件以后，我们将进入 Python 交互式命令行环境，打开这个文件，然后从 Python 中逐行读取。在这些步骤中，我们会尝试一个更精巧的方法来读取一个文件。并且，希望你能在其中找到一些乐趣。下面是步骤：

1. 打开树莓派，并且登录进系统。

2. 如果没有让 GUI 在系统启动时自启动，那么输入 startx，然后按下回车键打开它。

3. 双击 Terminal 图标打开 Terminal。

4. 如果之前没有创建/home/pi/data 目录，在命令行提示符处，输入 mkdir /home/pi/data，然后回车。这条 shell 命令会创建用来存储 Python 数据文件的子文件夹。

5. 需要在新目录中创建一个空文件。在命令行键入 touch /home/pi/data/friends.txt 然后按下回车键。

6. 键入 ls data 然后按下回车键，仔细检查这个文件的位置。应该可以看到 friends.txt 列了出来。注意当输入 ls 命令时，使用的是相对目录引用 data 而不绝对目录引用/home/pi/data。

7. 使用一条 shell 命令在 friends.txt 文件中创建一些记录，输入 echo "Chris" > /home/pi/data/friends.txt，然后按下回车键。

8. 使用另一条 shell 命令在文件底部添加另一条记录。输入 echo "Zach">> /home/pi/data/friends.txt，然后按下回车键（注意这次用的是两个大于号）。

9. 输入 echo "Karl" >> /home/pi/data/friends.txt，然后按下回车键。

10. 输入 echo "Zoe" >> /home/pi/data/friends.txt，然后按下回车键。

11. 输入 echo "Simon" >> /home/pi/data/friends.txt，然后按下回车键（是的，这是单调乏味的。但是，它会帮助你学习如何向文件中写入内容）。

12. 输入 echo "John" >> /home/pi/data/friends.txt，然后按下回车键。

13. 输入 echo "Anton" >> /home/pi/data/friends.txt，然后按下回车键（重新组织这些名字了吗？）。

14. 最后，完成了 friends.txt 文件的创建！一起来看看它的内容，输入 cat data/friends.txt，然后按下回车键。如果有任何录入错误，不要担心，只要注意到就可以了，这样它们就不会在后面的内容中给你造成混淆了。

15. 输入 pwd，然后按下回车键。注意当前的工作目录。

16. 在命令行提示符输入 python3，并按下回车键，打开 Python 交互式命令行。

17. 在 Python 交互式命令行提示符>>>处，输入 import os 然后按下回车键，来将 os 模块导入到 Python 命令行中。

18. 输入 os.getcwd()然后回车。你应该看到与第 15 步中一样的当前工作目录。

19. 为了跳转到数据子文件目录，输入 os.chdir('data')，然后按下回车键。

20. 输入 os.listdir()，然后按下回车键。看到文件 friends.txt 列在输出结果中了吗？应该能看到它！

21. 将创建一个文件对象并打开 friends.txt 文件。输入 my_friends_file = open ('friends.txt','r')，然后按下回车键。

22. 创建一个循环来逐行读取你刚才打开的文件，输入 for my_friend in my_friends_file:，然后按下回车键。等一下！range 语句在哪？别担心。可以通过使用 for 循环结构，巧妙地遍历 friends.txt。等一下看结果就知道了。

23. 按制表符（Tab）键，然后输入 print (my_friend, end=' ')。这就对了！循环中没有包含任何 readline 方法。

24. 可以按两次回车键，看这个漂亮的小循环读取 friends.txt 文件的内容。应该看到类似于清单 11.11 的输出结果。

清单 11.11　逐行读取 friends.txt

```
Chris
Zach
Karl
Zoe
Simon
John
Anton
>>>
```

25. 按下 Ctrl+D 组合键，退出 Python 交互式命令行。

26. 如果想现在关掉树莓派，可以输入 sudo poweroff，然后按下回车键。

▲

　　这种新风格的 for 循环中不需要使用任何的读取方法。这是因为，可以使用一个文件对象变量作为遍历整个文件的方法。

　　有一项操作截止到现在一直没有提及，那就是关闭文件。在步骤 25 中，请注意，我们只退出了 Python 交互式命令行，但是没有进行任何适当的文件关闭操作。在下一节中，我们将学习如何正确地关闭文件。

11.5 关闭一个文件

在大多数程序中，当一个文件打开后，有一点需要考虑的是，在退出程序前应将其关闭。在 Python 脚本中也应该这样。关闭一个文件的一般语法如下：

filename_variable.close()

在清单 11.12 中，打开临时文件然后立即关闭它。然后使用了两次.closed 方法来测试文件是否已经关闭。

清单 11.12　关闭临时文件

```
pi@raspberrypi:~$ python3
[...]
>>> temp_data_file=open('/home/pi/data/May2015TempF.txt','r')
>>>
>>> temp_data_file.closed
False
>>>
>>> temp_data_file.close()
>>>
>>> temp_data_file.closed
True
>>>
```

当一个文件名变量指向了另一个文件时，Python 会自动关闭之前的文件。然而，当正在向文件中写入内容时，关闭文件是非常致命的。这是因为操作系统会采用在内存中缓冲写入方法。只有当缓冲达到了一定的量时，数据才会写入到文件中。在 Python 中，当关闭一个文件时，缓冲中的内容会自动写入到文件中，而不论缓冲是否满了。不恰当地关闭文件会导致文件数据停在一个有趣的状态！

你可以看到为什么恰当地关闭一个文件被看作是一种好的形式，特别是在向文件写内容的时候。这也引发了本章的下一个主题，即写文件。

11.6 写文件

一个文件可以为只写而打开，或者也可以为读写而打开。写文件的打开模式可以是 w 或者 a，这取决于你是想要创建一个新文件，还是想向旧文件中添加内容。给打开模式 w 或者 a 后面加一个+，则表示既允许读文件也允许写文件。

11.6.1　创建并且写入一个新文件

清单 11.13 显示了使用 open 函数打开一个新的文本文件。在这种情况下，需要一个新的文件来存储这些临时数据。

清单 11.13　打开文件供创建和写入

```
pi@raspberrypi:~$ ls /home/pi/data
friends.txt  May2015TempF.txt
pi@raspberrypi:~$
pi@raspberrypi:~$ python3
[...]
>>> import os
>>> os.listdir('/home/pi/data')
['May2015TempF.txt', 'friends.txt']
>>>
>>> ctemp_data_file=open('/home/pi/data/May2015TempC.txt','w')
>>>
>>> os.listdir('/home/pi/data')
['May2015TempF.txt', 'May2015TempC.txt', 'friends.txt']
>>>
```

在清单 11.13 中，在执行 open 函数之前，May2015TempC.txt 文件是不存在的。一但使用 w 模式打开该文件，那么就会创建这个文件。

CAUTION　**警告：写模式会移除内容**

　　记住如果是以写模式 w 用 open 函数打开一个文件，那么如果它已经存在的话，整个文件的内容都会被擦除！要保留已经存在的文件，可以使用附加模式 a 来打开文件。参见本章的 11.6.2 小节来了解如何向文件中附加内容。

只要以正确的模式打开了文件，就可以开始使用.write 方法向其写入数据了。再次使用第 9 章中的例子，现在可以从一个包含华氏温度的文件中读取数据，然后将温度转换成摄氏温度并将数据写入到一个新的文件中。

在清单 11.14 中，打开了包含华氏温度的文件 May2015TempF.txt 以读取数据，然后将温度转换成摄氏温度。打开了摄氏温度文件 May2015TempC.txt 以写入。注意用来读取文件的 for 循环是在实践练习部分用过的那个高级的版本。

清单 11.14　向摄氏温度文件写入

```
pi@raspberrypi:~$ python3
[...]
>>>
>>> ftemp_data_file=open('/home/pi/data/May2015TempF.txt','r')
>>>
>>> ctemp_data_file=open('/home/pi/data/May2015TempC.txt','w')
>>>
>>> date_count=0
>>> for ftemp_data in ftemp_data_file:
        #
        ftemp_data=ftemp_data.rstrip('\n')
        #
        ftemp_data=ftemp_data[2:len(ftemp_data)]
        #
        ftemp_data=ftemp_data.lstrip(' ')
```

```
        #
        ftemp_data=int(ftemp_data)
        #
        ctemp_data=round((ftemp_data - 32) * 5/9, 2)
        #
        date_count += 1
        #
        ctemp_data=str(date_count) + ' ' + str(ctemp_data) + '\n'
        #
        ctemp_data_file.write(ctemp_data)
8
8
8
[...]
9
9
9
>>> ftemp_data_file.close()
>>> ctemp_data_file.close()
>>>
```

在前面的示例中，将华氏温度数据读入变量 ftemp_data 之后，需要一些步骤从读入的数据中提取温度信息。首先，使用.rstrip 去除了新行的换行符。使用字符串切片提取出了温度值（在第 10 章中，我们学习了切片函数）。在计算开始前，使用.lstrip 去除了先导的空格。使用 int 函数将温度数据从字符串转换成了数字。

提示：数字也是字符串   *TIP*

当在 Python 中从文本中读出数据时，数字并不能自动转换为整型或浮点型。Python
将把这些字符识别为字符串（str）类型。同时，将数字写入文本文件时，也需要进
行转换，数字需要从一个数值类型转换为字符串。如果没有将数字转换为字符串，
当试图把数字写入到一个文本文件的时候，Python 将会抛出错误。

在清单 11.14 中，已经使用相应的数学计算将温度从华氏转换成摄氏。在能够将数值写入新建的摄氏记录文件之前，应该先使用 str 函数将其从浮点类型转换为字符串。所有的数据、一个所需的空格，以及一个\n 都存储到了字符串 ctemp_data 中，因为.write 方法只能接受一个参数。注意，在字符串的末尾处加了一个换行符（\n）作为数据分隔符，这通常也是必需的。此后，使用.write 方法将这些数据写入到新文件中，如清单 11.14 所示。

技巧：那些数字是什么？   *NOTE*

在清单 11.14 中，可以看到.write 方法后面有一些字符，8 或者 9。这是因为.write
方法显示它向文本文件中写入多少个字符或者向二进制文件中写入多少个字节。

当所有的数据都从华氏温度文件中读取之后，处理并且写入到摄氏温度文件之后，这些文件应该都会关闭。记住，在写入文件后，关闭文件很重要，这是一种好的实践。这些文件在清单 11.14 展示了使用.close 方法关闭文件。

为检查所有这些是否都在清单 11.4 的代码中正确地处理了，在清单 11.5 中，显示了摄氏温度文件中的内容。如清单 11.15 所示，华氏温度正确地读入、转换并写入到摄氏温度文件中。

清单 11.15 摄氏温度文件内容

```
pi@raspberrypi:~$ cat /home/pi/data/May2015TempC.txt
1 21.67
2 23.89
3 25.56
4 24.44
[...]
29 28.89
30 28.89
31 19.44
pi@raspberrypi:~$
```

注意，每一个摄氏温度都有一个记录它的日期和以浮点数显示的值。同样要注意每一个温度在文件中都是作为独立的一行记录的。这是因为在清单 11.14 中，使用了如下的语句，在每一个摄氏温度的数据字符串后都跟了一个换行转义符\n。

```
ctemp_data=str(date_count) + ' ' + str(ctemp_data) + '\n'
```

11.6.2 写入到已有的文件

可以告诉 Python 数据应该通过 open 函数添加到已有的后面。在这之后，使用.write 方法将数据写入已有的文件和将数据写入一个新文件中就没有区别了。

在清单 11.16 中，打开了摄氏温度文件。这个文件在本章上一节中填充了数据。

清单 11.16 打开一个文件向其附加内容

```
pi@raspberrypi:~$ python3
Python 3.2.3 (default, Mar 1 2013, 11:53:50)
[...]
>>> ctemp_data_file=open('/home/pi/data/May2015TempC.txt','a')
>>>
```

open 语句的模式设定让这个文件的内容不会被覆盖。附加模式（a）将文件指针指向文件末尾。因此，任何.write 方法都会从文件的末尾开始写入数据，文件不会丢失任何数据。

实践练习

打开一个文件并且写入内容

在上一个实践练习中，在 Python 脚本之外创建了一个文件。在接下来的步骤中，在 Python 中创建一个文件！准备好之后，跟着下面的步骤做。

1. 打开树莓派，并且登录进系统。

2. 如果你没有让 GUI 在系统启动时自启动，那么输入 startx 然后按下回车键打开它。

3. 双击 Terminal 图标打开 Terminal。

4. 在命令行提示符输入 python3 并按下回车键以打开 Python 交互式命令行。

5. 输入 my_friends_file = open ('/home/pi/data/friends.txt','w+'),然后按下回车键。等一下！这会把在上一个实践练习中创建的 friends.txt 文件的内容删除吗？是的，使用模式 w 打开这个文件确实会清除 friends.txt 中的内容。但是，别担心。你将会重建这个数据。

6. 输入 for friend_count in range(1, 7+1):,然后按下回车键,用一个 for 循环以键盘输入来创建文件。

7. 按下一次制表符以便在 for 循环下输入正确的缩进。输入 my_friend = input("Friend's name: "),然后按下回车键（我们在第 4 章中已经学过如何从键盘获取输入。如果忘记了,可以回顾一下那一章）。

8. 按下一次制表符键,在 for 循环里获取正确的缩进。输入 my_friend = my_friend + '\n',然后按下回车键。Python 现在会给每一个朋友的名字后添加所需的换行符转义序列。

9. 按下一次制表符键,在 for 循环里获取正确的缩进。输入 my_friends_file.write(my_friend),然后按下回车键。这条 Python 语句将名字写入到 friends.txt 文件中。

10. 按两次回车键,让循环开始工作来将数据填充到 friends.txt 文件中。

11. 每一次循环都会要求你输入一个朋友的名字,输入如下的列表中的一个名字然后按下回车键:

```
Chris
Zack
Karl
Zoe
Simon
John
Anton
```

别被每一次输入名字后所显示的数字所迷惑了。记住,.write 方法会显示它写入到文件中的字符数（你看出来这些人是谁了吗？）。

12. 现在可以开始从文件读取了,输入 my_friends_file.seek(0),并按下回车键,将文件指针重置到文件开头。

13. 输入 for my_friend in my_friends_file:,并按下回车键,创建一个 for 循环来读取刚才通过键盘输入新填充的文件。注意不需要关闭文件后再重新打开它。这是因为在第 5 步,文件是以 w+ 模式打开的,这允许对文件读和写。

14. 按下一次制表符键,然后输入 print (my_friend, end=' ')。这个操作会将从文件读入到 Python 中的数据显示到屏幕上。

15. 按两次回车键,应该看到 friends.txt 中的名字显示到屏幕上了。

16. 输入 my_friends_file.close(),并按下回车键来关闭 friends.txt 文件。现在文件正确地关闭了。

17. 仔细确认一下,输入 my_friends_file.closed,然后按下回车键。如果文件真的关闭了,应该得到 True。如果看到的是 False,那么重复第 16 步。

18. 按下 Ctrl+D 组合键来退出 Python 交互式命令行。

19．如果想现在关掉树莓派，可以输入 sudo poweroff，然后按下回车键。

▲

这次创建的/home/pi/data/friends.txt 比上一个实践练习中简单多了！现在，你应该熟悉如何打开、关闭、读取和写入数据文件了。

11.7　小结

在本章中，我们学习了在 Python 中如何使用文件。我们介绍了如何打开一个文件以及如何关闭文件。同样，还介绍了读取文件和写入文件的 Python 语句和结构。我们尝试了从命令行中写入和读取文件，然后又尝试了从 Python 中写入和读取文件。在第 12 章中，我们将学习如何创建自己的 Python 函数，这意味着已经接触到高级 Python 概念了。

11.8　Q&A

Q．表 11.2 中的绝对目录引用是什么？

A．表 11.2 中的目录使用的是绝对目录引用。还记得吧，相对目录引用是根据你在 Linux 目录结构中的当前位置的。因此，当这个位置未知的时候，就是用诸如/home/pi/py3prog、/home/pi/temp 以及/home/pi/data 这样的绝对目录引用。绝对目录引用在文档中很常用。

Q．什么是腌？

A．腌是一种保存蔬菜的方法，例如将黄瓜浸在咸醋液中。但是你可能问的表 11.1 中提到的腌制数据，而不是蔬菜。

封装是一种转化 Python 对象的方法，如将字典转换成一系列的字节存储到文件中。将对象转换成一系列的字节叫作序列化对象。需要引入 pickle 函数来执行对对象的封装。

封装的优点是，它可以让你快速而方便地处理对象。一个封装的对象可以从文件中读取，直接赋值给一个变量。这个方法的缺点是封装没有安全措施。因此，使用它可能会导致系统受影响。

Q．在运行 Python 脚本时，怎么让.write 方法不显示它写入的字符数？

A．你可以使用一个"作弊"的方法。导入非内建的函数 sys。然后在使用.write 方法之前，输入下面的语句 sys.stdout = open ('/dev/null', 'w')，将终端的输出重定向。这会将输出的字符转到"空管道"。不过使用这条语句时要小心！因为同时会把错误信息和所有的输出也发送到这里！

Q．我不知道 friends.txt 文件中的人是谁？

A．提示：和 Sci-Fi 相关。

11.9　练习

11.9.1　问题

1．os 模块是内建的模块。对还是错？

2．Raspbian 中的一个绝对路径引用总是以_____符号开头。

3．哪个 os 方法显示当前的工作目录？

4．要在 Python 脚本中访问一个文件的数据，使用内建的_____函数。

5．要打开一个文件同时支持读和写，应该在 open 函数中使用哪种模式？

    a．w+。

    b．r&w。

    c．r+。

6．以写模式打开一个文件，会导致文件的内容被删除掉。对还是错？

7．如下的哪一个方法允许你一次读取整个文件的内容？

    a．.readline()

    b．.read()

    c．.readfile()

8．当使用完文件的时候，关闭文件以确保其数据不会被破坏，这是一种好的做法。对还是错？

9．_____方法显示了文件的指针的当前位置。

10．哪个文件对象可以被用来随机地读取文本文件？

11.9.2　答案

1．错的。os 模块不是一个内建的模块。你必须引入它来使用它的各种方法。要引入 os 模块，你可以使用这个 Python 语句：import os。

2．Raspbian 中的一个绝对路径引用总是以/符号开头。

3．.getcwd()方法显示你当前的工作目录。

4．要在 Python 脚本中访问一个文件的数据，使用内建的 open 函数。

5．这是一个复杂的问题！两个答案 a 和 c 都是正确的。记住给 r 或者 w 添加一个+可以让文件获取其他的模式。因此，w+让你可以读取和写入一个文件，然后 r+同样让你可以读取和写入一个文件。

6．对的。以写模式（w）或读/写（w+）模式打开一个文件，会导致文件的内容被删除掉。

7．b.read()方法允许一次读取整个文件的内容。

8．对的。

9．.tell 方法显示了文件的指针的当前位置。

10．文件对象方法.read 和.seek 可以被用来随机（无序）地读取文件。你可以使用.seek 函数将文件指针放到正确的位置上。然后使用.read 方法读取一定数目的字符。

第 12 章

创建函数

本章包括如下内容：

- 如何创建自己的函数
- 从函数获取数据
- 向函数传递数据
- 在函数中使用列表
- 在脚本中使用函数

通常来说，当编写 Python 脚本时，你会发现经常在很多地方使用同样的代码。对于较小的代码片段来说这不是什么大问题。但是，在 Python 脚本中，把大块代码重复写很多次是非常累人的。Python 支持的用户自定义函数可以帮助解决这个问题。可以将 Python 代码封装在一个函数中，然后在脚本中任何地方都可以使用。本章将带领你创建自己的 Python 函数，并演示如何在其他 Python 脚本程序中使用函数。

12.1　在程序中使用 Python 函数

当开始编写更复杂的 Python 脚本时，你会发现自己重用了一部分执行特定任务的代码。有时只是一个简单的功能，如显示文本信息或者从脚本中获取输入。另一些时候，是在一个更大的进程中的脚本中多次使用的一个复杂的计算。

在这些情况下，在脚本中一遍一遍地重复写相同的代码是很烦人的。如果只是将这个代码块写一次，然后可以在脚本中其他地方引用这个代码块而无需重写代码，那就太好了。

Python 提供了一个特性来做这件事情。函数是可以为其指定名称的一个代码块，然后就可以在代码中的任何地方重用函数了。任何时候，当你想在脚本中使用这个代码块时，只要使用给这个函数分配的名称就可以了；这种引用叫作调用函数。接下来的小节描述了如何在脚本中创建和使用函数。

12.1.1　创建函数

为了在 Python 中创建函数，可以使用 def 关键字后面跟着函数的名字和括号，如下所示：

```
def name():
```

注意，这条语句后面的冒号。现在你应该明白了，这意味着还有更多的代码跟这个语句相关。只要在函数中把想要用的代码放在函数声明的下面，然后缩进，如下所示：

```
def myfunction():
    statement1
    statement2
    statement3
    statement4
```

在 Python 中，没有"函数的结尾"式的分隔符语句。当封装在函数中的语句完成后，只需要将下一条代码语句移回到左边即可。

12.1.2　使用函数

要在 Python 脚本中使用函数，指定函数名就可以了，就像任何其他的 Python 语句一样。清单 12.1 显示了 script1201.py 程序，它展示了如何在这个示例脚本中定义和使用函数。

清单 12.1　在脚本中定义和使用函数

```
#!/usr/bin/python3

def func1():
    print('This is an example of a function')

count = 1
while(count <= 5):
    func1()
    count = count + 1

print('This is the end of the loop')
func1()
print('Now this is the end of the script')
```

脚本 script1201.py 中的代码在顶部定义了一个叫 func1()的函数，它会打印出一行信息让你知道执行了它。然后在脚本的 while 循环中调用了 func1()函数，因此该函数执行了 5 次。当这个循环完成时再打印一行内容，然后再一次调用这个函数，最后打印另一行内容说明脚本结束了。

当运行这个脚本时，你应该可以看到如下的输出：

```
pi@raspberrypi ~ $ python3 script1201.py
This is an example of a function
This is an example of a function
This is an example of a function
```

```
This is an example of a function
This is an example of a function
This is the end of the loop
This is an example of a function
Now this is the end of the script
pi@raspberrypi ~ $
```

函数定义并不一定要在脚本的最前面，但是一定要小心。如果你尝试在一个函数定义之前调用它，将会得到一条错误信息。清单 12.2 展示的程序 script1202.py 显示了这样的一个例子。

清单 12.2　尝试在函数定义之前调用函数

```python
#!/usr/bin/python3

count = 1
print('This line comes before the function definition')

def func1():
    print('This is an example of a function')

while(count <= 5):
    func1()
    count = count + 1

print('This is the end of the loop')
func2()
print('Now this is the end of the script')

def func2():
    print('This is an example of a misplaced function')
```

当运行脚本 script1202.py 时，会得到一条错误信息：

```
pi@raspberrypi ~ $ python3 script1202.py
This line comes before the function definition
This is an example of a function
This is an example of a function
This is an example of a function
This is an example of a function
This is an example of a function
This is the end of the loop
Traceback (most recent call last):
  File "script1202.py", line 14, in <module>
    func2()
NameError: name 'func2' is not defined
pi@raspberrypi ~ $
```

第一个函数 func1() 在脚本中的几条语句之后定义，可以正常工作。当在脚本中使用 func1() 时，Python 知道从哪里找到它。

但是，当脚本尝试使用还没有定义的 func2() 时，因为脚本运行到使用 func2() 的地方时，还没有到 func2() 定义的地方，因此会得到这条错误信息。

同样，对于函数的名字也需要非常小心。每一个函数的名称必须是唯一的，否则就会有问题。如果重定义一个函数，新的定义会覆盖最初的函数定义，并且不会报任何错。看一下 script1203.py，它展示这样的一个例子。

清单 12.3　尝试重定义一个函数

```
#!/usr/bin/python3

def func1():
    print('This is the first definition of the function name')

func1()

def func1():
    print('This is a repeat of the same function name')
func1()
print('This is the end of the script')
```

当运行脚本 script1203.py 时，会看到如下的输出：

```
pi@raspberrypi ~ $ python3 script1203.py
This is the first definition of the function name
This is a repeat of the same function name
This is the end of the script
pi@raspberrypi ~ $
```

func1()函数最初的定义能正常工作，但是在 func1()函数的第二个定义之后，后续对这个函数的任何调用都会使用第二个定义而不是第一个。

12.2　返回值

到目前为止，我们使用的函数都是输出一个字符串然后就结束了。Python 使用 return 语句让函数以一个指定的值退出。使用了 return 语句后，可以指定函数在完成后返回给主程序的值，然后回到主程序中使用这个值。

return 语句必须是函数定义的最后一条语句，如下所示：

```
def func2():
    statement1
    statement2
    return value
```

在主程序中，可以将该函数返回的值分配给一个变量，然后在代码中使用这个变量。清单 12.4 显示了脚本 script1204.py，它展示了如何做到这一点。

清单 12.4　从函数中返回一个值

```
#!/usr/bin/python3

def dbl():
    value = int(input('Enter a value: '))
    print('doubling the value')
    result = value * 2
```

```
    return result

x = dbl()
print('The new value is ', x)
```

在 script1204.py 中，定义了一个叫作 db1() 的函数，它提示输入一个数字，然后将输入的值转成一个整数，再乘以 2 然后返回。

在应用程序的部分，调用 db1() 函数并且将它的输出赋值给变量 x。如果运行脚本 script1204.py 并且在提示符下输入一个值，应该可以看到如下所示的结果：

```
pi@raspberrypi ~ $ python3 script1204.py
Enter a value: 10
doubling the value
The new value is 20
pi@raspberrypi ~ $
```

> **TIP** **提示：返回值**
>
> 在这个例子中，函数返回了一个整数值，但是也可以返回字符串、浮点数，甚至其他的 Python 对象！

12.3　给函数传值

你可能已经注意到了，目前定义的这些函数都是自己创建自己的数据。然而，大多数函数并不在独立环境中运行的，它们需要从主程序中获取信息。以下各节介绍了如何才能保证信息传送到所创建的 Python 函数中。

12.3.1　传递参数

可以使用参数将值从主程序传递到函数中。参数是包含在函数的括号中的一些值，如下所示：

```
result = funct3(10, 50)
```

要在 Python 函数中获取这些参数值，需要在函数定义中定义参数。参数是变量，将它们放在函数定义中，以便当主程序调用函数的时候能够接收参数值。

使用参数的函数定义的一个例子如下所示：

```
>>> def addem(a, b):
    result = a + b
    return result

>>>
```

addem() 函数定义了两个参数。变量 a 接收第一个参数值，变量 b 接收第二个参数值。然后，可以在函数代码的任何地方使用变量 a 和 b。

现在当你在代码中调用 addem() 函数时，必须传两个参数值：

```
>>> total = addem(10, 50)
>>> print(total)
60
>>>
```

如果没有提供任何参数，或者提供的参数的数目不对，将会从 Python 得到一条错误信息，如下所示：

```
>>> total = addem()
Traceback (most recent call last):
  File "<pyshell#7>", line 1, in <module>
    total = addem()
TypeError: addem() takes exactly 2 arguments (0 given)
>>> total = addem(10, 20, 30)
Traceback (most recent call last):
  File "<pyshell#8>", line 1, in <module>
    total = addem(10, 20, 30)
TypeError: addem() takes exactly 2 positional arguments (3 given)
>>>
```

如果传递字符串作为参数，一定要记住使用引号将字符串括起来，如下所示：

```
>>> def greeting(name):
        print('Welcome', name)


>>> greeting('Rich')
Welcome Rich
>>>
```

如果没有给字符串使用引号，Python 会认为你试图传入一个变量，如下面的示例所示：

```
>>> greeting(Barbara)
Traceback (most recent call last):
  File "<pyshell#13>", line 1, in <module>
    greeting(Barbara)
NameError: name 'Barbara' is not defined
>>>
```

这带来了一个好处，调用函数时，你可以使用变量作为参数，如下所示：

```
>>> x = 100
>>> y = 200
>>> total = addem(x, y)
>>> print(total)
300
>>>
```

在 addem()函数中，Python 检索存储在主程序中的变量 x 中的值，然后将其存储到函数内部的变量 a 中。同样，Python 检索存储在主程序中变量 y 中的值，并将其存储到函数内部的变量 b 中。

警告：位置参数   **CAUTION**

　　将参数传递给 Python 函数时要小心。Python 按照定义函数参数的顺序来匹配参数值，这叫作位置参数。

12.3.2 设置参数的默认值

Python 允许给函数的参数设置默认值，当主程序调用该函数但是没有提供参数时，将会给参数分配默认值。只要在函数定义中设置默认值就可以了，如下所示：

```
>>> def area(width = 10, height = 20):
    area = width * height
    return area

>>>
```

函数 area()为两个参数定义了默认值。如果带参数调用 area 函数，Python 则会使用这些参数值覆盖默认值，如下所示：

```
>>> total = area(15, 30)
>>> print(total)
450
>>>
```

然而，如果不带任何参数调用这个函数，Python 并不会报错，而是使用给参数指定的默认值，如下面的例子所示：

```
>>> total2 = area()
>>> print(total2)
200
>>>
```

如果只指定了一个参数，Python 会使用它作为第一个参数，然后为第二个参数使用默认值，如下面的例子所示：

```
>>> area(15)
300
>>>
```

如果想给第二个参数而不是第一个参数传递值，那么需要按照参数名字来定义参数值，如下面所示：

```
>>> area(height=15)
150
>>>
```

不需要为所有参数声明默认值。可以混合并匹配那些有默认值的参数，如下所示：

```
>>> def area2(width, height = 20):
    area2 = width * height
    print('The width is:', width)
    print('The height is:', height)
    print('The area is:', area2)

>>>
```

通过这个定义我们知道，参数 width 是必须的，但是参数 height 是可选的。如果只是用一个参数调用 area2()函数，Python 会将它分配给变量 width，如下所示：

```
>>> area2(10)
The width is: 10
The height is: 20
The area is: 200
>>>
```

如果不提供参数来调用 area2()，会因为缺少必要的参数而得到一条错误信息，如下所示：

```
>>> area2()
Traceback (most recent call last):
  File "<pyshell#28>", line 1, in <module>
    area2()
TypeError: area2() takes at least 1 argument (0 given)
>>>
```

现在，对于在 Python 脚本中使用函数，我们有更多的控制权了。

> **警告：参数的顺序**　　　　　　　　　　　　　　　　　　　**CAUTION**
>
> 　　当列出需要在函数中使用的参数时，要确保将所有必需的参数放在有默认值的参数的前面，否则，Python 会很困惑，不知道哪些参数与哪些参数匹配！

12.3.3　处理可变数量的参数

在某些情况下，函数参数可能不会确定数量。相反，函数可能需要可变数量的参数。可以使用下面的特殊格式来适应这种情况：

```
def func3(*args):
```

如果在变量名前面放一个星号，这个变量就变成了一个元组值，调用这个函数时传递的所有参数值，都会包含在这个变量中。

可以使用这个变量的索引值来检索一个单独的值。在这个例子中，Python 将第一个参数分配给 args[0]，第二个参数分配给 args[1]，依次类推，Python 就是像这样处理所有的参数的。

清单 12.5 显示了脚本 script1205.py，它演示了使用这种方法来检索多个变量值。

清单 12.5　检索多个变量

```
#!/usr/bin/python3

def perimeter(*args):
    sides = len(args)
    print('There are', sides, 'sides to the object')
    total = 0
    for i in range(0, sides):
        total = total + args[i]
    return total

object1 = perimeter(2, 3, 4)
print('The perimeter of object1 is:', object1)
```

```
object2 = perimeter(10, 20, 10, 20)
print('The perimeter of object2 is:', object2)
object3 = perimeter(10, 10, 10, 10, 10, 10, 10, 10)
print('The perimeter of object3 is:', object3)
```

在 script1205 的代码中，函数 perimeter()使用*args 参数变量来确定函数的参数。由于不知道当函数调用时需要多少个参数，这段代码使用 len()函数来得出元组 args 中有多少个值。

可以使用 for 循环直接遍历这个 args 元组，这个例子演示了如何检索每一个值。代码 script1205.py 使用了 for 循环遍历了从 0 到元组中值的数量的范围，然后使用 args[i]来直接引用每一个值。当 for 循环结束时，perimeter()函数返回了最终值。

这个例子显示了 3 个不同的使用 perimeter()函数的例子，每一个都使用不同数量的参数。在每一种情况中，函数 perimeter()都求出参数值的和，然后返回这个结果。当运行脚本 script1205.py 时，应该可以看到下面的输出：

```
pi@raspberrypi ~$ python3 script1205.py
There are 3 sides to the object
The perimeter of object1 is: 9
There are 4 sides to the object
The perimeter of object2 is: 60
There are 8 sides to the object
The perimeter of object3 is: 80
pi@raspberrypi ~$
```

TIP | **提示：args 变量**
　　本节中的例子使用 args 来代表参数值的元组。但是这并不是必须的，可以选择使用任何变量名。然而，在这种情况下使用 args 变量已经成为事实上的标准了。

12.3.4　使用字典检索值

可以使用一个字典变量来检索传递到函数中的参数值。要这样做，需要在函数定义参数时，在字典变量名前放两个星号（**）：

```
def func5(** kwargs ):
```

当在变量 kwargs 前放置两个星号时，它就变成了一个字典变量。当调用函数 func5()时，必须为每一个参数指定一个关键字和值对：

```
func5(one = 1, two = 2, three = 3)
```

要检索这些值，使用变量 kwargs['one']、kwargs['two']以及 kwargs['three']。

清单 12.6 给出了在脚本 script1206.py 中使用这个方法的例子。

清单 12.6　在函数中使用字典

```
#!/usr/bin/python3

def volume(**kwargs):
    radius = kwargs['radius']
    height = kwargs['height']
```

```
    print('The radius is:', radius)
    print('The height is:', height)
    total = 3.14159 * radius * radius * height
    return total

object1 = volume(radius = 5, height = 30)
print('The volume of object1 is:', object1)
```

代码 script1206.py 演示了变量 kwargs 如何变成一个字典变量以及在调用函数时使用你指定的关键字。变量 kwargs['radius'] 包含了在函数调用时设置的半径值，变量 kwargs['height'] 包含了在函数调用时设置的高度值。

> **提示：kwargs 变量**　　　　　　　　　　　　　　　　　　　　　　　**TIP**
> 　　可以为这个字典变量使用任何变量名，但是变量名 kwargs 已经是 Python 代码中定义字典参数的事实上的标准了。

12.4　在函数中处理变量

在 Python 函数中处理变量可能会变得相当复杂。可以在 Python 函数中使用两种不同类型的变量。

- 局部变量。
- 全局变量。

这两种类型的变量在你的代码中的作用有些不同，因此知道它们如何工作是很重要的。以下各小节会讲解在 Python 脚本中的局部变量和全局变量的区别。

12.4.1　局部变量

局部变量是在函数内部创建的变量。因为这些变量是在函数内部创建的，因此只能在函数内部访问它们。在函数外部，其他代码并不认识这些变量。清单 12.7 给出了程序 script1207.py，它展示了这个原则。

清单 12.7　在函数中使用局部变量

```
#!/usr/bin/python3

def area3(width, height):
    total = width * height
    print('Inside the area3() function, the value of width is:',width)
    print('Inside the area3() function, the value of height is:',height)
    return total

object1 = area3(10, 40)
print('Outside the function, the value of width is:', width)
print('Outside the function, the value of height is:', height)
print('The area is:', object1)
```

script1207.py 定义了一个函数 area3()，它有两个参数，然后在函数内部使用这些参数计算面积。然而，如果尝试在函数外部访问这些变量，将会得到一个错误信息，如下所示：

```
pi@raspberrypi ~% python3 script1207.py
Inside the area3() function, the value of width is: 10
Inside the area3() function, the value of height is: 40
Traceback (most recent call last):
  File "C:/Python33/script1207.py", line 11, in <module>
    print('Outside the function, the value of width is:', width)
NameError: name 'width' is not defined
pi@raspberrypi ~%
```

这段代码在开始的时候是很好的，传递了两个参数给函数 area3()，然后它毫无问题地完成了。但是，当代码尝试在 area3() 外部访问变量 width 时，Python 就产生了错误信息，指出变量 width 没有定义。

12.4.2　全局变量

全局变量是可以在程序中任何地方都可以访问的变量，包括在函数内部。在主程序中分配给全局变量的值，在函数代码中是可以访问的，但是这有一个问题：函数可以读取全局变量，同时默认情况下它不能修改全局变量。清单 12.8 显示了程序 script1208.py，它演示了这会如何导致脚本出错。

清单 12.8　全局变量导致的问题

```
#!/usr/bin/python3

width = 10
height = 60

total = 0

def area4():
    total = width * height
    print('Inside the function the total is:', total)

area4()
print('Outside the function the total is:', total)
```

在清单 12.8 中的代码 script1208.py 定义了 3 个全局变量：width、height 和 total。可以在函数 area4() 中读取它们，如 print() 语句的输出所示。然而，如果期望在函数 area4() 退出时，修改变量 total 的值，那么就有问题了，如下所示：

```
pi@raspberrypi ~$ python3 script1208.py
Inside the function the total is: 600
Outside the function the total is: 0
pi@raspberrypi ~$
```

当尝试在主程序中读取变量 total 时，它的值设置为原来的全局分配的值，而不是在函数

area4()中修改的值。

有一个方法可以解决这个问题。要告诉 Python 这个函数要尝试访问一个全局变量，需要添加 global 关键字来定义这个变量：

```
global total
```

在函数内部名为 total 的变量和在主程序中名为 total 的变量视为等同的。清单 12.9 显示了在程序 script1209.py 中正确使用这个原则的一个例子。

清单 12.9 正确的使用全局变量

```
#!/usr/bin/python3

width = 10
height = 60
total = 0

def area5():
    global total
    total = width * height
    print('Inside the function the total is:', total)

area5()
print('Outside the function the total is:', total)
```

添加一条 global 语句，这段代码能正常运行了，如下所示：

```
pi@raspberrypi ~$ python3 script1209.py
Inside the function the total is: 600
Outside the function the total is: 600
pi@raspberrypi ~$
```

> **警告：使用全局变量**　　**CAUTION**
>
> 你可能会使用全局变量给函数传递值和从函数获取值。虽然这确实有用，但是 Python 编程社区中不推荐这种用法。我们的想法是让一个函数能尽可能地独立，这样你可以在其他程序中使用它，而不需要大量无关的代码。需要使用全局变量才能正常工作的函数，会使得在其他程序中重用这个函数变得复杂化。如果坚持使用参数和返回值，那么函数可以在任何程序中重用。

12.5 在函数中使用列表

当将值作为参数传递给函数时，Python 传递的是实际的值，而不是变量的内存地址，这叫作引用传递。然而，有一种例外的情况。

如果传递一个可以改变的对象（例如列表或者字典），那么函数也可以改变对象本身。这可能看起来非常怪，但是却非常有用。

清单 12.10 给出了脚本 script1210.py，它展示了向函数传递一个列表并修改这个列表。

清单 12.10　向函数传递列表值

```
#!/usr/bin/python3

def modlist(x):
    x.append('Jason')

mylist = ['Rich', 'Christine']
print('The list before the function call:', mylist)
modlist(mylist)
print('The list after the function call:', mylist)
```

代码 script1210.py 创建了一个叫作 modlist() 的函数，它会向作为参数传递进来的列表附加一个值。

这段代码创建了一个叫做 mylist 的列表来测试 modlist() 函数，调用 modlist() 函数，然后显示列表变量 mylist 的值，如下所示：

```
pi@raspberrypi ~$ python3 script1210.py
The list before the function call: ['Rich', 'Christine']
The list after the function call: ['Rich', 'Christine', 'Jason']
pi@raspberrypi ~$
```

正如在输出中看到的，modlist() 函数修改了在主程序中定义的列表变量 mylist 中的值。

12.6　递归函数

一种特别流行的函数用法叫作递归。在递归中，可以将算法不断分解为子集，直到到达这个算法的核心部分。

阶乘的算法是一个经典的递归的例子。一个数的阶乘定义为所有小于及等于该数的正整数的乘积。例如，5 的阶乘是 120，如下所示：

```
5! = 1 * 2 * 3 * 4 * 5 = 120
```

按照定义，0 的阶乘是 1。注意要找出 5 的阶乘，必须将 5 乘以 4 的阶乘，而要找出 4 的阶乘，则需要将 4 乘以 3 的阶乘，可以一直算下去直到得到 0 的阶乘 1。这是一个完美的应用递归的例子。

▼　　　　　　　　　　　　　　　　　　　　　　　　　　　　　　　　实践练习

使用递归创建一个阶乘函数

要使用递归，需要定义一个终点，以防止程序一直卡在循环中。对阶乘来说，终点是 0 的阶乘：

```
if (num == 0):
    return 1
```

按照如下的步骤，来创建阶乘函数。

1. 创建文件 script1211.py，然后使用编辑器打开它。下面是这个文件要使用的代码：

```
#!/usr/bin/python3

def factorial(num):
    if (num == 0):
        return 1
    else:
        return num * factorial(num - 1)

result = factorial(5)
print('The factorial of 5 is', result)
```

2. 保存文件，然后运行这个程序。

当运行程序 script1211.py 时，会得到如下输出：

```
pi@raspberrypi ~$ python3 script1211.py
The factorial of 5 is 120
pi@raspberypi ~$
```

函数 factorial()首先检查参数是否为 0。如果是，则返回默认的定义 1。如果参数不是 0，它会执行一个新的计算，返回这个值和比这个值小 1 的阶乘值相乘。因此函数 factorial()调用它自己，每一次使用一个更小的数字，直到 0 为止。

▲

12.7 小结

在本章中，我们学习了如何在 Python 中创建和使用自己的函数。只要使用 def 关键字定义自己的函数代码，就可以在脚本中任何地方引用这个函数。我们可以从函数返回一个值到调用它的主程序，同时也可以从主程序向函数传值。我们还学习了如何在函数中使用变量。任何在函数内部定义的变量只能在函数内部使用，但是在函数外部定义的变量是可以在函数内部使用的。

在下一章中，我们将转向模块。Python 允许我们使用模块来封装函数，就像是使用其他人的函数一样！

12.8 Q&A

Q. 可以将所有的函数定义放到一个文件中，然后仅在脚本中引用这个文件吗？

A. 可以，这种技术叫作模块，第 13 章将会详细介绍。

Q. 如果使用了一个没有终点的递归，会发生什么，程序会一直卡在无限循环中吗？

A. Python 会一直执行这个函数，直到发送 SIGNT 信号手动关闭它（使用 Ctrl+C 组合键）。

Q. 既然函数和主程序都能读取全局变量，为什么还要向函数传递参数？不能只使用全局变量吗？

A. 函数的思想是尽可能让它独立。用这种方法，可以很容易地在不同程序中复制这个函数。当函数使用全局变量时，就意味着其他程序也需要定义这些全局变量。使用参数时，函数调用所需要的所有数据都包含在函数中。

12.9 练习

12.9.1 问题

1. 在函数中，用来接收传递的值的变量叫什么？

    a. 变元

    b. 参数

    c. 全局变量

    d. 递归

2. 一个函数不能引用自己。如果可以的话，它会是一个无尽的循环。对还是错？

3. 在脚本中使用函数前必须先定义它。对还是错？

4. 哪一条语句定义了函数返回到调用程序的值？

5. 如何为函数参数定义一个默认值？

6. 如果要为一个参数声明一个默认值，就必须为函数中的所有参数声明默认值。对还是错？

7. 如何在函数定义中定义可变数目的参数？

8. 当定义变量参数的时候，如何引用一个单个的参数？

9. 局部变量只能够在创建它们的函数的内部引用。对还是错？

10. 当给函数传递一个可变的对象的时候，函数的代码能够修改对象中的一个值。对还是错？

12.9.2 答案

1. 选 b。参数让函数保持独立；所有函数需要的数据都是用参数从主程序中传递。

2. 错误。你可以使用递归在函数内部引用它自己。但是，函数中必须有一个预定的终点；否则，它会卡在无限循环中。

3. 对的。如果 Python 解释器在你的代码中看到一个函数，它必须已经在内存中定义如何执行它。Python 解释器不能向前读取代码来找到函数的定义。

4. return。return 语句将指定的值当作函数的输出发送回调用程序。

5. function(name=value)。可以在函数定义中为一个或多个参数设置一个默认值。

6. 不对。但是，必须在参数列表的末尾将所有拥有默认值的参数都组织到一起。

7. function(*parameter)。星号告诉 Python，参数是一个拥有多个值的数组。

8. 使用一个索引值。参数变成了可以使用索引值访问的值的一个列表。

9. 对的。在函数中定义的任何变量，在主程序中都是不可见的。

10. 对的。Python 中的函数可以修改传递给函数的一个可变对象的值。

第 13 章

使用模块

本章包括如下内容：

- 什么是模块

- Python 标准模块

- 一个模块都包含什么

- 如何创建自定义的模块

让 Python 脚本保持在一个合理的规模可以帮助你使用和管理它们。模块可以帮助你将 Python 脚本保持在合适的规模。在本章中，我们将学习模块，包括如何创建它们以及如何在 Python 脚本中使用它们。

13.1 介绍模块概念

模块是函数的集合。在第 12 章中，我们学习了如何编写自己的函数以及使用诸如第 4 章中的 print 函数。一个模块是外部的 Python 脚本，并且需要使用 import 语句导入到脚本中。一旦导入了，模块中的函数就可以在脚本中使用了。导入的模块可以是一个标准模块，如 os 模块。也可以是用户创建的一个模块，这包含了用户（比如你）编写的函数。

提示：名词混乱　　　　　　　　　　　　　　　　　　　　　　　　　　　*TIP*

　　因为模块包含函数，你通常会看到"函数"和"模块"这两个术语在 Python 的书籍和文档中会交替使用。另外，模块中的一个函数有时也叫作方法或操作。

在使用一个模块中的函数之前，必须将其导入脚本。然而，Python 模块也有 3 种形式：

- 存储在 .py 文件中的 Python 函数——这些模块可以是在本地的（通过 Python 标准库）或者从某处下载的。

- 动态加载到 Python 解释器中的 C 程序——这些模块是内建的。

- 链接到 Python 解释器的 C 程序——这些模块是内建的。

要了解某个特定模块的类型,可以从以.py 结尾的模块开始查看。在 shell 命令行,在 Raspbian 系统上使用命令 ls /usr/lib/python*/*.py。然后,可以看到安装的不同版本的 Python 以及存储在文件中的每个版本的模块。在这里,应该会看到 os.py 模块。

查看链接的模块有点麻烦。你需要导入 sys 模块来显示内建模块的列表,如清单 13.1 所示。注意,math 模块也列在这里。

清单 13.1 内建的 Python 模块

```
pi@raspberrypi:~$ python3
[...]
>>> import sys
>>> sys.builtin_module_names
('__main__', '_ast', '_bisect', '_codecs', '_collections',
'_datetime', '_elementtree', '_functools', '_heapq', '_io',
'_locale', '_pickle', '_posixsubprocess', '_random',
'_socket', '_sre', '_string', '_struct', '_symtable',
'_thread', '_warnings', '_weakref', 'array', 'atexit',
'binascii', 'builtins', 'errno', 'fcntl', 'gc', 'grp',
'imp', 'itertools', 'marshal', 'math', 'operator', 'posix',
'pwd', 'pyexpat', 'select', 'signal', 'spwd', 'sys',
'syslog', 'time', 'unicodedata', 'xxsubtype', 'zipimport',
'zlib')
>>>
```

对比在前几章中用过的 os 模块和 math 模块,这是不同风格的模块。os 模块是存储在.py 文件中的 Python 语句,math 模块是使用 C 程序语言编写的并且是链接到 Python 解释器中的。尽管它们是不同类型的模块,在使用两种模块的函数之前,都必须以相同的方式导入,如清单 13.2 所示。

清单 13.2 导入不同类型的模块

```
pi@raspberrypi:~$ python3
[...]
>>> math.factorial(5)
Traceback (most recent call last):
  File "<stdin>", line 1, in <module>
NameError: name 'math' is not defined
>>>
>>> import math
>>> math.factorial(5)
120
>>> os.getcwd()
Traceback (most recent call last):
  File "<stdin>", line 1, in <module>
NameError: name 'os' is not defined
>>>
>>> import os
>>> os.getcwd()
'/home/pi'
>>>
```

以下是使用模块中函数的标准语法：

module. function

要理解这一语法，看一下清单 13.2 中的 math.factorial(5)。可以看到模块是 math，然后函数（有时叫方法或者操作）是 factorial。

> **技巧：一组模块** **NOTE**
> 也可以将一组模块收集在一起，这叫作包。

使用和创建 Python 模块是有好处的。它们包括可管理性和可重用性。模块这个术语是从模块化编程理论衍生出来的，该理论是指将脚本分解成容易跟踪和管理的小的代码块。大型脚本是很笨拙的，难以调试。在小脚本中导入可重用的代码"块"（即模块）会更容易处理。此外，当使用模块的时候，不必为每个脚本重新创建函数。

13.2　探索标准模块

Python 标准库包含了数以百计的模块，在安装 Python 后，标准库就包含在系统中了。Python 的一个口头禅是"Python 自带电池"。这口头禅适用于 Python 标准库，其中的模块包含很多预先编写的函数。

大部分的标准库函数可以非常松散地分类到通用的类别中（很多模块可以分类到多个类别中）。包括如下的类别。

- 字符串处理。
- 数据压缩和备份。
- 数据库管理。
- 时间和日期工具。
- 文件 I/O 和格式处理。
- 游戏开发工具。
- 图形功能。
- 国际化功能。
- 网络 I/O 和格式处理。
- 进程交互。
- 多媒体工具。
- 网络管理。
- 平台相关指令。
- Python 脚本开发工具。
- 科学（包括数学）功能。
- 安全管理。

- 网页开发工具。

有这么多功能完备的模块，在决定要编写自己的模块之前，最好先搜索一下标准库。要确定你的 Python 标准库中加载了哪些模块，可以使用 help 函数，如清单 13.3 所示。这个清单只显示了这个模块的一部分，因为在本书的篇幅无法显示整个模块。

清单 13.3　使用 help 查找模块

```
pi@raspberrypi:~$ python3
[...]
>>>
>>> help('modules')

Please wait a moment while I gather a list of all available modules...

CDROM      base64      inspect     select
DLFCN      bdb         io          serial
IN         binascii    itertools   shelve
RPi        binhex      json        shlex
[...]
atexit     imp         runpy       zipimport
audioop    importlib   sched       zlib

Enter any module name to get more help. Or,
type "modules spam" to search for modules whose
descriptions contain the word "spam".

>>>
```

注意清单 13.3 中的标准库模块 RPi。这是一个树莓派特定的 Python 模块，它包含了用来控制树莓派上的通用输入/输出（GPIO）接口的函数。我们将在第 24 章学习这个模块。

> **NOTE**　**技巧：更多的模块**
>
> 　　Python 社区的一个很好的事情是它愿意与人分享。可以在互联网上找到用户创建的各种 Python 模块，用以补充标准库。除了使用自己喜欢的搜索引擎，也可以看看 Python 包索引（PyPI），位于 pypi.python.org/pypi。

从一个 Python 模块的名字，可以看出它包含什么样类型的函数。然而，要搞清楚其中有什么，最好的方法是用一用，我们将在下一节中介绍。

13.3　学习 Python 模块

要了解一个模块，并了解它的各种功能的描述，可以使用 help 函数。例如，假设想要看看 calendar 模块的帮助信息。在清单 13.4 中，导入了 calendar 模块并且使用它的 help 函数。

清单 13.4　使用 help 查看模块的描述

```
pi@raspberrypi:~$ python3
[...]
>>> import calendar
```

```
>>> help(calendar)
Help on module calendar:

NAME
    calendar - Calendar printing functions

MODULE REFERENCE
    http://docs.python.org/3.2/library/calendar
[...]
DESCRIPTION
    Note when comparing these calendars to the ones
    printed by cal(1): By default, these calendars have
[...]
CLASSES
    builtins.ValueError(builtins.Exception)
        IllegalMonthError
:
```

可以看到，help 函数提供的大量信息，虽然这对于初学者有一点神秘。当需要更多的模块帮助信息时，可以访问 docs.python.org/3/py-modindex.html 以获取帮助信息。

提示：不同 help 的结尾   *TIP*

　　有时在 Python 交互式命令行中使用 help 时，只是回到命令行，例如当使用命令 help('modules')的时候。其他时候，例如当使用 help(calendar)命令时，需要使用特殊的键来浏览和退出 help 函数。这在第 3 章中介绍过。如果需要复习，可以回顾 3.5 节。

要快速列出包含在一个模块中的所有函数，可以使用 dir 函数。例如，清单 13.5 显示了模块 calendar 中提供的所有函数。

清单 13.5　使用 dir 列出一个模块中的所有函数
```
pi@raspberrypi:~$ python3
[...]
>>> import calendar
>>> dir(calendar)
['Calendar', 'EPOCH', 'FRIDAY', 'February', 'HTMLCalendar',
'IllegalMonthError', 'IllegalWeekdayError', 'January',
'LocaleHTMLCalendar', 'LocaleTextCalendar', 'MONDAY',
'SATURDAY', 'SUNDAY', 'THURSDAY', 'TUESDAY', 'TextCalendar',
'WEDNESDAY', '_EPOCH_ORD', '__all__', '__builtins__',
'__cached__', '__doc__', '__file__', '__name__',
'__package__', '_colwidth', '_locale', '_localized_day',
'_localized_month', '_spacing', 'c', 'calendar', 'datetime',
'day_abbr', 'day_name', 'different_locale', 'error',
'firstweekday', 'format', 'formatstring', 'isleap',
'leapdays', 'main', 'mdays', 'month', 'month_abbr',
'month_name', 'monthcalendar', 'monthrange', 'prcal',
'prmonth', 'prweek', 'setfirstweekday', 'sys', 'timegm',
'week', 'weekday', 'weekheader']
>>>
```

注意，calendar 模块提供了一个 prcal 函数。可以只获取某个特定函数的帮助信息，如 prcal，而不用深入模块其他的帮助信息。可以使用语法 help(module.function)，如清单 13.6 所示。

清单 13.6 使用 help 查看如何使用一个函数

```
pi@raspberrypi:~$ python3
[...]
>>> import calendar
>>> help(calendar.prcal)

Help on method pryear in module calendar:

pryear(self, theyear, w=0, l=0, c=6, m=3) method of
calendar.TextCalendar instance
    Print a year's calendar.
(END)
>>>
```

清单 13.6 显示了 prcal 函数的简要描述以及它可以接收的参数。还要注意 help 将 prcal 作 calendar 模块的"方法"来调用。请记住，方法是表示模块中的函数的另一个术语。

CAUTION

警告：对模块用 help 函数时需要导入它吗？

你可能无意中发现了这个事实，要得到帮助信息或使用 dir 函数，不一定非要导入一个模块。例如，虽然没有导入 calendar 函数，仍然可以使用命令 help('calendar')。然而，以这种方式得到的信息可能会有所缺失，在对模块做任何事情之前将其导入总是最佳做法。

通过 help 提供的信息，可以尝试使用 calendar 模块的 prcal 方法，如清单 13.7 所示。

清单 13.7 使用 calendar 的 prcal 函数

```
pi@raspberrypi:~$ python3
[...]
>>> import calendar
>>> calendar.prcal(2017)
                        2017

      January              February                 March
Mo Tu We Th Fr Sa Su  Mo Tu We Th Fr Sa Su   Mo Tu We Th Fr Sa Su
                   1         1  2  3  4  5           1  2  3  4  5
 2  3  4  5  6  7  8   6  7  8  9 10 11 12    6  7  8  9 10 11 12
 9 10 11 12 13 14 15  13 14 15 16 17 18 19   13 14 15 16 17 18 19
16 17 18 19 20 21 22  20 21 22 23 24 25 26   20 21 22 23 24 25 26
23 24 25 26 27 28 29  27 28                  27 28 29 30 31
30 31
       April                  May                   June
Mo Tu We Th Fr Sa Su  Mo Tu We Th Fr Sa Su   Mo Tu We Th Fr Sa Su
                1  2   1  2  3  4  5  6  7           1  2  3  4
[...]
>>>
```

回顾清单 13.6，然后把 help 语法的描述和在清单 13.7 中实际使用的语法做一个比较。可以看到 help 帮助你正确地使用该语法。自己尝试一下，会更清楚地了解如何使用模块的功能。

在树莓派上探索模块

在下面的步骤中，我们将探索树莓派上可用的 Python 模块。我们会尝试一个新的方法来查找模块的.py 文件，然后查找一个小的复活节彩蛋。请按下列步骤操作。

1. 打开树莓派，并且登录进系统。

2. 如果你没有让 GUI 在系统启动时自启动，那么输入 startx，然后按回车键打开它。

3. 双击 Terminal 图标打开 Terminal。

4. 输入 python3，然后按下回车键来打开 Python 交互式命令行。

5. 在 Python 交互式命令行提示符>>>处，输入 import os，然后按下回车键。Python 会将 os 模块导入到 Python 命令行中。

6. 输入 import time，然后按下回车键来导入 time 模块和它所有的函数。

7. 输入 os.__file__ 来查看 os 模块是否有一个.py 文件。注意，在命令中 file 前后的是两个下划线（__）。按下回车键来查看是否一个以绝对目录引用和以.py 结尾的文件显示。应该看到有.py 文件。

8. 输入 time.__file__，然后按下回车键来查看 time 模块是否有一个.py 文件。应该会收到一个错误，因为 time 模块没有.py 文件（这一步产生错误是正常的）。由于 time 模块不具有.py 文件，它可能是内建的。

9. 要确定 time 模块是否是内建的，输入 import sys，然后按下回车键来导入 sys 模块。

10. 输入 sys.builtin_module_names，然后按下回车键来生成内建模块的列表。看到 time 模块列在这个语句的输出了吗？应该会看到了！

11. 输入 help(time)，然后按下回车键来获取 time 模块的一些帮助信息。在 help 显示的文档中，有哪两种时间的表示方法？能找出这些信息吗？一种叫作历元，而另一种是元组。

12. 继续查看 time 模块的帮助信息，找到 time()函数的描述。它使用哪种表示方法：历元还是元组？

13. 按 Q 键退出 time 模块的帮助信息。

14. 要导入 antigravity 模块，输入 import antigravity，然后按下回车键。可能需要等几分钟，直到看见复活节彩蛋！应该可以看到 Midori 浏览器被打开，然后有一些小惊喜在里面。阅读这个网页，然后将鼠标悬浮在上面就可以看到这个秘密信息了。有趣吧！

提示：什么是复活节彩蛋？   *TIP*
复活节彩蛋是秘密信息或者隐藏的惊喜。需要知道正确的命令或按键才能找到它。

15. 单击 Midori 右上角的 X 来关闭它。

16. 按下 Ctrl+D 组合键退出 Python 交互式命令行。

17. 如果想现在关闭树莓派，可以输入 sudo poweroff，然后按下回车键。

理解如何查看各种模块和它们的函数，这会对将来非常有用。当一个新的模块成为标准库的一部分时，尤其如此。你玩得开心吗，看见复活节彩蛋了吗？

13.4　创建定制的模块

在创建了几个函数后，你可能想要在 Python 脚本中重用它们。创建了一个模块来封装这些函数是非常有帮助的。一般而言，大约需要 7 个步骤来创建一个自定义模块。

1．创建或收集一些有意义的函数放在一起。

2．决定模块的名称。

3．在测试文件夹中创建模块。

4．测试这个定制的模块。

5．将模块移动到生产目录中。

6．检查路径，如果需要则修改。

7．测试生产环境下的模块。

其中的几个步骤比看上去需要做更多的工作。以下几个小节将介绍所有这些步骤，帮助你成功地完成该过程。

13.4.1　创建或收集函数放到一起

把什么函数收集到一个模块中，这是相对的。这取决于什么对你最有意义，以及什么对你最有效率。但是，请记住，你可能想发布函数供其他人使用，所以需要在这里花费一些时间。逻辑上的函数聚合可以更好地服务社区。

作为下面几节的例子，我们将会收集在第 12 章创建的两个函数来创建一个模块，它们是 db1() 和 addem()。

13.4.2　确定模块的名称

给模块起名字不是一个无关紧要的步骤。Python 对模块命名有一些规则，并且如果不遵循这些规则，模块将不会工作。例如，一个模块的名称不能是 Python 关键字。在第 4 章中，我们介绍了变量命名的相关话题。同样的规则也适用于模块。

同样，对于自定义模块的名称使用很短的名字，所有的字母都是用小写字符，这也是一种标准的做法。对于存储模块函数的文件名，有一些附加的规则。

- 自定义模块必须以 .py 结尾；否则，Python 不能将这些模块导入。

- 文件名不能包含点（.），除非刚好在文件扩展名前面。例如，my.module.py 不是一个合法的模块文件名。但是，mymodule.py 是一个合法的文件名，因为需要最后一个点来表示文件的扩展名。

- 文件名必须和模块名称匹配。因此，如果模块的名称是 ni，那么文件的名称必须是 ni.py。

可以将两个函数 db1() 和 addem() 放到一个叫 arith 的模块中，这是算术（arithmetic）的缩写。这个模块名称遵循了所有的规则。

13.4.3　在测试目录中创建自定义模块

新模块的文件名必须是 arith.py，以便遵守正确的文件命名约定。在清单 13.8 中，可以看到创建了该模块，并且存储到作为其测试目录的/home/pi/py3prog 中。

默认情况下，你的系统中并没有这个模块。但是，可以使用 nano 文本编辑器来创建它。

清单 13.8　模块文件 arith.py

```
pi@raspberrypi:~$ cat /home/pi/py3prog/arith.py
def dbl(value):
    result=value * 2
    return result
#
def addem(a,b):
    result=a + b
    return result
pi@raspberrypi ~ $
```

arith 模块是一个非常简单的模块。它只包含了两个在第 12 章中创建的函数。在清单 13.8 中，可以看到 dbl() 函数和 addem() 函数。

> **提示：简单或复杂的模块**　　**TIP**
> 　　模块可以是简单的或是复杂的，这由你决定。这里显示的自定义模块是非常简单的。如果需要，可以在模块中添加帮助功能，包括 Python 版本的指令，导入其他模块等。

要创建一个自定义模块，可以使用你喜欢的文本编辑器或者 Python IDLE 编辑器。确定将模块存储在指定的测试目录中。通常，这是你的登录目录的一个子文件夹，如清单 13.8 所示。

13.4.4　测试自定义模块

要测试自定义模块，你需要确保当前工作目录是存放模块文件的目录。在清单 13.9 中，os 模块用来显示当前工作目录/home/pi。这不是 arith 模块所在的测试目录（/home/pi/py3prog），因此在第一次使用 import 导入 arith 无法正常工作。

清单 13.9 对 arith 自定义模块的测试

```
pi@raspberrypi:~$ python3
[...]
>>> import os
>>> os.getcwd()
'/home/pi'
>>> import arith
Traceback (most recent call last):
  File "<stdin>", line 1, in <module>
ImportError: No module named arith
>>>
>>> os.chdir('/home/pi/py3prog')
>>> import arith
>>>
>>> arith.dbl(10)
20
>>> arith.addem(5,37)
42
>>>
```

在使用 os.chdir 语句到达测试目录（/home/pi/py3prog）后，import arith 正常工作。arith 模块中的两个函数都测试了，结果没有任何问题。

> *TIP* | **提示：多次导入**
>
> 　　如果你不小心第二次（或第三次）导入一个模块，这并不会有任何坏处。当发出 import 命令时，Python 首先会检查该模块是否已经导入。如果该模块已经导入了，则 Python 不会做任何事情（并且也不抱怨！）。

13.4.5 将模块移动到生产目录

解决了模块的所有问题之后，应该将它移动到生产目录，这是一个可选的步骤。如果你是树莓派的唯一用户，并且不在乎在哪里保存 Python 代码，则可以跳过这一步。然而，好的做法是一个模块应该放在标准的生产目录中。

一个生产目录是指目录中的所有模块可以被任何 Python 脚本用户访问。可以使用 sys 模块显示当前的生产目录，如清单 13.10 所示。

清单 13.10 Python 使用的生产目录

```
pi@raspberrypi:~$ python3
[...]
>>> import sys
>>> sys.path
['', '/usr/lib/python3.2', '/usr/lib/python3.2/plat-linux2',
'/usr/lib/python3.2/lib-dynload',
'/usr/local/lib/python3.2/dist-packages',
'/usr/lib/python3/dist-packages']
>>>
```

注意，在清单 13.10 中，第一个显示的目录仅仅是两个单引号，但是引号之间没有任何目录名。当 Python 看见这个时，它会检索当前工作目录来查找模块。这也是为什么清单 13.9 可以使用 os.chdir 函数把目录切换到/home/pi/py3prog 然后测试模块。

同样，注意清单 13.10 中/usr/lib/python3.2 作为路径列了出来。这是 Python 标准库模块的.py 文件所在的位置。可以回顾一下 13.1 节中关于这个目录的内容。

> **提示：路径**　　　　　　　　　　　　　　　　　　　　　　　　　　　　**TIP**
>
> 很多编程语言和操作系统都使用术语"路径"。路径是一个程序在查找其他程序、库和组件时使用的目录的一个列表。对于模块，Python 会在路径目录搜索（实际上，是搜索它们的.py 文件）请求导入的模块。

遵循标准永远是好的做法。此外，这可以防止你所创建的任何模块被无意删除。例如，如果把自己定义的模块与其他的标准模块一起放在/usr/lib/pythonversion，当 Python 升级时，你的模块会被删除。

表 13.1 给出了针对 Debian 操作系统的标准 Python 模块目录说明。还记得吧，第 2 章介绍过，Raspbian 是基于 Debian 的 Linux 发行版。

表 13.1　　　　　　　　　　　　　　　　标准 Python 模块目录

目　　录	描　　述
/usr/lib/python*version*	包含 Python 标准模块
/usr/local/lib/python*version*/dist-packages	包含下载的第三方公开的模块
/usr/local/lib/python*version*/site-packages	传统自定义的生产模块

通过表 13.1 可知，当准备好将自己的模块移动到生产目录中时，需要将它移动到/usr/local/lib.pythonversion/site-packages 目录。要完成这个移动的步骤，必须在 Raspbian 的命令行进行。清单 13.11 检查了目录/usr/local/lib/python3.2，查看 site-packages 子目录是否存在。在这个例子中，它并不存在。只有 dist-packages 子目录存在。因此，使用 sudo 和 mkdir 命令创建了 site-packages 子目录，我们在第 2 章学习过 sudo 和 mkdir 命令。

如果系统中已经存在了 site-packages 目录，那么不需要使用这些命令了。

清单 13.11　复制 arith.py 到生产目录

```
pi@raspberrypi:~$ ls /usr/local/lib/python3.2/
dist-packages
pi@raspberrypi:~$ sudo mkdir /usr/local/lib/python3.2/site-packages
pi@raspberrypi:~$
pi@raspberrypi:~$ sudo cp /home/pi/py3prog/arith.py \
> /usr/local/lib/python3.2/site-packages/
pi@raspberrypi:~$
pi@raspberrypi:~$ ls /usr/local/lib/python3.2/site-packages/
arith.py
pi@raspberrypi:~$
```

在清单 13.11 中，一旦创建了文件夹，就使用 sudo 和 cp 命令将 rith.py 模块文件复制到生产目录。使用了 ls 命令后，显示了该目录的内容，表明 arith.py 模块文件已经移动到了该位置。

> **TIP** | **提示：不想要副本？**
>
> 　　如果不想在测试目录中保存一份刚创建的模块的副本，可以使用 mv（移动）命令。只需使用 mv 命令替换 cp 命令，然后模块被移动到生产目录了，在测试目录也不会有副本。

现在模块已经复制到生产目录了，现在应该可以将 arith 模块导入了吧？好的，来看一下清单 13.12。

清单 13.12　模块 arith 没有找到

```
pi@raspberrypi:~$ python3
[...]
>>> import arith
Traceback (most recent call last):
  File "<stdin>", line 1, in <module>
ImportError: No module named arith
>>>
```

显然，Python 查找这个模块时发生了问题。可以在下一步解决这个问题。

13.4.6　检查路径，如果需要则修改

检查一下当前的 Python 路径，这是一个不错的注意。如清单 13.10 所示，可以使用 import sys 和 sys.path 这两条命令。注意在清单 13.13 中并没有列出生产目录/usr/local/lib/python3.2/site-packages。这也是 Python 找不到 arith 模块文件的原因。

清单 13.13　检查 Python 路径目录

```
>>>
>>> import sys
>>> sys.path
['', '/usr/lib/python3.2', '/usr/lib/python3.2/plat-linux2',
'/usr/lib/python3.2/lib-dynload',
'/usr/local/lib/python3.2/dist-packages',
'/usr/lib/python3/dist-packages']
>>>
```

如果需要修改路径的话，可以使用 sys 模块中的一个函数，如清单 13.14 所示。加入该路径之后，就可以导入添加到生产目录中的模块了。

清单 13.14　添加一个新目录到路径中

```
pi@raspberrypi:~$ python3
[...]
>>>
>>> import sys
>>> sys.path.append('/usr/local/lib/python3.2/site-packages')
>>>
```

```
>>> sys.path
['', '/usr/lib/python3.2', '/usr/lib/python3.2/plat-linux2',
'/usr/lib/python3.2/lib-dynload',
'/usr/local/lib/python3.2/dist-packages',
'/usr/lib/python3/dist-packages',
'/usr/local/lib/python3.2/site-packages']
>>>
>>> import arith
>>>
```

如清单 13.14 所示，当 site-packages 目录添加到路径中以后，Python 就可以找到 arith 模块了。

记住，每当脚本完成时或者退出 Python 交互式命令行后，路径会重置到默认值。这意味着每次要导入新模块时，都需要添加新的路径。

技巧：Python 路径   **NOTE**

Linux 高手们应该知道，有一个环境变量叫作 PYTHONPATH，可以修改它来包含自定义模块目录。通过修改这个环境变量，并且将其添加到一个环境文件中，可以使路径永久地包含自定义模块目录。然后就不再需要每次使用 sys 模块来修改路径了。

13.4.7　测试生产级别自定义模块

测试一个生产级别的自定义模块是可选的。但是，在将模块移动到生成目录后对其进行测试往往是一个不错的主意。

如清单 13.15 所示，arith 模块可以正常导入了。两个方法.db1 和.addem 都能无缝地运行了。

清单 13.15　测试生产的 arith 模块

```
pi@raspberrypi:~$ python3
[...]
>>> import sys
>>> sys.path.append('/usr/local/lib/python3.2/site-packages')
>>>
>>> import arith
>>> arith.dbl(20)
40
>>> arith.addem(7,35)
42
>>>
```

提示：在最开始导入   **TIP**

根据经验，在 Python 中导入模块——自定义或标准的，都最好是在脚本的开头做。因此，在 Python 脚本中，把 import 语句放在文档的开头。

在 Python 中创建和使用自定义模块

在下面的步骤中，将创建一个自定义模块。从本质上讲，将遵循之前描述的 7 个步骤来创建、测试和将模块移动到生成环境。

假设有两个很大的函数。其中一个叫 discountp，如果给出商品的原价和折扣，则它显示商品的实际价格。另一个函数 priceper 显示店内一组商品的价格（如 11 美元 3 个）。

你决定将这两个有用的函数放到它们自己的模块中，这样就可以在几个脚本中使用它们了。接下来，决定使用 shopper 这个名称。这名字相当好，很短并且不是 Python 关键字。然后，需要将这两个函数放到一个叫 shopper.py 的文件中。按照下面的步骤开始。

1. 打开树莓派，并且登录到系统。

2. 如果没有让 GUI 在系统启动时自启动，那么输入 startx，然后按回车键打开它。

3. 双击 Terminal 图标打开 Terminal。

4. 在命令行提示符处，输入 nano py3prog/shopper.py，然后按下回车键。这条命令会将 nano 编辑器打开，然后在/home/pi/py3prog 目录下创建自定义模块 shopper.py。

5. 在 nano 编辑器窗口中输入下面的代码，在每一行结尾按下回车键。

> *TIP*　**提示：当心！**
> 注意在这里要慢慢来，避免出现书写错误。可以使用 Delete 和上下键修正错误。

```
def discountp(percentage, price):
    return round(price -((percentage /100) * price),2)
#
def priceper(no_items, price):
    return round(price / no_items,2)
```

6. 仔细检查输入到 nano 编辑器窗口中的代码，做出必要的修改。

7. 按下 Ctrl+O 组合键，可以将刚才输入的文本写出到文件中。该脚本的文件名会和提示信息 File name to write 一起显示。按下回车键将内容写入到脚本 shopper.py 中。

8. 按下 Ctrl+X 组合键退出文本编辑器。

9. 现在已经创建了 shopper.py 自定义模块，输入 python3，然后按下回车键进入 Python 交互式命令行对它进行测试。

10. 现在输入 import os，然后按下回车键来导入 os 模块。需要使用这个模块在 Python 交互式命令行中改变当前工作目录。

11. 输入 os.chdir('/home/pi/py3prog')，然后按下回车键。Python 将当前工作目录变成/home/pi/py3prog，模块 shopper.py 就在这里（可以使用 os.cwd 来核实当前工作目录）。

12. 现在，看一下是否能导入自己的新模块，输入 import shopper，然后按回车键。Python 报错了吗？如果是，你需要回到第 4 步然后尝试重新创建 shopper.py。如果没有任何错误，可以继续下一个测试。

13. 测试函数 priceper，它存在于 shopper 模块中，输入 shopper.priceper(3,12)，然后按下回车键。应该看到结果 4。然后使用想要的任何数据来测试模块中剩余的函数。

14. 按下 Ctrl+D 组合键退出 Python 交互式命令行，然后开始将 shopper 模块移动到生产目录的过程。

15. 在树莓派命令行中，输入 python3 –V，然后按下回车键。这允许查看当前的 Raspbian 上 Python 的版本（在第 4 章中学习过这个内容）。注意，下一步的显示中，只会显示版本号的前两个字母（例如，3.2）。

16. 需要检查在树莓派上是否存在生成目录，输入/usr/local/lib/pythonversion/site-packages（其中的 version 是从第 15 步中得到的版本数字，如/usr/local/lib/python3.2/site-packages），然后按下回车键。如果按下回车键后没有出错，则可以跳过第 17 步。如果有任何错误，也没关系，我们将在第 17 步修正错误。

17. 输入 sudo mkdir/usr/local/lib/pythonversion/site-packages，然后按下回车键。记住使用第 15 步中得到的 Python 版本号替换 version。

18. 输入 sudo cp/home/pi/py3prog/shopper.py/usr/local/lib/pythonversion/site-packages，然后按下回车键来将自定义模块 shopper 移动到 site-packages 目录。在这里注意，这条命令可以在屏幕上换行（这没问题）。再一次，记住输入在第 15 步中得到的版本号来替换 version。

19. 现在，已经完成了将模块移动到生成目录，输入 python3，然后再按下回车键重新进入 Python 交互式命令行。

20. 在交互式命令行中，输入 import sys，然后按下回车键来导入 sys 模块。

21. 输入 sys.path，然后按下回车键来显示 Python 路径中的当前目录。看见/usr/local/lib/pythonversion/site-packages 目录了吗？如果是，则可以跳过第 22 步了。如果没有看见这个目录，则进行第 22 步。

22. 输入 sys.path.append('/usr/local/lib/pythonversion/site-packages')，然后按下回车键，将生成目录添加到 Python 路径中。记住输入在第 15 步中得到的版本号替换 version。当 Python 路径中有了包含 shopper 模块的生产目录后，已经准备好测试生产级别的自定义模块了。

23. 输入 import shopper，然后按下回车键来导入自定义模块。

24. 输入 shopper.discountp(100,10)或测试函数 discount，应该看到结果 90。恭喜！自定义模块已经通过了测试。

25. 按下 Ctrl+P 退出 Python 交互式 shell。

26. 如果现在想要关闭树莓派，输入 **sudo poweroff**，并且按下回车键。

提示：对创建的模块感到满意   *TIP*

    可以在 Python 社区共享你创建的模块，从而成为 Python 社区的一份子。首先阅读 https://docs.python.org/3/distributing/index.html 上关于发布 Python 模块的内容。

在学习 Python 的过程中，理解如何创建一个模块是非常有用的。只要记住本章中所描述的 7 个步骤，你就可以创建大量包含你自制函数的模块。

13.5 小结

在本章中，我们学习在 Python 中查找和使用模块。同样还介绍了如何创建自己的自定义模块。各种类型的 Python 模块都涉及了，还介绍在 Raspbian 系统上在哪里可以找到存储模块的.py 文件。此外，我们还学习了在哪里存储自定义模块。我们尝试了创建自己的自定义模块，并将其移动到一个生产目录。在第 14 章中，我们将研究面向对象编程，其中包括一个叫作类的概念，它也可以存储在一个 Python 模块中。

13.6 Q&A

Q. 我听一个 Python 专家提到关于"奶酪店"，这是什么？

A. "奶酪店"指的是 Python 包索引（PyPi），你能在这里查找模块下载并安装到系统上。在 Monty Python 的飞行马戏团中的小品中出现了一个没有奶酪的奶酪店后，PyPi 就被叫作"奶酪店"。PyPi 中充满了奶酪模块，它位于 pypi.python.org/pypi。

Q. 我不是一个 Linux 高手，但是我想修改 PYTHONPATH 变量。该怎么做？

A. 首先，需要修改一个主目录中的一个文件，主目录是登录进树莓派系统后的当前工作目录。输入 nano .profile，然后按下回车键来编辑这个文件。浏览到这个文件的最底部，然后添加如下的两行内容：

```
PYTHONPATH=$PYTHONPATH:/usr/local/lib/pythonversion/site-packages

export PYTHONPATH
```

在 version 的位置输入 Raspbian 系统上的 Python 版本，例如/usr/local/lib/python3.2/site-packages。

当添加了这两行后，按下 Ctrl+O 组合键，然后按下回车键保存这个文件。然后按下 Ctrl+X 组合键退出编辑器。

退出系统（输入 exit 然后回车）然后再次登录，来对这个改动进行测试，进入 Python 交互式命令行（输入 python3，然后按下回车键）。导入 sys 模块（通过输入 import sys，然后按下回车键）来检查路径变量。现在，输入 sys.path，然后按下回车键来查看/usr/local/lib/pythonversion/site-packages 目录是否在路径中。

Q. 如何给自己的自定义模块添加帮助信息？

A. 可以通过在模块顶部放置一个用三重引号引起来的字符串来添加帮助信息。引号之间用一两句话说明这个模块的作用，并给出使用这个模块的函数几个例子。

13.7 练习

13.7.1 问题

1. 一个 Python 脚本和一个模块在本质上是一样的，因为它们都以.py 结尾。对的还是错的？

2. _____是函数的一个集合。

3. 在使用模块中的一个方法之前，必须先导入该模块。对还是错？

4. 如果你想要使用一个链接到 Python 解释器的模块，你该怎么做？

5. _____是模块的一个集合。

6. 要获取有关 calendar 模块的 prcal 函数的帮助信息，输入什么命令？

7. 自定义模块的名称应该非常短，并且所有的字母都使用小写。对还是错？

8. 修改哪一个变量使你每次想要从/usr/local/lib/pythonversion/site-packages 目录导入一个本地自定义模块的时候不必再添加新的路径？

9. 在脚本的_____，将和脚本相关的模块（自定义的或标准的）导入到 Python 脚本中，这是一个很好的规则。

10. 下面的哪个文件夹保存了下载并安装的第三方模块？

    a. /usr/lib/pythonversion

    b. /usr/local/lib/pythonversion/dist-packages

    c. /usr/local/lib/pythonversion/site-packages

13.7.2　答案

1. 错的。Python 脚本被设计成独立运行。Python 模块在被使用之前，必须被导入到一个脚本或交互式会话中。

2. 模块是函数的一个集合。

3. 对的。在使用模块中的一个方法（也叫作函数）之前，必须先导入该模块。

4. 在它能被使用之前必须先被导入。与模块被链接到 Python 解释器没有关系，所有的模块，无论它们以怎样的状态"存活"，在使用其中的函数前都必须将其导入进来。

5. 包是模块的一个集合。

6. 要获取有关 calendar 模块的 prcal 函数的帮助信息，先输入 import calendar，然后输入 help(calendar.prcal)。

7. 对的。要遵从标准的做法，自定义模块的名称应该非常短，并且所有的字母都使用小写。

8. 修改 PYTHONPATH 变量使你每次想要从/usr/local/lib/pythonversion/site-packages 目录导入一个本地自定义模块的时候不必再添加新的路径？参见本章的"Q&A"部分了解如何做到这一点。

9. 在脚本的开始处，将和脚本相关的模块（自定义的或标准的）导入到 Python 脚本中，这是一个很好的规则。

10. 这个问题有点偏。正确的答案是 b，/usr/local/lib/pythonversion/dist-packages。但是，并不是你自己移动到这里的，而是包安装程序自己安装到这里的。

第 14 章
探索面向对象编程的世界

本章包括如下内容:

- 如何创建对象类
- 定义类的属性和方法
- 如何在 Python 脚本中使用类
- 如何在 Python 脚本中使用类模块

到目前为止,本书中介绍的 Python 脚本都是过程式编程。使用过程式编程,在代码中创建变量和函数来制定特定的步骤,例如把值存储到变量中,然后使用结构化语句检查它们。使用的数据和创建的函数是完全独立的实体,彼此没有特定的关系。另一方面,在面向对象编程中,变量和函数聚合到一个通用的对象中,可以在任何程序中使用通用的对象。在本章中,我们将介绍什么是面向对象编程以及如何在 Python 脚本中使用它们。

14.1 理解面向对象编程基础

在开始使用面向对象编程(通常叫作 OOP)前,需要知道它是如何工作的。OOP 使用与本书之前的编码完全不同的范式。OOP 需要你思考程序是如何工作以及如何对它们进行编码。

14.1.1 什么是 OOP

在 OOP 中,一切都涉及对象(我想这是为什么称之为面向对象!)。对象是在应用程序中使用的、组合成一个单一的实体的数据。

例如,如果编写一个程序使用汽车,那么将会创建一个 car 对象,其中包含了一些汽车的信息,如车的重量、大小、引擎以及门的数量。如果你正在编写一个程序来记录人,那么你可能创建一个 person 对象,包括人的信息,如人的名字、身高、年龄、体重以及性别。

OOP 使用类来定义对象。一个类是对象的所有特性的书面定义，使用变量和函数在程序代码中定义。OOP 的好处是，一旦为一个对象创建了类，那么可以在任何时候、任何程序使用同样的类。只要插入类的定义代码就可以使用了。

一个 OOP 类有成员，这些成员有两类。

- 属性——类属性指的是对象的特性（如车的重量、引擎以及门的数量）。一个类包含很多属性，每一个属性描述了对象的一个不同的特性。
- 方法——方法与所使用的 Python 标准的函数相同。方法使用类中的属性来执行操作。例如，可以创建一个类方法来从数据库中获取一个特定的人的信息，或者改变一个已有的人的地址属性。每一个方法都应该包含在类中，并且只执行该类中包含的操作。一个类的方法不应该处理其他类的属性。

14.1.2　定义一个类

在 Python 中，定义一个类与定义一个函数并没有什么不同。要定义一个新的类，可以使用 class 关键字，接着是类的名称，然后是一个冒号，其次是任何应该包含在类中的语句。如下面是一个简单的类的定义的示例：

```
>>> class Product:
...     pass
...
>>>
```

在程序中选择的类名必须是唯一的。在 Python 中，类名以大写字母开头，尽管这一点不是必须的，但在 Python 中已经是一个事实上的标准。

类定义中的语句部分定义了类中包含的任何属性和方法。就像函数一样，必须对类语句进行缩进。当完成了类的属性和方法的定义后，只需要在下一条语句留出左边的空白就可以了。

这个例子中所示的 pass 语句在 Python 中是特殊的语句。这条语句不会做什么事情，我们通常会将 pass 语句当成一个占位符，方便将来添加内容。

在这个例子中，pass 语句创建了一个空的类定义。可以在 Python 代码中使用这个类了，但是它不会做什么事情的。

14.1.3　创建一个实例

类的定义，定义了这个类，但是这没有把类投入使用。要使用一个类，必须初始化它。当实例化一个类时，将会在程序中创建一个类的实例。每一个实例都代表一个对象出现。要实例化一个对象，只需要按照名称来调用它，如下所示：

```
>>> prod1= Product()
>>>
```

变量 prod1 现在是 Product 类的一个实例。当创建了类的一个实例后，可以动态地定义属性，如下所示：

```
>>> prod1.description = 'carrot'
>>> print(prod1.description)
carrot
>>>
```

每一个实例在 Python 中都是一个单独的对象。如果创建 Product 类的第二个对象，在那个实例中定义的属性和在第一个实例中定义的属性是不同的，如下面的例子所示：

```
>>> prod2 = Product()
>>> prod2.description = "eggplant"
>>> print(prod2.description)
eggplant
>>> print(prod1.description)
carrot
>>>
```

现在有了 Product 类的两个不同的实例：prod1 和 prod2。每一个实例都有它自己的属性值。

14.1.4　默认属性值

在使用类的实例的时候动态地定义其属性，这并不是一种好的编程做法。最好是在类的定义代码中定义类的属性，这样把它们作为类的一部分记录下来。可以这样做，并且同时给所有属性设置默认值，如下所示：

```
>>> class Product:
...     description = "new product"
...     price = 1.00
...     inventory = 10
...
>>>
```

现在，当初始化一个新的 Product 类的实例时，这个实例的描述、价格以及存货清单属性已经设置了值，如下所示：

```
>>> prod1 = Product()
>>> print('{0} - price: ${1:.2f}, inventory: {2:d}'.format(prod1.description,
prod1.price, prod1.inventory))
new product - price: $1.00, inventory: 10
>>>
```

当创建了一个新的类实例，可以替换任何已有的值，如下面的例子所示：

```
>>> prod1.description = 'tomato'
>>> print('{0} - price: ${1:.2f}, inventory:
{2:d}'.format(prod1.description,
prod1.price, prod1.inventory))
tomato - price: $1.00, inventory: 10
>>>
```

实例 prod1 的描述属性现在拥有赋给它的新的值了。

14.2 定义类方法

类除了包含大量属性外还有其他东西。同样也需要方法来处理属性，有 3 种不同的类方法可用。

- 设值方法。
- 访问方法。
- 辅助方法。

以下各节将讨论设值方法和访问方法的不同，然后我们将学习一些关于辅助方法的内容。

14.2.1 设值方法

设值方法是一些用来改变属性的值的函数，通常设值方法也叫作 setter。

使用一个设值方法来给一个类中的属性设置值。在 Python 中设值方法的命名以 set_ 开头，虽然这不是必须的，但是这是 Python 中的一种标准的约定，如下所示：

```
def set_description(self, desc):
    self.__description = desc
```

set_ 方法使用两个参数。第一个参数是一个特殊值叫作 self，它将类指向这个对象的当前的实例。这个参数对于所有的类方法是必须的，作为其第一个参数。

第二个参数定义一个值用来设置实例的属性。注意在方法语句中使用的赋值语句：

```
self.__description = desc
```

属性名是 __description。在 Python 中另一个事实上的标准是，在属性名前使用两个下划线来表示不能在类定义之外使用它。

> **提示：私有属性**　　　　　　　　　　　　　　　　　　　　　　　　**TIP**
>
> 　有些面向对象编程语言提供了一种特性叫作私有属性。可以在类内部使用私有属性，但是在类外部不能使用。Python 没有提供私有属性，定义的任何属性都可以任意访问。两个下划线的命名约定只是显式地提示不要在类定义外部使用相应属性。

在属性赋值中，self 关键字用来引用当前类实例的属性。

也可以在设值方法中包含对属性的某种计算。例如，可以为 Product 创建一个 buy_Product() 方法，用来在一个客户购买产品时改变存货清单的值。这段代码看起来如下所示：

```
def buy_Product(self, amount):
    self.__inventory = self.__inventory - amount
```

这个设值方法仍然需要 self 关键字作为第一个参数，然后它使用第二个参数来为方法提供数据。赋值语句通过对第二个参数做减法，修改了 __inventory 的值。

14.2.2 访问方法

访问方法是用来访问在类中定义的属性的方法。创建特殊的方法来检索当前的属性，这帮助我们创建了一个标准，告诉其他程序如何使用类对象。这些方法通常叫作 getter，因为它们检索属性的值。

就像 setter 一样，对于 getter 也有标准约定，getter 访问方法的命名应该以 get_ 开头，然后跟着属性名，如下所示：

```
def get_description(self):
    return self.__description
```

这就是它所有的内容了。访问方法不是太复杂，它们只是返回属性的当前值。请注意，尽管没有数据传递给访问方法，但是它仍然需要包含一个 self 关键字作为参数。Python 使用这个关键字在类的内部引用类的实例。

当创建了类之后，需要为每一个属性创建一个 setter 和 getter。清单 14.1 显示了程序 script1401.py，它展示了为 Product 类创建 getter 和 setter 方法，然后在一个程序中使用它们。

清单 14.1 使用 setter 和 getter 方法

```
 1: #!/usr/bin/python3
 2:
 3: class Product:
 4:    def set_description(self, desc):
 5:        self.__description = desc
 6:
 7:    def get_description(self):
 8:        return self.__description
 9:    def set_price(self, price):
10:        self.__price = price
11:
12:    def get_price(self):
13:        return self.__price
14:
15:    def set_inventory(self, inventory):
16:        self.__inventory = inventory
17:
18:    def get_inventory(self):
19:        return self.__inventory
20:
21: prod1 = Product()
22: prod1.set_description('carrot')
23: prod1.set_price(1.00)
24: prod1.set_inventory(10)
25: print('{0} - price: ${1:.2f}, inventory: {2:d}'.format(
 prod1.get_description(),prod1.get_price(), prod1.get_inventory()))
```

　　添加到程序中的行号是为了便于说明，因此，在你的程序代码中，不要输入这些行号。当初始化一个 Product 类的实例后（第 21 行），你需要使用 setter 方法设置初始值（从 22 行～24 行）。为了获取属性值（如第 25 行，在 print()语句中），只要使用每一个属性的 get_方法就可以了。

　　当运行 script1401.py 程序时，应该可以看到来自于实例的值的输出：

```
pi@raspberrypi ~$ python3 script1401.py
carrot - price: $1.00, inventory: 10
pi@raspberrypi ~$
```

　　script1401.py 文件中的代码创建了 Product 类的一个实例，设置了__description、__price以及__inventory 属性值（使用相应的 setter 方法），然后使用 getter 方法获取属性值。

　　到目前为止，还不错。但是，使用类方法的时候还是有点麻烦。需要经过大量的工作来创建类，设置初始变量，然后使用 getter 获取属性值。好在，Python 有一些辅助方法，它们使你的生活更轻松！

14.2.3　添加辅助方法

　　除了访问方法和设值方法外，还可以创建一些其他的方法，以便更容易地使用类。以下各节将详细讲解在 Python 程序中使用类的时候将要用到的最常见的辅助方法。

1. 构造函数

　　使用设值方法 set_来设置每一个属性的值，这已经变得相当古老了，尤其是当类有众多的属性的时候。使用类的构造函数是用默认值来实例化类的实例的一种简单流行的方法。

　　Python 提供了一个特殊的方法叫作__init__()，当实例化一个新的类实例时，会调用它。可以在类代码中定义__init__()方法，来执行在创建实例时所要做的任何工作，包括为属性赋默认值。__init__()方法需要为每一个想要定义值的属性定义一个参数，如下所示：

```
>>>class Product:
...    def __init__(self, description, price, inventory):
...       self.__description = description
...       self.__price = price
...       self.__inventory = inventory
...    def get_description(self):
...       return self.__description
...    def get_price(self):
...       return self.__price
...    def get_inventory(self):
...       return self.__inventory
...
>>>
```

　　现在，当创建 Product 类的实例时，必须在类的构造函数中定义初始值：

```
>>> prod3 = Product('tomato', 2.00, 20)
>>> print('{0} - price: ${1:.2f}, inventory:
```

```
{2:d}'.format(prod3.get_description(), prod3.get_price(),
prod3.get_inventory()))
tomato - price: $2.00, inventory: 20
>>>
```

这使得创建一个新的实例变得更简单了。唯一的缺点是必须要指定默认值，如果不这样做的话，就会得到一条错误消息，如下所示：

```
>>> prod1 = Product()
Traceback (most recent call last):
  File "<stdin>", line 1, in <module>
    prod1 = Product()
TypeError: __init__() takes exactly 4 arguments (1 given)
>>>
```

为了解决这个问题，构造方法就像 Python 函数一样，允许通过参数定义默认值（参见第12章），如下例所示：

```
>>>class Product:
...    def __init__(self, description = 'new product', price = 0, inventory = 0):
...       self.__description = description
...       self.__price = price
...       self.__inventory = inventory
...    def get_description(self):
...       return self.__description
...    def get_price(self):
...       return self.__price
...    def get_inventory(self):
...       return self.__inventory
...
>>>
```

现在创建了类的一个新的 Product 实例，而没有指定任何默认值，Python 则使用了在类构造函数中定义的默认值，如下所示：

```
>>> prod5 = Product()
>>> prod5.get_description()
'new product'
>>> prod5.get_price()
0.0
>>> prod5.get_inventory()
0
>>>
```

现在，类的构造函数的功能更多了。

2. 自定义输出

下一个需要解决的是显示类的实例。到目前为止，我们已经通过 get_方法用 print()语句来显示类的实例的各个属性了。但是，如果需要在程序多次显示类的数据，这种方法就过时了。Python 提供了一种更简单的方法来完成这件事。

需要做的就是为类定义__str__辅助函数，告诉 Python 如何将这个类对象显示为一个字符串值。任何时候，当程序将这个类实例作为一个字符串引用时（例如在 print()语句中使用它时），Python 会调用类的定义中的__str__方法。你需要做的就是让__str__()方法返回字符串值，它将类的属性格式为一个字符串。如下的示例展示了 Product 类的__str__()方法的样子：

```
>>>class Product:
...    def __init__(self, description = 'new product', price = 0, inventory = 0):
...        self._description = description
...        self._price = price
...        self._inventory = inventory
...    def __str__(self):
...        return '{0} - price: ${1:.2f}, inventory:
 {2:d}'.format(self._description, self._price, self._inventory)
...
>>>
```

现在，要显示这个类实例的属性值，只需要在 print()语句中引用这个实例变量就可以了，如下所示：

```
>>> prod6 = Product('banana', 1.50, 30)
>>> print(prod6)
banana - price: $1.50, inventory: 30
>>>
```

这是另一种让你的生活更简单的方法！

3. 删除类实例

在 Python 程序中，管理内存比在其他编程语言中简单得多。默认情况下，Python 意识到一个类的实例不再使用时，就会将其从内存中删除。但是，很多时候，在 Python 将类的实例删除之前，程序需要做一些清理工作。

可以指定一个辅助方法，用于让 Python 在从内存中删除实例时自动运行这个方法，这样的方法叫作析构函数。

在类处理一些文件的时候，析构函数很好用，它可以保证在清除实例之前，这些文件被正确地关闭。

可以使用__del__()辅助方法来定义在 Python 清除这个类实例前，任何最后需要运行的语句：

```
def __del__(self):
    statements
```

__del__()不允许向其传递任何参数。这个方法中的所有语句必须是独立的，不能依赖于任何来自主程序中的数据。

警告：运行析构函数　　　　　　　　　　　　　　　　　*CAUTION*

当从内存中删除一个类实例的时候，或是当在这个类实例上使用 del 语句时，Python 会运行这个类的析构函数。但是，当 Python 解释器关闭时，并不能保证 Python 可以为任何激活的类实例运行类描述符。

4. 为类编写文档

面向对象的类是为了共享。因此，很重要的一点是为 Python 类提供文档，以便于任何需要使用它们的人知道应该做什么（甚至包括你自己，如果几年以后再拿起自己写的 Python 代码的话）。

Python 提供了文档字符串（也叫作 docstring）特性，虽然这不是一个方法，但是它允许在类、函数和方法中嵌入字符串来创建文档。可以在类、函数或者方法的定义中使用三重引号将字符串括起来，以声明它是文档字符串。此外，文档字符串必须是定义的第一项。

如下是 Product 类的文档字符串的一个例子：

```
>>>class Product:
...    """The Product class creates an instance of a product with three attributes -
the product description, price, and inventory"""
...
>>>
```

要看到了一个类的文档字符串，只要引用特殊的属性__doc__就可以了，如下所示：

```
>>> prod7 = Product()
>>> prod7.__doc__
The Product class creates an instance of a product with three attributes
- the product description, price, and inventory
>>>
```

也可以为类中的每一个单独的方法创建文档字符串值，如下所示：

```
def get_description(self):
   """The description contains the product type"""
    return self.__description
```

要查看一个方法的文档字符串，只需给实例中的方法添加__doc__属性就可以了，如下所示：

```
>>> prod8 = Product()
>>> prod8.get_description.__doc__
The description contains the product type
>>>
```

现在有办法与其他可能在自己项目中使用你的代码的人分享自己的注释了。

5. 辅助方法 property()

到目前为止，我们已经定义了操作类的属性的 setter 和 getter 方法。然而，在某些情况下，一直使用 set_和 get_方法是相当繁琐的。为了解决这个问题，Python 提供了 property()方法。

property()方法会为属性创建一个组合了 setter 和 getter 方法以及析构函数和文档字符串的方法。Python 会根据在代码中如何使用 property()方法来调用合适的方法。

下面是在一个类中定义 property()方法的语法：

```
method = property( setter , getter , destructor , docstring )
```

不需要全部定义 property()方法的 4 个参数。可以定义一个参数，从而只创建 setter 方法；

两个参数则只创建 setter 和 getter 方法，3 个参数则创建 setter、getter 以及析构函数；或者定义全部 4 个参数以创建所有的 4 个方法。

可以将如下的示例添加到 Product 类的尾部，给每一个属性创建 property()方法。

```
description = property(get_description, set_description)
price = property(get_price, set_price)
inventory = property(get_inventory, set_inventory)
```

只要为属性定义了 property()方法，就可以使用 property()方法来设置或获取某个单个的属性，如下所示：

```
>>> prod1 = Product('carrot', 1.00, 10)
>>> print(prod1)
carrot - price: $1.00, inventory: 10
>>> prod1.price = 1.50
>>> print('The new price is', prod1.price)
The new price is 1.50
>>>
```

在代码中，属性 prod1.price 允许你同时设置和获取__price 属性的值。

14.3　使用类模块共享你的代码

创建 Python 的面向对象的类的全部意义就在于，可以在使用了该对象的任何程序中复用相同的代码。如果将这些类定义和程序代码合并到一起，则共享类对象会比较困难。

在 Python 中，面向对象的关键是为每个对象类创建单独的模块。通过这种方式，可以为任何程序导入其要使用的相应类型的对象类文件。

通常的做法是以类的名称来命名对象类模块的名称。这样做可以更容易地识别和导入类。下面的实践练习将完成为 Product 类创建一个模块文件，然后在一个单独的应用程序脚本中使用它。

实践练习

创建一个类模块

在接下来的步骤中，我们将创建两个 Python 脚本文件。一个文件会包含定义 Product 类的代码，另一个则包含将使用这个类的脚本。下面是具体的步骤：

1. 打开文本编辑器然后创建文件 product.py。需要输入如下的代码：

```
#!/usr/bin/python3

class Product:

    def __init__(self, description, price, quantity):
        self.__description = description
        self.__price = price
        self.__inventory = quantity
```

```
    def set_description(self, description):
        self.__description = description

    def get_description(self):
        return self.__description

    description = property(get_description, set_description)

    def set_price(self, price):
        self.__price = price

    def get_price(self):
        return self.__price

    price = property(get_price, set_price)

    def set_inventory(self, inventory):
        self.__inventory = inventory

    def get_inventory(self):
        return self.__inventory

    inventory = property(get_inventory, set_inventory)

    def buy_Product(self, amount):
        self.__inventory = self.__inventory - amount

    def __str__(self):
        return '{0} - price: ${1:.2f}, inventory: {2:d}'.format(self.__description, self.__price, self.__inventory)
```

文件 product.py 包含了 Product 类的所有属性和方法，将 Product 类放到单个模块中。现在只需要从 product.py 文件导入这个类，就可以在任何 Python 脚本中使用 Product 类了。

2. 保存 product.py 文件。

3. 再次打开文本编辑器然后创建 script1403.py 文件。在这个文件中，输入如下的代码：

```
#!/usr/bin/python3
from product import Product

prod1 = Product('carrot', 1.25, 10)
print(prod1)
print('Buying 4 carrots...')
prod1.buy_Product(4)
print(prod1)
print('Changing the price to $1.50...')
prod1.price = 1.50
print(prod1)
```

首先，这段代码使用 from 语句从 product.py 模块文件导入 Product 类（确定 product.py 文件与 script1403.py 文件在同一个文件夹）。

4. 将 script1403.py 文件保存在与 product.py 文件相同的一个文件夹内。

5. 从命令行运行 script1403.py 脚本。

下面是在运行 script1403.py 脚本时应该会看到的内容：

```
pi@raspberrypi ~$ python3 script1403.py
carrot - price: $1.25, inventory: 10
Buying 4 carrots...
carrot - price: $1.25, inventory: 6
Changing the price to $1.50...
carrot - price: $1.50, inventory: 6
pi@raspberrypi ~$
```

这段脚本使用了在 product.py 文件中定义的 Product 类，创建了 Product 类的一个实例，使用 buy_Product()方法来减少库存数量值，然后使用 set_price 访问器方法来改变产品的价钱。这看起来像是一个真正的程序！

▲

14.4 小结

在本章中，我们学习了如何在 Python 中创建和使用面向对象编程。可以使用 class 关键字创建类对象，然后可以为类定义属性和方法。我们还学习了如何为类创建访问和设值方法，以及一些让编码工作更简单的通用的辅助方法。最终，我们学习了如何将类的定义保存到一个单独的文件中，然后在其他 Python 脚本中导入这个模块以使用这个类对象。

在下一章中，我们将会更加深入到面向对象的世界，并看看类的继承。这可以用现有的类来创建新的类！

14.5 Q&A

Q．Python 支持受保护的方法吗？

A．不支持，Python 不支持受保护的方法。但是，可以使用私有属性的思想，以两个下划线开头来命名方法。该方法仍然是可以公开访问的，但是不使用常规的名字。

Q．Python 支持类继承吗？

A．支持，你可以让一个类从另一个类继承属性和方法。在第 15 章会介绍继承。

14.6 练习

14.6.1 问题

1. 在类构造函数中，哪一个方法被用来创建默认值？

　　a. __del__()

　　b. __init__()

　　c. init()

　　d. set_init ()

2．当初始化两个类的实例时，可以在两个实例间共享属性值。对还是错？

3．应该如何编写一个方法来设置姓氏的值？

4．在面向对象编程中，函数叫作什么？

5．什么类方法会修改一个属性的值？

6．应该定义什么方法，来将类的属性显示为字符串值。

7．应该定义什么类方法，来为类创建一个析构方法？

8．可以使用 Python 的文档字符串功能把文档嵌入到一个类定义中。对还是错？

9．哪一个方法组合了类的 setter、getter、文档字符串和析构方法的功能？

10．要将一个类模块包含到一个程序中，应该使用什么格式？

14.6.2　答案

1．b。特殊方法__init__()可以让你为类构造函数传递参数，可以使用这些参数来定义属性的默认值。

2．错的。一个类的独立实例是两个独立的对象，不能在它们之间共享同一个属性的值。

3．可以创建一个方法叫作 set_lastname()，它有一个参数来接收名字值，然后可以将这个值分配给 self.__lastname 属性，如下所示：

```
def set_lastname(self, name):
        self.__lastname = name
```

4．为特定的类对象创建的函数，叫作方法。

5．设值方法允许修改一个属性的值。

6．__str__()方法允许定义一个文本输出，将类显示为字符串值。

7．在销毁类的时候，__del__()方法运行特定的语句，这些语句由你或系统输入到代码之中。

8．对的。文档字符串值显示为__doc__属性。

9．property()方法在一个方法中创建了 setter 和 getter。

10．from Filename Import Class。先列出包含了类定义的文件名，然后是要导入到程序中的类。

第 15 章

使用继承

本章包括如下内容：

- 什么是子类

- 什么是继承

- 如何在 Python 中使用继承

- 在脚本中的继承

在本章中，我们将学习到关于子类的继承的内容，包括如何创建子类以及如何在脚本中使用继承。继承是理解面向对象编程的下一步。

15.1 了解类的问题

在第 14 章中，我们学习了关于面向对象编程、类以及类模块的知识。即使使用面向对象编程，重复的对象数据属性和方法的问题仍然存在。这叫作"类问题"。本章会使用一个动物和植物的生物学分类的问题，来帮助澄清类问题的实质。

假设你正在为一个昆虫学家创建一个 Python 脚本。是什么让昆虫成为昆虫呢？一个基本的分类认为，一个动物必须具有以下特征才能称之为昆虫。

- 无脊椎（骨干）。

- 几丁质的外骨骼（外壳）。

- 由三部分组成的身体（头部、胸部和腹部）。

- 三对节理的双腿。

- 复眼。

- 一对触角。

使用这些信息，可以建立一个昆虫对象的定义。它将所有这些特征包含在对象模块中。

但是考虑一下蚂蚁。蚂蚁划分为昆虫类是因为它具有所有列举出的这些特征。但是，蚂蚁还具有一些其他昆虫所没有的特性。

- 狭窄的腹部来连接胸部（看起来像一个纤细的腰）。
- 在连接胸部的狭窄腹部的位置有一个峰突明显地将腹部的其他部分分开。
- 肘状的触须，具有很长的第一段。

因此，创建一个定义蚂蚁的对象，需要重复所有昆虫对象中对一个昆虫的特征的定义。此外，还必须添加蚂蚁独有的特征。

然而，除了蚂蚁以外还有其他更多的昆虫。例如，蜜蜂也是一种昆虫。它也有蚂蚁的第一种特点（狭窄的腹部）。因此，要创建一个蜜蜂对象，需要：

- 重复昆虫对象定义中的昆虫特征的定义；
- 重复蚂蚁对象定义文件中的蚂蚁第一个特征的定义；
- 添加蜜蜂独有的特征。

这有大量的重复定义！这清楚地体现了类的问题。为了解决效率低下的重复类的问题，Python 使用子类和继承。

15.2 理解子类和继承

子类是一个对象定义。它拥有另一个类的所有属性和方法，并且它还包括自己特殊的额外的属性和方法。这些额外的数据属性和方法使得子类成为类的一个特殊版本。例如，蚂蚁是昆虫的特殊版本。

一个类，当其数据属性和方法被一个子类所使用时，这个类称为超类。例如在昆虫的例子中，昆虫是超类，而蚂蚁是子类。蚂蚁具有昆虫的所有特征以及一些它自己的特定于蚂蚁的特征。

> **提示：类术语**
>
> 一个超类也叫作基类，它是在子类的对象的定义中使用的一个类。子类拥有基类的所有属性和方法以及一些自己独有的属性和方法。子类也叫作派生类。

子类和它们的基类有一种"是一个"的关系。例如，一只蚂蚁（子类）是一只昆虫（基类）。一只蜜蜂（子类）是一个昆虫（基类）。这还有一些其他的"是一个"的例子：

- 鸭子是一只鸟；
- Python 是一种编程语言；
- 树莓派是一台计算机。

为了让子类基于基类来增添数据属性和方法，Python 使用一种叫作继承的过程。在 Python 中，继承就像你从父母那里继承生物学基因一样，而不像是财产继承。

继承的过程是子类获取基类的数据属性和方法的一个副本，然后将其包含在它自己的对象类定义中。然后子类对象在类定义中添加自己的数据属性和方法，来让自己变成基类的一个特殊版本。

蚂蚁和昆虫的例子可以用来展示继承。为了使它们更简单，只是用了特征（数据属性）。但是也可以在这里使用行为（方法）。昆虫的基类对象的定义可能包含如下的数据属性：

- backbone='none'
- exoskeleton='chitinous'
- body='three-part'
- jointed_leg_pairs=3
- eyes='compound'
- antennae_pair=1

蚂蚁的对象类的定义继承了所有这 6 个昆虫的数据属性。添加下面 3 个属性，让子类（蚂蚁对象）成为基类（昆虫对象）的特殊的版本，如下所示：

- abdomen_thorax_width='narrow'
- abdomen_thorax_shape='humped'
- antennae='elbowed'

蚂蚁的"是一个"昆虫的关系会保留。基本上，蚂蚁"继承"了昆虫的对象定义。没有必要在蚂蚁对象定义中创建重复的数据属性和方法。因此，类问题就解决了。

15.3　在 Python 中使用继承

那么 Python 中的继承是什么样的？在一个类定义中的继承的基本语法如下所示：

```
class classname:
    base class data attributes
    base class mutator methods
    base class accessor methods
    class classname (base classname):
        subclass data attributes
        subclass mutator methods
        subclass accessor methods
```

清单 15.1 显示了鸟的类对象定义，它存储在对象模块/home/pi/py3prog/birds.py 中。Bird 类是一个超类，为了便于说明，它是对鸟的充分简化的对象定义。请注意，有 3 个不可变的数据属性：feathers（第 7 行）、bones（第 8 行）和 eggs（第 9 行）。唯一可变的数据属性是 sex（第 10 行），因为鸟的性别可以是雄性、雌性或者未知。

清单 15.1　鸟对象定义文件

```
1: pi@raspberrypi ~ $ cat /home/pi/py3prog/birds.py
2: # Bird base class
3: #
4: class Bird:
5:     #Initialize Bird class data attributes
6:     def __init__(self, sex):
7:         self.__feathers = 'yes'      #Birds have feathers
8:         self.__bones = 'hollow'      #Bird bones are hollow
```

```
 9:          self.__eggs = 'hard-shell'  #Bird eggs are hard-shell.
10:          self.__sex = sex            #Male, female, or unknown.
11:
12:      #Mutator methods for Bird data attributes
13:      def set_sex(self, sex):     #Male, female, or unknown.
14:          self.__sex = sex
15:
16:      #Accessor methods for Bird data attributes
17:      def get_feathers(self):
18:          return self.__feathers
19:
20:      def get_bones(self):
21:          return self.__bones
22:
23:      def get_eggs(self):
24:          return self.__eggs
25:
26:      def get_sex(self):
27:          return self.__sex
28: pi@raspberrypi ~ $
```

注意，在清单 15.1 中，Bird 类只有一个设值方法（第 12 行～第 14 行），并且有 4 个访问方法（第 16 行～第 27 行）。这没有太特别的地方，这些项目大部分都和第 14 章中的其他类的定义很相似。

15.3.1 创建子类

要给基类 Bird 添加一个子类，我们选择家燕（Barn Swallow，又叫欧洲燕子）。为了简便起见，BarnSwallow 子类也是简化过的。任何鸟类学家都会知道家燕还有比这里列举的更多的特性。

要添加 BarnSwallow 子类，必须使用类定义，如下所示：

```
class BarnSwallow(Bird):
```

类定义使得可以定义一个子类 BarnSwallow 继承自基类（Bird）。因此，BarnSwallow 子类对象的定义继承了 Bird 基类的所有的数据属性和方法。

在类初始化时，和初始化超类一样，子类 BarnSwallow 中所有的属性值都会初始化。这同时包括基类和子类的数据项，如下所示：

```
def __init__(self, feathers, bones, eggs, sex,
             migratory, flock_size):
```

在初始化代码块中，Bird 基类的__init__方法用来初始化继承的数据属性 feather、bones、eggs 以及 sex。这么做是因为继承的需要。可以像下面这样初始化继承的数据属性：

```
Bird.__init__(self, feathers, bones, eggs, sex)
```

现在可以开始特殊化 BarnSwallow 子类了。家燕有以下这些特化的数据属性。其中一个数据属性是不可改变的（migratory），然后另一个是可变的（flock_size）：

- migratory——设置为 yes，因为家燕以其大范围的迁徙而著名。
- flock_size——表示一个人看到的鸟的数量。

（记住这是一个非常简化的例子。真正的家燕应该有更多的数据属性。）

使用如下的 Python 语句来设置这些特殊化的数据属性。

```
self.__migratory = 'yes'
self.__flock_size = flock_size
```

因为第一个数据属性对于 BarnSwallow 是不可变的，所以只有 flock_size 有设值方法。如下所示：

```
def set_flock_size(self,flock_size):
    self.__flock_size = flock_size
```

最终，在 BarnSwallow 子类的对象定义中，必须为数据属性定义访问方法。如下所示：

```
def get_migratory(self):
    return self.__migratory
def get_flock_size(self, flock_size):
    return self.__flock_size
```

在对象定义的所有部分都确定了之后，就可以把子类添加到一个对象模块文件中了。

15.3.2 将子类添加到对象模块文件中

BarnSwallow 子类对象的定义可以与基类 Bird 存储在相同的模块文件中（如清单 15.2 所示）。

清单 15.2 Bird 对象文件中的 BarnSwallow 子类

```
1: pi@raspberrypi ~ $ cat /home/pi/py3prog/birds.py
2: # Bird base class
3: #
4: class Bird:
5:     #Initialize Bird class data attributes
6:     def __init__(self, sex):
7: [...]
8: #
9: # Barn Swallow subclass (base class: Bird)
10: #
11: class BarnSwallow(Bird):
12:
13:     #Initialize Barn Swallow data attributes & obtain Bird inheritance.
14:     def __init__(self, sex, flock_size):
15:
16:         #Obtain base class data attributes & methods (inheritance)
17:         Bird.__init__(self, sex)
18:
19:         #Initialize subclass data attributes
20:         self.__migratory = 'yes' #Migratory bird.
```

```
21:          self.__flock_size = flock_size #How many in flock.
22:
23:
24:     #Mutator methods for Barn Swallow data attributes
25:     def set_flock_size(self,flock_size): #No. of birds in sighting
26:          self.__flock_size = flock_size
27:
28:     #Accessor methods for Barn Swallow data attributes
29:     def get_migratory(self):
30:          return self.__migratory
31:     def get_flock_size(self):
32:          return self.__flock_size
33: pi@raspberrypi ~ $
```

从清单 15.2 中的第 2 行~第 7 行，可以看到 Bird 基类的部分定义。子类对象 BarnSwallow 的定义位于 birds.py 对象模块文件的第 8 行~第 32 行。

> **CAUTION**
>
> **警告：正确缩进**
>
> 记住，需要确保在对象模块文件中使用了正确的缩进，如果没有将对象模块的代码块正确缩进，Python 会报错，指出它找不到某个方法或属性。

继承允许在一个模块文件中使用子类和它的基类。但是在一个对象模块文件中，并不限制只有一个子类。

15.3.3　添加其他子类

可以向对象模块文件中添加其他的子类对象定义。例如，南非岩燕与家燕非常相似，但是它是非迁徙的燕子。

清单 15.3 添加了 SouthAfricanCliffSwallow 子类。同样，它是这种鸟抽象简化后的结果。然而，可以看到这个子类对象的定义在对象模块文件中有自己的位置。如果愿意的话，你可以列出存于 birds.py 文件中的每一种鸟的子类。

清单 15.3　Bird 对象文件中的 CliffSwallow 子类

```
1: pi@raspberrypi ~ $ cat /home/pi/py3prog/birds.py
2: # Bird base class
3: #
4: class Bird:
5:     #Initialize Bird class data attributes
6:     def __init__(self, sex):
7: [...]
8:
9: #
10: # Barn Swallow subclass (base class: Bird)
11: #
12: class BarnSwallow(Bird):
```

```
13:
14:      #Initialize Barn Swallow data attributes & obtain Bird inheritance.
15:      def __init__(self, sex, flock_size):
16: [...]
17: #
18: # South Africa Cliff Swallow subclass (base class: Bird)
19: #
20: class SouthAfricaCliffSwallow(Bird):
21:
22:      #Initialize Cliff Swallow data attributes & obtain Bird inheritance.
23:      def __init__(self, sex, flock_size):
24:
25:          #Obtain base class data attributes & methods (inheritance)
26:          Bird.__init__(self, sex)
27:
28:          #Initialize subclass data attributes
29:          self.__migratory = 'no'          #Non-migratory bird.
30:          self.__flock_size = flock_size   #How many in flock.
31:
32:
33:      #Mutator methods for Cliff Swallow data attributes
34:      def set_flock_size(self,flock_size):  #No. of birds in sighting
35:          self.__flock_size = flock_size
36:
37:      #Accessor methods for Cliff Swallow data attributes
38:      def get_migratory(self):
39:          return self.__migratory
40:      def get_flock_size(self):
41:          return self.__flock_size
42: pi@raspberrypi ~ $
```

记住，在解决任何问题的时候，模块化是很重要的，包括在 Python 脚本中。所以将 Bird 的所有子类保存在与 Bird 基类同样的文件中，这并不是一个好主意。

15.3.4　将子类方法放到它自己的对象模块文件中

为了更好地模块化，可以将基类放在一个对象模块文件中，然后将每一个子类都存储在自己的模块文件中。在清单 15.4 中，给出了修改后的/home/pi/py3prog/birds.py 对象模块文件中，它不再包含子类 BarnSwallow 和 SouthAfricanCliffSwallow。

清单 15.4　基类 Bird 的对象文件

```
pi@raspberrypi ~ $ cat /home/pi/py3prog/birds.py
# Bird base class
#
class Bird:
    #Initialize Bird class data attributes
    def __init__(self, sex):
[...]
```

```
      def get_sex(self):
          return self.__sex
pi@raspberrypi ~ $
```

要把一个子类放到独立的模块文件中，需要在文件中添加一条 import 语句，如清单 15.5 所示。这里，在子类 BarnSwallow 定义之前，基类 Bird 就已经导入到这个文件中了。

清单 15.5 子类 BarnSwallow 的对象文件

```
 1: pi@raspberrypi ~ $ cat /home/pi/py3prog/barnswallow.py
 2: #
 3: # BarnSwallow subclass (base class: Bird)
 4: #
 5: from birds import Bird    #import Bird base class
 6:
 7: class BarnSwallow(Bird):
 8:
 9:     #Initialize Barn Swallow data attributes & obtain Bird inheritance.
10:      def __init__(self, sex, flock_size):
11:
12:          #Obtain base class data attributes & methods (inheritance)
13:          Bird.__init__(self, sex)
14:
15:          #Initialize subclass data attributes
16:          self.__migratory = 'yes'          #Migratory bird.
17:          self.__flock_size = flock_size    #How many in flock.
18:
19:
20:      #Mutator methods for Barn Swallow data attributes
21:      def set_flock_size(self, flock_size): #No. of birds in sighting
22:             self.__flock_size = flock_size
23:
24:      #Accessor methods for Barn Swallow data attributes
25:      def get_migratory(self):
26:          return self.__migratory
27:      def get_flock_size(self):
28:          return self.__flock_size
29: pi@raspberrypi ~ $
```

可以看到，在清单 15.5 中的第 5 行导入了基类 Bird。注意，import 语句使用了 from *module_file_name* import *object_def* 的格式。这样做是因为模块的文件是 bird.py 而对象定义是叫做 Bird。在导入基类后，第 7 行～第 28 行定义了子类 BarnSwallow。

在创建了对象模块文件之后（一个模块文件包含基类，而其他的模块文件包含所有必要的子类），下一步就是在 Python 脚本中使用这些文件了。

15.4 在 Python 脚本中使用继承

在 Python 中使用继承类与使用常规的基类区别不大。子类 BarnSwallow 和

SouthAfricanCliffSwallow 同样都在 script1501.py 中使用了，和基类 Bird 一样。清单 15.6 中的脚本，只是简单地使用每个对象，然后显示每一个不可变的值。

清单 15.6　在 script1501.py 中的 Python 语句

```
 1: pi@raspberrypi ~ $ cat /home/pi/py3prog/script1501.py
 2: # script1501.py - Display Bird immutable data via Accessors
 3: # Written by Blum and Bresnahan
 4: #
 5: ############ Import Modules ##################
 6: #
 7: # Birds object file
 8: from birds import Bird
 9: #
10: # Barn Swallow object file
11: from barnswallow import BarnSwallow
12: #
13: # South Africa Cliff Swallow object file
14: from sacliffswallow import SouthAfricaCliffSwallow
15: #
16: def main ():
17:     ###### Create Variables & Object Instances ###
18:     #
19:     sex='unknown' #Male, female, or unknown
20:     flock_size='0'
21:     #
22:     bird=Bird(sex)
23:     barn_swallow=BarnSwallow(sex,flock_size)
24:     sa_cliff_swallow=SouthAfricaCliffSwallow(sex,flock_size)
25:     #
26:     ########## Show Bird Characteristics ########
27:     #
28:     print("A bird has",end=' ')
29:     if bird.get_feathers() == 'yes':
30:         print("feathers,", end=' ')
31:     print("bones that are", bird.get_bones(), end=' ')
32:     print("and", bird.get_eggs(), "eggs.")
33:     #
34:     ###### Show Barn Swallow Characteristics #####
35:     #
36:     print()
37:     print("A barn swallow is a bird that", end=' ')
38:     if barn_swallow.get_migratory() == 'yes':
39:         print("is migratory.")
40:     else:
41:         print("is not migratory.")
42:     #
43:     ######## Show Cliff Swallow Characteristics ######
44:     #
45:     print()
46:     print("A cliff swallow is a bird that", end=' ')
47:     if sa_cliff_swallow.get_migratory() == 'yes':
```

```
48:             print("is migratory.")
49:         else:
50:             print("is not migratory.")
51: ############################################################
52: #
53: ########## Call the main function #####################
54: main()
```

在这个脚本中,在开始主函数声明之前,从第 7 行～第 14 行导入了对象模块文件。变量 sex 和 flock size 作为参数使用,在第 19 行和第 20 行,分别被设置为 'unknows' 和 0。

在清单 15.6 中,对象实例在第 22 行～第 24 行声明。最后,使用每一个对象的访问函数获取每个对象类的不可变值。然后在第 28 行～第 50 行,它们被显示到屏幕上。

清单 15.7 显示了脚本 script1501.py 的运行,基类和子类的不可变值都显示了出来。

清单 15.7　script1501.py 的输出

```
pi@raspberrypi ~ $ python3 /home/pi/py3prog/script1501.py
A bird has feathers, bones that are hollow and hard-shell eggs.

A barn swallow is a bird that is migratory.

A cliff swallow is a bird that is not migratory.
pi@raspberrypi ~ $
```

脚本正常运行。在脚本中,BarnSwallow 对象和 SouthAfricaCliffSwallow 对象可以从基类 Bird 中继承属性和方法。

事实上,世界上有很多鸟类组织,如 Cornel's Great Backyard Bird Coun (www.birdsource.org/gbbc/),可以从那里查找鸟类的观测信息。我们修改了脚本 script1501.py 并包含了观测信息,然后将其更名为 script1502.py。

清单 15.8 显示了 script1502.py 脚本,它现在包含的方法用来获取鸟群大小的信息。

清单 15.8　script1502.py 中的 Python 语句

```
1: pi@raspberrypi ~ $ cat /home/pi/py3prog/script1502.py
2: # script1502.py - Record a Swallow Sighting
3: # Written by Blum and Bresnahan
4: #
5: ########### Import Modules ################
6: #
7: # Birds object file
8: from birds import Bird
9: #
10: # Barn Swallow object file
11: from barnswallow import BarnSwallow
12: #
13: # South Africa Cliff Swallow object file
14: from sacliffswallow import SouthAfricaCliffSwallow
15: #
16: # Import Date Time function
```

```
17: import datetime
18: #
19: ##################################################
20: def main (): #Mainline
21:      ###### Create Variables & Object Instances ###
22:      #
23:       flock_size='0' #Number of birds sighted
24:      sex='unknown'  #Male, female, or unknown
25:      species=''       #Barn or Cliff Swallow Object
26:      #
27:      barn_swallow=BarnSwallow(sex,flock_size)
28:      sa_cliff_swallow=SouthAfricaCliffSwallow(sex,flock_size)
29:      #
30:      ###### Instructions for Script User #########
31:      print()
32:      print("The following characteristics are listed")
33:      print("in order to help you determine what swallow")
34:      print("you have sighted.")
35:      print()
36:      #
37:      ###### Show Barn Swallow Characteristics #####
38:      #
39:      print("A barn swallow is a bird that", end=' ')
40:      if barn_swallow.get_migratory() == 'yes':
41:              print("is migratory.")
42:      else:
43:              print("is not migratory.")
44:      #
45:      ######## Show Cliff Swallow Characteristics ######
46:      #
47:      print("A cliff swallow is a bird that", end=' ')
48:      if sa_cliff_swallow.get_migratory() == 'yes':
49:              print("is migratory.")
50:      else:
51:              print("is not migratory.")
52:      #
53:      ######## Obtain Swallow Sighted #################
54:      print()
55:      print("Which did you see?")
56:      print("European/Barn Swallow - 1")
57:      print("African Cliff Swallow - 2")
58:      species = input("Type number & press Enter: ")
59:      print()
60:      #
61:      ######## Obtain Flock Size ################
62:      #
63:      flock_size=int(input("Approximately, how many did you see? "))
64:      #
65:      ###### Mutate Sighted Birds' Flock Size ####
66:      #
67:      if species == '1':
68:              barn_swallow.set_flock_size(flock_size)
```

```
69:         else:
70:             sa_cliff_swallow.set_flock_size(flock_size)
71:         #
72:         ###### Display Sighting Data ###############
73:         print()
74:         print("Thank you.")
75:         print("The following data will be forwarded to")
76:         print("the Great Backyard Bird Count.")
77:         print("www.birdsource.org/gbbc")
78:         #
79:         print()
80:         print("Sighting on \t", datetime.date.today())
81:         if species == '1':
82:             print("Species: \t European/Barn Swallow")
83:             print("Flock Size: \t", barn_swallow.get_flock_size())
84:             print("Sex: \t\t", barn_swallow.get_sex())
85:         else:
86:             print("Species: \t South Africa Cliff Swallow")
87:             print("Flock Size: \t", sa_cliff_swallow.get_flock_size())
88:             print("Sex: \t\t", sa_cliff_swallow.get_sex())
89: #
90: ############################################################
91: #
92: ########## Call the main function ########################
93: main()
94: pi@raspberrypi ~
```

注意清单 15.8 中的第 84 行和第 88 行，用来获取鸟的性别的访问方法.get_sex 是在基类 Bird 中定义的访问方法（见清单 15.1，第 26 行和第 27 行）。两个子类 BarnSwallow 和 SouthAfricaCliffSwallow 都从 Bird 中继承了这个方法。因此，它们可以使用继承的.get_sex 访问方法获取数据，这叫作多态。

NOTE	**技巧：多态**
	多态是子类可以拥有与基类同名的方法的能力，这有时候叫作重写一个方法。使用 base_class.method 或者 subclass.method，仍然可以访问每一个类的方法。

清单 15.9 展示了 Python script1502.py 的解释。当脚本执行时，子类毫无问题地继承了数据属性和方法。

清单 15.9　运行脚本 script1502.py

```
pi@raspberrypi:~$ python3 /home/pi/py3prog/script1502.py

The following characteristics are listed
in order to help you determine what swallow
you have sighted.

A barn swallow is a bird that is migratory.
A cliff swallow is a bird that is not migratory.
```

```
Which did you see?
European/Barn Swallow    - 1
African Cliff Swallow    - 2
Type number & press Enter: 1

Approximately, how many did you see? 7

Thank you.
The following data will be forwarded to
the Great Backyard Bird Count.
www.birdsource.org/gbbc

Sighting on      2016-08-05
Species:         European/Barn Swallow
Flock Size:      7
Sex:             unknown
pi@raspberrypi:~$
```

再次，为了简单起见，这些收集的数据都是精简过的。然而，为了帮助理解继承、子类和对象模块文件，我们要继续改进它。

实践练习

探索 Python 的继承和子类

在下面的步骤中，我们将改进鸟类观察信息脚本 script1502.py 来探索 Python 的继承和子类。按照下面的步骤来创建一个新的基类和子类。

1. 打开树莓派的电源并登录系统（如果还没有这么做的话）。

2. 如果 GUI 界面没有自动启动的话，输入 startx，然后回车打开它。

3. 双击 Terminal 图标打开 Terminal。

4. 在命令提示符处，输入 nano py3prog/script1503.py，然后按下回车键。这条命令将打开 nano 编辑器，并创建文件 py3prog/script1503.py。

5. 将清单 15.6 中的 script1502.py 的所有信息输入到 nano 编辑器窗口中，然后在最后一行按下回车键。这里要慢慢来，注意不要有输入错误。可以使用删除键和上下键修正错误。

提示：简单的方法　　　　　　　　　　　　　　　　　　　　　　　　**TIP**
　　除了自己输入这些内容，也可以从 informit.com/register 上下载 script1502.py。下载脚本后，直接使用下载的脚本代替 script1503.py，而不用再创建新的 script1503.py。

6. 确保 nano 文本编辑器窗口中输入了清单 15.6 中的代码（不包括行号）。如果需要的话，修正错误。

7. 通过按下 Ctrl+O 组合键，可以将刚才输入的文本写到文件中。该脚本的文件名会和提示信息 File name to write 显示在一起，按下回车键将内容写入到脚本 script1503.py 中。

8. 按下 Ctrl+X 组合键退出文本编辑器。

9. 在命令提示符处，输入 nano py3prog/birds.py，然后按下回车键。这条命令将打开 nano 编辑器，并创建文件 py3prog/birds.py。

10. 将清单 15.4 中的 birds.py 的所有信息输入到 nano 文本编辑器窗口中。你正在创建 Python 脚本所需要的 Bird 基类的对象文件。

> **TIP**
>
> **提示：继续使用简单的方法**
>
> 　　除了自己输入这些内容，也可以从 informit.com/register 上下载所有的 3 个文件：birds.py、barnswallow.py 以及 sacliffswallow.py。下载了这些模块文件后，可以跳过下面创建它们的步骤。

11. 确保将清单 15.4 中的语句输入到 nano 文本编辑器窗口中。如果需要的话，修正错误。

12. 通过按下 Ctrl+O 组合键，可以将刚才输入到文本编辑器的文本写到文件中。该脚本的文件名会和提示信息 File name to write 显示在一起，按下回车键，将内容写入到脚本 birds.py 对象文件中。

13. 按下 Ctrl+X 组合键退出文本编辑器。

14. 在命令提示符处，输入 nano py3prog/barnswallow.py，然后按下回车键。这条命令将打开 nano 编辑器，并创建文件 py3prog/barnswallow.py。

15. 将清单 15.5 中的 barnswallow.py 的所有信息输入到 nano 文本编辑器窗口中（不包括行号）。你正在创建的是 Python 脚本所需要的 BarnSwallow 子类的对象文件。

16. 确保将清单 15.5 中的语句输入到 nano 文本编辑器窗口了（不包括行号）。如果需要的话，修正错误。

17. 通过按下 Ctrl+O 组合键，可以将刚才输入到文本编辑器的文本写到文件中。该脚本的文件名会和提示信息 File name to write 显示在一起，按下回车键将内容写入到脚本 barnswallow.py 中。

18. 按下 Ctrl+X 组合键退出文本编辑器。

19. 在这里停一下！你已经非常接近了！在命令提示符处，输入 nano py3prog/sacliffswallow.py，然后按下回车键。这条命令将打开 nano 编辑器，并创建文件 py3prog/sacliffswallow.py。

20. 在 nano 文本编辑器窗口中，输入清单 15.3 中 birds.py 文件的第 17 行～第 19 行的内容（只是注释行，并且不包含行号）。

21. 现在，在 nano 编辑器窗口中输入如下内容：

```
from birds import Bird#import Bird base class
```

22. 输入清单 15.3 中从第 20 行～第 41 行的语句（不包括行号），完成 Python 脚本所需的 SouthAfricaCliffSwallow 子类。

23. 确保输入了清单 15.3 中语句以及额外的 import 语句。需要的话，修正错误。

24. 通过按下 Ctrl+O 组合键，可以将刚才输入的文本写到文件中。该脚本的文件名会和提示信息 File name to write 显示在一起，按下回车键，将内容写入到脚本 sacliffswallow.py 中。

25. 按下 Ctrl+X 组合键，退出文本编辑器。

26. 在进行改进之前，输入 python3 py3prog/sript1503.py，以确保所有的代码都正常工作。如果有任何报错信息，仔细检查 4 个脚本文件，修改错误。接下来，要开始进行改进了。

27. 创建一个名为 Sighting 的基类和名为 BirdSighting 的子类。为了简便起见，你可以将它们放到一个模块文件中。输入 nano py4prog/sightings.py，然后按下回车键。这条命令将打开 nano 编辑器，并创建对象模块文件 py3prog/sightings.py。

28. 向 nano 编辑器中输入如下代码：

```
# Sightings base class
#
class Sighting:
    #Initialize Sighting class data attributes
    def __init__(self, sight_location, sight_date):
        self.__sight_location = sight_location #Location of sighting
        self.__sight_date = sight_date         #Date of sighting

    #Mutator methods for Sighting data attributes
    def set_sight_location(self, sight_location):
        self.__sight_location = sight_location

    def set_sight_date(self, sight_date):
        self.__sight_date = sight_date

    #Accessor methods for Sighting data attributes
    def get_sight_location(self):
        return self.__sight_location

    def get_sight_date(self):
        return self.__sight_date
#
# Bird Sighting subclass (base class: Sighting)
#
class BirdSighting(Sighting):

    #Initialize Bird Sighting data attributes & obtain Bird inheritance.
    def __init__(self, sight_location, sight_date,
                 bird_species, flock_size):

        #Obtain base class data attributes & methods (inheritance)
        Sighting.__init__(self, sight_location, sight_date)

        #Initialize subclass data attributes
        self.__bird_species = bird_species  #Bird type
        self.__flock_size = flock_size      #How many in flock.


    #Mutator methods for Bird Sighting data attributes
```

```
        def set_bird_species(self,bird_species):
            self.__bird_species = bird_species

        def set_flock_size(self,flock_size):
            self.__flock_size = flock_size

        #Accessor methods for Bird Sighting data attributes
        def get_bird_species(self):
            return self.__bird_species
        def get_flock_size(self):
            return self.__flock_size
```

29. 通过按下 Ctrl+O 组合键，可以将刚才输入的文本写到文件中。该脚本的文件名会和提示信息 File name to write 显示在一起，按下回车键，将内容写入到 sightings.py 对象文件中。

30. 按下 Ctrl+X 组合键，退出文本编辑器。

31. 要使用这两个对象来修改脚本，在命令行输入 nano py3prog/script1503.py，然后按下回车键。

32. 作为第一个修改，在脚本的 Import Modules 部分，在导入 SouthAfricanCliffSwallow 对象模块文件的下面插入以下内容（向脚本中导入新的对象文件）：

```
# Sightings object file
from sightings import Sighting
#
# Birds sightings object file
from sightings import BirdSighting
```

33. 作为第二个修改，在脚本的 Create Varibale & Object Insntances 部分，在创建家燕和岩燕对象实例的下面，插入如下的内容，请正确缩进：

```
location='unknown'        #Location of sighting
date='unknown'            #Date of sighting
#
bird_sighting=BirdSighting(location,date,species,flock_size)
```

34. 作为第三个修改，删除 Obtain Flock Size 和 Mutate Sighted Birds' Flock Size 部分的代码，就是如下这些 Python 语句。

```
######## Obtain Flock Size ################
#
flock_size=int(input("Approximately, how many did you see? "))
#
###### Mutate Sighted Birds' Flock Size ####
#
if species == '1':
    barn_swallow.set_flock_size(flock_size)
else:
    sa_cliff_swallow.set_flock_size(flock_size)
#
```

35. 在删除代码的地方，添加如下内容：

```
######## Obtain Sighting Information ################
    #
location=input("Where did you see the birds? ")
print()
flock_size=int(input("Approximately, how many did you see? "))
    #
###### Mutate Sighted Birds' Information ####
    #
bird_sighting.set_sight_location(location)
bird_sighting.set_sight_date(datetime.date.today())
if species == '1':
        bird_sighting.set_bird_species('barn swallow')
else:
        bird_sighting.set_bird_species('SA cliff swallow')
bird_sighting.set_flock_size(flock_size)
    #
```

（注意这些设值方法，如.set_sight_date，现在它们全部来自 bird_sighting 子类。）

36. 作为第四个修改，在 Display Sighting Data 部分，删除如下的 Python 语句：

```
print("Sighting on \t", datetime.date.today())
if species == '1':
    print("Species: \t European/Barn Swallow")
    print("Flock Size: \t", barn_swallow.get_flock_size())
    print("Sex: \t\t", barn_swallow.get_sex())
else:
    print("Species: \t South Africa Cliff Swallow")
    print("Flock Size: \t", sa_cliff_swallow.get_flock_size())
    print("Sex: \t\t", sa_cliff_swallow.get_sex())
```

37. 在删除的地方，添加如下内容：

```
print("Sighting Date: \t", bird_sighting.get_sight_date())
print("Location: \t", bird_sighting.get_sight_location())
if species == '1':
        print("Species: \t European/Barn Swallow")
else:
        print("Species: \t South Africa Cliff Swallow")
print("Flock Size: \t", bird_sighting.get_flock_size())
```

（注意这些访问方法，如.get_flock_size，现在全部来自于 bird_sighting 子类。）

38. 检查刚才对 script1503.py 脚本进行的 4 个主要的修改，确保没有输入错误和缩进错误。

39. 通过按下 Ctrl+O 组合键，可以将刚才输入的文本写到文件中。该脚本的文件名会和提示信息 File name to write 显示在一起，按下回车键，将内容写入到脚本 script1503.py 中。

40. 按下 Ctrl+X 组合键退出文本编辑器。现在，所需要做的就是看结果了。

41. 要测试对脚本的修改，在命令行输入 python3/home/pi/py3prog/script1503.py，然后按下回车键。回答脚本的问题，如果脚本和对象定义文件没有问题的话，输出应该如清单 15.10 所示。

▲

清单 15.10 运行脚本 script1503.py

```
pi@raspberrypi:~$ python3 /home/pi/py3prog/script1503.py

The following characteristics are listed
in order to help you determine what swallow
you have sighted.

A barn swallow is a bird that is migratory.
A cliff swallow is a bird that is not migratory.

Which did you see?
European/Barn Swallow    - 1
African Cliff Swallow    - 2
Type number & press Enter: 1

Where did you see the birds? Indianapolis, Indiana, USA

Approximately, how many did you see? 21

Thank you.
The following data will be forwarded to
the Great Backyard Bird Count.
www.birdsource.org/gbbc

Sighting Date:    2016-08-05
Location:         Indianapolis, Indiana, USA
Species:          European/Barn Swallow
Flock Size:       21
pi@raspberrypi:~$
```

干得不错！你已经完成了相当多的工作了，但是如果像大多数的脚本编写者一样的话，可能已经发现了几个可以改进的地方了。例如，对于用户输入的数据没有检测。数据应该输出到一个文件，而不仅仅是显示到屏幕上。此外，为了使数据有用，这一天的具体时间应该记录下来，并且应该添加更多的鸟类。可以对这个脚本进行各种各样的修改。

这有一个想法可以作为开始。从脚本 script1503.py 开始，通过给燕子这个子类对象模块文件添加更好的鸟类描述，以帮助区分这一物种。现在，我们知道如何使用继承来创建子类了，我们可以像"排成一排的鸭子"一样编写观察鸟类的脚本了。

15.5 小结

在本章中，我们学习了类的问题、Python 子类以及继承；我们学习了如何在基类所在的类模块文件中创建一个子类。同样，还学习了如何为子类创建一个单独的类模块文件。最后，我们看到了一些实际使用基类和子类的例子。在第 16 章中，我们将学习正则表达式，这对于在 Python 中操作字符串是很方便的。

15.6 Q&A

Q. 在 Python 中"是一个"关系和"有一个"关系的区别是什么？

A. "是一个"的关系是子类和基类之间的关系。例如，燕子"是一个"鸟。"有一个"的关系是存在一个类（子类或者基类）和它的数据属性和方法之间的。例如，在查看鸟的类的定义时，可以从一个数据属性看到，鸟是"有"羽毛的。

Q. 我在基类对象文件中添加了一个子类的定义，但是当尝试使用其中一个方法时，Python 告诉我没有找到这个方法。为什么？

A. 最有可能的是没有正确地对类文件进行缩进。请重新尝试在 IDLE3 中创建该文件，它会帮助你进行缩进。一个更好的解决方法是，使用 IDLE3 编辑器创建这个子类的独立的对象文件。只要正确地添加基类的导入语句即可。

Q. 我必须使用子类吗？

A. 不是的，没有任何 Python 的格式规则强制必须使用子类。然而，在要避免类重复的问题的时候，使用子类来解决是一种更好的方法。

15.7 练习

15.7.1 问题

1. 超类和派生类是同一个东西。对还是错？
2. 当子类从基类接收属性和方法时被叫作什么？
3. _____是子类的另一个名称。
4. 对于要用作基类的一个对象，至少需要有一个可变的数据属性。对还是错？
5. 哪一个 Python 语句是声明基类 Insect 的子类 Ant 的正确语句？

    a. class Insect(Ant):
    b. class Ant(Insect):
    c. from Insect subclass Ant():

6. 可以将一个超类对象定义及其一个或多个子类的定义都存储到相同的模块文件中。对还是错？
7. 子类拥有与其基类中的方法相同名称的方法的能力，有时候叫作覆盖一个方法或_____。
8. 超类和子类定义应该存储到一个（或多个）文件名以_____结尾的文件中。
9. 如果 Python 给出一条错误消息，表明它无法找到一个方法或数据属性，很可能是你没有在对象模块文件中做什么？

10．要访问一个子类的数据属性的值，必须使用该子类的一个设值方法。对还是错？

15.7.2 答案

1．错误。超类也被叫作基类。子类从基类继承属性和方法，也叫作派生类，因为它的属性和方法是从基类派生的。

2．当子类从基类接收属性和方法时，使用继承这个术语。

3．派生类是子类的另一个名称。

4．错的。对于要用作基类的一个对象，可以拥有任意多个（包括 0 个）可变的数据属性。

5．答案 b 是正确的。要正确地从基类 Insect 创建子类 Ant，你可以使用 class Ant(Insect):。

6．对的。可以将一个超类对象定义及其一个或多个子类的定义都存储到相同的模块文件中。尽管有的时候最好将它们存储在不同的文件中，例如，当有很多的子类的时候。

7．子类拥有与其基类中的方法相同名称的方法的能力，有时候叫作覆盖一个方法或多态。

8．超类和子类定义应该存储到一个（或多个）文件名以.py 结尾的文件中。

9．如果 Python 给出一条错误消息，表明它无法找到一个方法或数据属性，很可能是在对象模块文件中没有使用正确的缩进。

10．错的。要访问一个子类的数据属性的值，必须使用该子类的一个访问方法。

第 16 章

正则表达式

本章包括如下主要内容：

- 什么是正则表达式
- 定义正则表达式模式
- 如何在脚本中使用正则表达式

在 Python 脚本中最常使用的功能就是操作字符串数据了。Python 最为人称道的就是搜索和修改字符串的能力。Python 所支持的字符串解析功能之一，就是正则表达式。在本章中，我们将学习什么是正则表达式，如何在 Python 中使用正则表达式以及如何在 Python 脚本中使用它们。

16.1　什么是正则表达式

很多人都很难理解什么是正则表达式。要理解正则表达式，第一步是搞清楚它们确切的定义是什么以及它们能为你做什么。以下各节将解释什么是正则表达式以及 Python 如何使用正则表达式帮助你进行字符串操作。

16.1.1　定义正则表达式

正则表达式是我们创建来过滤文本的模式。一个程序或者脚本使用你所定义的模式来匹配数据，就像数据流过这个程序一样。如果数据匹配这个模式，则接受它并进行处理。如果数据不匹配这个模式，则拒绝接收。图 16.1 展示了正则表达式如何工作。

虽然你可能熟悉普通的文本搜索，但正则表达式提供的功能远不止于此。正则表达式是利用通配符来表示数据流中的一个或多个字符。可以在正则表达式中使用多个特殊字符，类定义一个特定的模式以便过滤数据。这意味着，在定义字符串模式时有很大的灵活性。

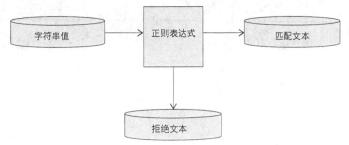

图 16.1 使用正则表达式匹配数据

16.1.2 正则表达式的类型

使用正则表达式的最大问题是，它们有不止一个版本。不同的程序使用不同类型的正则表达式。不同类型的工具，如编程语言（例如 Java、Perl、Python）、Linux 工具（例如 sed 编辑器、gawk 程序以及 grep 工具）以及主流的应用（例如 MySQL 和 PostgreSQL 数据库服务器）等，它们也会使用不同类型的正则表达式。

正则表达式是通过使用正则表达式引擎来实现的。一个正则表达式引擎实际上是一个底层软件，它解释正则表达式模式，并使用这个模式匹配文本。

在开源软件世界，有两种正则表达式引擎。

- POSIX 基本正则表达式（BRE）引擎。
- POSIX 扩展正则表达式（ERE）引擎。

大部分的开源程序都至少遵守 POSIX BRE 引擎的规范，识别它定义的所有符号。遗憾的是，一些工具（如 sed 编辑器）只遵守 BRE 引擎规范的一个子集。这是由于速度的限制，sed 编辑器尝试尽可能快速地处理数据流中的文本。

POSIX ERE 引擎通常出现在依赖正则表达式做文本过滤的编程语言中。它为常用的模式提供了高级的模式符号以及特殊符号，例如匹配数字、单词和字母、数字字符等模式。Python 编程语言使用 ERE 引擎处理正则表达式模式。

16.2 在 Python 中使用正则表达式

开始在 Python 脚本编程正则表达式过滤数据之前，我们需要知道如何使用它们。Python 语言提供了 re 模块来支持正则表达式。re 模块包含在 Raspbian 的 Python 默认安装中，不需要做任何特殊的事情，就可以在脚本中使用正则表达式，只要在脚本开头导入 re 模块就可以了：

```
import re
```

然而，re 模块提供了两个不同的方法来定义和使用正则表达式。接下来的小节将介绍如何使用这两种方法。

正则表达式函数

在 Python 中使用正则表达式最简单的方法是，直接使用 re 模块提供的正则表达式函数。

表 16.1 列出了可用的函数。

表 16.1   re 模块函数

函　　数	描　　述
match	从字符串开头查找模式
search	从字符串的任意位置查找模式
findall	查找所有匹配模式的子串并返回一个列表
finditer	查找所有匹配模式的子串并返回一个迭代器

re 模块的函数接收两个参数。第一个参数是正则表达式模式，第二个参数是应用这个模式的文本字符串。

正则表达式函数 match()和 search()在文本字符串匹配这个模式时返回布尔值 True，在不匹配时返回 False，这使得它们非常适合用于 if-then 语句中。

16.3　match()函数

match()函数所做的事情名副其实：它试图用正则表达式模式匹配一个文本字符串。有一点棘手的地方是，它只是从字符串开头的位置开始匹配。如下面的例子所示：

```
>>> re.match('test', 'testing')
<_sre.SRE_Match object at 0x015F9950>
>>> re.match('ing', 'testing')
>>>
```

第一个匹配的输出显示匹配成功了。当匹配失败时，match()函数只返回一个 False 值，这在 IDLE 界面中是没有任何输出的。

16.4　search()函数

search()函数比 match()函数更灵活一些：它将正则表达式应用于整个字符串上，只要在字符串的任意位置找到这个模式，则返回 True。如下面的例子所示：

```
>>> re.search('ing', 'testing')
<_sre.SRE_Match object at 0x015F9918>
>>>
```

这里，search()函数的输出表明它在字符串中找到一个匹配的模式。

16.5　findall()函数和 finditer()函数

findall()函数和 finditer()函数都返回在字符串中找到的多个模式的实例。findall()函数将匹配到的字符串的值作为一个列表返回，如下所示：

```
>>> re.findall('[ch]at', 'The cat wore a hat')
['cat', 'hat']
>>>
```

finditer()函数则返回一个可以迭代的对象，可以使用 for 语句来遍历该结果。

编译正则表达式

如果你发现自己经常在代码中使用相同的正则表达式，可以将这个表达式编译并存储在一个变量中。然后，就可以在代码的任何想进行正则表达式模式匹配的地方使用这个变量。

要编译一个表达式，可以使用 compile()函数，指定作为参数的正则表达式以及存储结果的变量，如下所示：

```
>>> pattern = re.compile('[ch]at')
```

在存储了这个编译过的正则表达式后，就可以直接在 match()或 search()函数中使用它，如下所示：

```
>>> pattern.search('This is a cat')
<_sre.SRE_Match object at 0x015F9988>
>>> pattern.search('He wore a hat')
<_sre.SRE_Match object at 0x015F9918>
>>> pattern.search('He sat in a chair')
>>>
```

使用编译的正则表达式的另一个好处是，可以指定标志位来控制正则表达式匹配中的一个特殊的功能。表 16.2 列出了这些标志以及它们所控制的内容。

表 16.2   编译标志

标　　志	缩　　写	描　　述
DEBUG		显示调试信息
IGNORECASE	I	执行不区分大小写的匹配
LOCLE	L	支持来自本地字符集的字符
MULTILINE	M	从每一行的开始到结尾匹配单独的行
DOTALL	S	允许匹配换行符
UNICODE	U	使用 Unicode 字符
VERBOSE	X	允许模式中有空白字符

例如，默认情况下，正则表达式匹配是区分大小写的。要进行不区分大小写的匹配，只要在编译表达式的时候指定 re.I 标志就可以了，如下所示：

```
>>> pattern = re.compile('[ch]at', re.I)
>>> pattern.search('Cat')
<_sre.SRE_Match object at 0x015F9988>
>>> pattern.search('Hat')
<_sre.SRE_Match object at 0x015F9918>
>>>
```

在文本中的任何地方，search()函数现在既可以匹配大写也可以匹配小写了。

16.6   定义基本的模式

定义正则表达式是一门科学也是一门艺术。已经有整本的书编写出来讲述如何创建正则表达式来匹配不同类型的数据（例如电子邮件地址、电话号码或者社会安全号码）。本节的主要目标是提供一些如何在日常文本搜索中使用正则表达式的基础知识，而不是展示一些不同的正则表达式模式。

16.6.1   纯文本

搜索文本的最简单模式是使用想要查找的文本，如下面的例子所示：

```
>>> re.search('test', 'This is a test')
<_sre.SRE_Match object at 0x015F99C0>
>>> re.search('test', 'This is not going to work')
>>>
```

使用 search() 函数，正则表达式不关心模式在哪个位置出现。无论模式出现多少次都没问题。当正则表达式在文本字符串的任何位置上匹配到模式时，该函数就返回 True。

关键是使用正则表达式匹配这个文本。要记住的很重要的一点是，正则表达式在匹配模式时是非常挑剔的。默认情况下，正则表达式的模式是区分大小写的。这意味着只会匹配大小写正确的字符，如下所示：

```
>>> re.search('this', 'This is a test')
>>>
>>> re.search('This', 'This is a test')
<_sre.SRE_Match object at 0x015F9988>
>>>
```

第一次尝试失败了，因为单词 this 在文本字符串中并不是全小写的形式；第二次尝试，在模式中使用了大写字母，匹配正常工作。

不必限制自己在正则表达式中使用整个单词。如果定义的文本出现在数据流的任何位置，正则表达式就会匹配，如下所示：

```
>>> re.search('book', 'The books are expensive')
<_sre.SRE_Match object at 0x015F99C0>
>>>
```

即便在数据流中的文本是 books，但是数据流中包含了正则表达式 book，因此这个模式就匹配了这个数据。当然，如果进行相反的尝试，正则表达式会失败，如下面的例子所示：

```
>>> re.search('books', 'The book is expensive')
>>>
```

同样不必限制自己在正则表达式中使用单个的文本单词。可以在文本字符串中包含空格和数字，如下所示：

```
>>> re.search('This is line number 1', 'This is line number 1')
```

```
<_sre.SRE_Match object at 0x015F9988>
>>> re.search('ber 1', 'This is line number 1')
<_sre.SRE_Match object at 0x015F99F8>
>>> re.search('ber 1', 'This is line number1')
>>>
```

如果在正则表达式中定义了空格，则它必须出现在数据流中。甚至可以创建一个正则表达式来匹配多个连续的空格，如下所示：

```
>>> re.search('  ', 'This line has too many spaces')
<_sre.SRE_Match object at 0x015F9988>
>>>
```

在单词之间有两个的空格的行会匹配这个正则表达式模式。这是在文本文件中找出间距问题的一个很好的方法。

16.6.2　特殊字符

在正则表达式中使用文本字符串的时候，有些事情必须要知道：在正则表达式中定义文本字符串时有一些例外，正则表达式赋予了几个字符特殊的意义。如果试图在文本模式中使用这些字符，将不会得到期待的结果。

正则表达式识别如下这些特殊字符：

. * [ ] ^ $ { } \ + ? | ( )

阅读完本章，就会搞清楚这些特殊字符在正则表达式中做了什么。现在，记住，不能在文本模式中使用它们。

如果想将任何一个特殊字符作为文本字符使用，需要转义它们。要转义一个特殊字符，可以在它之前添加另一个字符来让正则表达式引擎将下一个字符作为普通文本字符解释。用来做到这一点的特殊字符是反斜杠字符（\）。

在 Python 中，反斜杠在字符串值中也有特殊的意义。要解决这个问题，如果想对特殊字符使用一个反斜杠字符，可以创建一个原始的字符串，使用 r 命名法：

r'xtstring'

例如，如果在文本中搜索一个美元符号，只要在它之前放置一个反斜杠字符，如下所示：

```
>>> re.search(r'\$', 'The cost is $4.00')
<_sre.SRE_Match object at 0x015F9918>
>>>
```

可以在正则表达式中使用原始字符串，即使它们不包含任何反斜杠。某些程序员习惯于总是使用原始的文本字符串。

16.6.3　锚字符

如在 16.3.1 所介绍的，默认情况下，当指定了正则表达式模式时，这个模式可以出现在数据流的任何地方并充当一个匹配。有两个特殊字符可以用来标记模式在数据流中开始的地方或结尾的位置：^和$。

1. 从头开始

^字符定义了从数据流中一行文本的开头位置匹配的模式。如果该模式出现在开头位置以外的其他地方，那么这个正则表达式模式则匹配失败。

要使用^字符，必须将其放在所指定的正则表达式的前面，如下所示：

```
>>> re.search('^book', 'The book store')
>>> re.search('^Book', 'Books are great')
<_sre.SRE_Match object at 0x015F9988>
>>>
```

^字符在每个字符串而不是每一行的开始处查找模式。如果需要匹配每一行的开头，则需要 MUTILINE 特性编译正则表达式，如下面的例子所示：

```
>>> re.search('^test', 'This is a\ntest of a new line')
>>>
>>> pattern = re.compile('^test', re.MULTILINE)
>>> pattern.search('This is a\ntest of a new line')
<_sre.SRE_Match object at 0x015F9988>
>>>
```

在第一个例子中，这个模式并不匹配第二行的单词 test。在第二个例子中，使用了 MULTILINE 特性，就可以匹配了。

> **提示：^与 match()函数**　　　　　　　　　　　　　　**TIP**
> 　　你可能注意到了，^特殊字符做了和 match()函数同样的事情。当处理脚本时，可以将它们交换。

2. 查找结尾

与在一行的开头查找模式相反的是，从一行的结尾开始查找模式。美元符号（$）定义了结尾的锚。可以在文本模式之后，加入这个特殊字符，来表示这个模式必须匹配到这行数据的结尾，如下面的例子所示：

```
>>> re.search('book$', 'This is a good book')
<_sre.SRE_Match object at 0x015F99F8>
>>> re.search('book$', 'This book is good')
>>>
```

使用结尾文本模式时，必须要特别小心地对待要查找的内容，如下所示：

```
>>> re.search('book$', 'There are a lot of good books')
>>>
```

因为单词 book 在文本行的结尾是复数，因此不再匹配正则表达式，即使 book 确实在数据流中。这个文本模式必须是位于行中最后的位置，才能让模式匹配。

3. 组合锚

有些情况下，可以在同一行组合开始锚点和结尾锚点。在第一种情况中，假设想要查找只包含特定的文本模式的一行数据，如下面的例子所示：

```
>>> re.search('^this is a test$', 'this is a test')
<_sre.SRE_Match object at 0x015F9918>
>>> re.search('^this is a test$', 'I said this is a test')
>>>
```

第二种情况可能看起来比第一种更奇怪，但是它非常有用。通过将两个锚字符组合在一起而不使用任何文本，可以过滤空字符。看看下面这个例子：

```
>>> re.search('^$', 'This is a test string')
>>> re.search('^$', "")
<_sre.SRE_Match object at 0x015F99F8>
>>>
```

定义的这个表达式查找在行开始和结尾之间没有任何文本的行。因为空行在两个换行符之间不包含任何文本，因此它们匹配这个模式。这是从文档中移除空白行的一种高效的方法。

16.6.4 点字符

点字符用来匹配除了换行符以外的任意单个字符。点字符必须是某个字符；如果在点的位置没有字符，则模式失败。

我们来看看在正则表达式中使用点字符的例子：

```
>>> re.search('.at', 'The cat is sleeping')
<_sre.SRE_Match object at 0x015F9988>
>>> re.search('.at', 'That is heavy')
<_sre.SRE_Match object at 0x015F99F8>
>>> re.search('.at', 'He is at the store')
<_sre.SRE_Match object at 0x015F9988>
>>> re.search('.at', 'at the top of the hour')
>>>
```

第三个测试有点技巧。注意，想要匹配 at，但是在它之前没有任何字符能匹配点字符，可实际上是有的。在正则表达式中，空格也算字符，因此 at 前的空格匹配了这个模式。最后一个测试证明了将 at 放在一行的开头会导致这个模式匹配失败。

16.6.5 字符分类

在使用任何字符匹配一个字符位置时，点字符功能是非常强大的。但是如果想要限制使用哪些字符来匹配呢？这就是所谓的正则表达式字符分类。

可以定义一类字符在文本模式中匹配一个位置。如果字符类中的一个字符出现在数据流中，则模式匹配。

要定义一个字符分类，需要使用方括号。括号中包含想要包括在这个分类中的任何字符。然后，可以在模式中使用整个字符分类，就像使用其他通配符一样。这需要一点时间来适应，但是一旦抓住了要点，将会看到能够用它们创造一些惊人的漂亮结果。

如下是创建字符类的一个例子：

```
>>> re.search('[ch]at', 'The cat is sleeping')
<_sre.SRE_Match object at 0x015F9918>
>>> re.search('[ch]at', 'That is a very nice hat')
<_sre.SRE_Match object at 0x015F99F8>
>>> re.search('[ch]at', 'He is at the store')
>>>
```

这一次，正则表达式只匹配 at 前面是 c 或者 h 的字符串了。

可以在一个表达式中使用多个字符类，如下面的例子所示：

```
>>> re.search('[Yy][Ee][Ss]', 'Yes')
<_sre.SRE_Match object at 0x015F9988>
>>> re.search('[Yy][Ee][Ss]', 'yEs')
<_sre.SRE_Match object at 0x015F99F8>
>>> re.search('[Yy][Ee][Ss]', 'yeS')
<_sre.SRE_Match object at 0x015F9988>
>>>
```

这个正则表达式使用 3 个字符分类来同时覆盖 3 个位置的大小写字符。

字符分类不一定必须是字符。也可以在其中使用数字，如下所示：

```
>>> re.search('[012]', 'This has 1 number')
<_sre.SRE_Match object at 0x015F99F8>
>>> re.search('[012]', 'This has the number 2')
<_sre.SRE_Match object at 0x015F9988>
>>> re.search('[012]', 'This has the number 4')
>>>
```

这个正则表达式模式匹配任何包含数字 0、1 或者 2 的行。任何其他数字都会被忽略，其中没有数字的行也会被忽略。

对于检查正确格式化的数字来说（如电话号码和邮编），这是一个非常好的特性。但是，记住正则表达式模式可以在文本或数据流的任何位置进行匹配。因此除了匹配的模式字符之外，应该还有其他额外的字符。

例如，如果想要匹配一个五位数字的邮编，可以使用行开始字符和结尾字符来确保只匹配五位数字：

```
>>> re.search('^[0123456789][0123456789][0123456789][0123456789][0123456789]$'
, '12345')
<_sre.SRE_Match object at 0x0154FC28>
>>> re.search('^[0123456789][0123456789][0123456789][0123456789][0123456789]$'
, '123456')
>>> re.search('^[0123456789][0123456789][0123456789][0123456789][0123456789]$',
'1234')
>>>
```

如果邮编中少于或多于 5 个数字，则正则表达式返回 False。

16.6.6　字符分类取反

在正则表达式模式中，可以反转一个字符类的结果。可以查找任何不在分类中的字符，而不是查找只包含在类中的字符。要做到这一点，只需在字符分类的开头放置^字符，如下所示：

```
>>> re.search('[^ch]at', 'The cat is sleeping')
>>> re.search('[^ch]at', 'He is at home')
<_sre.SRE_Match object at 0x015F9988>
>>> re.search('[^ch]at', 'at the top of the hour')
>>>
```

通过对字符类取反，正则表达式模式会匹配任何不是 c 或者 h 的字符。因为空格字符符合这个分类，因此它通过了匹配。但是，即使是对字符分类取反，它仍然需要匹配一个字符，所以 at 位于行开头的情况仍然不能匹配这个模式。

16.6.7　使用范围

你可能已经注意到了，在邮政编码的例子中的模式非常怪异：所有可能的数字都列举在字符分类中。好在，可以使用简写方式来避免这样做。

可以使用连接符在字符分类中指定一个字符范围。只需要指定范围的第一个字符，然后跟着一个连接符，然后是范围的最后一个字符。正则表达式会把所有在这个范围中的字符包含进来，当然这依赖于在设置树莓派系统时所定义的字符集。

现在，我们可以使用数字范围来简化邮编的例子：

```
>>> re.search('^[0-9][0-9][0-9][0-9][0-9]$', '12345')
<_sre.SRE_Match object at 0x01570C98>
>>> re.search('^[0-9][0-9][0-9][0-9][0-9]$', '1234')
>>> re.search('^[0-9][0-9][0-9][0-9][0-9]$', '123456')
>>>
```

这减少了很多输入。每一个字符分类匹配从 0～9 的任何数字。同样的技术也能用于字母：

```
>>> re.search('[c-h]at', 'The cat is sleeping')
<_sre.SRE_Match object at 0x0154FC28>
>>> re.search('[c-h]at', "I'm getting too fat")
<_sre.SRE_Match object at 0x01570C98>
>>> re.search('[c-h]at', 'He hit the ball with the bat')
>>> re.search('[c-h]at', 'at')
>>>
```

这个新的模式，[c-h]at，只匹配在字母 c 和字母 h 之间的字母。在这种情况下，只有单词 at 和 bat 的行匹配失败了。

也可以在字符分类中指定多个非连续的范围：

```
>>> re.search('[a-ch-m]at', 'The cat is sleeping')
<_sre.SRE_Match object at 0x0154FC28>
>>> re.search('[a-ch-m]at', 'He hit the ball with the bat')
<_sre.SRE_Match object at 0x01570CD0>
>>> re.search('[a-ch-m]at', "I'm getting too fat")
>>>
```

这个字符分类允许范围 a～c、h～m 中的字母出现在文本 at 之前。这个范围拒绝了任何在 d～g 之间的字母。

16.6.8　星号

在一个字符后面放一个星号，表示这个字符可以在文本中出现 0 次或多次，如下面的例子所示：

```
>>> re.search('ie*k', 'ik')
<_sre.SRE_Match object at 0x0154FC28>
>>> re.search('ie*k', 'iek')
<_sre.SRE_Match object at 0x01570CD0>
>>> re.search('ie*k', 'ieek')
<_sre.SRE_Match object at 0x0154FC28>
>>> re.search('ie*k', 'ieeek')
<_sre.SRE_Match object at 0x01570CD0>
>>>
```

这种模式符号通常用来处理单词的错误拼写或者在语言中的多种拼写方法。例如，如果需要编写一个脚本，而这个脚本可能供使用美式英语或者英式英语的人使用，那么可以这样编写：

```
>>> re.search('colou*r', 'I bought a new color TV')
<_sre.SRE_Match object at 0x0154FC28>
>>> re.search('colou*r', 'I bought a new colour TV')
<_sre.SRE_Match object at 0x01570C98>
>>>
```

模式中的 u*表示单词 u 在模式匹配时可以出现或者不出现在文本中。

另一个好用的特性是结合点字符和星号字符。这种组合提供了匹配任意数量的任意字符的一个模式。它经常用于文本中查找可能连续出现也可能彼此分开的两个字符串：

```
>>> re.search('regular.*expression', 'This is a regular pattern expression')
<_sre.SRE_Match object at 0x0154FC28>
>>>
```

使用这种模式，可以很容易地搜索在文本中任何地方出现的多个词。

16.7　使用高级正则表达式特性

因为 Python 支持扩展的正则表达式，因此有更多的工具可以使用。接下来的小节将介绍这些内容。

16.7.1　问号

问号与星号类似，但是略有不同。问号表示它前面的字符可以出现零次或者一次，仅此而已。它不匹配重复出现的字符。在下面的例子中，如果字符 e 不出现在文本中，或者它只出现一次，则模式匹配：

```
>>> re.search('be?t', 'bt')
<_sre.SRE_Match object at 0x01570CD0>
>>> re.search('be?t', 'bet')
<_sre.SRE_Match object at 0x0154FC28>
>>> re.search('be?t', 'beet')
>>>
```

16.7.2　加号

加号是另一个与星号类似的模式符号，但是与问号有所不同。加号表示它前面的字符可以出现一次或者多次，但是必须至少出现一次。如果字符不出现的话，这个模式是不会匹配的。在下面的例子中，如果字符 e 不出现，则模式匹配失败：

```
>>> re.search('be+t', 'bt')
>>> re.search('be+t', 'bet')
<_sre.SRE_Match object at 0x01570C98>
>>> re.search('be+t', 'beet')
<_sre.SRE_Match object at 0x0154FC28>
>>> re.search('be+t', 'beeet')
<_sre.SRE_Match object at 0x01570C98>
>>>
```

16.7.3　使用大括号

在 Python 正则表达式中，使用大括号可以指定在正则表达式中重复的限定次数。这通常叫作一个间隔。可以以两个格式来表示间隔。

- {m}——正则表达式确定出现 m 次。
- {m,n}——正则表达式至少出现 m 次但最多不超过 n 次。

这个特性允许对一个字符（或字符类）在模式中出现的次数进行微调。在下面例子中，字符 e 出现一次或者两次都可以让模式匹配通过；否则，模式匹配失败：

```
>>> re.search('be{1,2}t', 'bt')
>>> re.search('be{1,2}t', 'bet')
<_sre.SRE_Match object at 0x0154FC28>
>>> re.search('be{1,2}t', 'beet')
<_sre.SRE_Match object at 0x01570C98>
>>> re.search('be{1,2}t', 'beeet')
>>>
```

16.7.4　管道符号

管道符号允许指定两个或者多个模式，让正则表达式引擎将其用于逻辑 OR 公式中来检查数据流。如果任何一个模式匹配文本，则文本通过。如果没有模式匹配，则数据流文本失败。

使用管道符号的语法如下所示：

expr1 | expr2 |...

下面是一个例子：

```
>>> re.search('cat|dog', 'The cat is sleeping')
<_sre.SRE_Match object at 0x0154FC28>
>>> re.search('cat|dog', 'The dog is sleeping')
<_sre.SRE_Match object at 0x01570C98>
>>> re.search('cat|dog', 'The horse is sleeping')
>>>
```

这个例子展示了在数据流中查找表达式 cat 或者 dog。

不能在管道符号的正则表达式中放置任何的空格，否则它们会添加到正则表达式模式之中。

16.7.5　分组表达式

正则表达式模式可以使用括号来分组。当对一个正则表达式分组时，这个组会当成一个标准字符对待。可以像对常规字符一样对这个组使用特殊字符。如下面的例子所示：

```
>>> re.search('Sat(urday)?', 'Sat')
<_sre.SRE_Match object at 0x00B07960>
>>> re.search('Sat(urday)?', 'Saturday')
<_sre.SRE_Match object at 0x015567E0>
>>>
```

对 day 的分组结尾使用一个问号，这使得这个模式既能匹配全称也能匹配缩写。

分组通常与管道符号同时使用，来创建可能的分组匹配，如下所示：

```
>>> re.search('(c|b)a(b|t)', 'cab')
<_sre.SRE_Match object at 0x015493C8>
>>> re.search('(c|b)a(b|t)', 'cat')
<_sre.SRE_Match object at 0x0157CCC8>
>>> re.search('(c|b)a(b|t)', 'bat')
<_sre.SRE_Match object at 0x015493C8>
>>> re.search('(c|b)a(b|t)', 'tab')
>>>
```

模式(c|b)a(b|t)匹配第一个分组中的字母和第二分组中的字母的任意组合。

16.8　在 Python 脚本中使用正则表达式

看看正则表达式在 Python 脚本中的实际使用，会对如何使用正则表达式有一个更直观的感觉。只是看看这些古怪的格式并不会有很大的帮助，看一些使用正则表达式的例子，则有助于更快地搞清楚这些事情。

使用正则表达式

按照下面的步骤来实现使用正则表达式验证电话号码的一个简单的脚本：

1. 首先决定应该使用什么样的正则表达式模式来匹配要查找的数据。对于美国的电话号码，有4种常用的方法显示电话号码：

- (123)456-7890

- (123) 456-7890

- 123-456-7890

- 123.456.7890

这使得用户可以按4种可能的方法在表单中输入电话号码。正则表达式必须足够强大，才能处理所有的情况。

当构建一个正则表达式时，最好是从最左侧开始构建需要匹配的字符的模式。在这个例子中，电话号码的左侧可能有括号也可能没有括号。可以使用下面的模式来匹配它：

```
^\(?
```

^字符指出了数据的开始位置。因为左括号是一个特殊字符，因此必须对其进行转义以当作字符本身来搜索。问号表示左括号可能出现在要匹配的数据中，也可能不出现。

下一个要匹配的是三位数字的地区码。在美国，地区码通常以2～9的数字开头（没有地区代码是以0或1开始的）。要匹配地区码，可以使用如下的模式：

```
[2-9][0-9]{2}
```

TRY 这个模式要求第一个字符是2～9之间的数字，然后接着是任意的两个数字。在地区码之后，是可能存在也可能不存在的右括号：

```
\)?
```

在地区码之后有可能有一个空格，或者没有空格，或者一个连接符，又或者是一个点。可以使用管道符号将这些字符做一个字符分组：

```
(| |-|\.)
```

最开始的管道符号直接出现在左括号后面来匹配没有空格的情况。对于点，必须使用转义字符；否则，它会使用它的特殊意义并且会匹配任意的字符。

下面是三位数字的电话交换号码，它没有任何特殊的要求：

```
[0-9]{3}
```

在电话交换号码之后，必须再匹配一次或者一个空格，或者一个连接符，或者一个点：

```
( |-|\.)
```

然后，完成最后的内容，必须在字符串末尾匹配四位数字的本地电话分机：

```
[0-9]{4}$
```

将所有的模式放到一起，如下所示：

```
^\(?[2-9][0-9]{2}\)?( |-|\.)[0-9]{3}( |-|\.)[0-9]{4}$
```

2. 现在，我们得到了一个正则表达式，打开文本编辑器，然后输入下面的代码，把正则表达式插入到代码中：

```
#!/usr/bin/python3

import re
pattern = re.compile(r'^\(?[2-9][0-9]{2}\)?( |-|\.)[0-9]{3}( |-|\.)[0-9]{4}$')

while(True):
    phone = input('Enter a phone number:')
    if (phone == 'exit'):
        break
    if (pattern.search(phone)):
        print('That is a valid phone number')
    else:
        print('Sorry, that is not a valid phone number')
print('Thanks for trying our program')
```

3. 保存这个文件，然后退出文本编辑器。

4. 在树莓派命令行或者 LXTerminal 程序中运行这个脚本

```
pi@raspberrypi ~ $ python3 script1601.py

Enter a phone number : (555)555-1234
That is a valid phone number

Enter a phone number :333.123.4567
That is a valid phone number

Enter a phone number :1234567890
Sorry, that is not a valid phone number
Enter a phone number:exit
Thanks for trying our program
pi@raspberrypi ~ $
```

这样就完成所有的内容了。该脚本使用正则表达式匹配输入值，然后显示相应的消息。

▲

16.9　小结

如果要在 Python 脚本中操作数据，那么需要非常熟悉正则表达式。正则表达式定义了模式模板，用来在字符串值中过滤文本。模式中包含一些标准的字符和特殊字符的组合。正则表达式引擎使用特殊字符来匹配一系列的一个或多个字符。Python 使用 re 模块，提供了一个平台来在 Python 脚本中使用正则表达式。

在 Python 脚本中，可以使用 match()、search()、findall()、finditer()函数以及正则表达式模式，从字符串过滤文本。

在下一章中，我们将学习如何在 Python 代码中处理异常。通过处理异常，可以在程序中添加代码来处理运行出错的情况。

16.10　Q&A

Q. 正则表达式可以作用于所有语言的字符吗？

A. 可以的，因为 Python 使用 Unicode 字符串，可以在正则表达式中使用任何语言中的字符。

Q. 有正则表达式的源码吗？

A. 网站 www.regular-expressions.info 包含了很多匹配各种数据的表达式。

Q. 可以存储一个正则表达式，然后在其他程序中使用吗？

A. 可以的，可以创建一个函数（参见第 12 章），它使用正则表达式检查文本。然后，可以将这个函数复制到一个模块中，这样就可以在任何需要校验这种类型的数据的程序中使用它了。

16.11　练习

16.11.1　问题

1. 哪个正则表达式字符匹配一个字符串的末尾位置？
   a. 取反字符（^）。
   b. 美元符号（$）。
   c. 点（.）。
   d. 问号（?）。
2. ^字符在正则表达式中的功能和 match()函数的功能是一样的。对还是错？
3. 应该用什么样的正则表达式模式来同时匹配单词 Charlies 和 Charles？
4. Python 使用哪一种正则表达式引擎。
5. 要使用 Python 的正则表达式功能，应该导入哪一个模块？
6. 哪一个正则表达式函数只是从字符串的开头搜索匹配文本，
7. 哪一个正则表达式函数，只要在字符串的任何地方找到模式，就返回一个 True 值。
8. 哪一个正则表达式功能允许对一个表达式模式使用标志。
9. 不能将^和$锚字符组合到同一个正则表达式模式中。对还是错？

10．使用字符分类，^字符可以将模式匹配取反。对还是错？

16.11.2 答案

1．b。美元符号（$）锚符号代表字符串的结尾位置。

2．对的。你可能已经发现了使用 match()函数更简单一些；但是，很多标准的正则表达式都是用^。可以使用任意一种格式来完成同样的事情。

3．'Charl[ie]+[es]+'，整个正则表达式会在字符串"Charl"后面匹配"ie"或者"es"。

4．在 Python 中，可以使用扩展正则表达式（ERE）引擎提供的高级搜索功能。

5．re 模块包含了可以在 Python 中使用的正则表达式函数。

6．match()函数只是从字符串的开头搜索匹配文本。

7．如果找到模式，search()函数只是返回一个 True 值。它不提供找到匹配的位置。

8．使用 compile()函数编译一个正则表达式，可以将要编译的表达式和可选的标志组合起来，以修改搜索的行为。

9．错的。可以将^和$锚字符组合，以指定一次全字符串值搜索。

10．对的。^字符在字符分类定义中具有不同的含义。

第 17 章

异常处理

本章包括如下主要内容：

- 什么是异常

- 如何处理异常

- 如何处理多个异常

在本章中，我们将学习到关于异常的内容以及在 Python 中如何正确处理它们。要理解异常，我们将学习可以发生的不同类型的异常以及 Python 提供的用来管理异常的工具。正确处理异常是一个出色的 Python 脚本程序员的标志。

17.1 理解异常

异常是 Python 脚本运行时或 Python 交互式命令行中执行命令时发生的错误。你可能听过人们提到"抛出异常"或者"引发异常"。他们所说的就是 Python 发生异常。有两大类错误异常：语法异常和运行时异常。

17.1.1 语法错误异常

我们在第 3 章学习了 Python 命令的语法，其中包括 Python 语句的正常的顺序，以及额外的字符（如引号），这些都是让 Python 语句正常工作的必要条件。在执行一个 Python 脚本之前，解释器会检查 Python 语句的语法是否正确。每当一条 Python 语句的语法不正确时，解释器会产生一个语法错误（也就是抛出一个异常）。这种异常叫作 SyntaxError。

在清单 17.1 中，Python 语句 print 中缺少了结束的双引号，这导致 Python 解释器抛出一个 SyntaxError 异常。

清单 17.1 print 函数语法错误

```
>>> print ("I love my Raspberry Pi!)
```

```
File "<stdin>", line 1
  print("I love my Raspberry Pi!)
                                  ^
SyntaxError: EOL while scanning string literal
```

注意清单 17.1 的最后一行。单词 SyntaxError 与帮助信息 EOL while scanning string literal 一起使用。这条信息帮助你确定 Python 语句的语法出现了什么错误。EOL 表示"行结束"。换句话说，Python 解释器发现最后一行的 print 函数没有使用结束双引号。

在清单 17.1 中产生的错误是来自于一个在 Python 交互式命令行中语句的语法错误。这个语法错误的消息看起来与脚本中产生的错误略有不同。清单 17.2 展示了这样的一个例子。

清单 17.2 脚本中的语法错误

```
pi@raspberrypi ~ $ python3 py3prog/my_errors.py
  File "py3prog/my_errors.py", line 17
    print("I love my Raspberry Pi!)
                                    ^
SyntaxError: EOL while scanning string literal
pi@raspberrypi ~ $
```

清单 17.2 中的 SyntaxError 异常与清单 17.1 中 SyntaxError 行是相同的。然而，错误信息的第 1 行给出了有语法错误的脚本的名字以及误在脚本中发生错的行数。有了这个行数，就能更好地帮助你在脚本中追踪语法错误。

提示：文件名 *TIP*

当在 Python 交互式命令行中发生一个语法错误时，解释器告诉你这个文件是 <stdin>，然后行是 line 1。这是因为脚本文件没有被使用。相反，shell 通过你的交互获取 Python 语句。

有一个小的技巧，可以用来快速在脚本中定位错误。使用 Linux 命令 cat –n 来显示脚本，如清单 17.3 所示。

清单 17.3 显示行号的技巧

```
pi@raspberrypi ~ $ cat -n py3prog/my_errors.py
     1  # my_errors.py - Demonstrates various Python errors
     2  # Written by Blum and Bresnahan
     3  #
     4  # #####################################################
     5  #
     6  ############# Initialize Variables #################
     7  #
     8  my_error=0
     9  num_1=3
    10  num_2=4
    11  zero=0
    12  #
    13  ############ Error Functions #####################
```

```
14  #
15  def missing_quote():
16      print()
17      print("I love my Raspberry Pi!)
18  #
[...]
```

使用 cat –n 命令，可以将脚本的行号显示在屏幕上。在清单 17.3 中，可以很容易地找到第 17 行，也就是发生错误的地方。可以看到在这一行的 print 语句没有结束的双引号！

NOTE | **技巧：跳过去**

可以使用 nano 文本编辑器快速地跳到脚本文件中的特定的行。使用语法 nano+line_number file_name。nano 会打开这个脚本并且直接跳到指定的行。例如，要直接跳到 py3prog/my_errors.py 的第 17 行，输入 nano +17 py3prog/my_errors.py。

在 IDLE3 编辑器中，可以按 Alt+G 组合键快速跳到发生语法错误的行。一个小窗口会打开，询问想去的行号。只要输入行号然后按下回车键就可以了。

Python 解释器在读取脚本中每一行 Python 语句时，都会检查它的语法并且找出语法错误。如果没有找到错误，Python 解释器会将语句转换成字节码的形式。当转换完成，将字节码交给 Python 虚拟机运行。在这个时候，一种新类型的错误异常可能会发生。

17.1.2 运行时错误异常

运行时错误是在 Python 脚本运行时发生的错误。通常，这样的错误会导致脚本立即停止，然后产生回溯信息。回溯信息是一种错误消息，就如它的名字一样，它会回溯到最初的运行时错误。

NOTE | **技巧：不合逻辑的运行时错误**

运行时错误有不同的类型。一种是逻辑错误。逻辑错误不会导致脚本停止运行，但是却会产生意料之外的结果。之所以称之为逻辑错误，是因为它们是由于脚本编写者错误的逻辑思考而导致的。

一个经典的运行时错误是尝试用 0 除一个数字，当然，这在数学上是错误的（你应该知道任何数除以零时，一般会描述成未定义）。在清单 17.4 中，从第 2 行～第 7 行，当数字 3 除以数字 4 时，Python 交互式命令行中没有任何错误。

清单 17.4　除以零的例子

```
1: >>>
2: >>> num1=3
3: >>> num2=4
4: >>> zero=0
5: >>> result=num1/num2
6: >>> print(result)
7: 0.75
8: >>> result=num1/zero
9: Traceback (most recent call last):
```

```
10:   File "<stdin>", line 1, in <module>
11: ZeroDivisionError: division by zero
12: >>>
```

然而，在第 8 行，当 Python 试图用 3 除以 0，抛出了一个运行时错误然后产生了回溯信息。在清单 17.4 中，第 10 行的回溯信息显示错误发生在 File "<stdin>"中，这表明错误发生在 Python 交互式命令行中。第 11 行的信息显示了是什么原因导致了异常的发生，这是一个 ZeroDivisionError 错误。就像 SyntaxError 信息一样，Python 显示出了 division by zero 的消息，从而给出了一些帮助。

你可能才到了，运行时的回溯信息在脚本中有一些不同。清单 17.5 中包括了尝试除以零的代码。

清单 17.5　在脚本中的运行时错误

```
1: pi@raspberrypi ~ $ python3 py3prog/my_errors2.py
2:
3: The Classic "Divide by Zero" error.
4:
5: Traceback (most recent call last):
6:   File "py3prog/my_errors2.py", line 33, in <module>
7:     main()
8:   File "py3prog/my_errors2.py", line 29, in main
9:     divide_zero()
10:   File "py3prog/my_errors2.py", line 23, in divide_zero
11:     my_error=num_1 / zero
12: ZeroDivisionError: division by zero
13: pi@raspberrypi ~ $
```

记住，回溯信息从字面上可以追溯到最初的运行时错误。因此，从清单 17.5 的第 6 行～第 11 行可以看到，信息是从 main 函数开始的（第 6 行和第 7 行）。然后进行到 divide_zero 函数（第 8 行和第 9 行），该函数在脚本的第 29 行调用。最后，出现了关于零的问题（第 10 行～第 12 行）。正如你所看到的，罪魁祸首在脚本的第 23 行，这是一个"除以零"的错误。

在清单 17.6 中显示了 my_errors2.py 脚本。在第 23 行，可以看到不正确的除以零的代码。

清单 17.6　my_error2.py 脚本中的运行时错误

```
1: pi@raspberrypi:~$ cat py3prog/my_errors2.py
2: # my_errors2.py - Demonstrates various Python errors
3: # Written by Blum and Bresanahan
4: #
5: ####################################################
6: #
7: ############ Initialize Variables ################
8: #
9: my_error=0
10: num_1=3
11: num_2=4
12: zero=0
13: #
14: ############ Error Functions ####################
```

```
15: #
16: #def missing_quote():
17: #          print()
18: #          print("I love my Raspberry Pi!")
19: #
20: def divide_zero():
21:          print()
22:          print("The Classic \"Divide by Zero\" error.")
23:          print()
24:          my_error=num_1 / zero
25: #
26: ############# Mainline ###########################
27: #
28: def main ():
29:          #missing_quote()
30:          divide_zero()
31: #
32: ############ Call the Main Function ####################
33: #
34: main()
35: pi@raspberrypi ~ $
```

理解错误异常对于在 Python 中处理它们是非常重要的。现在，我们已经理解了异常，下一步是学习如何正确地处理它们。

17.2 处理异常

当脚本发生运行时错误时，脚本会停止，抛出异常并且产生回溯信息。这是非常草率的，可能会吓坏不知情的脚本用户。但是，可以以更好的形式来处理运行时错误，让脚本的用户感到愉快。Python 通过 try except 语句来提供异常处理器。

try except 语句的基本语法如下：

```
try:
     python statements
exceptexception_name:
     python statements to handle exception
```

注意到 try except 语句中使用缩进来指出哪些 Python 语句是一起的。在 try 语句中的 Python 语句，是 try 语句块的一部分。在 except 语句中的 Python 语句，是 except 语句块的一部分。这两个代码一起称为 try except 语句块。

还是使用除以零的异常的例子，清单 17.7 显示的脚本引发了这个异常，但是 try except 语句正确地处理了它。try except 语句从第 15 行开始到第 22 行结束。为了能正确地处理异常，任何可能引发异常的 Python 语句都应该放到 try 语句块中（清单 17.7 的第 15 行～第 17 行）。在 script1701.py 中做到了这一点。

清单 17.7　try except 语句块

```
1: pi@raspberrypi ~ $ cat py3prog/script1701.py
```

```
 2: # script1701 - Properly handle Divide by Zero Exception
 3: # Written by Blum and Bresnahan
 4: #
 5: ######################################################
 6: #
 7: ################# Functions #######################
 8: #
 9: def divide_it():
10:     print()
11:     number=int(input("Please enter number to divide: "))
12:     print()
13:     divisor=int(input("Please enter the divisor: "))
14:     print()
15:     try:
16:         result=number / divisor
17:         print("The result is:", result)
18: #
19:     except ZeroDivisionError:
20:         print("You cannot divide a number by zero.")
21:         print("Script terminating....")
22:         print()
23:#
24:############# Mainline ###########################
25:#
26:def main():
27:    divide_it()
28:#
29:############ Call the Main Function ################
30:#
31:main()
32: pi@raspberrypi ~ $
```

注意，清单 17.7 中的脚本在第 11 行～第 13 行有 input 语句。脚本请求用户输入除数和被除数。因为脚本用户可以输入 0 作为除数，因此使用输入的数学语句包含在了 try 语句中。

这个思路是，只要没有异常抛出，脚本就继续正常工作。如果抛出异常了，那么在 except 中 Python 语句会处理它。在清单 17.8 中，从第 1 行～第 7 行，脚本运行得很好。脚本用户输入了适当的数据，因此没有异常抛出。

清单 17.8　执行脚本 script1701.py

```
 1: pi@raspberrypi ~ $ python3 py3prog/script1701.py
 2:
 3: Please enter number to divide: 3
 4:
 5: Please enter the divisor: 4
 6:
 7: The result is: 0.75
 8: pi@raspberrypi ~ $
 9: pi@raspberrypi ~ $ python3 py3prog/script1701.py
10:
11: Please enter number to divide: 3
```

```
12:
13: Please enter the divisor: 0
14:
15: You cannot divide a number by zero.
16: Script terminating....
17:
18: pi@raspberrypi ~ $
```

在清单 17.8 中，当第二次运行脚本时，用户在第 13 行输入 0 作为除数。这引发了一个除以零的异常。但是，脚本没有突然中断，或者显示吓人的回溯信息。相反，因为异常发生在 try except 语句块中，这个异常被捕获了，然后 except 语句块中的 Python 语句会运行，如第 15 行和 16 行所示。这是在脚本中处理所引发的异常的一种好的形式。

17.3　处理多个异常

经常需要"捕获"多于一种类型的异常。例如，使用脚本 script1701.py，假如用户输入一个单词而不是数字的话，清单 17.9 显示了将会发生什么。

清单 17.9　额外的异常没有被处理

```
pi@raspberrypi ~ $ python3 py3prog/script1701.py

Please enter number to divide: 3

Please enter the divisor: four
Traceback (most recent call last):
  File "py3prog/script1701.py", line 30, in <module>
    main()
  File "py3prog/script1701.py", line 26, in main
    divide_it()
  File "py3prog/script1701.py", line 12, in divide_it
    divisor=int(input("Please enter the divisor: "))
ValueError: invalid literal for int() with base 10: 'four'
```

虽然脚本可以处理 ZeroDivisionError 异常，但是没有将其编写为处理 ValueError 异常。对于这种情况，在 try except 语句块中可以处理多个异常。修改了 script1701.py 脚本以包含这样一个语句块，然后将其重命名为 script1702.py。新的脚本显示在清单 17.10 中。

清单 17.10　处理多个异常

```
 1: pi@raspberrypi ~ $ cat py3prog/script1702.py
 2: # script1702 - Properly handle Division Errors
 3: # Written by Blum and Bresnahan
 4: #
 5: ##################################################
 6: #
 7: ################# Functions ######################
 8: #
 9: def divide_it():
10:     print()
```

```
11: #
12:     try:
13:         # Get numbers to divide
14:         number=int(input("Please enter number to divide: "))
15:         print()
16:         divisor=int(input("Please enter the divisor: "))
17:         print()
18:         #
19:         # Divide the numbers
20:         result=number / divisor
21:         print("The result is:", result)
22:#
23:     except ZeroDivisionError:
24:         print("You cannot divide a number by zero.")
25:         print("Script terminating....")
26:         print()
27:#
28:     except ValueError:
29:         print("Numbers entered must be digits.")
30:         print("Script terminating....")
31:         print()
32:#
33:############## Mainline ############################
34:#
35:def main():
36:     divide_it()
37:#
38:############ Call the Main Function ##################
39:#
40: main()
41: pi@raspberrypi ~ $
```

在清单 17.10 中，注意第 14 行和第 16 行，将 input 语句从 try except 语句块之外移动到语句块内部。之所以这么做，是因为用户输入的时候会发生 ValueError 异常。发生异常的 Python 语句必须在 try 语句块中，才能在 try except 块中处理这个异常。现在，Python 语句所引发的 ValueError 和 ZeroDivisionError 异常都在 try 语句块中，因此得到了正确的处理。

清单 17.11　执行 script1702.py

```
1: pi@raspberrypi ~ $ python3 py3prog/script1702.py
2:
3: Please enter number to divide: 3
4:
5: Please enter the divisor: 4
6:
7: The result is: 0.75
8: pi@raspberrypi ~ $
9: pi@raspberrypi ~ $ python3 py3prog/script1702.py
10:
11: Please enter number to divide: 3
12:
13: Please enter the divisor: four
```

```
14: Numbers entered must be digits.
15: Script terminating....
16:
17: pi@raspberrypi ~ $
18: pi@raspberrypi ~ $ python3 py3prog/script1702.py
19:
20: Please enter number to divide: 3
21:
22: Please enter the divisor: 0
23:
24: You cannot divide a number by zero.
25: Script terminating....
26:
27: pi@raspberrypi ~ $
```

在清单 17.11 中,脚本用户从第 1 行~第 7 行的尝试都没有问题。接下来,用户在第 13 行意外地输入了单词 four 而不是数字 4。脚本捕获到抛出的异常然后,产生了一条友好的信息而不是丑陋的回溯逆袭。同样,在清单 17.11 的第 18 行~第 25 行,ZeroDivisionError 异常也被正确地处理了。

17.3.1 创建多个 try except 语句块

可以在 Python 脚本中使用多个 try except 语句块。事实上,在需要它们的 Python 语句上使用特定的语句块,这是一种好的形式。

例如,回顾清单 17.10 中的脚本 script1702.py,可以看到 ZeroDivisionError 异常可能潜在是由语句 result = number/divisor 而引发的。ValueError 异常可能是由 input 语句引发的。因此,好的处理形式是,这些语句都应该有自己的 try except 语句块。

已经改进了 script1702.py 了,现在叫作 script1703.py,如清单 17.13 所示。这个改进的脚本将 try except 语句块正确地划分给不同的 Python 语句。

清单 17.12 多个 try except 语句块

```
1: pi@raspberrypi ~ $ cat py3prog/script1703.py
2: # script1703 - User Determined Division
3: # Written by Blum and Bresnahan
4: #
5: #####################################################
6: #
7: ################# Functions ########################
8: #
9: def divide_it():
10:     print()
11: #
12:     try:
13:         # Get numbers to divide
14:         number=int(input("Please enter number to divide: "))
15:         print()
16:         divisor=int(input("Please enter the divisor: "))
17:         print()
18:         #
```

```
19:        except ValueError:
20:            print("Numbers entered must be digits.")
21:            print("Script terminating....")
22:            print()
23:            exit()
24:            #
25:        except KeyboardInterrupt:
26:            print()
27:            print("Script terminating....")
28:            print()
29:            exit()
30: [...]
31:        try:
32:            # Divide the numbers
33:            result= number / divisor
34:            print("The result is:", result)
35:            #
36:        except ZeroDivisionError:
37:            print("You cannot divide a number by zero.")
38:            print("Script terminating....")
39:            print()
40:            exit()
41:            #
42: #
43: ############# Mainline ############################
44: #
45: [...]
46: pi@raspberrypi ~ $
```

注意，在清单 17.12 中，在第 25 行～第 29 行，为 Python 的 input 语句 try except 语句块添加了一个异常处理。添加这个额外的异常用来捕获键盘中断，如当用户在输入数据时按下 Ctrl+C 组合键的情况。

技巧：异常组 **NOTE**

异常是属于一个有名称的异常组的。这些异常组的名称可以用于 except 语句中。例如，异常 ZeroDivisionError 和 FloatingPointError 都属于 ArithmeticError 组。一个 except 语句块可以使用 ArithmeticError 为其指定的异常，如下所示：

```
except ArithmeticError:
```

但是，当抛出一个异常时，Python 按照这些异常在 try except 语句块中列出的顺序来查找 except 语句。如果同时为 ArithmeticError 和 ZeroDivisionError 指定了 except 语句，当发生一个 ZeroDivisionError 异常时，先出现的语句块会先执行。

注意清单 17.12 中添加到脚本第 23 行、29 行和 40 行的 exit 函数。这些语句是必需的，因为当 try except 捕获异常时，脚本不会停止执行。具体来说，第 23 行和 29 行需要 exit 语句，这是因为当数据输入被 Ctrl+C 打断了，会捕获出现的异常，但是并没有输入第 33 行的除法语句所需要的所有数据。

TIP | **提示：任何 Python 语句**

可以在异常语句块中放置任何语句。例如，可以使用一条 return 语句退出当前的函数而不是退出 Python 脚本，而不使用之前例子中的 exit 语句。

在清单 17.13 中，在 script1703.py 上进行了 4 个测试，来看脚本是否能正确地处理数据和一些潜在的异常。第一个测试简单确认了一下脚本能处理正确的数据。

清单 17.13　执行 script1703.py

```
pi@raspberrypi ~ $ python3 py3prog/script1703.py

Please enter number to divide: 3

Please enter the divisor: 4

The result is: 0.75
pi@raspberrypi ~ $ python3 py3prog/script1703.py

Please enter number to divide: 3

Please enter the divisor: four
Numbers entered must be digits.
Script terminating....

pi@raspberrypi ~ $ python3 py3prog/script1703.py

Please enter number to divide: 3

Please enter the divisor: 0

You cannot divide a number by zero.
Script terminating....

pi@raspberrypi ~ $ python3 py3prog/script1703.py

Please enter number to divide: 3

Please enter the divisor: ^C
Script terminating....

pi@raspberrypi ~ $
```

清单 17.13 中的最后 3 个测试，测试了新分离出来的脚本中的 try except 语句块。注意最后一个测试使用了 Ctrl+C 组合键。键盘中断异常会被正确地处理。如果没有捕获这个异常，则会产生一个又长又难看的追踪信息。

17.3.2　处理通用的异常

到目前为止，我们已经看到了预期的异常如何处理。然后，很少有人能确定所有可能的错误异常。好在，Python 允许使用一个通用的异常来处理预期之外的事件。

使用通用的异常的语法与常规的异常没有太大的不同。可以直接在 except 语句中省略异常名称，如清单 17.14 所示。

清单 17.14　通用异常执行语句

```
pi@raspberrypi ~ $ cat py3prog/script1703.py
[...]
        except:
            print()
            print("An error has occurred.")
            print("Script terminating...")
            print()
            exit()
[...]
```

在清单 17.14 中，脚本 script1703.py 中修改了第一个 try except 语句块，以用于包含一条通用的异常语句。注意这个通用异常语句和其他的异常语句的语法区别是，在 except 后面没有列出异常名称。现在，如果发生任何非预见的异常，脚本都能以正确的形式处理。

17.3.3　理解 try except 语句的选项

可以在 try except 语句块中使用若干额外的选项来提供更多的灵活性。有 3 个主要的选项。

- else 语句块。
- finally 语句块。
- as 变量语句。

可选的 else 语句块跟在 except 语句块后，并且也包括一些 Python 语句。但是，这些 Python 语句只有 try 语句块中语句没有抛出异常的时候才会执行。下面是一个 else 语句块的例子：

```
else:
    print()
    print("Data entered successfully")
```

可选的 finally 语句块一般在 try except 语句块的最后面，它也需要跟在任何 else 语句块的后面。在 finally 语句块中的 Python 语句始终会执行，无论是否有异常抛出。下面是一个 finally 语句块的例子：

```
finally:
    print()
    print("Script completed.")
```

as 变量语句不是语句块。相反，它允许在异常发生时，捕获特定的错误消息。这里很好的一点是，无论抛出任何异常，都可以获取到错误信息。通常脚本编写者将这个信息写入日志文件并且以非常友好的形式显示给用户。下面是一个使用 as 变量语句的例子：

```
except ValueError as input_error:
    print("Numbers entered must be digits.")
    print("Script terminating....")
    print()
```

```
error_log_file=open('/home/pi/data/error.log', 'a')
error_log_file.write(input_error)
error_log_file.close()
exit()
```

变量名在这里是 input_error。如果在 try except 中出现的是一个 ValueError 异常，则确切的错误信息会加载到 input_error 变量中。在语句块中的 Python 语句，即 error_log_file.write(input_error)会把这个错误信息写入到日志文件中。

这 3 个选项使得我们在处理异常时有了极大的灵活性。现在是时候停止介绍异常处理的内容，应该让你自己来处理一些了。

探索 Python 的 try except 语句块

在下面的步骤中，我们将尝试用 Python 的 try except 语句块来创建一个脚本以打开文件。首先，该脚本会产生回溯信息。然后，我们将添加 try except 语句来处理抛出的异常。需要按照如下的步骤进行：

1．打开树莓派的电源并登录系统，如果还没做的话。

2．如果 GUI 界面没有自动启动的话，输入 startx，然后按回车键打开它。

3．打开一个脚本编辑器，nano 或者 IDLE3 编辑器都可以，然后创建脚本 py3prog/script1704.py。

4．将下面的内容全部输入到 script1704.py 中。这里慢慢来，以避免出现输入错误：

```
# script1704 - Open a File
# Written by
#
####################################################
#
################# Functions ######################
#
def get_file_name(): #Get file name
    print()
#
    try:
        file_name=input("Please enter file to open: ")
        print()
        return file_name
        #
    except KeyboardInterrupt:
        print()
        print("Script terminating....")
        print()
        exit()
        #
    except:
        print()
        print("An error has occurred.")
        print("Script terminating...")
```

```
            print()
            exit()
            #
    #
    def open_it(file_name): #Open file name
    #
        my_file=open(file_name,'r')
        print("File", file_name, "opened successfully!")
        my_file.close()
    #
    ############# Mainline ############################
    #
    def main():
        file_name=get_file_name()
        open_it(file_name)
    #
    ############ Call the Main Function #################
    #
    main()
```

注意只有 try except 语句块负责处理 get_file_name 函数中向脚本输入信息的内容。

5. 保存编辑器的内容，然后退出编辑器。

6. 在测试脚本之前，需要创建一个文件来让脚本打开，因此在命令行上，输入 echo "I love my Raspberry Pi">>testfile，然后按下回车键。

7. 输入 python3 py3prog/script1704.py，然后按下回车键来测试脚本。在 Please enter file to open:的提示处，输入 testfile，然后按下回车键。这个操作应该能成功完成，然后应该接收到一条信息 File testfile opened successfully!，如下所示。

```
pi@raspberrypi ~ $ python3 py3prog/script1704.py

Please enter file to open: testfile

File testfile opened successfully!
pi@raspberrypi ~ $
```

8. 现在，再次测试脚本，输入 python3 py3prog/script1704.py，然后按下回车键。在 Please enter file to open:的提示处，输入 nofile，然后按下回车键。这应该会导致脚本立即停止（假设没有一个叫做 nofile 的文件），然后应该得到如下所示的回溯信息：

```
pi@raspberrypi ~ $ python3 py3prog/script1704.py

Please enter file to open: nofile

Traceback (most recent call last):
  File "py3prog/script1704.py", line 46, in <module>
    main()
  File "py3prog/script1704.py", line 42, in main
    open_it(file_name)
  File "py3prog/script1704.py", line 32, in open_it
    my_file=open(file_name,'r')
```

```
IOError: [Errno 2] No such file or directory: 'nofile'
pi@raspberrypi ~ $
```

显然，需要做更多的事情来改进 script1704.py。

9. 在脚本编辑器中再次打开 script1704.py。将 open_it 函数修改为如下所示：

```
def open_it(file_name):          #Open file name
#
    try:
        my_file=open(file_name,'r')
        print("File", file_name, "opened successfully!")
        my_file.close()
        #
    except Exception as open_error:
        print("An error exception has been raised.")
        print("The error message is:")
        print(open_error)
        print()
        return()
    #
```

10. 注意，在 except 语句中使用了 Exception 作为异常的名称。这是所有的异常的基类。为了使用 as 变量语句将异常捕获到变量 open_error 中，必须使用一个命名的异常。因此，使用异常的基类意味着所有的异常都会捕获。保存内容，然后退出编辑器。

11. 输入 python3 py3prog/script1704.py，然后按下回车键来测试修改后的脚本。在 Please enter file to open:提示符处，输入 nofile，然后按下回车键。如下所示，新的 except 语句块可以捕获引发的异常然后显示期待的信息。

```
pi@raspberrypi ~ $ python3 py3prog/script1704.py

Please enter file to open: nofile

An error exception has been raised.
The error message is:
[Errno 2] No such file or directory: 'nofile'

pi@raspberrypi ~ $
```

12. 要让 script1704.py 更简洁一些（并获得更多的经验），使用喜欢的脚本编辑器打开脚本，将 open_it 函数修改为如下所示：

```
def open_it (file_name):        #Open file name
#
    try:
        my_file=open(file_name, 'r')
        print("File", file_name, "opened successfully!")
        my_file.close()
    except IOError:
        print("File", file_name, "not found")
        print("Script terminating...")
        return()
        #
```

```
except Exception as open_error:
    print("An error exception has been raised.")
    print("The error message is:")
    print(open_error)
    print()
    return()
    #
```

13. 注意所做的修改是在函数中添加了一个额外的 except 语句块。这个额外的语句块指定了捕获任何的 IOError 异常。保存内容到文件中，然后退出编辑器。

14. 输入 python3　py3prog/script1704.py，然后按下回车键来测试修改的脚本。在 Please enter file to open:提示符处，输入 nofile，然后按下回车键。

   except 语句块应该捕获引发的异常，然后显示期望的信息，如下所示：

```
pi@raspberrypi ~ $ python3 py3prog/script1704.py

Please enter file to open: nofile

File nofile not found
Script terminating...
pi@raspberrypi ~ $
```

15. 再次在脚本编辑器中打开 script1704.py。这次，会添加一个可选的 else 和 finally 语句。修改 open_it 函数，使其如下所示：

```
def open_it(file_name):        #Open file name
#
    try:
        my_file=open(file_name, 'r')
#
    except IOError:
        print("File", file_name, "not found")
        print("Script terminating...")
        #
    except Exception as open_error:
        print("An error exception has been raised.")
        print("The error message is:")
        print(open_error)
        print()
        #
    else:
        print("File", file_name, "opened successfully!")
        my_file.close()
        #
    finally:
        return()
 #
```

16. 记住 else 语句块只会在没有异常的时候执行，finally 语句块则总是会执行的，无论是否有异常。保存内容到文件中，然后退出编辑器。

17. 现在输入 python3 py3prog/script1704.py，然后按下回车键来测试所修改的脚本。在 Please

enter file to open:提示符处，输入 nofile，然后按下回车键。应该看到如下所示的信息：

```
pi@raspberrypi ~ $ python3 py3prog/script1704.py

Please enter file to open: nofile

File nofile not found
Script terminating...
pi@raspberrypi ~ $
```

▲ _____

干得漂亮！希望你能看到正确合适地处理异常的好处。

如果想多一点实践经验，回顾一下之前的章节，看看在不同清单中的回溯信息。你将会为每一个脚本编写什么样的 try except 语句呢？

17.4　小结

在本章中，我们学习了如何使用类处理错误异常。通过使用 try except 语句块，我们学习了如何消除难看的回溯信息并且为脚本用户提供友好的错误信息。然后，我们在一个脚本中尝试了 try except 语句块及其各种选项。

在第 18 章中，我们将在 Python 学习中前进一大步，即学习 GUI 编程。

17.5　Q&A

Q. 我不知道脚本可能抛出的异常的确切名称，从哪里能找到帮助信息？

A. 如果大概知道 Python 语句抛出的异常类型，但是却不知道异常的准确名称的话，可以去 docs.python.org/3/library/exceptions.html 找到 Python 异常名称的一个列表和一些简短的介绍。同样，该站点也会显示异常分组。

Q. 可以使用 try except 语句将主语句包括起来吗？

A. 可以，但是这不是一种好的形式。最好是只将可能抛出特定异常的语句块包在 try except 语句中。

Q. 我听说可以抛出自己的异常，是真的吗？

A. 是的，这是真的。使用 raise 语句，可以抛出异常来改变脚本的流程。这些异常可以是内建的也可以是自定义的。参考文档 docs.python.org/3/tutorial/errors.html 来获取更多的信息。

17.6　练习

17.6.1　问题

1. 多个异常可以由一个 try except 语句块处理。对还是错？

2. 语法错误产生 SyntaxError 信息。运行时错误产生_____和_____。

3．不管在脚本的 Python 语句中，还是在 Python 交互式 shell 中，语法错误消息看上去都是相同的。对还是错？

4．在 Python IDLE 编辑器中，如下的哪一个将允许"跳入"到脚本中的一个特定的行号中。

   a. GoTo

   b. /G

   c. Alt+G

5．Python 脚本中发生错误的提示是，"An exception was_____"或"Anexception was _____"。

6．当在 Python 中试图除以 0 的时候，所得到的错误的名称是什么？

7．叫做的一个错误，认为是一个运行时错误，因为它可能产生一个意料之外的结果，即便语法是正确的。

8．Python 按照语句块中列出异常的顺序，在 try except 语句中来查找 except 语句。对还是错？

9．如果脚本的用户在脚本执行过程中按下了 Ctrl+C 键，所产生的错误名称是什么？

10．一条语句在异常抛出时或没有异常时都会执行，同时一个语句只在没有异常出现时被执行。

   a. try ; exempt

   b. finally ; else

   c. else ; finally

17.6.2 答案

1．对的。多个异常可以在一个 try except 语句块中处理，然而为每一个异常添加一个独立的 except 语句块是更好的做法。

2．exception; traceback。

3．错的。根据在脚本的 Python 语句产生错误，还是在 Python 交互式 shell 中产生错误，语法错误消息略有不同。

4．选 c。在 Python IDLE 编辑器中，Alt+G 组合键将提示输入一个行号，并且允许跳转到脚本中这个特定的行。

5．Python 脚本中发生错误的提示是，"An exception was raised"或"An exceptionwas thrown"。

6．当在 Python 中试图除以 0 的时候，所得到的错误的名称是 ZeroDivisionError。

7．逻辑错误被认为是一个运行时错误，因为它可能产生一个意料之外的结果，即便语法是正确的。

8．对的。Python 按照语句块中列出异常的顺序，在 try except 语句中来查找 except 语句。

9．如果脚本的用户在脚本执行过程中按下了 Ctrl+C 键，所产生的错误名称是 KeyboardInterrupt。

10．答案 b 是正确的。finally 语句块无论是否出现异常都会被执行，而 else 语句块只在没有异常发生时被执行。

第四部分

图形化编程

第 18 章

GUI 编程

本章包括如下主要内容：

- GUI 编程的基础知识

- Python GUI 库

- 探索 tkinter 包

- 如何在 Python 中进行 GUI 编程

当你听到 "Python 脚本" 这个术语时，想到的第一件事可能是脚本中烦人的命令。然而，如果你计划在图形环境（如树莓派）中运行 Python 脚本的话，就不会这样想了。除了 input 和 print 语句外，有一大堆的方法可以用来跟 Python 脚本交互。在本章中，我们将学习如何给 Python 脚本添加图形界面，让它们看起来像 Windows 程序一样。

18.1 为 GUI 环境编程

现在，几乎所有的操作系统中都包含了某种类型的图形用户界面（GUI），以允许用户输入数据和浏览效果。别忘了，树莓派的操作系统是真正的 Linux。虽然在 Linux 世界中有几种不同的图形化桌面环境，但在树莓派中使用 LXDE 桌面包为用户提供图形化桌面。

可以使用 LXDE 包的图形化桌面环境和 Python 脚本创建一个漂亮的窗口化的界面，这可以让脚本看起来有专业的外观和感觉。

在我们深入到编码之前，最好是将在 GUI 编程中使用的所有术语都过一遍。如果你第一次进入 GUI 编程的世界，那么可能有一些东西你见过或者使用过，但是却不知道它们真正的名字，以下的各节会详细讲解在编码时需要熟悉的 GUI 环境的术语和功能。

18.1.1 视窗接口

当学习 GUI 编程时，需要学习一套新的术语。首先，一个窗口的主区域叫作框架。框架中包含了程序中用来与用户进行交互的所有对象，并且它是一个 GUI 程序的中心点。

框架是由名为 widgets（window gadgets 的缩写，的对象所组成的，它用来显示和获取信息。大多数的图形化编程语言提供一个控件的库供程序中使用。虽然不是一个正式的标准，但是几乎在所有的图形编程环境中都有一套控件可以使用。表 18.1 展示了在 Python 的 GUI 编程中可以使用的控件。

表 18.1　　　　　　　　　　　　　窗口控件

控　件	描　述
Frame	提供了窗口区域来放置控件
Label	在窗口中放置文本
Button	当单击时触发一个事件
Checkbutton	允许用户选择和取消选择一个项目
Entry	提供一个区域来输入或显示一行文本
ListBox	显示多个值用来被选择
Menu	在窗口的最上面创建菜单工具栏
Progressbar	现在后台正在进行的任务
Radiobutton	允许用户从一组选项中选择一个
Scrollbar	控制列表框的视图
Separator	在窗口中放置一个水平的或垂直的栏
Spinbox	允许用户从一个数字范围中选择一个值
Text	提供一个区域用来输入或显示多行文本

每一个控件都有自己的一套属性，定义了它如何出现在程序窗口中以及当用户与窗口交互时如何处理产生的数据或发生的动作。

18.1.2　事件驱动编程

在 Python 中，为 GUI 环境编程与命令行编程在处理程序代码时有些许不同。在命令行程序中，程序代码的顺序控制了下一步发生什么。例如，程序会提示用户进行输入、处理输入，然后根据输入在命令行显示结果。程序用户只能响应来自程序的输入请求。

相反，一个 GUI 程序一次性显示一组可交互的控件，全部在同一个窗口中。程序用户来决定接下来处理哪个控件。因为代码不知道用户何时会激活哪个控件，因此它需要使用一种叫作事件驱动编程的方法来处理代码。在事件驱动编程中，Python 会根据 GUI 窗口中发生的事件（或者动作），在程序中调用不同的方法。在这个程序代码中没有一组流程，只有大量的方法，每一个方法单独响应一个事件。

例如，用户在文本控件输入数据，但是，在用户按下程序窗口中的某个按钮提交这个文本之前，不会发生任何事情。这个按钮会触发一个事件，然后程序代码必须检测这个事件并运行代码中的方法，在文本字段中读取这个文本然后进行处理。

事件驱动编程的关键是将窗口中的控件与事件联系起来，然后将事件与代码模块联系起来。事件处理程序负责这个过程。

要让程序正常工作，必须为每一个控件创建独立的模块，当 Python 从每一个控件接收到事件，它会调用相应的模块。这些事件处理程序在 GUI 程序中做了大量的工作。它们从控件中获取数据、处理数据，然后使用其他控件在窗口中显示结果。这在一开始看起来可能有点奇怪，但是一旦习惯了编写事件处理程序，你将看到在 GUI 环境中工作是非常容易的。

18.2 Python 的 GUI 包

很多人一直努力简化 Python 环境的 GUI 编程。标准库可以帮助从 Python 脚本中创建控件并构建图形程序。表 18.2 是在 Linux 世界中最常用的 GUI 包。

tkinter 包是 Python 中最古老的图形包之一，同时它也是最流行的包。因为 Python 默认包含了 tkinter 包，因此，在树莓派上，它经常用来创建图形化的 Python 程序，我们在本章中也会使用它。

表 18.2 流行的 Linux GUI 包

包	描 述
tkinter	使用 TK 图形库，并且是 Python 标准库套件中的默认 GUI 库
PyGTK	使用 GTK+图形库，在 GNOME 桌面环境中使用
PyQT	使用 QT 图形库，它用在 KDE 桌面环境
wxPython	使用 wxWidgets 库，它是一个多平台的图形环境

18.3 使用 tkinter 包

由于树莓派的 Python 库默认包含了 tkinter 包，我们使用它来演示在 Python 脚本中创建 GUI 程序。一旦熟悉了一个图形库如何工作，那么再使用其他的包就不会太难了。

需要按照下面的 3 个步骤来用 tkinter 包创建一个 GUI 程序。

1．创建一个窗口。

2．向窗口中添加控件。

3．为控件定义事件处理程序。

下面的小节会介绍在 Python 脚本中使用 tkinter 包构建一个 GUI 应用的详细步骤。

18.3.1 创建一个窗口

在 GUI 环境中，所有的事情都跟窗口有关。所以创建 GUI 应用的第一步是为应用创建主窗口，也叫作根窗口。

可以创建一个 Tk 对象来完成这件事，这个对象包含了窗口的方方面面。要创建一个 Tk 对象，首先需要导入 tkinter 库，然后初始化一个 Tk 对象，如下所示：

```
from tkinter import *
root = Tk()
```

这会创建一个主窗口对象，然后将其赋值给变量 root。但是，这个默认的窗口没有任何大小、标题或者功能。

下一步需要执行默认 Tk 对象的方法来为窗口设置一些特性。有两个常用的方法，title() 方法设置窗口的标题，它会显示在窗口顶部的标题栏中，然后是 geometry()方法，它设置窗口的大小。如下所示：

```
root.title('This is a test window')
root.geometry('300x100')
```

在使用这些方法设置之后，需要使用 mainloop()方法，它会将窗口扔到一个循环中，等待某个窗口控件米触发事件。当窗口中发生事件时，Python 会截获它们，然后将其传入到程序代码中。例如，如果单击窗口右上角的 X，Python 会截获这个事件并且知道要关闭这个窗口（稍后，你会编写自己的事件然后添加到窗口中）。清单 18.1 显示了用来创建简单窗口的 tkinter 窗口代码。

清单 18.1　script1801.py 代码

```
#!/usr/bin/python3
from tkinter import *
root= Tk()
root.title('This is a test window')
root.geometry('300x100')
root.mainloop()
```

只有在树莓派的 LXDE 图形桌面里，才能运行 script1801.py 代码。在进入桌面后，可以打开 LXTerminal 工具，在命令行提示符中运行代码，来启动脚本，如下所示：

```
pi@raspberrypi ~$ python3 script1801.py
```

不会在命令行中看到任何事发生，但是可以在桌面上看到显示了一个简单的窗口，如图 18.1 所示。

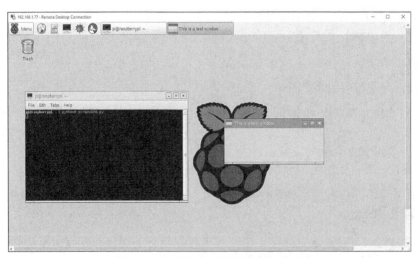

图 18.1　一个没有任何控件的默认 Tk 窗口

恭喜！你已经编写了一个 Python 的 GUI 程序！在窗口中还没有任何控件可以用来交互，因此可以关闭这个窗口，单击右上角的 X 关闭窗口。接下来，我们可以为窗口添加一些控件。

18.3.2 向窗口添加控件

创建了窗口之后，就可以开始为界面添加控件了。向一个窗口添加控件需要以下 3 个步骤。

1．在窗口中创建一个框架。

2．定义一个定位方法用来在框架中放置控件。

3．使用所选择的定位方法将控件放到窗口中。

接下来，我们详细介绍这些步骤。

1．创建一个框架模板

向窗口中添加控件的第一步是为窗口控件的布局创建一个模板。tkinter 包使用 Frame 对象创建一个区域以用来在窗口中放置控件。然后，不必直接在窗口代码中使用 Frame 对象；相反，需要创建一个基于 Frame 类的子类，在其中定义所有的窗口方法和属性（想了解关于子类的更多信息，参见第 15 章）。可以给 Frame 子类起任何名字，但是这个类最流行的名称是 Application，如下所示：

```
class Application(Frame):
```

在创建了子类后，需要为其创建一个构造函数。记住，第 14 章介绍过，可以使用__init__()方法来定义构造函数。这个方法使用 self 作为第一个参数，然后使用所创建的 Tk 窗口对象作为第二个参数。这样就将 Frame 对象联系到窗口上了。

现在有了一个基础的模板用来创建一个窗口 Frame 类：

```
class Application(Frame):
    """My window application"""

    def __init__(self, master):
        super(Application, self).__init__(master)
        self.grid()
```

这个创建窗口和框架的类的定义并不太长，但是有一点复杂。为 Application 类构建的构造函数包含了两条语句。

super()语句传入了根窗口对象，为 Application 导入了父类 Frame 的构造函数。在构造函数中的最后一条语句，定义了框架所使用的定位方法。这个例子使用了 tkinter grid()方法（我们会在下一节中学习关于这个特性的更多内容）。

现在你已经有了 Application 类模板，可以用它来创建窗口。清单 18.2 显示了 script1802.py 文件，这是一个基础的代码模板，可以用它来创建窗口。

清单 18.2 script1802.py 文件

```
#!/usr/bin/python3

from tkinter import *

class Application(Frame):
```

```
    """Build the basic window frame template"""

    def __init__(self, master):
        super(Application, self).__init__(master)
        self.grid()

root = Tk()
root.title('Test Application window')
root.geometry('300x100')
app = Application(root)
app.mainloop()
```

当运行 script1802.py 程序时，可能会注意到它看起来就像是使用简单的 Tk 对象创建的窗口一样，如图 18.1 所示。区别是现在这个窗口有一个框架，所以我们可以开始向 Application 对象中添加控件了。代码 script1802.py 展示了将在大多数 Python GUI 程序中使用的基础模板。

2. 定位控件

友好的 GUI 应用的关键是控件在窗口区域中的布置，太多的控件放到一起会让用户感到困惑。

在本节之前的例子中，我们使用了 grid()方法在框架中定位控件。tkinter 包提供了 3 种方法在窗口中定位控件。

- 使用网格系统。
- 将控件放到可利用的位置。
- 使用位置值。

最后一种方法，使用位置值，需要定义每一个控件的精准位置，在窗口中使用 X 和 Y 坐标。虽然这种方法对于控件在哪里出现提供了最准确的控制，但第一次开始使用时是还是比较难用的。

第二种方法以最有效的位置尽可能地把控件放到窗口中。当选择这种方法时，Python 会帮助在窗口中布置控件，从左上角开始，然后向下一个可用的空间移动，在之前的控件的右边或者下边。这种方法适用于只有几个控件的小窗口，但是如果有一个更大的窗口，情况很快就会变得杂乱无章。

第二种方法和第三种方法的折中方法，是在窗口中创建一个网格系统，采用行和列，这有点像一个电子表格。放置在窗口中每一个控件都在特定的行和列中。可以定义横跨多个行或列的控件，因此，在控件的显示方法上有一定的灵活性。

grid()方法定义了 3 个参数，用于在窗口中放置控件：

```
object.grid(row = x, column = y, sticky = n)
```

值 row 和 column 表示在布局中的单元格的位置，第 0 行和第 0 列开始于窗口的左上角。参数 sticky 告诉 Python，这个控件在格子中如何对齐。一共有 9 个可能的 sticky 值。

- N——将控件放在单元格的上部。
- S——将控件放在单元格的底部。
- E——在单元格中右对齐控件。
- W——在单元格中左对齐控件。

- NE——将控件放在单元格右上角。
- NW——将控件放在单元格左上角。
- SE——将控件放在单元格的右下角。
- SW——将控件放在单元格的左下角。
- CENTER——将控件放在单元格的中间。

在本章中，我们将使用网格方法来对控件进行定位。

3. 定义控件

现在已经有了 Frame 对象和定位方法了，可以开始向窗口中放置一些控件了。可以直接在 Application 类的构造函数中定义控件，在 Python 中标准做法一般是创建一个特殊的方法 create_widgets()，然后在这个方法中创建控件。之后，只要在类的构造函数中调用 create_widgets()方法就可以了。

把 create_widgets()添加到 Application 类中以后，构造函数看起来如下所示：

```
def __init__(self, master):
    super(Application, self).__init__(master)
    self.grid()
    self.create_widgets()
```

create_widgets()方法包含了构建想要放到窗口中的控件的所有语句。清单 18.3 中显示的 script1803.py 程序，展示了一个简单的例子。

清单 18.3　script1803.py 文件

```
 1: #!/usr/bin/python3
 2: from tkinter import *
 3:
 4: class Application(Frame):
 5:     """Build the basic window frame template"""
 6:
 7:     def __init__(self, master):
 8:         super(Application, self).__init__(master)
 9:         self.grid()
10:         self.create_widgets()
11:
12:     def create_widgets(self):
13:         self.label1 = Label(self, text='Welcome to my window!')
14:         self.label1.grid(row=0, column=0, sticky= W)
15:
16: root = Tk()
17: root.title('Test Application window with Label')
18: root.geometry('300x100')
19: app = Application(root)
20: app.mainloop()
```

create_widgets()方法包含了两行代码，它为窗口定义了一个 Label 控件对象。第 13 行定义了实际的 Label 对象，然后第 14 行使用 grid()方法将 Label 控件定位到窗口中（是的，这是正确的：需要在框架中为 Frame 对象和单独的控件对象指定布局方法）。

当运行 script1803.py 文件时，会看到如图 18.2 所示的一个窗口。

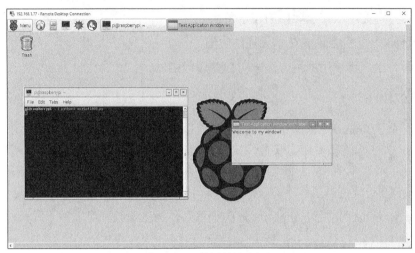

图 18.2　显示简单的测试窗口

这个窗口包含了在 create_widgets()方法中定义的 Label 对象，并且标签文本显示在窗口的框架中。

18.3.3　定义事件处理程序

构建 GUI 应用的下一步是定义窗口使用的事件。控件可以产生事件（例如当用户单击按钮时），并且使用 command 参数可以指定当 Python 检测到事件时应该调用的方法的名称。

例如，要把按钮绑定到一个事件方法上，可以编写如下所示的代码：

```
def create_widgets(self):
    self.button1 = Button(self, text="Submit", command = self.display)
    self.button1.grid(row=1, column=0, sticky = W)

def display(self):
    print("The button was clicked in the window")
```

create_widgets()方法创建了一个按钮以显示在窗口区域。这个 Button 类的构造函数设置的 command 参数是 self.display，这指向类中的 display()方法。

现在，这个测试的 display()方法仅使用了一条 print()语句在启动程序的命令行中显示一条信息。现在，这看起来像是一个 GUI 程序了！清单 18.4 显示了代码 script1804.py，它创建了带有按钮和事件的窗口。

清单 18.4　script1804.py 代码文件

```
#!/usr/bin/python3
from tkinter import *
class Application(Frame):
```

```
    """Build the basic window frame template"""

    def __init__(self, master):
        super(Application, self).__init__(master)
        self.grid()
        self.create_widgets()

    def create_widgets(self):
        self.label1 = Label(self, text='Welcome to my window!')
        self.label1.grid(row=0, column=0, sticky=W)
        self.button1 = Button(self, text='Click me!', command=self.display)
        self.button1.grid(row=1, column=0, sticky=W)

    def display(self):
        """Event handler for the button"""
        print('The button in the window was clicked!')
root = Tk()
root.title('Test Button events')
root.geometry('300x100')
app = Application(root)
app.mainloop()
```

当从 LXTerminal 中运行程序时，会在桌面上出现另一个独立的窗口。但是，当单击 Click me!按钮时，print()方法中的文本仍然会显示在 LXTerminal 窗口中，如图 18.3 所示。

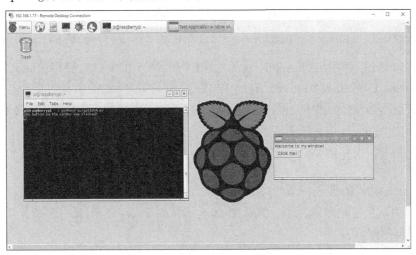

图 18.3 演示 Button 事件方法

一个典型的 GUI 程序包含很多不同的事件处理程序，每一个事件处理程序都对应于控件触发的一个事件。有时追踪所有的事件处理是很大的挑战。这时 docstring 功能就能帮上忙了。在每一个事件处理程序的开头放一行 docstring，可以描述它是干什么的以及什么控件会触发它，如下所示：

```
def display(self):
    """Event handler for the button to display text in the command line"""
    print('The button was clicked!')
```

不需要写花哨的 docstring，只要提供足够的信息将事件处理程序和控件联系起来就可以了。

18.4 tkinter 控件

现在我们已经学习了控件如何在 GUI 程序中交互的基础知识，可以开始看看不同类型的可供使用的控件了。每一个控件都包含属性和方法，以用于在窗口中定制这个控件。下面的小节将介绍在 GUI 程序中最常见的控件以及如何使用它们。

18.4.1 使用 Label 控件

Label 控件可以在窗口中放置文本。这个控件通常用来标识其他控件，如一个 Entry 或者 Textbox 区域，以便程序的用户知道如何跟这些控件交互。

要添加一个 Label 控件到窗口中，可以使用 text 参数来定义要显示的文本，如下所示：

```
self.label1 = Label(self, text='This is a test label')
```

使用这些标签没有什么可担心的，最难的部分是将它们定位到窗口的框架区域。

18.4.2 添加 Button 控件

按钮提供了一种方法，让用户可以在应用中触发事件处理程序，例如程序知道什么时候表单中有数据需要读取。下面是创建 Button 控件的基本格式：

```
self.button1 = Button(self, text='Submit', command=self.calculate)
```

必须将 Button 控件赋值给 Application 类中的一个唯一的变量。使用 Button 控件时，应该确定将 command 参数指向 Application 类中相关联的事件处理程序。如果没有指定 command 参数，单击按钮时不会做任何事情。同样，需要使用 grid() 方法将按钮定位到窗口中想要的位置上。

18.4.3 使用 Checkbutton 控件

Checkbutton 控件提供了一个开关类型的界面。如果选中了 Checkbutton 控件，则它返回值 1，如果没有选中它，则返回 0。Checkbutton 通常用来从一个列表中选择一个或多个选项（如选择披萨上的配料）。

使用 Checkbutton 控件有一点麻烦，不能直接访问 Checkbutton 来查看是否选择了它。相反，需要创建一个可以表示复选框的状态的特殊变量，这称为控制变量。

可以使用下面四种特殊的方法来创建一个控制变量。

- BooleanVar()——布尔值 0 和 1。
- DoubleVar()——浮点值。
- IntVar()——整数值。
- StringVar()——文本值。

因为 Checkbutton 控件返回的是布尔值，所以应该使用 BooleanVar()控制变量方法。必须将控制变量定义为类的一个属性，这样才能在事件处理程序中引用它。这通常是在__init__() 中进行的，如下所示：

```
self.varCheck1 = BooleanVar()
```

然后将控制变量连接到 Checkbutton 控件上，在定义 Checkbutton 控件时，使用 variable 参数就可以了：

```
self.check1 = Checkbutton(self, text='Option1', variable=self.varCheck1)
```

这样，就把一个 Checkbutton 控件连接到了一个控制变量上，而不是使用事件处理程序。Checkbutton 中的参数 text 定义了在复选框后面显示的文本。

要在代码中检索 Checkbutton 控件的状态，需要使用控制变量的 get()方法，如下所示：

```
option1 = self.varCheck1.get()
if (option1):
    print('The checkbutton was selected')
else:
    print('The checkbutton was not selected')
```

清单 18.5 中的 script1805.py 展示了如何在程序中使用 Checkbutton 对象。

清单 18.5　script1805.py 的代码

```
#!/usr/bin/python3
from tkinter import *
class Application(Frame):
    """Build the basic window frame template"""

    def __init__(self, master):
        super(Application, self).__init__(master)
        self.grid()
        self.varSausage = IntVar()
        self.varPepp = IntVar()
        self.create_widgets()

    def create_widgets(self):
        self.label1 = Label(self, text='What do you want on your pizza?')
        self.label1.grid(row=0)
        self.check1 = Checkbutton(self, text='Sausage', variable =
self.varSausage)
        self.check2 = Checkbutton(self, text='Pepperoni', variable =
self.varPepp)
        self.check1.grid(row=1)
        self.check2.grid(row=2)
        self.button1 = Button(self, text='Order', command=self.display)
        self.button1.grid(row=3)

    def display(self):
        """Event handler for the button, displays selections"""
        if (self.varSausage.get()):
```

```
            print('You want sausage')
        if (self.varPepp.get()):
            print('You want pepperoni')
        if ( not self.varSausage.get() and not self.varPepp.get()):
            print("You don't want anything on your pizza?")
        print('----------')

root = Tk()
root.title('Test Checkbutton events')
root.geometry('300x100')
app = Application(root)
app.mainloop()
```

到现在为止，script1805.py 文件中的代码应该看起来很熟悉了。它从 Frame 对象创建了一个 Application 子类，定义了构造函数，并且定义了在框架中放置的控件，包括两个 Checkbutton 控件。按钮使用 display()作为其事件处理函数。display()方法检索与两个 Checkbutton 相关联的控制变量的值，并且根据选中了哪个 Checkbutton 在命令行中显示一条信息。

18.4.4　使用 Entry 控件

Entry 控件将是应用中最能干的控件。它创建一个单行的表单字段。程序的用户可以使用这个字段输入文本来提交给程序，或者程序可以使用它在窗口中动态地显示文本。

创建一个 Entry 控件并不复杂：

```
self.entry1 = Entry(self)
```

Entry 控件并不会自己调用一个事件处理程序。通常情况下，我们将它连接到另一个控件（如按钮），然后，事件处理函数会检索 Entry 控件的文本或者在 Entry 控件中显示新的文本。要做到这些，需要使用 Entry 控件的 get()方法来检索表单字段的文本或者使用 insert()方法在表单字段中显示文本。

清单 18.6 中的 script1806.py 程序展示了如何使用 Entry 控件在 Python 窗口脚本中输入和输出。

清单 18.6　script1806.py 代码

```
#!/usr/bin/python3
from tkinter import *

class Application(Frame):
    """Build the basic window frame template"""

    def __init__(self, master):
        super(Application, self).__init__(master)
        self.grid()
        self.create_widgets()

    def create_widgets(self):
        self.label1 = Label(self, text='Please enter some text in lower case')
        self.label1.grid(row=0)
```

```
        self.text1 = Entry(self)
        self.text1.grid(row=2)

        self.button1 = Button(self, text='Convert text',
command=self.convert)
        self.button1.grid(row=6, column=0)
        self.button2 = Button(self, text='Clear result',
command=self.clear)
        self.button2.grid(row=6, column=1)
        self.text1.focus_set()

    def convert(self):
        """Retrieve the text and convert to upper case"""
        varText = self.text1.get()
        varReplaced = varText.upper()
        self.text1.delete(0, END)
        self.text1.insert(END, varReplaced)
    def clear(self):
        """Clear the Entry form"""
        self.text1.delete(0,END)
        self.text1.focus_set()

root = Tk()
root.title('Testing and Entry widget')
root.geometry('500x200')
app = Application(root)
app.mainloop()
```

控件 button1 链接到 convert()方法，它使用 get()方法获取 Entry 控件中的数据，将其全部转换为大写，然后使用 insert()方法将文本重新放到 Entry 控件中显示。但是，在它能够这么做之前，必须使用 delete()方法删除 Entry 控件原始的文本。focus_set()方法是一个很有用的工具：它允许你告诉窗口哪个控件应该控制光标，避免用户一开始就需要单击控件。

18.4.5 添加 Text 控件

要输入大量的文本，可以使用 Text 控件。该控件提供了多行输入或多行显示的功能。Text 控件的语法如下：

```
self.text1 = Text(self, options )
```

可以使用一些选项来控制 Text 控件在窗口中的大小以及它如何格式化显示区域中的文本。最常用的选项是 width 和 height，它们控制 Text 控件在窗口中的大小（width 定义字符长度，height 定义行数）。

和 Entry 控件一样，可以使用 get()方法获取 Text 控件中的文本，使用 delete()方法删除控件中的文本，使用 insert()方法向控件中添加文本。然而，这些方法对于 Text 控件有一些不同。因为这个控件是使用多行文本的，为 get()、delete()和 insert()方法指定的索引值不是一个单个的数值。它实际上是由两个部分组成的文本值：

"x.y"

在这种情况下，*x* 是行的位置（从 1 开始），*y* 是列的位置（从 0 开始）。所以，要引用 Text 控件的第一个字符，可以使用索引值"1.0"。

清单 18.7 中的 script1807.py 文件展示了 Text 控件的基本用法。

清单 18.7　文件 script1807.py

```
#!/usr/bin/python3

from tkinter import *
class Application(Frame):
    """Build the basic window frame template"""

    def __init__(self, master):
        super(Application, self).__init__(master)
        self.grid()
        self.create_widgets()

    def create_widgets(self):
        self.label1 = Label(self, text='Enter the text to convert:')
        self.label1.grid(row=0, column=0, sticky =W)

        self.text1 = Text(self, width=20, height=10)
        self.text1.grid(row=1, column=0)
        self.text1.focus_set()

        self.button1 = Button(self, text='Convert', command=self.convert)
        self.button1.grid(row=2, column=0)
        self.button2 = Button(self, text='Clear', command=self.clear)
        self.button2.grid(row=2, column=1)

    def convert(self):
        varText = self.text1.get("1.0", END)
        varReplaced = varText.upper()
        self.text1.delete("1.0", END)
        self.text1.insert(END, varReplaced)

    def clear(self):
        self.text1.delete("1.0", END)
        self.text1.focus_set()

root = Tk()
root.title('Text widget test')
root.geometry('300x250')
app = Application(root)
app.mainloop()
```

当运行文件 script1807.py 文件时，会看到一个窗口，它显示一个 Text 控件和两个按钮。然后可以在 Text 控件中输入一大段文本，单击 Convert 按钮将文本转换成全部大写，然后单击 Clear 按钮来删除文本。

18.4.6 使用 ListBox 控件

ListBox 控件提供了一个多个值的列表供程序用户选择。当创建 ListBox 控件时，可以使用 selectmode 参数指定用户如何在列表中选择项目，如下所示：

```
self.listbox1 = Listbox(self, selectmode=SINGLE)
```

参数 selectmode 可以有下面这些可用的选项。

- SINGLE——一次只能选择一个项目。
- BROWSE——一次只能选择一个项目，但是可以从列表中移动到多个项目。
- MULTIPLE——可以通过单击选择多个项目。
- EXTENDED——可以在单击时使用 Shift 和 Ctrl 键选择多个项目。

在创建了 Listbox 控件后，需要向列表添加项目。可以使用 insert()来完成这件事，如下所示：

```
self.listbox1.insert(END, 'Item One')
```

第一个参数定义了插入新项目的位置索引。可以使用关键字 END 来将新项目放到列表的末尾。如果有很多项目需要插入到列表中，可以将它们放到一个列表中，然后使用 for 循环一次性将它们插入，如下面的例子所示：

```
items = ['Item One', 'Item Two', 'Item Three']
for item in items:
        self.listbox1.insert(END, item)
```

检索列表中所选中的项目是一个分两步的过程。首先，使用 curselection 方法获取包含了选中项目索引的一个元组（从 0 开始）：

```
items = self.listbox1.curselection()
```

一旦有了这个包含索引值的元组，就可以使用 get()方法获取索引位置的项目的文本值：

```
for item in items:
    strItem = self.listbox1.get(item)
```

清单 18.8 显示的文件 script1808.py 展示了如何在程序中使用 Listbox 控件。

清单 18.8   script1808.py 程序代码

```
#!/usr/bin/python3
from tkinter import *

class Application(Frame):
    """Build the basic window frame template"""

    def __init__(self, master):
        super(Application, self).__init__(master)
        self.grid()
        self.create_widgets()

    def create_widgets(self):
```

```
            self.label1 = Label(self, text='Select your items')
            self.label1.grid(row=0)
            self.listbox1 = Listbox(self, selectmode=EXTENDED)
            items = ['Item One', 'Item Two', 'Item Three']
            for item in items:
                self.listbox1.insert(END, item)
            self.listbox1.grid(row=1)
            self.button1 = Button(self, text='Submit', command=self.display)
            self.button1.grid(row=2)

    def display(self):
        """Display the selected items"""
        items = self.listbox1.curselection()
        for item in items:
            strItem = self.listbox1.get(item)
            print(strItem)
        print('----------')
root = Tk()
root.title('Listbox widget test')
root.geometry('300x200')
app = Application(root)
app.mainloop()
```

运行代码 script1808.py 时，当单击提交按钮之后，在列表框中选择的所有项目都会出现在命令行中。

18.4.7　使用 Menu 控件

一个 GUI 程序的重要部分是在窗口顶部的菜单栏。菜单栏提供了下拉式菜单，使程序用户可以快速做出选择。可以使用 Menu 控件在 tkinter 窗口中创建菜单栏。

要创建菜单栏，可以直接将 Menu 控件连接到 Frame 对象上，然后可以使用 add_command() 方法来添加一个单个的菜单项。每一个 add_command() 方法都需要指定一个 label 参数来定义菜单项应该显示什么文本以及一个 command 参数来定义当选中菜单项时应该执行的方法。如下所示：

```
menubar = Menu(self)
menubar.add_command(label='Help', command=self.help)
menubar.add_command(label='Exit', command=self.exit)
```

这段代码会在窗口顶部创建一个菜单栏，它有两个部分：Help 和 Exit。最后，需要使用下面的命令将菜单栏连接到根对象 Tk：

```
root.config(menu=self.menubar)
```

现在当显示这个应用的时候，在顶部就有菜单栏了，上面还有所定义的菜单项。

可以通过创建额外的 Menu 控件并将其连接到菜单栏控件来创建下拉菜单。如下所示：

```
menubar = Menu(self)
filemenu = Menu(menubar)
filemenu.add_command(label='Convert', command=self.convert)
filemenu.add_command(label='Clear', command=self.clear)
```

```
menubar.add_cascade(label='File', menu=filemenu)
menubar.add_command(label='Quit', command=root.quit)
root.config(menu=menubar)
```

当创建了下拉菜单后，可以使用 add_cascade() 方法将其添加到最高层级的菜单栏，然后给其分配一个标签。

到现在为止，我们已经学习了在程序中使用流行的控件，可以练习编写一个真实的程序来测试它们了。

实践练习

创建一个 Python GUI 程序

在下面的步骤中，你将创建一个 GUI 程序在三场保龄球比赛后计算出你的平均分数。跟随下面的步骤来构建你的程序并让其运行起来：

1. 在本章的文件夹中创建一个名为 script1809.py 的文件。

2. 打开 script1809.py 文件，然后输入如下的代码：

```python
#!/usr/bin/python3
from tkinter import *

class Application(Frame):
    """Build the basic window frame template"""
    def __init__(self, master):
        super(Application, self).__init__(master)
        self.grid()
        self.create_widgets()

    def create_widgets(self):
        menubar = Menu(self)
        filemenu = Menu(menubar)
        filemenu.add_command(label='Calculate', command=self.calculate)
        filemenu.add_command(label='Reset', command=self.clear)
        menubar.add_cascade(label='File', menu=filemenu)
        menubar.add_command(label='Quit', command=root.quit)
        self.label1 = Label(self, text='The Bowling Calculator')
        self.label1.grid(row=0, columnspan=3)
        self.label2 = Label(self, text='Enter score from game 1:')
        self.label3 = Label(self, text='Enter score from game 2:')
        self.label4 = Label(self, text='Enter score from game 3:')
        self.label5 = Label(self, text='Average:')
        self.label2.grid(row=2, column=0)
        self.label3.grid(row=3, column=0)
        self.label4.grid(row=4, column=0)
        self.label5.grid(row=5, column=0)
        self.score1 = Entry(self)
        self.score2 = Entry(self)
        self.score3 = Entry(self)
        self.average = Entry(self)
        self.score1.grid(row=2, column=1)
```

```
            self.score2.grid(row=3, column=1)
            self.score3.grid(row=4, column=1)
            self.average.grid(row=5, column=1)
            self.button1 = Button(self, text="Calculate Average",
    command=self.calculate)
            self.button1.grid(row=6, column=0)
            self.button2 = Button(self, text='Clear result', command=self.clear)
            self.button2.grid(row=6, column=1)
            self.score1.focus_set()
            root.config(menu=menubar)

    def calculate(self):
        """Calculate and display the average"""
        numScore1 = int(self.score1.get())
        numScore2 = int(self.score2.get())
        numScore3 = int(self.score3.get())
        total = numScore1 + numScore2 + numScore3
        average = total / 3
        strAverage = "{0:.2f}".format(average)
        self.average.insert(0, strAverage)
    def clear(self):
        """Clear the Entry forms"""
        self.score1.delete(0,END)
        self.score2.delete(0,END)
        self.score3.delete(0,END)
        self.average.delete(0,END)
        self.score1.focus_set()

root = Tk()
root.title('Bowling Average Calculator')
root.geometry('500x200')
app = Application(root)
app.mainloop()
```

3. 保存 script1809.py 文件

4. 在桌面的 LXTerminal 会话中运行 script1809.py 程序。如图 18.4 所示的一个窗口会显示出来。

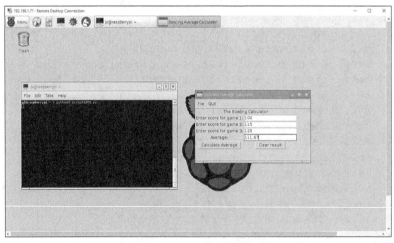

图 18.4   保龄球平均分数计算器

应该能识别出在 script1809.py 程序中使用的所有控件。这个程序使用了 4 个 Entry 控件，3 个用来输入保龄球分数，一个用来显示最后的平均结果。注意一个重要的特性是，从 Entry 控件中接收的值是字符串，因此需要将其转换为数值来进行计算。

▲

现在，我们拥有了所有所需的技能，可以在 Python 中开发自己的 GUI 程序了。

18.5　小结

在本章中，我们深入了 GUI 程序的编程世界。有几种不同的库可用于创建图形用户界面的程序，在本章中，我们所使用的是 tkinter 库，它包含在安装的 Python 标准库中。

tkinter 库可以创建拥有常见的商业化的 GUI 程序的所有特性的一个窗口，这些特性包括文本输入框、选择框、按钮和菜单栏等。只需编写 Python 代码来创建窗口，向窗口中添加想要的控件，然后将方法连接到控件产生的事件上就可以了。

在下一章中，我们将关注如何使用 Python 创建游戏。有一个强力的工具可以让创建游戏变得轻而易举，我们将展示如何使用它。

18.6　Q&A

Q. 可以将同一个方法连接到多个控件吗？

A. 可以，可以让多个事件使用同一个方法。例如，可以将一个 Button 连接到一个 Menu 项所连接到的相同的方法。

Q. 你可以将多个方法连接到同一个控件吗？

A. 不可以，只可以将一个方法连接到一个控件上。然后，可以在原始方法代码中执行另一个方法。

18.7　练习

18.7.1　问题

1. 应该用什么控件来显示项目列表，以便可以从中选择多个项目？
   a. Entry
   b. Checkbutton
   c. Listbox
   d. Button
2. 可以使用一个 Entry 控件同时用来输入和显示程序中的文本。对还是错？
3. 在 Python 代码中将控件连接到特定的方法的过程叫作什么类型的编程？

4. 什么类型的控件提供整个窗口区域用来放置其他空间？

    a. Entry

    b. Frame

    c. Listbox

    d. Button

5. 什么类型的控件允许用户从预先定义的值的一个范围中选取一个值？

    a. Spinbox

    b. Frame

    c. Listbox

    d. Button

6. Python 中默认安装的 GUI 库是什么？

7. 应该使用哪个 Tk 方法将文本应用于窗口的标题？

8. 哪一个 Tk 方法让程序进入等待事件的状态？

9. grid()方法允许使用行和列在窗口中定位控件。对还是错？

10. 哪种类型的控件在窗口顶部创建一个菜单栏？

18.7.2　答案

1. c。Listbox。Listbox 控件允许你显示多个可以选择的项目。

2. 对的。Entry 控件提了一个文本框区域，可以显示程序中的文本，或者用户输入数据让程序读取。

3. 事件驱动编程是在 Python 程序代码中将显示在窗口中的控件连接到方法的过程。

4. b。Frame 控件产生整个窗口，可以用来放置其他空间。

5. a。spinbox 控件提供一个最小值和一个最大值以限定一个范围。

6. Python 中默认安装的 GUI 库是 tkinter。

7. title()方法定义了出现在窗口顶部的标题栏中的文本。

8. mainloop()方法创建了一个无限循环，监听窗口事件以触发方法。

9. 对的。grid()方法使用行和列的方式来确定放置控件的单元格。

10. Menu()控件允许在窗口顶部定义一个菜单结构。

第 19 章

游戏编程

本章包括如下主要内容：

- 为什么想要编写游戏

- 不同 Python 游戏接口的区别

- 如何配置和使用 PyGame 库

- 如何在游戏中处理动作

- 如何创建一个简单的游戏脚本

在本章中，我们将学习关于如何使用 Python 创建游戏。我们将学习游戏编程的基础、如何创建游戏屏幕、如何添加文本、如何添加图像以及如何对游戏图像实现动画。在这个过程中，我们将学习对游戏编程初学者来说很有用的 PyGame 库。

19.1 理解游戏编程

为什么要学习编写游戏？简单的回答是，你想成为一名更强的 Python 程序员。游戏编程与其他类型的编程不同的地方在于，它对程序员和计算机都提出了更高的要求。

想想专为游戏而构建的计算机。它们往往拥有最快的 CPU，更大容量的内存芯片，最好的显卡。这是因为游戏可能是整个计算机系统资源的最大消耗者。

对于一名游戏开发者来说，将设计好的游戏从纸上变成 Python 脚本是一个非常大的挑战。游戏脚本涉及一门编程语言的各个方面，如用户输入、文件输入和输出、数学操作、各种图形接口等。同样，开发一款游戏，需要开发者变得有创新性并能很好地解决问题。

> **TIP** **提示：开发者与设计者**
>
> 在创建一个可以推向市场的游戏时，游戏开发者是编写代码的那个人。游戏设计师，从另一方面来说，是决定游戏的外观、规则和目标的人。在本章中，我们将既是游戏设计师也是开发者。

实际上，理解游戏开发有助于成为更好的脚本编写者。编写游戏通常能够让初学者变为技艺精湛的老程序员。在学习在树莓派上编写 Python 脚本的过程中，游戏开发能够帮助你巩固 Python 的概念。

19.2　了解游戏相关的工具

在 Python 中有几个和游戏相关的框架和库可以使用，如表 19.1 所示。

表 19.1　　　　　　　　　　　　Python 游戏框架和库

名　称	描　述
Blender3D	一个流行的库，有建模、动画以及 3D 渲染的功能
cocos2d	一个用来构建 2D 游戏、演示程序和其他图形交互应用的框架
fifengine	也叫作 fife，一个跨平台的框架，用于创建等视距的游戏；使用 fifengine，可以用 C++或 Python 编写游戏
kivy	一个跨平台的框架，它提供了对多媒体的支持、多种输入设备的支持、多点触摸的支持（包括多点触摸鼠标模拟器）以及一个非常快的图形引擎
Panda3D	一个全功能的游戏开发框架，包括 3D 图形和一个游戏引擎；使用 Panda3D，可以用 C++或者 Python；可用于商业和私人
PyGame	一个便携的跨平台 Python 模块库，它提供了一些 SDL 库的之外的特性，可以在 Python 中创建游戏和多媒体程序
Pyglet	一个跨平台的多媒体 Python 库，提供了游戏开发的面向对象编程接口，有一些很好的特性，如处理 MP3 音乐格式
PySoy	一个基于云的 3D 引擎，它有面向对象的 API，它是为游戏开发所设计的，并且提供了多平台快速开发的特性
Python-Ogre	多个 C++库，尤其是 Ogre 3D 图形库的 Python 接口，同样也支持为其他游戏开发的图形或游戏库

在 Python 中有很多工具可以用来开发游戏，有各种不同的游戏开发框架和库，你可以从中选择最适合自己的。

> **TIP** **提示：什么是 SDL？**
>
> 在阅读游戏框架和库的相关资料的时候，你可能经常会看见 SDL 这个词。它表示 Simple DirectMedia 层，这是 DirectX API 的一个开源的、跨平台的替换品。基本上，SDL 是一个多媒体和图形库的包，它提供了游戏开发的必要功能。

在本章中，我们将学习关于 PyGame 库的内容，并且会创建一个简单的游戏。市面上已经有整本介绍游戏开发的图书了，包括关注 Python 游戏编程的专门话题的图书。在本章所学到的游戏编写的基础知识，会将你带入到游戏脚本编写的正确方向上。同样，本章也会增强你迄今为止学会的 Python 技能。

> **TIP** **提示：玩 Python 游戏**
>
> 想要尝试一些 Python 游戏？访问 wiki.python/moin/PythonGames 页面的"Specific Games"部分。

19.3 配置 PyGame 库

PyGame 库是一个包。我们在第 13 章中学习过，一组模块可以一起放到一个包中，以便在 Python 脚本中使用。PyGame 包是一系列模块和对象的集合，可以帮助使用 Python 创建游戏。

> **技巧：预先安装的 PyGame 游戏** **NOTE**
>
> 可以在/home/pi/python_games 文件夹下找到几个 Python 游戏脚本和它们的支持文件。如果已经安装了 PyGame 的话，就可以玩这些游戏了。这些脚本也是很好的学习工具。

Python 的 PyGame 只能开发简单的游戏，而不能进行图形化的操作（需要诸如 Blender3D 或 Panda3D 这样的工具来做这些很炫的东西）。PyGame 的真正值得骄傲的地方在于，它会帮助你学习更多的脚本编写原则，同时提供即时的积极反馈。

19.3.1 检查 PyGame

PyGame 包默认情况下是不会安装的。要检查系统，进入 Python 交互式命令行，然后尝试导入 PyGame，如清单 19.1 所示。

清单 19.1 检查 PyGame

```
>>>
>>> import pygame
Traceback (most recent call last):
  File "<stdin>", line 1, in <module>
ImportError: No module named pygame
>>>
```

如果收到一条 ImportError 消息，如清单 19.1 所示，那么就是没有安装 PyGame 包。但是，如果没有看到这个错误，则是已经安装了 PyGame 包。

> **提示：帮助安装 Pygame** **TIP**
>
> 如果你发现自己的 Raspbian 系统上由于某些原因而没有预先安装 Pygame，明智的做法是寻求帮助以安装它。可以访问位于 www.raspberrypi.org/forums/ 的 Raspbian 论坛，或者打开常用的搜索引擎并输入 Raspbianpygame installation problem 以查找帮助信息。

19.4 使用 PyGame

PyGame 库包括了很多工具和特性以及大量来自社区的支持。一个不错的网站是 PyGame 的维基页面：www.pygame.org。在那里，可以找到模块和对象的文档、教程、一些令人愉快的索引以及一些关于 PyGame 库的最新消息。

PyGame 中的几个模块便可以帮助构建游戏。表 19.2 给出了不同模块的列表。看到这个表就已经能让你为游戏编程而感到兴奋了吧！

表 19.2　　　　　　　　　　　　　　PyGame 模块

名　　称	描　　述
pygame.camera	提供一个摄像头接口（实验性的）
pygame.cdrom	控制音频 CD-ROM
pygame.cursors	提供光标资源
pygame.display	提供显示屏幕控制
pygame.draw	画图形
pygame.event	与事件和队列交互
pygame.example	显示程序的例子
pygame.font	加载和渲染字体
pygame.freetype	使加强的加载和渲染字体可用
pygame.gfxdraw	画图形（实验性的）
pygame.image	处理图片
pygame.joystick	与摇杆、游戏板以及轨迹球交互
pygame.key	与键盘交互
pygame.locals	提供 PyGame 静态变量
pygame.mask	提供图片遮罩
pygame.math	提供向量类
pygame.midi	与 MIDI 输入和输出交互
pygame.mixer	加载和播放声音
pygame.mouse	与鼠标交互
pygame.movie	回放 MPEG 视频
pygame.music	控制声音流
pygame.pixelcopy	复制像素数组
pygame.scrap	提供剪贴板支持
pygame.sndarray	访问声音样本数据
pygame.surfarray	使用数组接口，访问表面的像素数据
pygame.time	监控时间
pygame.transform	变换表面

TIP　**提示：实验性的模块**

注意那些作为“实验性的”而列举出来的模块。如果打算将游戏保留一段时间，则不应该使用这些模块。这些模块可能发生较大的变化，并可能会影响到游戏。

PyGame 库还包括一些对象类，使得我们能更简单地构建一个 Python 游戏（如表 19.3 所示）。

表 19.3   PyGame 对象类

名　　称	描　　述
pygame.Color	用来表示颜色
pygame.Overlay	用来表示视频叠加图形
pygame.PixelArray	用来直接访问表面的像素
pygame.Rect	用来存储直角坐标系
pygame.sprite	用于基本的游戏对象类
pygame.Surface	用于在游戏屏幕中代表图像

到这里，你可能会觉得有点透不过气了。没关系，因为这是一个庞大的话题，所以也别担心。本章将一步一步地了解这些模块和对象，以便可以开始用 Python 来编写游戏。

技巧：精灵　　　　　　　　　　　　　　　　　　　　　　　　　**NOTE**

　　PyGame 的文档经常把游戏中的游戏部件和角色叫作精灵。当使用精灵这个词的时候，是指 Sprite 对象类。

19.4.1　加载和初始化 PyGame

要在 Python 游戏脚本中开始使用 PyGame，需要做 3 件重要的事情。

1．导入 PyGame 库。

2．导入本地 PyGame 常量。

3．初始化 PyGame 模块。

要导入 PyGame 库，可以使用 import 命令，如下所示：

```
import pygame
```

这会将 PyGame 的模块和对象类都导入。然而，如果需要的话，也可以单独导入模块或类。

提示：加速　　　　　　　　　　　　　　　　　　　　　　　　　　**TIP**

　　一旦学会了如何编写 Python 游戏脚本，就可以做一些事情来加速游戏了。其中一点就是，只将实际使用的 PyGame 模块导入到脚本中。

PyGame 本地常量模块包含了最高等级的变量，最初开发出来是为了让游戏脚本编写者的生活更简单。只要一条 import 语句，就可以得到所有需要的 PyGame 常量。要导入这些常量，可以用一条 import 命令，如下所示：

```
from pygame.locals import *
```

最后，需要初始化 PyGame 模块。要初始化所导入的 PyGame 模块，如下所示：

```
pygame.init()
```

TIP | **提示：显示的数字**

> 如果在交互式 shell 中导入 PyGame，然后使用 pygame.init()初始化该模块，将会得到一个类似的(6,0)数字式的回应。这表示一切正常。第一个数字表示成功地初始化了多少个模块（在这个例子中是 6 个），第二个数字表示没有成功初始化的模块的数目（在这个例子中是 0）。在脚本中使用 pygame.init()的时候，不会看到这种状态数字。

当将所有的模块和常量导入并初始化所有代码之后，就可以在游戏脚本中使用 PyGame 模块了。

19.4.2　配置游戏屏幕

在配置你的游戏屏幕时，需要确定下面的项目。

- 游戏屏幕大小。
- 屏幕颜色。
- 屏幕背景。

要配置游戏屏幕的大小，需要使用.display 模块。语法如下所示：

```
pygame.display.set_mode(width , height)
```

可以将结果设置成一个变量名，例如 GameScreen，来创建一个 Surface 对象：

```
GameScreen = pygame.display.set_mode(1000,700)
```

Surface 对象是一个 PyGame 对象，它能够在计算机上显示图像。可以把它当作是创建了一个"游戏表面"，可以在其上玩你的游戏。

创建游戏表面的另一个好处是，它会默认使用当前硬件最好的图形模式。

TIP | **提示：窗口在哪里**

> 当创建一个游戏时，让游戏的屏幕小于计算机显示器的屏幕，这是能够定位自己的一个好办法。这让你能看到图形用户界面的下部并且提供一个视觉参考点。例如，在开发游戏时，保持游戏屏幕 600 像素宽，400 像素高。只要游戏脚本显示正常，就可以将其更改成为全屏大小。

可以在屏幕上显示计算机屏幕所能处理的任何颜色。要设置颜色，使用如下的语法向脚本中添加变量：

```
color_variable = Red ,Green , Blue
```

Red、Green、Blue 处理标准的 RGB 颜色配置。例如，红色用 RGB 数字（255，0，0）表示，蓝色用 RGB 数字（0，0，255）表示。一些颜色的例子和它们的 RGB 设置如下所示：

```
black=0,0,0
white=255,255,255
blue=0,0,255
red=255,0,0
```

```
green=0,255,0
```

一旦创建好屏幕尺寸和颜色变量后，就可以使用所选择的颜色填充屏幕的背景了。要这样做，需要使用 Surface 对象，它创建出来用于表示游戏屏幕，然后使用这个对象的 fill 方法来填充，如下所示：

```
GameScreen.fill(blue)
```

在这个例子中，所定义的 GameScreen Surface 对象将画面的背景填充为蓝色。如果需要，也可以让背景是图片。然而，在刚开始设计游戏的时候，最好还是让画面的背景是纯色。

19.4.3　在游戏画面中放置文本

在游戏画面中放置文本有一点麻烦。首先，必须定义什么字体以及这个字体是否存在于系统中。PyGame 提供了默认的游戏字体供你使用。应该使用的模块是 pygame.font。在字体模块中，可以使用语法 game_font_variable = pygame.font.Font(font, size) 来创建一个对象，如下所示：

```
GameFont=pygame.font.Font(None, 60)
```

注意，在这个例子中使用的字体是 None，这是让 PyGame 使用默认字体的设置方法。

要创建一幅文本图片，需要使用 Font 对象，该对象代表字体，然后需要使用其 render 方法。

```
GameTextGraphic=GameFont.render("Hello",True,white)
```

在这个例子中，单词 "Hello" 是要显示的文本。它以 PyGame 的默认字体来显示为白色（记住白色的颜色定义，在本章的前面，其定义是 255，255，255）。

在这个例子中，第二个参数 True 设置为让文本字符以光滑的边缘显示。这是一个布尔参数，所以如果将其设置为 False，字符就没有光滑边缘了。

我们已经完成了大部分的工作了，但是文本仍然没有显示在画面上！要让文本显示在画面上，需要使用所创建的 Surface 对象表示屏幕。要使用对象的 .blit 方法。在前面，创建的 Surface 对象 GameScreen 表示游戏屏幕。下面的 Python 代码是用来显示文本的：

```
GameScreen.blit(GameTextGraphic,(100,100))
pygame.display.update()
```

文本图形 GameTextGraphic 是这条语句的第一个参数；它告诉 .blit 方法应该在屏幕上显示什么内容。第二个参数（100，100）是文本显示在游戏画面上的位置。最后，pygame.display.update() 函数显示游戏画面以及它包含的图形。

这些内容读起来可能会相当混乱。自己尝试一下会有助于理解这些概念。记住，游戏编程的一个特点是，可以快速地得到反馈。因此，在下面的实践练习，我们要创建一个游戏画面，然后在其中显示文本。

▼ 实践练习

使用 PyGame 创建一个游戏画面，然后显示文本

在下面的步骤中，我们将导入并初始化 PyGame 库，配置一个游戏画面，然后在画面上显示一条简单的测试信息。我们将通过创建一个 Python 游戏脚本来完成这些事，这会作为本章其他实践练习的基础。按照如下的步骤进行。

1. 打开树莓派的电源并登录系统，如果你还没有这么做的话。

2. 如果 GUI 界面没有自动启动的话，输入 startx，然后按回车键打开它。

3. 打开脚本编辑器（如 nano），然后输入 nano py3prog/script1901.py，创建脚本并按下回车键。

4. 将下面的所有信息输入到 script1901.py 中。慢慢来，避免任何输入错误。完成之后，保存脚本。

```
#script1901.py - Simple Game Screen & Text
#Written by <Insert your Name>
#
###########################################
#
##### Import Modules & Variables ######
import pygame                    #Import PyGame library
#
from pygame.locals import * #Load PyGame constants
#
pygame.init()                    #Initialize PyGame
#
# Set up the Game Screen ###############
#
ScreenSize=(1000,700)    #Screen size variable
GameScreen=pygame.display.set_mode(ScreenSize)
#
# Set up the Game Colors ###############
#
black = 0,0,0
white = 255,255,255
blue = 0,0,255
red = 255,0,0
green = 0,255,0
#
# Set up the Game Font ################
#
DefaultFont=None             #Default to PyGame font
GameFont=pygame.font.Font(DefaultFont,60)
#
# Set up the Game Text Graphic #########
#
GameText="Hello"
GameTextGraphic=GameFont.render(GameText,True,white)
#
###### Draw the Game Screen & Add Game Text #####
#
GameScreen.fill(blue)
GameScreen.blit(GameTextGraphic,(100,100))
pygame.display.update()
#
```

5. 退出文本编辑器，输入 python3 py3prog/script1901.py，然后按下回车键测试脚本。如果出现任何语法错误，则修改它。如果没有任何错误，可能已经看到有文本短暂地显示在游戏画面上了，然后又消失了（在下一步中会验证它）。

6. 在脚本编辑器中打开 script1901.py。在 import pygame 行下面，添加 import time 来导入 time 模块，如下所示：

```
##### Import Modules & Variables ######
import pygame              #Import PyGame library
import time                #Import Time module
#
```

7. 在 script1901.py 的最后一行，添加一行 time.sleep(10)。这会导致把游戏画面写到显示器上之后，Python 游戏脚本暂停，或者"休眠"10 秒的时间。完成之后，保存脚本。

8. 现在退出编辑器并测试所做的修改，输入 python3 py3prog/script1901.py，然后按下回车键。你现在应该看到（至少 10 秒）游戏画面和文本显示出来了（在本章的后面，我们将学习如何控制画面的显示而不使用 time 模块）。

9. 为了更有趣一些，再次在脚本编辑器中打开 script1901.py。这次，添加一种叫作 RazPiRed 新的颜色作为游戏颜色，如下所示：

```
# Set up the Game Colors ################
#
black = 0,0,0
white = 255,255,255
blue = 0,0,255
red = 255,0,0
RazPiRed = 210,40,82
green = 0,255,0
#
```

提示：颜色   ***TIP***

　　在一个游戏中，可以使用 RGB 配置来创建任何颜色。有几个站点显示不同颜色的样本，用 RGB 的配置来完成它们。其中一个这样的网站是 www.taylored-mktg.com/rgb/。

---

10. 在 fill 方法中使用新的颜色来将游戏画面的 blue 替换成 RazPiRed，如下所示：

```
GameScreen.fill(RazPiRed)
```

11. 通过将变量 DefaultFont 设置为 FreeSans 来修改字体，如下所示：

```
DefaultFont='/usr/share/fonts/truetype/freefont/FreeSans.ttf'
```

（在树莓派有一些默认安装的字体，其中一个是 FreeSans。可以使用任何字体替换 PyGame 默认字体。）

12. 要让这件事更有趣，可以将无聊的文本信息从"Hello"改成"I love my Raspberry Pi!"，如下所示：

```
GameText="I love my Raspberry Pi!"
```

13. 退出编辑器，输入 python3 py3prog/script1901.py，然后按下回车键来测试最后一次修改。应该会看到如图 19.1 所示的画面（至少 10 秒）。

图 19.1 script1901.py 游戏画面

▲

干得漂亮！现在，可以看到在编写游戏脚本时快速反馈的益处。要获得更多的经验，尝试修改屏幕的背景颜色和出现文本信息的位置并且看看修改所带来的效果。

19.5 学习 PyGame 的更多内容

在屏幕上显示颜色和文本非常有趣，但是这还不足以制作一款游戏。我们还必须学习更多的基本概念，才能开始编写游戏脚本。

19.5.1 一直在游戏中

正如在实践练习部分看到的，一个 Python 游戏脚本显示游戏画面然后退出。因此，如何保持游戏一直运行呢？可以使用一个循环结构和 pygame.event 模块。

我们在第 18 章中学习过关于事件的内容。PyGame 库提供了 pygame.event 模块来监测这些事件和事件对象以处理它们。下面是一个典型的游戏循环的例子：

```
1: while True:
2:     for event in pygame.event.get():
3:         if event.type in (QUIT,KEYDOWN):
4:             sys.exit()
```

第 1 行是一个 while 主循环，它会一直运行直到第 4 行的 sys.exit()动作退出这个循环（注意要使用这个动作，必须把 sys 模块导入到游戏脚本中）。要执行 sys.exit()，主循环必须捕获任意事件。如果一个事件发生了，Python 会在第 2 行的 for 循环中处理它，将该事件赋值给变量 event。Python 在第 3 行使用 .type 方法检查事件的类型。如果事件是退出（QUIT）或者按下了键盘上的某个键（KEYDOWN），则执行 sys.exit()，接着退出游戏。

简单来说，如果在游戏运行中，你按下了键盘中的一个键，则游戏轻松地退出。因此，要保持游戏持续运行，直到 QUIT 事件发生，就需要在主游戏循环中完成所有的画面绘制和更新。可以检查的一些 PyGame 事件如下所示。

- QUIT
- KEYDOWN
- KEYUP
- MOUSEMOTION
- MOUSEBUTTONUP
- MOUSEBUTTONDOWN
- USEREVENT

19.5.2 绘制图像和形状

所有的游戏都包含一些简单的图形游戏配件。这些游戏配件可以是导入的图片和自己设计的形状。

有了 PyGame 的 pygame.draw 模块，创建形状变得很容易。可以使用这个模块画圆形、正方形、心形以及其他的形状。表 19.4 列出了 pygame.draw 中一些可用的方法。

表 19.4 pygame.draw 模块的一些方法

名　称	描　述
pygame.draw.arc	绘制圆弧
pygame.draw.circle	绘制圆形
pygame.draw.line	绘制一条线
pygame.draw.lines	绘制若干条线
pygame.draw.polygon	绘制多边形
pygame.draw.rect	绘制矩形

提示：获取帮助 *TIP*

不要忘记随时可以找到 pygame.draw 模块方法的帮助。第 13 章介绍了关于获取模块的帮助信息。可以输入 python3 进入 Python 交互式命令行，然后输入 import pygame 来加载 PyGame 模块。可以输入 help(pygame.draw)，看到 pygame.draw 的所有可用的方法。可以获取单独一个方法的帮助信息，例如输入 help(pygame.draw.circle) 获取 pygame.draw.circle 的帮助信息。每一个方法的帮助信息显示一个简单的描述和所有需要的参数。当完成操作时，记住按下 Q 键来退出。

和绘制图形相比，要在游戏画面中显示图像，你需要做更多的工作，首先，必须注意

PyGame 并不支持所有的图像文件格式。可以通过使用 pygame.image 模块和它的.get_extended 方法来获取更多的信息。清单 19.6 显示这样一个例子。

清单 19.2　测试 PyGame 的图像处理

```
>>> import pygame
>>> pygame.image.get_extended()
1
>>>
```

在 Python 交互式命令行中，如果执行命令 pygame.image.get_extended，然后它返回 1（真），那么它支持大多数的图像文件格式，包括 png、jpg、gif 和其他格式。然而，如果它返回 0（假），则它只支持未压缩的 bmp 图像文件。在确定了 PyGame 库可以处理什么图像文件后，可以从一个合适的图像文件中选择加载到游戏中的图像。

要把图像加载到 Python 游戏脚本中，需要使用 pygame.image.load 方法。在此之前，最好创建一个变量来包含这个图像文件，如下面的例子所示。

```
# Set up the Game Image Graphics
GameImage="/usr/share/raspberrypi-artwork/raspberry-pi-logo.png"
GameImageGraphic=pygame.image.load(GameImage)
```

这可以正常工作，除了加载图像时有一点慢。事实上，每次需要在画面上重新绘制图像的时候，速度都会变慢。要想加速这一过程，可以在这个图像上使用.convert 方法，如下所示：

```
# Set up the Game Image Graphics
GameImage="/usr/share/raspberrypi-artwork/raspberry-pi-logo.png"
GameImageGraphic=pygame.image.load(GameImage).convert()
```

然而，使用.convert 引入了另一个问题：没有透明度。如图 19.2 所示，可以看到图像加载了，但是在图像周围有一圈白色的矩形。

要让这个图像透明和运行背景图片显示出来，你可以使用.convert_alpha()方法，如下面这个例子所示：

```
# Set up the Game Image Graphics
GameImage="/usr/share/raspberrypi-artwork/raspberry-pi-logo.png"
GameImageGraphic=pygame.image.load(GameImage).convert()
```

这使得图像可以透明并且在其后显示背景。也就是说，你在画面中的图像周围看不到白色框了。图 19.3 所示为使用.convert_alpha()的效果。

一旦图像加载了，可以使用 Surface 对象和曾经对文本使用过的同样的.blit 方法，将图像显示到画面中。如下面的例子：

```
GameScreen.blit(GameImageGraphic,(300,0))
```

就像文本一样，表示图像的变量传递到.blit 方法中，并且带有想要在 Surface 对象中显示图像的位置：(width，height)。然而，游戏画面仍然没有显示这个图像。要让游戏画面重绘，记住需要使用 pygame.display.update()。

回顾一下，使用.blit 绘制游戏背景画面，然后在画面上使用.blit 绘制文本和图像（或图形），然后更新游戏画面。

图 19.2 加载的没有透明度的图片

图 19.3 加载的有透明度的图像

19.5.3 在游戏中使用声音

现在，我们已经有文本和图形了，是时候学习如何向 Python 游戏脚本中添加声音了。PyGame 库使得添加声音非常简单。

在向游戏中添加声音之前，确保声音输出在树莓派上能正常工作。如果通过 HDMI 把树莓派连接到了一台电视机或者带有内置的或附加的扬声器的计算机显示器上，那么声音会通过 HDMI 线传输。（对于较旧的设备或其他替代的设备，参见第 1 章以帮助配置声音部件）。

要测试声音，可以使用预先安装的在/home/pi/python_games 中的 Python 游戏的一个声音文件。一个不错的声音是 match1.wav 文件。在命令行，输入 sudo aplay /home/pi/python_games/match1.wav，应该可以听见声音。如果没有，则可能需要调整音量大小或者使用其他的排除声音故障的技巧。

提示：更多的声音测试 **TIP**

有时候，播放一个较长的声音测试并适当地调节音量是有帮助的。可以通过将一个 mp3 文件复制到树莓派中，从而做到这一点。在启动 GUI 之后，打开一个终端窗口，并输入 omxplayer file .mp3。应该会开始播放声音，而你可以做一些需要的调节。

要在游戏中添加一个声音，可以使用 pygame.mixer 模块来创建一个 Sound 对象变量，如下所示：

```
# Setup Game Sound ######
ClickSound=pygame.mixer.Sound('/home/pi/python_games/match1.wav')
```

一旦创建了 Sound 对象，就可以使用.play 方法来播放它，如下所示：

```
ClickSound.play()
time.sleep(.25)
```

注意在这个例子中，当播放声音后，运行了 time.sleep，在游戏中添加了一个四分之一秒的延迟（没有这个延迟，可能会因为缓冲的原因而听不到这个声音的播放）。

在游戏脚本中，处理这个必须的延迟以便让声音能够听到的一个更好的方法是，使用pygame.time.delay 方法。这个方法是比较高级的，可以在不加载 time 模块（这会降低游戏速度）的情况下微调延迟时间。

pygame.time.delay 方法使用毫秒而不是秒作为它的参数。因此要播放一段声音，代码可能如下所示：

```
ClickSound.play()
pygame.time.delay(300)
```

注意，在这个例子中，游戏延迟了 300 毫秒。现在声音将会播放，然后游戏会稍微快一点。

19.6   处理 PyGame 动作

现在，脚本中有了文本、图像以及声音。我们已经准备好开始继续前进了。

19.6.1   在游戏画面中移动图形

和图片的动画一样，图形在画面中的移动是一种错觉。在"幕后"发生的事情是，图像以快到足以令其出现移动的速度重绘。要在 Python 脚本中模拟移动的出现，可以使用 Surface对象的.get_rect 方法。

当在加载图像上使用.get_rect 方法时，它返回两个数据：图像的当前坐标和图像大小。在默认情况下，图像在游戏画面上的当前坐标是（0,0）。但是，在使用这个方法时，可以告诉它应该在游戏画面的什么位置放置这个图像。

方法.get_rect 返回的大小并不是图像的准确大小。这个方法假设一个矩形的图形包含着这个图像，以此来获取大小和位置信息。因此，.get_rect 表示"获取图像周围的矩形区域并返回这个矩形当前在游戏画面上的位置"。

在下面的例子中，之前所使用的图像再一次用作 Surface 对象。可以看到使用.get_rect 方法创建的这个新的变量名为 GameImageLocation：

```
GameImage="/usr/share/raspberrypi-artwork/raspberry-pi-logo.png"
GameImageGraphic=pygame.image.load(GameImage).convert_alpha()
#
GameImageLocation=GameImageGraphic.get_rect()
```

要改变图像在屏幕上的位置（即让它移动），可以使用.move 方法。这个方法使用偏移值来整体地"移动"图像。本质上，如果偏移值是正的，脚本会将图像向游戏屏幕的下方和右边移动。如果偏移值是负的，脚本将其向上或向左移动。

下面的代码将偏移设置为[5, 5]，这意味着它会向下移动 5 个像素同时向右移动 5 个像素：

```
# Set up Graphic Image Movement Speed #####
ImageOffset=[5,5]
#
#Move Image around
GameImageLocation=GameImageLocation.move(ImageOffset)
```

通常偏移值也叫作速度，因为这个值越高，穿过屏幕的速度也越快。

务必记住，.move 方法不会在屏幕上重绘图像。仍然需要使用.blit 方法重绘这个图像，然后使用 python.display.update 来重绘画面，如下所示：

```
GameScreen.fill(blue)
GameScreen.blit(GameImageGraphic,GameImageLocation)
pygame.display.update()
```

注意，在使用.blit 方法把 GameImageGraphic 绘制到画面之前，使用了.fill 方法。这么做可以"擦除"之前在游戏画面上的所有图像，然后在新的位置重绘游戏图像。这提供了图像移动的错觉。

19.6.2　与游戏画面中的图形交互

有很多种方法可以与画面中的图形交互。回顾 19.4.1 小节，我们学习了如何使用事件和事件类型来退出一个游戏，也可以使用事件来控制游戏的交互。

一个流行方法是使用鼠标和一个碰撞点（碰撞点是发生在 Surface 对象上的一个特定事件）。首先，需要在游戏脚本中配置鼠标。有几个事件跟鼠标相关，最简单的一个是 MOUSEBUTTONDOWN，它直接指出鼠标的一个键按下了。要捕获这个事件，可以使用下面的 Python 语句：

```
for event in pygame.event.get():
        if event.type == pygame.MOUSEBUTTONDOWN:
```

如果 event.type 匹配 pygame.MOUSEBUTTONDOWN，那么可以测试一个碰撞点。在这里，.collidepoint 方法会有用。可以直接将另一个对象的位置传入这个方法来做碰撞检查。如果返回 True，则可以进行后续的动作。

下面的例子测试了在当前的画面上的图像的位置是否和鼠标指针发生碰撞。换句话说，它测试鼠标指针是否点到图像。

```
for event in pygame.event.get():
    if event.type == pygame.MOUSEBUTTONDOWN:
        if GameImageLocation.collidepoint(pygame.mouse.get_pos()):
            sys.exit()
```

如果鼠标点到图像，则游戏退出。当然，你可以碰撞点配置任何形式的所需要的动作这个动作并不一定要是"退出游戏"。

"纸上得来终觉浅，绝知此事要躬行"。理解在游戏屏幕中移动图像时，尤其如此。在下面实践练习章节，我们将体会一下在屏幕上移动图像并且尝试不同的"速度"。

创建游戏图像并且移动它们

在下面的步骤中，我们将加载一个图片，以不同的速度在屏幕周围移动这个图像，学习如何让一个图像保持在画面上，创建一个碰撞点用来进行动作，然后调整图像的大小。

1. 打开树莓派的电源并登录系统，如果还没有这么做的话。

2. 如果 GUI 界面没有自动启动的话，输入 startx，然后按回车键打开它。

3. 打开脚本编辑器，如 nano 或者 IDLE 3 文本编辑器，然后创建脚本 py3prog/script1902.py。

4. 将下面的所有信息输入到 script1902.py 中。慢慢来，避免任何输入错误：

```python
#script1902.py - Move Game Image
#Written by <Insert your Name>
#
############################################
#
##### Import Modules & Variables ######
import pygame                #Import PyGame library
import sys                   #Import System module
#
from pygame.locals import *     #Load PyGame constants
#
pygame.init()                     #Initialize PyGame
#
# Set up the Game Screen ###############
#
ScreenSize=(1000,700)             #Screen size variable
GameScreen=pygame.display.set_mode(ScreenSize)
#
# Set up the Game Color ###############
#
blue = 0,0,255
#
# Set up the Game Image Graphics #######
#
GameImage="/usr/share/raspberrypi-artwork/raspberry-pi-logo.png"
GameImageGraphic=pygame.image.load(GameImage).convert_alpha()
#
GameImageLocation=GameImageGraphic.get_rect() #Current location
#
ImageOffset=[10,10] #Moving speed
#
# Set up the Game Sound ###############
#
ClickSound=pygame.mixer.Sound('/home/pi/python_games/match1.wav')
#
#
###### Play the Game ###################################
#
```

```
while True:
    for event in pygame.event.get():
        if event.type in (QUIT,MOUSEBUTTONDOWN):
            ClickSound.play()
            pygame.time.delay(300)
            sys.exit()
    #Move game image
    GameImageLocation=GameImageLocation.move(ImageOffset)
    #Draw screen images
    GameScreen.fill(blue)
    GameScreen.blit(GameImageGraphic,GameImageLocation)
    #Update game screen
    pygame.display.update()
#
```

5. 现在退出编辑器，输入 python3 py3prog/script1902.py，然后按下回车键来测试游戏脚本。如果有任何语法错误，修正它。如果没有错误，会看到树莓派图像移动……直到从右边出了屏幕。用鼠标单击游戏画面的任何地方，会播放一个声音然后结束游戏。

6. 要保持树莓派图像在游戏画面上，在脚本编辑器中打开 script1902.py。需要做的第一个修改是对 ScreenSize 变量进行调整：

```
ScreenSize = ScreenWidth,ScreenHeight = 1000,700
```

通过在变量赋值语句的中间添加 **ScreenWidth** 和 **ScreenHeight**，基本上是在一条赋值语句中创建了两个额外的变量。这些变量在下面对游戏脚本进行较小的修改时需要用到。

7. 要保持图像在屏幕上，需要在合适的时间修改 ImageOffset 变量。要做到这一点，需要在 Surface 对象 GameImageLocation 的.move 方法下面，添加以下几行内容：

```
if GameImageLocation.left < 0 or GameImageLocation.right > ScreenWidth:
    ImageOffset[0] = -ImageOffset[0]
if GameImageLocation.top < 0 or GameImageLocation.bottom > ScreenHeight:
    ImageOffset[1] = -ImageOffset[1]
```

本质上，这些小的修改导致树莓派图像在它"撞到"游戏画面的边缘时向反方向移动。

8. 现在退出编辑器，输入 python3 py3prog/script1902.py，然后按下回车键来测试修改。应该会看到树莓派图像移动并且在屏幕边缘弹跳回来。用鼠标单击游戏画面的任何地方，会播放一个声音然后结束游戏。

9. 再次在脚本编辑器中打开 script1902.py。为了感受一下什么是改变图像的"速度"，将 ImageOffset 变量修改为如下所示：

```
ImageOffset=[50,50]
```

10. 现在退出编辑器，输入 python3 py3prog/script1902.py，然后按下回车键测试速度的改变。应该会看到树莓派比以前移动"更快"了。用鼠标单击游戏画面的任何地方，会播放一个声音然后结束游戏。

11. 再次在脚本编辑器中打开 script1902.py。将 ImageOffset 的值改回原始的值：

```
ImageOffset=[5,5]
```

12. 添加一个碰撞点，强制用户单击树莓派图像来结束游戏。要做到这一点，需要修改 for 循环结构所关注的事件，如下所示：

```
for event in pygame.event.get():
    if event.type in (QUIT,MOUSEBUTTONDOWN):
        if GameImageLocation.collidepoint(pygame.mouse.get_pos()):
            ClickSound.play()
            pygame.time.delay(300)
            sys.exit()
```

13. 现在退出编辑器，输入 python3 py3prog/script1902.py，然后按下回车键，在游戏中测试碰撞点。使用鼠标单击屏幕上除了树莓派图片之外的任何地方。没有什么事情发生。最后，用鼠标单击树莓派图像上的任何地方，会播放一个声音然后结束游戏。这已经创建了一个不错的碰撞点，但是如果树莓派图像太大了，会很容易点中它并退出游戏。

TIP
> **提示：你太慢了**
>
> 抓不住树莓派图标？不要失望。将游戏屏幕窗口最小化，并且单击终端窗口。按 Ctrl+C 组合键来结束脚本。

14. 在脚本编辑器中打开 script1902.py 然后改变树莓派图像的大小。要做到这一点，需要加载这个图像并使用.convert_alpha 方法对它进行转换，添加下面两行内容，让树莓派图像更小一点：

```
# Resize image (make smaller)
GameImageGraphic=pygame.transform.scale(GameImageGraphic,(75,75))
```

15. 现在退出编辑器，输入 python3 py3prog/script1902.py，然后按下回车键来测试所做的修改。树莓派图像看起来变小了吧？它应该变小。在屏幕上追逐这个图像，直到点到它的某个位置，播放一个声音然后结束游戏。现在，还需要在做一次调整：要让树莓派图像变得更难抓到一些。

16. 当树莓派图像撞倒画面边缘之后，让它移动得更快一点。要做到这一点，需要在脚本编辑器中打开 script1902.py。修改整个 "Keep game Image on screen" 部分，如下所示：

```
#Keep game image on screen
if GameImageLocation.left < 0 or GameImageLocation.right > ScreenWidth:
    ImageOffset[0] = -ImageOffset[0]
    #Speed it up
    if ImageOffset[1] < 0:
        ImageOffset[1] = ImageOffset[1] - 1
    else:
        ImageOffset[1] = ImageOffset[1] + 1
    #
if GameImageLocation.top < 0 or GameImageLocation.bottom > ScreenHeight:
    ImageOffset[1] = -ImageOffset[1]
    #Speed it up
    if ImageOffset[0] < 0:
        ImageOffset[0] = ImageOffset[0] - 1
    else:
        ImageOffset[0] = ImageOffset[0] + 1
    #
```

17. 现在退出编辑器,输入 python3 py3prog/script1902.py,然后按下回车键来测试最后的这次修改。在开始使用鼠标指针追踪树莓派图像前,让它多撞几次墙。它的速度加快了吗?当心!别等太长时间,否则可能永远都抓不住它!

▲
━━━

这很有趣。但是本章已经接近尾声了,而我们在 Python 游戏世界的海洋中浅尝辄止。清单 19.3 是本章的最后一个继续前进的"礼物":树莓派的游戏。

清单 19.3 树莓派游戏脚本

```
#script1903.py - The Raspberry Pie Game
#Written by Blum and Bresnahan
#########################################
#
##### Import Modules & Variables ######
import pygame        #Import PyGame library
import random        #Import Random module
import sys           #Import System module
#
from pygame.locals import * #Local PyGame constants
#
pygame.init()                    #Initialize PyGame objects
#
##### Set up Functions ##############
#
# Delete a Raspberry
def deleteRaspberry (RaspberryDict, RNumber):
    key1 = 'RasLoc' + str(RNumber)
    key2 = 'RasOff' + str(RNumber)
    #
    #Make a copy of Current Dictionary
    NewRaspberry = dict(RaspberryDict)
    #
    del NewRaspberry[key1]
    del NewRaspberry[key2]
    #
    return NewRaspberry
#
# Set up the Game Screen ##############
#
ScreenSize = ScreenWidth,ScreenHeight = 1000,700
GameScreen=pygame.display.set_mode(ScreenSize)
#
# Set up the Game Color #############
blue=0,0,255
#
# Set up the Game Image Graphics ######
#
GameImage="/usr/share/raspberrypi-artwork/raspberry-pi-logo.png"
GameImageGraphic=pygame.image.load(GameImage).convert_alpha()
GameImageGraphic=pygame.transform.scale(GameImageGraphic,(75,75))
```

```
#
GameImageLocation=GameImageGraphic.get_rect() #Current location
#
ImageOffset=[5,5] #Starting Speed
#
# Build the Raspberry Dictionary ######
#
RAmount = 17    #Number of Raspberries on screen
Raspberry = {} #Initialize the dictionary
#
for RNumber in range(RAmount): #Create the Raspberry dictionary
        Position_x = (ImageOffset[0] + RNumber) * random.randint(9,29)
        Position_y = (ImageOffset[1] + RNumber) * random.randint(8,18)
        RasKey = 'RasLoc' + str(RNumber)
        Location = GameImageLocation.move(Position_x, Position_y)
        Raspberry[RasKey] = Location
        RasKey = 'RasOff' + str(RNumber)
        Raspberry[RasKey] = ImageOffset
#
# Setup Game Sound ###################
#
ClickSound=pygame.mixer.Sound('/home/pi/python_games/match1.wav')
#
###### Play the Game ####################################
#
while True:
        for event in pygame.event.get():
            if event.type == pygame.MOUSEBUTTONDOWN:
                for RNumber in range(RAmount):
                    RasLoc = 'RasLoc' + str(RNumber)
                    RasImageLocation = Raspberry[RasLoc]
                    if RasImageLocation.collidepoint(pygame.mouse.get_pos()):
                        deleteRaspberry(Raspberry,RNumber)
                        RAmount = RAmount - 1
                        ClickSound.play()
                        pygame.time.delay(50)
                        if RAmount == 0:
                            sys.exit()
        #Redraw the Screen Background ##############
        GameScreen.fill(blue)
        #
        #Move the Raspberries around the screen #####
        for RNumber in range(RAmount):
            RasLoc = 'RasLoc' + str(RNumber)
            RasImageLocation = Raspberry[RasLoc]
            RasOff = 'RasOff' + str(RNumber)
            RasImageOffset = Raspberry[RasOff]
            #
            NewLocation = RasImageLocation.move(RasImageOffset)
            #
            Raspberry[RasLoc] = NewLocation #Update location
            #
```

```
#Keep Raspberries on screen ################
    if NewLocation.left < 0 or NewLocation.right > ScreenWidth:
        NewOffset = -RasImageOffset[0]
        if NewOffset < 0:
            NewOffset = NewOffset - 1
        else:
            NewOffset = NewOffset + 1
        #
        RasImageOffset = [NewOffset, RasImageOffset[1]]
        Raspberry[RasOff] = RasImageOffset #Update offset
        #
    if NewLocation.top < 0 or NewLocation.bottom > ScreenHeight:
        NewOffset = -RasImageOffset[1]
        if NewOffset < 0:
            NewOffset = NewOffset - 1
        else:
            NewOffset = NewOffset + 1
        #
        RasImageOffset = [RasImageOffset[0],NewOffset]
        Raspberry[RasOff] = RasImageOffset #Update offset
    #
    GameScreen.blit(GameImageGraphic,NewLocation) #Put on Screen
#
pygame.display.update()
#
```

通常游戏在游戏画面都有多个图像。在树莓派游戏中，创建了 17 个树莓派图像（假设它使用 4×17 的树莓制作一个全尺寸的树莓派）。这个游戏使用字典来创建不同的树莓图像并且追踪每一个图像的当前位置和单独的偏移设置。

每一个图像必须使用鼠标单击来消除。当所有的树莓图片都从游戏画面中移除时，游戏结束。图 19.4 展示了游戏的样子。

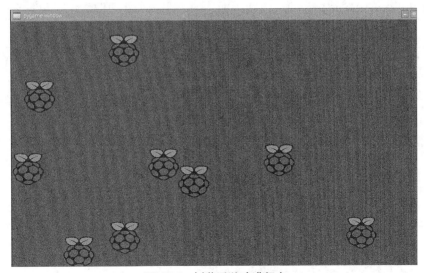

图 19.4　树莓派游戏进行中

可以对树莓派游戏进行一系列的修改和改进。你可能注意到了，本章的脚本都没有一个main()函数（如果你留意到了这一点，值得表扬）。你可以清除这种"糟糕的形式"，并且做一些有趣的修改。下面一些修改建议，你可以尝试一下以进一步学习。

- 使用键盘指令创建一个"退出"选项来离开游戏。
- 在游戏画面中添加一个游戏头。
- 让每一个被单击的树莓"弹出"然后消失。
- 在游戏的最后画一个图像。
- 将树莓派字典实体重写为对象。

游戏脚本编写会使你变得具有创造性。希望这些小的修改建议可以让你开始编写自己的Python游戏脚本。

19.7　小结

在本章中，我们阅读了各种Python游戏框架。我们学习了如何加载和使用PyGame库来创建游戏脚本。编写了一些简单的游戏，例如给游戏添加声音、创建玩家交互、移动游戏图像。在第20章中，你将扩展你的Python知识，并且学习Python网络。

19.8　Q&A

Q．我很喜欢这一章。我还能如何提高自己的Python游戏脚本编写技巧？

A．如需了解更多的挑战，可关注www.pyweek.org。这个网站每两年举行一次Python游戏编程竞赛来测试你新发现的Python游戏脚本编写技巧。

Q．我想在游戏中使用手柄。PyGame可以处理吗？

A．可以，PyGame有一个模块——pygame.joystick，用来跟手柄、轨迹球和摇杆交互。

Q．我想使用一个图片作为我的游戏画面，而不是一个普通的颜色。我怎么才能做到这一点？

A．除了使用.fill方法来用素色填充游戏画面外，还有一个类似于在本章加载树莓派图像的方法，首先需要加载这个图像。其次，需要确保图像与游戏画面一样大。最后，可以使用.blit方法来将它绘制在屏幕上。使用这种方式，可以创建一些非常酷的游戏背景。

19.9　练习

19.9.1　问题

1．Panda3D是一个你可以在游戏脚本中使用的精灵，它源自PyGame库被预先创建。对还是错？

2．以下哪一个不是一个Python游戏工具？

    a. `Blender3D`

    b. `PyGame`

    c. `Piglet`

3. _____包是能够帮助使用 Python 创建游戏的模块和对象的一个集合。

4. 哪个 PyGame 对象类表示颜色？

5. 在哪个 Raspbian 目录中，能够找到预安装的 Python 游戏？

6. PyGame 的什么方法允许在游戏中暂停一段时间（毫秒）？

    a. `.time.delay`

    b. `.time.pause`

    c. `.sleep`

7. 游戏图像偏移量通常也叫作什么？

8. 当.blit 方法用来重绘一幅图像的时候，使用 python.display.update 来重绘屏幕。对还是错？

9. 要提供图像移动的样子，在使用.blit 方法"擦除"游戏画面之前的所有图像之前，使用_____方法，然后，在更新的位置重新绘制游戏图像。

10. 哪个方法检查两个图像或一个图像与鼠标指针同时在同一位置？

    a. `.collisionpoint`

    b. `.collidepoint`

    c. `.get_event`

19.9.2　答案

1. 错误。Panda3D 是一个全功能的游戏开发框架，包括 3D 图形和一个游戏引擎。你可以使用它以 C++或者 Python 编写游戏。

2. c。这个游戏工具的正确名称不是 Piglet，而是 Pyglet。Pyglet 是一个跨平台的多媒体 Python 库，它提供了用于游戏开发的面向对象编程接口。

3. PyGame 包是能够帮助使用 Python 创建游戏的模块和对象的一个集合。

4. pygame.Color 是表示颜色的 PyGame 对象类。

5. 在/home/pi/python_games 目录中，能够找到预安装的 Python 游戏。

6. a。pygame.time.delay 方法允许以指定的毫秒数暂停一个游戏。

7. 图像偏移量通常也叫作速度，因为这个数字越大，它在屏幕上移动得越快。

8. 对的。.blit 方法用来重新绘制图像，并且 python.display.update 用来重绘屏幕。

9. 要提供图像移动的样子，在使用.blit 方法"擦除"游戏画面之前的所有图像之前，使用.fill 方法，然后，在更新的位置重新绘制游戏图像。

10. 答案 b 是正确的。.collidepoint 方法测试当前图像在游戏画面上的位置，然后决定它是否与另一个图像或事件位置碰撞。

第五部分

业务编程

第 20 章

使用网络

本章包括如下主要内容：

- Python 的网络模块

- 如何与邮件和网页服务器交互

- 如何创建自己的客户端/服务器应用

这些年，能够与网络交互几乎是程序必须要做的事情。好在，有很多不同的模块可以用来帮助编写支持网络的 Python 应用，与不同类型的网络服务器交互。在本章中，我们首先介绍 Python 中可用的、不同的网络模块，然后会介绍如何在脚本与邮件和网页服务器直接交互。最后，我们会使用 Python 创建自己的客户端/服务器程序。

20.1   查找 Python 的网络模块

Python v3 语言支持很多不同的网络特性。然而，因为 Python 语言的模块化进程，通常需要找到正确的网络模块以满足特定的网络需求。表 20.1 列出了 Python v3 程序中各种和网络相关的模块。

表 20.1   Python 网络模块

模　　块	描　　述
asyncore	作为一个异步的套接字句柄
asynchat	为 asyncore 模块提供额外的功能
cgi	为网页服务器提供基础的 CGI 脚本支持
cookie	为网页服务器开启 cookie 对象的操作
cookielib	提供客户端 cookie 支持
email	支持格式化的邮件信息（包括 MIME）
ftplib	作为一个 FTP 客户端模块

续表

模　块	描　述
httplib	作为一个 HTTP 客户端用来请求网页
imaplib	IMAP 4 客户端模块，用来从邮件服务器读取邮件
mailbox	从几个 Linux 邮箱格式中读取文本
mailcap	通过 mailcap 文件提供访问 MIME 配置的能力
mhlib	支持访问 MH-格式化的邮箱
nntplib	NNTP 客户端用来读取网络新闻源
poplib	POP 客户端模块用来从邮件服务器读取邮件
robotparser	提供支持解析网页服务器的机器人文件
SimpleXMLRPCServer	作为一个简单 XML-RPC 服务器
smtpd	作为一个 SMTP 服务器模块来创建邮件服务器
smtplib	作为一个 SMTP 客户端模块来发送邮件信息
telnetlib	作为一个 Telnet 客户端来与服务器交互
urlparse	支持解析 URL
urllib	支持从网页服务器读取数据
xmlrpclib	为 XML-RPC 协议提供客户端支持

　　每一个网络模块都有它自己的文档，介绍如何在 Python 程序中使用它们，因此可能需要在 docs.python.org 网站上再深入查找一下，找出需要哪个模块。接下来的两个小节将介绍如何使用这些模块来为 Python 程序提供网络特性。首先，我们看到如何将电子邮件功能集成到程序中，然后再看看如何在 Python 中读取网页并处理它。

20.2　与邮件服务器一起工作

　　在 Python 脚本中，可能会遇到的一个网络特性就是发送邮件信息。在将 Python 脚本自动化并让其自动运行时，如果想知道它是否运行失败了，或者想让它将结果数据以一个方便的格式发送给你，而不必登录到树莓派上去查看，那么，这会是一个很方便的功能。

　　smtplib 模块提供了脚本与服务器上的 E-mail 系统交互所需的功能。下面的各节首先介绍邮件如何在 Linux 环境中工作以及如何使用 smtplib 模块从 Python 脚本发送邮件信息。

20.2.1　Linux 世界中的邮件

　　有时，在 Python 程序中使用邮件最难的部分是，理解邮件系统在 Linux 中是如何工作的。了解什么软件执行什么任务，这是在 Python 脚本中从邮箱获取邮件的关键。

　　Linux 操作系统的一个主要目标是软件模块化。Linux 开发者创建了一些小的程序，每一个程序都处理系统中的较小的一部分功能，而不是创建一个整体程序来处理一个功能的所有需求。

　　这一理论也用来实现 Linux 系统中的邮件系统。在 Linux 中，邮件功能分成几部分，每一个部分都分配给不同的程序。

图 20.1 所示是大多数开源邮件软件在 Linux 环境中的模块化的邮件功能。

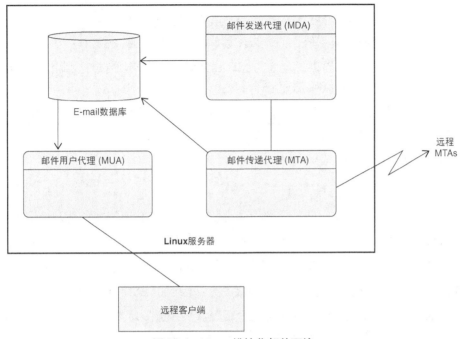

图 20.1　Linux 模块化邮件环境

正如图 20.1 所示，在 Linux 环境中，邮件的处理通常是划分成 3 个功能。

- 邮件传递代理。
- 邮件发送代理。
- 邮件用户代理。

MTA 是 Linux 邮件系统的核心。它的职责是处理系统中进入和送出的邮件信息。它为每一个用户维护邮箱账户并且接收消息。如果你的树莓派直接连到互联网，它也可以发送消息给远程主机上的收件人。

与 MTA 关系非常相近，MDA 发送 MTA 服务器收到的消息。MDA 的强度是高度可配置的。这是可以编写离线消息以及修改在收件箱中分类收到信息规则的地方。

如果想要在树莓派上直接支持邮箱，需要安装至少一个 MTA 包，然后可以选装一个 MDA 包。到目前为止，Linux 环境中的两个最流行的 MTA 邮件包是 sendmail 和 Postfix。并且，这两个包都将 MTA 和 MDA 的功能组合到一个软件应用中，为系统提供了一个全功能的邮件服务器。然而，树莓派的 Raspbian 系统在默认情况下没有安装任何一个包，因此，在树莓派上的用户账户没有任何邮件功能。

提示：树莓派上的 sendmail 和 Postfix　　**TIP**

虽然没有默认安装，但是 sendmail 和 Postfix 程序都在 Raspbian 的软件仓库中。可以使用 apt-get 安装**任意**一个软件。如果想要从命令行阅读邮件信息，则需要同时安装 mailx 程序。

在互联网上建立和配置一个全功能的邮件服务器并不是一项简单的任务。然而，如果需要的仅仅是从 Python 脚本向外部地址发送邮件信息，那么，有比建立自己的邮件服务器更简单的方法。

我们还没有讨论过关于 MUA 包的事情。MUA 的工作是为用户提供一个方法来连接它们已有的邮箱（本地系统或远程系统上的）来阅读和发送邮件信息。

Python 中的 smtplib 模块提供了全部的 MUA 功能，允许脚本连接任何邮件服务器来发送邮件信息，甚至是那些要求加密认证的邮件！

更棒的事情是，smtplib 已经变得非常流行，这使得它包含到了 Python 标准库模块中，因此在树莓派上已经叫以使用它了。

20.2.2 smtplib 库

smtplib 库包含了 3 个类，用来创建到远程服务器的 SMTP 连接并负责发送信息。

- SMTP——SMTP 类连接远程邮件服务器，使用标准的 SMTP 或者扩展的 ESMTP。
- SMTP_SSL——SMTP_SSL 类允许与远程邮件服务器建立一个加密的会话。
- LMTP——LMTP 类提供了一个更高级的方法来连接 ESMTP 服务器。

在本章的脚本中，我们将使用 SMTP 类，但是我们还会展示如何在 SMTP 会话中加密密码事务。这消耗了会话的最少量的开销，同时保证了事务安全。

在 SMTP 类中有几个方法，可以用来配置和建立与邮件服务的连接，表 20.2 列出了这些方法。

表 20.2 SMTP 类方法

方　　法	描　　述
connect(*host, port*)	连接指定的邮件服务器
helo(*hostname*)	让远程邮件服务器识别你，使用标准的 HELO SMTP 消息
ehlo(*hostname*)	使用扩展的 EHLO SMTP 消息让远程邮件服务器识别你
login(*user, password*)	登录到远程邮件服务器如果它需要认证的话
startttls(*keyfile, certfile*)	使用 TLS 安全加密 SMTP 会话
sendmail(*from, to, message, mail options, rcpt options*)	发送一条邮件信息到指定的收件人
quit()	关闭 SMTP 会话

要发送一条邮件信息，需要按照如下的步骤进行。

1. 使用远程服务器的连接信息来实例化一个 SMTP 类对象。
2. 发送一条 EHLO 消息到远程服务器。
3. 把连接放到 TSL 安全模式下。
4. 发送登录信息到服务器。
5. 创建信息来发送。
6. 发送信息。
7. 退出连接。

下一节将详细介绍这些步骤中每一步，以创建一个简单的 Python 脚本来发送邮件信息。

20.2.3　使用 smtplib 库

创建发送邮件信息的 Python 脚本的第一步是实例化 SMTP 对象类。这么做的时候，需要提供主机名和端口地址用来连接邮件服务器，如下所示：

```
import smtplib
smtpserver = smtplib.SMTP('smtp.gmail.com', 587)
```

> **提示：远程邮件服务器** **TIP**
>
> 　　这个例子显示的是连接 Gmail 邮件服务器的主机名和端口。大多数的邮件服务器都有指定的主机名和端口，可以使用邮件客户端，例如智能手机应用而不是网页接口来连接服务器发送邮件信息。应该可以在邮件服务器的 FAQ 页面找到这些信息。如果没有，可能需要联系邮件服务器的技术支持组来获取这些信息。

实例化 SMTP 对象类后，就可以开始登录的过程了。对于 login()函数，必须提供使用普通邮件客户端连接邮件服务器时的用户 ID 和密码。通常它们应该是标准邮件地址和密码。要让这个连接变得安全，应该使用 starttls()方法。整个过程看起来如下所示：

```
smtpserver.ehlo()
smtpserver.starttls()
smtpserver.ehlo()
smtpserver.login('myuserid', 'mypassword')
```

你可能已经注意到了，这段代码使用了两次 ehlo()方法。某些邮件服务器需要客户端在切换到加密模式后重新介绍自己。因此，总是应该再次使用 ehlo()，这不会破坏服务器上的任何东西。

在建立连接和登录后，就准备好了创建和发送信息了。这个信息必须使用 RFC2822 邮件标准进行格式化，这要求信息以 To:行开始以识别收件人，然后以 From:行来识别发送人，然后是一个 Subject:行。与其创建一个大的文本字符串包含所有的信息，更容易的方法是使用单独的变量创建这些信息，然后将它们连接在一起创建最后的消息，如下所示：

```
to = 'person@remotehost.com'
from = 'rich@myhost.com'
subject = 'This is a test'
header = 'To:' + to + '\n'
header = header + 'From:' + from + '\n'
header = header + 'Subject:' + subject + '\n'
body = 'This is a test message from my Python script!'
message = header + body
```

现在 message 变量包含了 RFC2822 所有需要的头，加上要发送的消息内容。如果需要的话，修改单独的部分也很容易。

现在，需要发送这个信息然后关闭连接，如下所示：

```
smtpserver.sendmail(from, to, message)
smtpserver.quit()
```

要发送信息，sendmail()方法也需要知道 from 和 to 参数的信息。变量 to 可以是一个邮件地址或者包含多个邮件地址的一个列表。

　　在下面的实践练习中，我们将编写自己的 Python 脚本来发送邮件信息。

发送邮件信息

　　在接下来的步骤中，我们将使用 tkinter 库（见第 18 章）创建一个视窗应用来发送一条邮件信息给一个或多个收件人。按照下面的步骤进行：

1. 在本章的文件夹中创建 script2001.py 文件。

2. 将下面的代码输入到 script2001.py 中：

```
 1:    #!/usr/bin/python3
 2:
 3:    from tkinter import *
 4:    import smtplib
 5:
 6:    class Application(Frame):
 7:        """Build the basic window frame template"""
 8:
 9:        def __init__(self, master):
10:            super(Application, self).__init__(master)
11:            self.grid()
12:            self.create_widgets()
13:
14:        def create_widgets(self):
15:            menubar = Menu(self)
16:            menubar.add_command(label='Send', command=self.send)
17:            menubar.add_command(label='Quit', command=root.quit)
18:            self.label1 = Label(self, text='The Quick E-mailer')
19:            self.label1.grid(row=0,columnspan=3)
20:            self.label2 = Label(self, text='Enter the recipients:')
21:            self.label3 = Label(self, text='Enter the Subject:')
22:            self.label4 = Label(self, text='Enter your message here:')
23:            self.label2.grid(row=2, column=0)
24:            self.label3.grid(row=3, column=0)
25:            self.label4.grid(row=4, column=0)
26:            self.recipients = Entry(self)
27:            self.subj = Entry(self)
28:            self.body = Text(self, width=50, height=10)
29:            self.recipients.grid(row=2, column = 1, sticky = W)
30:            self.subj.grid(row=3, column = 1, sticky = W)
31:            self.body.grid(row=5, column = 0, columnspan=2)
32:            self.button1 = Button(self, text="Send message",
                    command=self.send)
33:            self.button1.grid(row=6, column=6, sticky = W)
34:            self.recipients.focus_set()
35:            root.config(menu=menubar)
36:
37:        def send(self):
38:            """Retrieve the text, build the message, and send it"""
39:            server = 'smtp.gmail.com'
```

```
40:                port = 587
41:                sender = 'myaccount@gmail.com'
42:                password = 'mypassword'
43:                to = self.recipients.get()
44:                tolist = to.split(',')
45:                subject = self.subj.get()
46:                body = self.body.get('1.0', END)
47:                header = 'To:' + to + '\n'
48:                header = header + 'From:' + sender + '\n'
49:                header = header + 'Subject:' + subject + '\n'
50:                message = header + body
51:
52:                smtpserver = smtplib.SMTP(server, port)
53:                smtpserver.ehlo()
54:                smtpserver.starttls()
55:                smtpserver.ehlo()
56:                smtpserver.login(sender, password)
57:                smtpserver.sendmail(sender, tolist, message)
58:                smtpserver.quit()
59:                self.body.delete('1.0', END)
60:                self.body.insert(END, 'Message sent')
61:
62: root = Tk()
63: root.title('The Quick E-mailer')
64: root.geometry('500x300')
65: app = Application(root)
66: app.mainloop()
```

3. 在第 39~42 行，将 server、port、sender 和 password 变量替换成邮件服务器需要的信息。

4. 保存文件。

5. 在 LXDE 桌面中打开时 LXTerminal 会话。

6. 从命令行运行 script2001.py 程序，如下所示：

```
pi@raspberrypi ~ $ python3 script2001.py
```

应该会看到窗口界面，如图 20.2 所示。

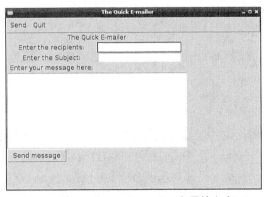

图 20.2 The Quick E-mailer 应用的主窗口

要发送信息给多个收件人，只要在 To 的那行中每一个收件人的后面添加一个逗号。这段代码使用 split()字符串方法来将逗号分隔的字符串划分成一个列表，以供 sendmail()方法使用。

CAUTION　**警告：Gmail 中的高级安全机制**

　　Gmail 提供了一个高级安全特性，要求使用两步认证过程。这个方法不能作用于 Gmail 的这个特性上，它只能在标准的用户名/密码的安全机制上工作。

20.3　与网页服务器一起工作

现在，几乎每个人都从互联网上获取信息。万维网（WWW）已经变成新闻、天气、体育，甚至成为个人信息的主要来源了。

可以利用 Python 脚本从互联网上获取这些丰富的信息。现在可能想知道如何利用 Python 脚本从网页的图形世界中提取数据。好在，Python 让这变得很容易。

作为标准 Python 库的一部分，Python 的 urllib 库使得可以和一个远程的网站交互来获取信息。它获取从网站上发出的全部 HTML 代码，然后将它存储到一个变量中。这个做法的缺点是，必须要通过解析 HTML 代码来找到所需要的信息。好在，Python 对此提供了帮助！

作为总结，从网站上提取数据分为两步。

1．连接网站，然后获取网页。

2．解析 HTML 代码然后找出需要的数据。

下面的小节将讲解这两步，以使用 Python 脚本从网站上获取有用的信息。

20.3.1　获取网页

获取一个页面的 HTML 代码包含以下 3 个步骤：

1．连接远程网页服务器。

2．发送 HTTP 请求这个网页。

3．从网页服务器的返回读取 HTML 代码。

所有这些步骤都可以使用 urllib 模块中的两个简单的命令来完成（在导入这个模块后）：

```
import urllib.request
response = urllib.request.urlopen( url )
html = response.read()
```

urlopen()方法尝试使用指定的参数连接远程网站，需要以 http://或者 https://格式指定的完整的 URL 地址；read()方法获取从远程站点发送的 HTML 代码。

read()方法以二进制的数据而不是一个字符串返回文本数据。可以使用一些标准的 Python 工具将 HTML 代码转换成文本（见第 10 章），然后使用标准的 Python 搜索工具（见第 16 章）解析 HTML 代码，找出所需要的数据，这个过程叫作屏幕抓取。然而，有一个更简单的提取方法，我们会在后面学习。

20.3.2 解析网页数据

尽管屏幕抓取确实是一个从网页中提取数据的方法，但是它可能非常难用。试图在网页的 HTML 代码中查找单个的数据是一个相当烦琐的过程。

如果找到了想要的数据然后尝试使用定位方法来提取这段内容（例如在一个 HTML 文档中查找第 1200 个字符然后对其之后的 10 个字符切片），在这个网页下一次更新的时候，你可能会非常失望，这个数据在第 1201 的位置。

解决这个问题的一种方法是使用 HTML 解析库。HTML 解析库使你可以解析包含在文档中的、单独的 HTML 元素，查找特定的标签和关键字。这使得搜索数据更加简单，并且让程序能够应对网页的简单变化。

在 Python 中有大量 HTML 解析库可以使用。模块 HTMLParser 是包含在标准 Python 库中的，但是它可能有点难以使用。在下面的实践练习中，我们将会使用 LXML 模块，这是非常容易使用的，但是有足够强壮的模块，能够帮助你根据需要解析网页。

实践练习

安装 LXML 模块

要完成网页解析的工程，需要从 Raspbian 的软件库中安装 Python v3 版本的 LXML 模块。按照如下的步骤进行。

1. 从树莓派登录界面或者图形桌面的 LXTerminal 打开一个命令行提示符。

2. 以根用户运行 apt-get 命令更新库，如下所示：

```
pi@raspberrypi ~ $ sudo apt-get update
```

3. 以根用户运行 apt-get 命令安装 Python v3 版本的 LXML 模块，如下所示：

```
pi@raspberrypi ~ $ sudo apt-get install python3-lxml
```

警告：LXML 模块　　　　　　　　　　　　　　　　　　　　　*CAUTION*

当心，Raspbian 的软件库同时包含了 Python v2 版本和 Python v3 版本的 LXML 模块。如果要在 Python v3 的代码中使用的话，确定所安装的是 Python v3 的版本！Python v3 版本是 python3-lxml，同时 Python v2 版本是 python-lxml。

现在，我们已经安装了 LXML 模块，可以将其导入到程序中使用其特性了。有两个特别的特性，你可能会感兴趣。

- etree 方法，它会将一个 HTML 文档分解成一个个单独的 HTML 元素。
- cssselet 方法，它可以解析内嵌在 HTML 文档中的 CSS 数据。

我们一起来看看这些特性的使用方法。

1. 使用 etree 方法解析 HTML

etree 方法将 HTML 文档分解成一个个单独的 HTML 元素。如果熟悉 HTML 代码，你可能知道 HTML 元素用来定义网页的布局和结构。下面是一个简单的网页的 HTML 代码的例子：

```
<!DOCTYPE html>
<html>
<head>
<title>This is a test webpage</title>
</head>
<body>
<h1>This is a test webpage!</h1>
<p>This webpage contains a simple title and two paragraphs of text</p>
<p>This is the second paragraph of text on the webpage</p>
<h2>This is the end of the test webpage</h2>
</body>
</html>
```

etree 方法可以将文档中的每一个 HTML 元素以一个单独的、可以操作的对象返回。如下这段代码，用来从前面的 urllib 过程返回的 html 变量中提取 HTML 元素：

```
import lxml.etree
encoding = lxml.etree.HTMLParser(encoding='utf-8')
doctree = lxml.etree.fromstring(html, encoding)
```

首先，需要定义想要将原始的二进制 HTML 数据转换成什么编码。变量 encoding 包含了要使用的编码对象。这个例子定义了 utf-8 编码格式，它能处理世界上大多数的语言。

第二条语句使用 fromstring() 方法来产生一个列表，它包含了所有 HTML 元素和它们的字符串值。可以搜索这个列表值，查找数据，或者如果知道数据出现在哪个确切元素中，可以直接跳转过去。这个方法比使用正则表达式搜索数据要好一点，但是还可以让它变得更简单！

大多数的网页使用层叠样式表（Cascading Style Sheets，CSS）在网页上区分重要的内容。下一步是利用该信息来查找想要的特定数据。

2. 使用 CSS 查找数据

现在，我们已经把网页数据分解成独立的元素，可以使用 LXML 模块中的 CSSSelector() 方法基于网页中 CSS 信息来解析数据了。

可能首先需要分析一下原始的 HTML 代码，找出有什么特点让数据能被找出来。大多数的现代网页使用 CSS 类来为网页中特定的内容定义 CSS 样式。如下所示：

```
<span class="num">79</span>
```

在这个例子中，当前温度值由 HTML<div>元素包裹，并且给它分配了一个特定的 CSS 来定制其出现在网页上的样子。使用 lxml 方法，只能找出<div>元素，但是使用 CSSSelector() 方法，可以搜索特定的 CSS 类来找到确切的数据，如下所示：

```
from lxml.etree.cssselect import CSSSelector
div = CSSSelector("span.num")
```

```
temp = div(doctree)[0].text
```

CSSSelector()方法制定了 HTML 元素和所查找的 CSS 类。语法如下：

```
CSSSelector(" element.class ")
```

▲

在这个例子中，所查找的类名包含空格（这在 CSS 中是允许的），这让事情复杂了一点儿。因为这个空格，需要在参数中的类名两边用引号将其包括起来，并且需要用引号将整个值包括起来。

CSSSelector()方法配置了所搜索的项目，然后只需要将 etree 解析器的结果传给它就可以了。结果是同时匹配 HTML 元素和 CSS 类的所有元素的一个列表。如果 Web 页面中有多个项使用相同的元素和 CSS 类，它们都将在一个数组中返回，因此，可以解析该数组，以查找想要的数据。然后，只需添加文本方法将 CSSSelector 值转换为一个文本字符串。

▼ 实践练习

找出当前的温度

很多网站可以显示城市的当前温度。按照下面的步骤编写一个脚本，访问这些站点中的一个，获取温度，然后显示：

1. 找到包含想要查找的信息的特定网站的 URL。对于这个练习，可以使用流行的雅虎天气页面来查找芝加哥的当前温度。如果去 weather.yahoo.com 的主页，可以输入一个城市和州的信息。完成这些时，会重定向到一个包含天气数据的不同的 URL 上。对于芝加哥，URL 是：

   ```
   http://weather.yahoo.com/united-states/illinois/chicago-2379574/
   ```

   记下这个 URL，因为这就是要在 urlopen()方法中使用的 URL。

2. 使用浏览器的查看源代码功能，查看这个网页的原始 HTML 代码。找出感兴趣的数据，然后看是什么元素包围着它。对于雅虎天气页面上的当前温度，可能会找到如下所示的源代码：

   ```
   <div class="temp">
   <span class="f">
   <span class="num">75</span>
   <span class="deg">o</span>
   </span>
   <span class="c">
   <span class="num">24</span>
   <span class="deg">p</span>
   </span>
   </div>
   ```

   在使用 num 类的<span>元素中，找到了当前的温度。这里有两个实例，一个用于华氏温度，一个用于摄氏温度。找出这个 URL 和所查找的数据，就已经准备好编写 Python 脚本了。

3. 在树莓派上本章的文件夹中创建一个文件 script2002.py。

4. 使用编辑器打开 script2002.py，然后输入下面的代码：

```
 1:  #!/usr/bi/python3
 2:  import urllib.request
 3:  import lxml.etree
 4:  from lxml.cssselect import CSSSelector
 5:  url = 'http://weather.yahoo.com/united-states/illinois/chicago-2379574/'
 6:  response = urllib.request.urlopen(url)
 7:  html = response.read()
 8:  parser = lxml.etree.HTMLParser(encoding='utf-8')
 9:  doctree = lxml.etree.fromstring(html, parser)
10:  span = CSSSelector("span.num")
11:  temp = span(doctree)[0].text
12:  print('The current temperature in Chicago is', temp)
```

5. 保存文件。

6. 从命令行中运行脚本，如下所示：

```
pi@raspberrypi ~ $ python3 script2002.py
The current temperature in Chicago is 79
pi@raspberrypi ~ $
```

▲

这个例子抓取了温度的第一个示例，也就是华氏温度。如果想要显示摄氏温度，只要抓取数组中的第 2 个元素就可以了，如下所示：

```
Temp = span(doctree)[1].text
```

如果想要将该项转换为一个字符串值以进行显示，需要在结果上使用文本方法。这个脚本的好处是，从网页中提取了温度数据之后，可以对它做任何想做的事情，例如创建一个温度的表来追踪历史温度数据。然后，可以安排脚本定期运行，以全天候地跟踪温度（或者甚至和电子邮件结合起来，通过电子邮件自动发送给自己）！

> **CAUTION**　**警告：互联网的波动**
>
> 　　互联网是一个动态的地方。当你花了数个小时找出了数据在网页上的精确位置后，而在几个星期后发现它移动了，导致脚本无效，请不要对此感到奇怪。事实上，当你阅读本书的时候，这个例子很有可能已经无法工作了。如果知道从网页中提取数据的过程，就像实践练习所显示的那样，那么，可以将其原理应用到任何的环境中。

20.4　使用套接字编程连接应用程序

除了连接其他服务器，Python 也可以让你在网络上创建自己的服务器。可以编写一个服务器来监听客户端程序的连接并且与客户端程序通过网络交流，以便能够在网络中移动应用。

在下面的小节中，我们将首先学习客户端/服务器程序如何在网络编程中工作，然后再看看如何使用 Python 脚本创建自己的服务器和客户端程序。

20.4.1 什么是套接字编程

在深入到客户端/服务器编程之前，理解客户端和服务器程序如何操作会是一个不错的主意。显然，客户端程序和服务器程序在连接和传递数据的过程中都有不同的职责。

服务器程序监听网络，等待来自于客户端的请求。客户端程序发出连接到服务器的请求。一旦服务器接受这个连接的请求，一个双向通信信道就可用于每个设备的发送和接收数据。图 20.3 展示了这个过程。

如图 20.3 所示，在与客户端通信之前，服务器必须执行两个函数。首先，它必须建立一个特定的 TCP 端口来监听进入的请求。当一个连接请求进来时，它必须接受这个连接。

客户端的职责要简单很多。它所必须做的事情就是，尝试通过服务器所监听的 TCP 端口连接到服务器。如果服务器接受该连接，双向的通信就可用并且会发送数据。

一旦在服务器和客户端之间建立了连接，两个设备必须使用一些通信过程（或者协议）。如果两个设备都尝试同时监听一条信息，那么它们会死锁，然后不会有任何事发生。的客户端和服务器应该遵循什么样的协议进行通信，这是由网络程序员决定的。

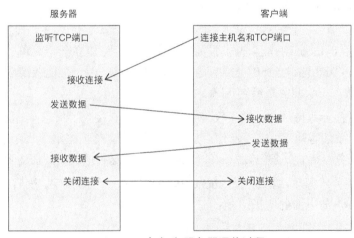

图 20.3 客户端/服务器通信过程

可以使用套接字创建客户端/服务器程序。套接字是在客户端/服务器设备的物理网络和程序之间的接口。创建代码来进行网络连接交互，这称为套接字编程。

20.4.2 Python 的 socket 模块

Python 的标准库中包含了 socket 模块来帮助编写网络程序。这个模块提供了服务器端和客户端连接所需要的所有方法。表 20.3 列出了这些用来编写网络程序的方法。

表 20.3   Python 的 socket 模块方法

方　　法	描　　述
accept	接受一个进入的连接
bind(*address*)	将套接字绑定到一个地址和一个端口上

方　　法	描　　述
close()	关闭建立的连接
connect(*address*)	连接服务器
gethostbyname(*host*)	返回一个主机名的 IP 地址
gethostname()	返回本地系统的主机名
gethostbyaddr(*address*)	返回一个 IP 地址的主机名
listen(*backlog*)	如果需要的话，监听进入的连接，然后缓冲积压的连接
rcv(*bufsize*)	从连接中接收 bufsize 大小的数据
send(*data*)	通过连接发送数据
socket(*family, type, proto*)	创建一个网络套接字接口

有很多种方法将主机地址转化成互联网上使用的不同的格式。本章不深入介绍所有这些细节，因为我们创建的简单脚本不需要它们。如果对它们有兴趣，可以在 docs.python.org 网站上了解更多的信息。

20.4.3　创建服务器程序

为了演示使用 Python 创建客户端/服务器程序，我们将建立一个简单的网络应用。创建的服务器程序将在 TCP 端口 5150 上监听进入的连接请求。当一个连接请求到来时，服务器会接受它然后发送一条欢迎信息给客户端。

然后服务器程序会等待从客户端接收一条信息。如果它接收了信息，则服务器会显示信息并且将同样的信息发回客户端。在发送信息后，服务器反过来再监听另一条信息。这个循环会一直持续，直到服务器接收一条包含 exit 的信息。当发生这种情况时，服务器会结束会话。

要创建这个服务器程序，需要使用 socket 模块来创建一个套接字，然后在 TCP 端口 5150 上监听进来的请求，如下面的例子所示：

```
import socket
server = socket.socket(socket.AF_INET, socket.SOCK_STREAM)
host = ''
port = 5150
server.bind((host, port))
server.listen(5)
```

socket()方法的参数有点复杂，但是它们也是有标准的。参数 AF_INET 告诉系统，请求的是使用 IPv4 网络地址而不是 IPv6 网络地址的套接字。参数 SOCK_STREAM 告诉系统，想要一个 TCP 连接而不是 UDP 连接（可以用 SOCK_DGRAM 来指定 UDP 连接）。TCP 连接比 UDP 更可靠，应该在大多数网络数据传输中使用它们。

bind()函数将程序连接到套接字上。它需要一个元组值作为参数，表示监听的主机地址和端口号。如果绑定一个空的主机地址，则这个服务器监听所有分配给系统的 IP 地址（例如 localhost 地址和分配的网络 IP 地址）。如果只需要监听特定的地址，可以使用 socket 模块中的 gethostbyaddre()或者 gethostbyname()方法来获取系统的具体主机名或地址。

一旦绑定到套接字后，便可以使用 listen()方法开始监听连接。程序会停在这个点上，直到它接收到一个连接请求。当在 TCP 端口上探测到一个连接请求后，系统会将它传递给程序。然后程序可以使用 accept()方法接收它，如下所示：

```
client, addr = server.accept()
```

这两个变量是必须的，因为 accept()方法返回两个值。第一个值是用来识别这个连接的一个句柄，第二个值是远程客户端程序的地址。一旦连接建立了，所有与客户端的交互都可以使用 client 变量来完成。可以使用的方法是 send()和 recv()：

```
client.send(b'Welcome to my server!')
data = client.recv(1024)
```

send()方法指定想发给客户端的字节。注意这是字节格式而不是文本格式。可以使用标准的 Python 字符串方法将值在文本和字节之间转换。recv()方法用来指定存储所接收的数据的缓冲区的大小，并以字节而不是文本字符串值的形式从客户端返回接收的数据。

当完成之后，必须关闭这个连接，在系统上重置这个端口：

```
client.close()
```

现在，我们已经介绍完了基础知识，我们将创建一个服务器程序来试验这些内容。

实践练习

创建 Python 服务器程序

按照下面的步骤来创建一个服务器程序监听客户端的连接。

1. 在本章的文件夹中创建文件 script2003.py。

2. 使用文本编辑器打开文件 script2003.py，然后输入如下的代码：

```
1:  #!/usr/bin/python3
2:
3:  import socket
4:  server = socket.socket(socket.AF_INET, socket.SOCK_STREAM)
5:  host = ''
6:  port = 5150
7:  server.bind((host, port))
8:  server.listen(5)
9:  print('Listening for a client...')
10: client, addr = server.accept()
11: print('Accepted connection from:', addr)
12: client.send(str.encode('Welcome to my server!'))
13: while True:
14:     data = client.recv(1024)
15:     if (bytes.decode(data) == 'exit'):
16:         break
17:     else:
18:         print('Received data from client:', bytes.decode(data))
19:         client.send(data)
20: print('Ending the connection')
21: client.send(str.encode('exit'))
22: client.close()
```

3．保存文件。

▲

程序 script2003.py 通过这些步骤将一个套接字绑定在本地系统（第 7 行），然后在 TCP
端口 5150 上监听连接（第 8 行）。当接收一个客户端的连接时（第 10 行），在命令行提示符
打印一条消息，然后给客户端发送欢迎信息（第 11 和 12 行）。这个例子使用 str.encode()字符串
方法来将文本转换成字节值，然后使用 bytes.decode()方法将字节值转换成文本值以进行显示。

在发送欢迎信息后，代码进入一个无限循环，监听从客户端来的数据，然后返回同样的
数据（第 13 行～第 19 行）。如果数据是单词 exit，则代码结束循环，然后关闭连接。

这是就是服务器端的工作。现在我们已经准备开始在应用的客户端工作了。

20.4.4　创建客户端程序

网络连接的客户端要比服务器端要简单一点。它只需要知道服务器用来监听连接的主机
地址和端口，然后就可以创建连接并且按照所创建的协议来发送和接收数据了。

就如服务器程序一样，客户端程序需要使用 socket()方法来建立一个套接字来定义通信的
类型。和服务器程序不同，它不需要绑定到一个特定的端口；系统会自动给它分配一个端口
用来建立连接。通过这些，只需要 5 行代码就可以建立到服务器的连接。

```
import socket
s = socket.socket(socket.AF_INET, socket.SOCK_STREAM)
host = socket.gethostbyname('localhost')
port = 5150
s.connect((host, port))
```

客户端代码根据服务器的主机名，使用 gethostbyname()方法来找出到服务器的连接信息。
因为服务器是运行在同一台机器上的，因此可以使用特殊的主机名 localhost。

connect()方法使用一个元组值来请求服务器连接的主机名和端口号。如果连接失败，它
会返回一个可以捕获的异常。

一旦连接建立，可以使用 send()和 recv()方法来发送和接收数据。就像在服务器程序中一
样，当连接结束时，需要使用 close()方法来正确地结束这个会话。

▼ 实践练习

创建一个 Python 客户端程序

按照下面的步骤来创建一个 Python 客户端程序，与刚刚创建的服务器程序通信：

1．在本章的文件夹中创建文件 script2004.py。

2．使用文本编辑器打开文件 script2004.py，然后输入下面的代码：

```
1:    #!/usr/bin/python3
2:
3:    import socket
```

```
 4:    server = socket.socket(socket.AF_INET, socket.SOCK_STREAM)
 5:    host = socket.gethostbyname('localhost')
 6:    port = 5150
 7:
 8:    server.connect((host, port))
 9:    data = server.recv(1024)
10:    print(bytes.decode(data))
11:    while True:
12:        data = input('Enter text to send:')
13:        server.send(str.encode(data))
14:        data = server.recv(1024)
15:        print('Received from server:', bytes.decode(data))
16:        if (bytes.decode(data) == 'exit'):
17:            break
18:    print('Closing connection')
19:    server.close()
```

3. 保存文件。

▲

代码 script2004.py 运行标准的方法来创建一个套接字，然后连接到远程服务器（第 4 行～第 8 行）。然后，它监听了来自于服务器的欢迎信息，并且在它收到消息时显示出来（第 10 行）。

在这之后，客户端进入到一个无限的 while 循环中，从用户那里请求一个文本字符串，然后将其发送给服务器（第 13 行）。它监听了服务器的响应（第 14 行），并且在命令行上打印出来。如果服务器的响应是 exit，则客户端关闭连接。

20.4.5 运行客户端/服务器示例

要运行客户端/服务器示例程序，需要打开两个独立的命令行会话。可以在 LXDE 图形桌面上打开两个独立的 **LXTerminal** 窗口。

在一个窗口中，首先启动 script2003.py 服务器程序：

```
pi@raspberrypi ~ $ python3 script2003.py
Listening for a client...
```

当看到服务器正在监听客户端的消息时，可以在另外的 **LXTerminal** 窗口中启动 script2004.py 客户端程序：

```
pi@raspberrypi ~ $ python3 script2004.py
Welcome to my server!
Enter text to send:this is a test
```

如果事情进行顺利的话，可以看到来自服务器的欢迎信息以及提示输入要发送的文本。输入一条简短的信息，然后按下回车键。

当从客户端发送信息后，应该可以在服务器的窗口中看到如下的信息：

```
Accepted connection from: ('127.0.0.1', 46043)
Received data from client: this is a test
```

客户端窗口应该也收到服务器的响应消息:

```
Received from server: this is a test
Enter text to send:
```

当在客户端的提示符处输入 exit 后,服务器和客户端的连接都会终止,然后关闭程序。

恭喜!你已经编写了一个完整的 Python 客户端/服务器应用。

CAUTION

> **警告:关闭套接字**
>
> 如果你尝试在关闭 script2003.py 服务器程序后立即重启它,可能会得到错误信息说这个套接字仍然在使用中。默认情况下,Linux 系统允许套接字在关闭后仍然存活一会儿,以保证任何传输中的数据接收完成。通常套接字会在一分钟后完全关闭,然后可以重复使用。可以使用 netstat-t 命令来监视这些状态。当系统等待关闭套接字时,应该看到 TCP 端口 5150 处于 TIME_WAIT 状态。

20.5 小结

在本章中,我们学习了 Python 脚本的网络编程世界。我们学习了用不同的模块在 Python 脚本中与各种网络服务器交互。我们还看到了两个特定的例子:使用 Python 发送邮件信息和使用 Python 解析网页上的数据。然后,我们关注了客户端/服务器程序以及如何使用 Python 的 socket 模块创建自己的客户端/服务器程序。

在下一章中,我们将探索数据库编程的世界。数据库已经成为所有类型编程语言的流行部分,当然 Python 编程也不例外。好在,有几个简单的库可以帮助我们给程序添加数据库特性。

20.6 Q&A

Q. 在本章的套接字演示程序中,一次只允许一个客户端连接服务器。可以编写程序让数以百计的客户端同时连接吗?

A. 可以,但是这会很复杂!需要使用一个叫作派生的操作来创建一个独立的程序线程并处理每一个进入的客户端连接。服务器监听一个新的连接,然后为每一个客户端连接派生一个新的线程来处理协议过程。

20.7 练习

20.7.1 问题

1. Python 的什么模块可以用来让脚本发送邮件消息到远程主机?

    a. smtplibd

    b. smtplib

    c. urllib

    d. lxml

2．不能在 Python 脚本中从网页获取数据，因为数据是图形格式的。对还是错？

3．服务器监听和接收客户端连接的套接字方法的顺序是什么？

4．哪个 E-mail 进程同时负责处理接收和发出的邮件消息？

    a. Mail User Agent

    b. Mail Delivery Agent

    c. Mail Transfer Agent

    d. Mail Sending Agent

5．在 Linux 环境中，使用哪一个流行的 MTA 邮件包？

    a. Firefox

    b. sendmail

    c. MySQL

    d. Apache

6．哪一个 Python 模块提供完整的 MUA 功能？

    a. smtplib

    b. email

    c. httplib

    d. mailcap

7．smtplib 模块不能够和一个远程邮件服务器建立一个加密的会话。对还是错？

8．哪一个 Python 模块提供了和远程 Web 站点交互的功能？

    a. smtplib

    b. email

    c. mailcap

    d. urllib

9．LXML 模块中的 etree 方法使得我们能够解析一个 Web 页面上的 HTML 元素。对还是错？

10．程序和网络之间的接口，叫作套接字。对还是错？

20.7.2　答案

1．b。smtplib。smtplibd 模块使你可以编写自己的邮件服务器程序来接收信息，但不能发送。

2．错的。你的 Python 脚本可以读取原始 HTML 代码然后解析数据。

3．你需要在服务端使用 socket()、bind()、listen()，然后是 accept()方法来监听和接收连接。

4．c。Mail Transfer Agent 同时负责处理收入和发出的邮件消息，并且会接收远程邮件服务器上的进入邮件消息。

5．b。sendmail 包是 UNIX 系统上最初使用的 E-mail 服务器包，并且已经移植到 Linux 环境中使用了。

6．a。smtplib 模块提供完整的 Mail User Agent 功能以便从邮箱接收邮件消息，并且通过邮件服务器发送邮件消息。

7．错的。smtplib 模块能够通过 SMTP_SSL 类，使用加密和一个远程邮件服务器建立通信。

8．d。urllib 模块提供了向 Web 站点发送请求和接收 Web 页面的响应的方法。

9．对的。etree 方法将页面内容分解为单个的 HTML 元素。

10．对的。套接字创建了一个接口，程序通过该接口使用网络连接来发送和接收数据。

第 21 章

在程序中使用数据库

本章包括如下主要内容：

- 如何在 Python 脚本中使用 MySQL 数据库服务器
- 如何在 Python 脚本中使用 PostgreSQL 数据库服务器

在使用 Python 脚本的一个问题是持久化数据。你可以将任何你想要的信息存储到程序变量中，但是在程序结束的时候，它们都会消失。有些时候，我们想要让 Python 脚本能够存储数据以备后面使用。在以前，从 Python 中存储和检索数据需要创建文件，从文件中读取数据，解析数据，然后再存储到文件中。试图在文件中查找数据，意味着必须读取文件中的每一条记录以查找数据。如今，数据库风靡一时，可以很容易地让 Python 脚本与专业品质的开源数据库交互。

在 Linux 世界中，两个最流行的开源数据库是 MySQL 和 PostgreSQL，二者都可以在树莓派上得到支持！在本章中，我们将介绍如何让这些数据库在树莓派系统上运行，然后花一些时间在命令行中使用它们。然后，我们将学习如何使用 Python 脚本和每一种数据库交互。

21.1 使用 MySQL 数据库

到目前为止，Linux 环境中最流行的数据库就是 MySQL 数据库了。其受欢迎的程度是作为 Linxu-Apache-MySQL-PHP（LAMP）服务器环境的一部分而增加的，很多互联网服务器用这个环境托管网上商店、博客以及应用程序。

下面的小节将介绍如何在树莓派上安装和配置一个 MySQL 数据库，如何创建必要的数据库对象以供在 Python 脚本中使用，以及如何编写 Python 脚本与数据库交互。

21.1.1 安装 MySQL

MySQL 数据库没有默认地安装到树莓派上，但是安装它也非常简单。在 Raspbian Linux 的发行版的软件仓库中有两个软件包支持 MySQL 环境：mysql-client 和 mysql-server。可能你已经猜到了，mysql-server 包含了安装和运行 MySQL 数据库服务器的必要文件。同时，还将安装 mysql-client 包，其中包含了一个数据库服务器的命令行接口，可以用它为 Python 程序创建数据库对象。

要安装 MySQL 环境，只需要使用 apt-get 程序就可以了：

```
pi@raspberrypi ~ $ sudo apt-get update
pi@raspberrypi ~ $ sudo apt-get install mysql-client mysql-server
```

CAUTION | **警告：MySQL 根用户账户**
> 在安装 MySQL 服务器包的时候，安装脚本会询问 MySQL 根用户账户的密码。MySQL 服务器维护了一套自己的用户账户和密码，这和 Linux 系统用户账户是分离的。这个根用户账户在 MySQL 服务器中可以完全控制整个 MySQL 服务器。确保记住分配给 MySQL 根用户的账户密码！

当安装过程结束后，MySQL 数据库服务器程序会自动开始以后台模式运行。现在，我们应该已经准备好开始为 Python 应用配置 MySQL 数据库了。

21.1.2　配置 MySQL 环境

在开始编写 Python 脚本与数据库交互前，需要一些数据库对象。至少，需要有下面这些。
- 一个唯一的数据库来存储应用数据。
- 一个唯一的用户账户用来从脚本访问数据库。
- 一个或多个数据表来组织数据。

可以使用 mysql 命令行客户端程序构建所有这些对象。mysql 程序直接与 MySQL 服务器交互，使用 SQL 命令来创建和修改每一个对象。

与数据库的大多数交互都是使用 SQL 语句进行的。SQL 语言是一种与各种类型的数据库进行通信的工业标准。可以使用 mysql 程序发送任何类型的 SQL 语句到 MySQL 服务器。

以下小节将讲解那些不同的 SQL 语句，我们将需要用它们在 shell 脚本中构建基本的数据库对象。

1. 创建一个数据库

MySQL 服务器把数据组织到数据库中。一个数据库通常为一个应用程序保存数据，它通常与其他使用数据库服务器的应用是分离的。为每一个 Python 应用创建单独的数据库，可以帮助你消除混乱和数据混淆。

需要使用下面的 SQL 语句来创建一个新的数据库：

```
CREATE DATABASE name ;
```

这非常简单。当然，必须有合适的权限才能在 MySQL 服务器上创建新的数据库。保证这件事的最简单方法是，使用根用户账户登录：

```
pi@raspberrypi ~ $ mysql -u root -p
```

```
Enter password:
Welcome to the MySQL monitor. Commands end with ; or \g.
Your MySQL connection id is 51
Server version: 5.5.44-0+deb7u1 (Debian)

Copyright (c) 2000, 2015, Oracle and/or its affiliates. All rights reserved.

Oracle is a registered trademark of Oracle Corporation and/or its
affiliates. Other names may be trademarks of their respective
owners.

Type 'help;' or '\h' for help. Type '\c' to clear the current input statement.

mysql> CREATE DATABASE pytest;
Query OK, 1 row affected (0.00 sec)

mysql>
```

可以使用 SHOW 命令看看是否创建了新的数据库：

```
mysql> SHOW DATABASES;
+--------------------+
| Database           |
+--------------------+
| information_schema |
| mysql              |
| performance_schema |
| pytest             |
+--------------------+
4 rows in set (0.01 sec)
mysql>
```

这段代码显示已经成功地创建了数据库。现在应该可以使用 USE 语句连接到这个新的数据库了：

```
mysql> USE pytest;
Database changed
mysql> SHOW TABLES;
Empty set (0.00 sec)

mysql>
```

SHOW TABLES 命令可以看到是否创建了表。Empty set 结果表明还没有任何表可以使用。在开始创建表之前，还有一件事情必须要做。

2. 创建一个用户账户

到目前为止，我们已经看到如何使用根管理员用户连接 MySQL 服务器。这个账户可以完全控制所有的 MySQL 服务器对象——这很像是可以控制整个 Linux 系统的 Linux 根用户。

为普通的应用使用根用户是非常危险的事情。如果这个应用程序有安全漏洞，并且攻击者找出了根用户账户的密码，则所有糟糕的事情都有可能发生在系统（和数据）上。为了防止这种事情发生，使用一个单独的账户是非常明智的，并且这个账户只有应用程序所使用的数据库权限。为此，需要使用 GRANT SQL 语句，如下所示：

```
mysql> GRANT SELECT,INSERT,DELETE,UPDATE ON pytest.* TO
test@localhost IDENTIFIED by 'test';
Query OK, 0 rows affected (0.00 sec)

mysql>
```

这是一条非常长的命令。让我们来详细地看一下它做了什么。

首先，第一部分定义了这个用户账户在不同数据库上的权限。这条语句允许用户查询数据库数据（使用 SELECT 权限）、插入新的数据记录、删除已有的数据记录并且更新已有的数据记录。

pytest.*条目定义了应用这些权限的数据库和表。这通过下面的格式指定：

database.table

正如在这个例子中所见到的，在指定数据库和表的时候，允许使用通配符。这个格式会将指定的权限应用到在数据库 pytest 中的所有的表上。

最后，指定了要应用这些权限的用户账户（在这个例子中是 test）。MySQL 服务器同样也可以限制指定的权限只适用于从某个特定位置连接的用户账户。限制 test 用户只能从 localhost 位置登录，这意味着只有从树莓派上运行的脚本登录。

GRANT 语句的优点是，如果用户账户不存在，则创建它。IDENTIFIED BY 允许为新的用户账户设置密码。

当在 MySQL 服务器上完成这些工作后，使用 exit 命令退回到标准的 Linux 命令行提示符。

```
mysql> exit;
Bye
pi@raspberrypi ~ $
```

可以直接从 mysql 程序中测试新的用户账户，如下所示：

```
pi@raspberrypi ~ $ mysql pytest -u test -p
Enter password:
Welcome to the MySQL monitor. Commands end with ; or \g.
Your MySQL connection id is 76
Server version: 5.5.44-0+deb7u1 (Debian)

Copyright (c) 2000, 2015, Oracle and/or its affiliates. All rights reserved.

Oracle is a registered trademark of Oracle Corporation and/or its
affiliates. Other names may be trademarks of their respective
owners.

Type 'help;' or '\h' for help. Type '\c' to clear the current input statement.

mysql>
```

第一个参数指定了默认使用的数据库（pytest），参数-u 定义了登录用户账户，然后参数-p 用来询问密码（记住，之前设置为"test"）。在输入分配给 test 用户的密码之后，就可以连接到服务器了。

现在有了数据库和一个用户账户，我们已经准备好为数据创建一些表了。

3.　创建表

MySQL 服务器是一个关系型数据库。在关系型数据库中，数据是由数据字段、记录和表组成的。数据字段是一个单一的信息，如一个雇员的姓或薪水。记录是相关数据字段的集合，如员工 ID 号、姓氏、名字、地址和薪水。每一条记录表示一组数据字段。

表包含了所有相关数据的记录。因此，一个叫作 employees 的表包含了每一个雇员的数据记录。

要在数据库中创建一个新表，需要用根用户账户登录到 MySQL 中，然后使用 SQL 命令 CREATE TABLE，如下所示：

```
pi@raspberrypi ~ $ mysql -u root -p
Enter password:
mysql> USE pytest;
Database changed
mysql> CREATE TABLE employees (
    -> empid int not null,
    -> lastname varchar(30),
    -> firstname varchar(30),
    -> salary float,
    -> primary key (empid));
Query OK, 0 rows affected (0.14 sec)

mysql>
```

在创建表之前，在连接到 pytest 数据库的 SQL 命令 USE 中，确保指定了 pytest。

> **警告：在数据库中创建一个表**　　**CAUTION**
> 在创建新表之前，有一件非常重要的事，确保在正确的数据库中。此外，需要使用管理员用户账户（对于 MySQL 是 root）登录来创建表。

表中的每一个数据字段都使用一种数据类型。MySQL 数据支持很多不同的数据类型，表 21.1 显示了可能用到的一些很流行的数据类型。

表 21.1　MySQL 数据类型

数据类型	描　　述
char	固定长度的字符串值
varchar	变长的字符串值
int	整数值
float	浮点值
boolean	布尔值
date	YYYY-MM-DD 格式的是日期值
time	HH:mm:ss 格式的时间值
timestamp	日期和时间值
text	长字符串值
blob	大的二进制值，如图片或视频剪辑

数据字段 empid 还定义了数据约束。数据约束限制了可以输入什么类型的数据来创建一

个合法的记录。数据约束 not null 表示，每一个记录都必须指定一个 empid 值。

最后 primary key 行定义了一个数据字段，它唯一地标识了每一条记录。这意味着每一条数据记录都必须在表中有一个唯一的 empid 值。

在创建表后，可以使用 SHOW TABLE 命令来查看，以确保创建了该表。

21.1.3　安装 Python 的 MySQL 模块

要让 Python 脚本与 MySQL 服务器通信，需要使用一个 Python 模块 MySQL/Connector。事情开始变得有点有趣了。

确实有几个不同的 Python 模块可以用来与 MySQL 服务器通信，但是不幸的是，它们中的很多都没有移植到 Python v3 的领域里。MySQL 的开发人员创建的 MySQL/Connector 已经移植到了 Python v3 的领域里，这样，就可以在 Python v3 脚本中使用它了。

有一个不足之处是，在编写本书的时候，Python v3 的 MySQL/Connector 模块并不在 Debian Linux 发行版的软件仓库中，因此也不在 Raspbian 的软件仓库中。然而，可以从 Debian 实验软件库中下载和这个模块并将其安装到树莓派上。

▼ 实践练习

安装 Python v3 的 MySQL/Connector 模块

在以下的步骤中，我们将为树莓派系统上的 Python v3 安装 MySQL/Connector 模块。步骤如下所示：

1. 打开一个浏览器窗口，然后浏览这个 URL：http://packages.debian.org/experimental/python3-mysql.connector。

2. 在 Download python3-mysql.connector 部分，单击所有的链接。这会把你带到下面的 URL：http://packages.debian.org/experimental/all/python3-mysql.connector/download。

3. 单击一个链接从比较近的资源库中下载这个包。在编写本书时，下载的文件名是：

```
python3-mysql.connector_1.2.3-2_all.deb
```

4. 找到 Download 文件夹，使用 dpkg 命令来安装这个 Debian 包，如下所示：

```
pi@raspberrypi ~ $ sudo dpkg -i python3-mysql.connector_1.2.3-2_all.deb
```

在安装的过程中，将会看到关于 Python 版本的一些警告和错误，可以忽略它们。

5. 打开一个 Python v3 命令行会话，然后尝试导入 mysql.connector 模块，如下所示：

```
pi@raspberrypi ~ $ python3
Python 3.2.3 (default, Mar 1 2013, 11:53:50)
[GCC 4.6.3] on linux2
Type "help", "copyright", "credits" or "license" for more information.
>>> import mysql.connector
>>>
```

▲

> **提示：下载 Debian 包** **TIP**
>
> 　如果没有在树莓派上配置图形环境，可以在另一个工作站上下载 MySQL/Connector Debian 包，然后使用 SFTP 复制到树莓派系统上。

21.1.4 创建 Python 脚本

现在，已经有了 MySQL 数据库以及与 MySQL 数据库交互的 Python 脚本的所有片段，可以开始编写一些代码了。以下各小节将讲解创建和检索数据所需的主要过程。

如果一切正常，在运行 import 语句的时候，不会得到任何关于漏掉模块的错误消息。现在，我们已经准备好开始使用 MySQL 数据库了。

1. 连接数据库

与 MySQL 数据库交互的第一步是创建从 Python 脚本到 MySQL 数据库的连接。这可以通过 connect()方法完成，如下所示：

```
>>> import mysql.connector
>>> conn = mysql.connector.connect(user='test', password='test',
database='pytest')
>>>
```

必须先导入 mysql.connector 模块，然后可以运行这个库的 connect()方法。在 connect()方法中，需要指定连接 MySQL 服务器的用户账户和密码以及数据库名称。完成了数据库的交互后，应该使用 close()方法来关闭连接。

> **警告：数据库脚本安全** **CAUTION**
>
> 　你可能已经注意到 connect()方法了，必须直接在 Python 脚本中指定用户账户和密码。这可能会有安全问题，所以一定要使用正确的权限来保护脚本，以防止 Linux 系统上的其他任何人读取它。

2. 插入数据

在连接数据库之后，可以向 MySQL 服务器提交 SQL 语句来插入新的数据记录。插入数据到一个表中有 3 步。清单 21.1 中的 script2101.py 程序展示了这个过程。

清单 21.1　cript2101.py 程序

```
1:  #!/usr/bin/python3
2:
3:  import mysql.connector
4:  conn = mysql.connector.connect(user='test', password='test',
 database='pytest')
5:  cursor = conn.cursor()
6:  newemployee = ('INSERT INTO employees '
7:      '(empid, lastname, firstname, salary) '
8:      'VALUES (%s, %s, %s, %s)')
```

```
 9:
10: employee1 = ('1', 'Blum', 'Barbara', '45000.00')
11: employee2 = ('2', 'Blum', 'Rich', '30000.00')
12:
13: try:
14:     cursor.execute(newemployee, employee1)
15:     cursor.execute(newemployee, employee2)
16:     conn.commit()
17: except:
18:     print('Sorry, there was a problem adding the data')
19: else:
20:     print('Data values added!')
21: cursor.close()
22: conn.close()
```

首先，必须定义一个指向表的光标（第 5 行）。这个光标是一个指针对象，它跟踪在表中执行当前操作的位置。必须有一个有效的表的光标才能插入新的数据记录。可以在建立连接后，使用 cursor() 方法来创建一个光标。需要将光标的输出分配给一个变量，因为在脚本后面要使用它。

现在，已经创建了一个 INSERT 语句模板，可以用来添加一条新的数据记录（第 6 行～第 8 行）。在 INSERT 语句中，这个模板使用占位符来代替任何的数据位置。这使得可以重用同样的模板来插入多条数据记录。

new_template 模板定义一个数据的数据字段，并且为每一个数据值定义了一个占位符。使用 %s 作为占位符，而不管它们是什么数据类型。

在创建好模板后，可以创建一个元组来包含实际的数据值（第 10 行和 11 行）。确定列出的数据值跟 INSERT 语句中的数据字段顺序一样。

现在，已经准备好将数据值应用到 INSERT 语句模板上了。可以通过 execute() 方法来做这件事（第 14 行和 15 行）。

在提交了新的数据值后，必须运行 commit() 方法，通过数据库连接提交对数据库的修改（第 16 行）。

在运行了 script2101.py 脚本后，可以使用 mysql 命令行程序来验证新的数据值已经输入了，如下所示：

```
pi@raspberrypi ~ $ python3 script2101.py
Data values added!
pi@raspberrypi ~ $ mysql pytest -u test -p
Enter password:
mysql> SELECT * FROM employees;
+-------+----------+-----------+--------+
| empid | lastname | firstname | salary |
+-------+----------+-----------+--------+
|     1 | Blum     | Barbara   | 45000  |
|     2 | Blum     | Rich      | 30000  |
+-------+----------+-----------+--------+
2 rows in set (0.01 sec)

mysql> exit
```

```
Bye
mysql>
```

下一步是编写一个 Python 脚本来检索刚才存储到表中的数据。

> **警告：主键数据约束** **CAUTION**
>
> 　　因为定义了 empid 数据字段作为表的主键，对于每一条记录这个值必须是唯一的。如果尝试不修改该数据值元组就再次运行 script2101.py 脚本，那么 INSERT 语句会因为重复的数据而失败。

3. 查询数据

查询表的过程与插入数据的过程类似。脚本必须连接到 MySQL 数据库，创建一个光标，然后使用 execute()方法提交一条 SELECT SQL 语句来检索数据。

与插入过程的区别是，对于 SELECT 查询，需要从 MySQL 服务器获取数据，这正是 cursor 对象的用武之地。

cursor 对象包含了指向查询结果的一个指针。必须使用 for 循环来遍历 cursor 对象，以提取该查询所返回的数据记录。

清单 21.2 显示了 script2102.py 程序代码，它展示了如何从 MySQL 表中检索数据记录。

清单 21.2　script2102.py 程序

```
1:  #!/usr/bin/python3
2:
3:  import mysql.connector
4:  conn = mysql.connector.connect(user='test', password='test',
 database='pytest')
5:  cursor = conn.cursor()
6:
7:  query = ('SELECT empid, lastname, firstname, salary FROM
 employees')
8:  cursor.execute(query)
9:  for (empid, lastname, firstname, salary) in cursor:
10:    print(empid, lastname, firstname, salary)
11: cursor.close()
12: conn.close()
```

当编写 for 循环时，必须为 SELECT 语句中返回的每一个数据字段指定一个变量。对于每一次遍历，这些数据字段都包含了查询结果中的一个数据记录的值。当循环结束时，应该已经遍历了所有的、单个的数据记录了。当运行这个脚本时，应该得到一个你存储在 employees 表中所有记录的列表。

```
pi@raspberrypi ~ $ python3 script2102.py
1 Blum Barbara 45000.0
2 Blum Rich 30000.0
pi@raspberrypi ~ $
```

恭喜！我们刚刚使用 Python 编写了一个数据库程序。现在，来看一下如何对另一个流行的 Linux 数据库服务器 PostgreSQL 做同样的事情。

21.2　使用 PostgreSQL 数据库

PostgreSQL 数据库最开始是作为一个学术项目来演示如何将先进的数据库技术集成到一个功能型的数据库服务器。多年来，PostgreSQL 演变成了 Linux 环境中可用的最高级的开源数据库服务器之一。

以下各小节将介绍 PostgreSQL 数据库服务器的安装以及在树莓派上的运行，然后配置 Python 脚本与 PostgreSQL 数据库服务器交互以存储和检索数据。

21.2.1　安装 PostgreSQL

对于在树莓派上的 PostgreSQL 的安装，PostgreSQL 的服务器和客户端都包含在同一个软件包中。只需要使用 apt-get 安装 postgresql 包就可以了，如下所示：

```
pi@raspberrypi ~ $ sudo apt-get install postgresql
```

在做完这些后，就有一个全功能的 PostgreSQL 数据库启动并运行了。安装过程会自动启动 PostgreSQL 服务器，因此，不需要做什么事情来运行它。下面，我们需要为 Python 脚本创建数据库对象。

21.2.2　配置 PostgreSQL 环境

就像 MySQL 环境一样，在开始编写 Python 脚本之前，需要在 PostgreSQL 环境中创建数据库对象。

对于 Python 环境，用来与 PostgreSQL 服务器交互的命令行程序叫作 psql。然而，它与 MySQL 的 MySQL 命令行程序有一点不同。

PostgreSQL 使用 Linux 系统的用户账户，而不维护它自己的数据库用户账户。这是控制 PostgreSQL 用户的一个不错的全新方法，虽然有时会比较困惑。需要做的只是确保每一个 PostgreSQL 用户有一个有效的 Linux 系统账户；不需要担心另一套完全独立的用户账户。

另一个 MySQL 和 PostgreSQL 之间的主要区别是 PostgreSQL 中的管理员账户叫作 postgres 而不是 root。当在树莓派上安装 PostgreSQL 包时，安装过程中会在系统上创建一个 postgres 用户账户，来确保 PostgreSQL 管理员的账户能够存在。

要与 PostgreSQL 服务器交互，需要以 postgres 账户运行 psql 程序。如下所示：

```
pi@raspberrypi ~ $ sudo -u postgres psql
psql (9.1.18)
Type "help" for help.

postgres=#
```

默认的 psql 提示符指出了连接到的数据库名称。提示符处的磅符号（#）表示以管理员用户登录。要退出 psql 命令行提示符，只要输入\q 元命令就可以了。

现在，已经准备好开始输入几条命令来与 PostgreSQL 服务器交互了。

1. 创建数据库

在 PostgreSQL 中创建数据库与 MySQL 一样：所需要做的只是提交一条 CREATE DATABASE 语句。记住以 postgres 管理员用户登录来创建新的数据库，如下所示：

```
pi@raspberrypi ~ $ sudo -u postgres psql
psql (9.1.18)
Type "help" for help.

postgres=# CREATE DATABASE pytest;
CREATE DATABASE
postgres=#
```

在创建了数据库之后，可以使用元命令\l 查看数据库是否出现在数据库列表中，然后使用元命令\c 连接它。如下面的例子所示：

```
postgres=# \l
List of databases
   Name    |  Owner   | Encoding
-----------+----------+----------
 postgres  | postgres | UTF8
 pytest    | postgres | UTF8
 template0 | postgres | UTF8
 template1 | postgres | UTF8
           |          |
(4 rows)
postgres=# \c pytest
You are now connected to database "test" as user "postgres".
pytest=#
```

当连接到 pytest 数据库之后，psql 会提示修改以标识新的数据库名称。在创建数据库对象时，这是一个很好的提醒：可以很容易地知道在系统中的位置。

当完成在 PostgreSQL 服务器中的工作后，输入命令\q 返回 Linux 命令行提示符。

> **提示：PostgreSQL 的模式**　　　　　　　　　　　　　　　　　　　　　*TIP*
>
> PostgreSQL 对数据库添加了另一层的控制，叫作模式。一个数据库可以包含多个模式，每一个模式可以包含多个表。这允许针对特定应用或用户将数据库再细分。

默认情况下，每一个数据库包含一个模式，叫作 public。如果只有一个应用使用数据库，那么仅使用 public 模式就没有问题。如果你想更有趣，可以创建一个新的模式。下面的例子仅使用 public 模式。

当创建了要在 Python 脚本中使用的数据库后，需要创建一个在脚本中用来登录数据库的独立的用户。

2. 创建一个用户账户

当创建了数据库之后，下一步就是创建一个在 Python 脚本中访问它的用户账户。正如你已经看到的，用 PostgreSQL 中与 MySQL 中的户账户截然不同。

PostgreSQL 中的用户账户叫作登录角色。PostgreSQL 服务器将登录角色与 Linux 系统用户进行匹配。正因为如此，在访问 PostgreSQL 服务器的 Python 脚本中创建登录角色，有两种常见的方法。

- 创建一个特殊的 Linux 账户来匹配 PostgreSQL 登录角色，以运行所有的 Python 脚本。
- 为每一个 Linux 用户账户创建一个 PostgreSQL 账户，以运行 Python 脚本访问数据库。

这个例子使用第二种方法：创建一个匹配默认的 Linux 系统用户 pi 的 PostgreSQL 账户。使用这种方法，我们可以用树莓派的默认用户直接访问 PostgreSQL 数据库。

首先，需要创建登录角色。如下所示：

```
pytest=# CREATE ROLE pi login;
CREATE ROLE
pytest=#
```

这个非常简单。没有 login 参数的话，将不会允许这个角色登录到 PostgreSQL 服务器，但是可以赋予它其他的权限。这种类型的角色叫作组角色。当在一个庞大的环境与很多用户和表工作时，组角色非常好用。不必追踪每一个用户对哪些表有哪种权限，只需要创建相应的组角色来访问表，然后将登录角色分配到正确的组角色就可以了。

对于简单的 Python 脚本，大可不必担心创建组角色，可以直接将权限分配给登录角色。在这个例子中，就是这么做的。

然而，PostgreSQL 在处理权限上也和 MySQL 有点不同。它不允许将所有的权限授予数据库中的所有过滤到表级别的对象。相反，需要为所创建的每一个单个的表来单独授予权限。虽然这是一种痛苦，但是肯定有助于执行严格的安全策略。正因为如此，需要延迟权限分配，直到已经为应用程序创建了表之后。这是这个过程中的下一步。

3. 创建一个表

就像 MySQL 服务器一样，PostgreSQL 服务器是一个关系型数据库。这意味着，需要将数据字段分组到表中。正如在这里看到的，使用同样的 CREATE TABLE 语句在 PostgreSQLpytest 数据库中来创建 employees 表：

```
pi@raspberrypi ~ $ sudo -u postgres psql
psql (9.1.9)
Type "help" for help.
postgres=# \c pytest
You are now connected to database "pytest" as user "postgres".
pytest=# CREATE TABLE employees (
pytest(# empid int not null,
pytest(# lastname varchar(30),
pytest(# firstname varchar(30),
pytest(# salary float,
pytest(# primary key (empid));
NOTICE: CREATE TABLE / PRIMARY KEY will create implicit index
 "employees_pkey" for table "employees"
CREATE TABLE
pytest=#
```

一旦创建了表，就可以使用元命令\dt 列出所有的表：

```
pytest=# \dt
List of relations
 Schema |   Name    | Type  |  Owner
--------+-----------+-------+----------
 public | employees | table | postgres
(1 row)
pytest=#
```

现在我们已经准备好给登录角色 pi 分配 employees 权限，以便它可以访问这个表。像下面这样做：

```
pytest=# GRANT SELECT,INSERT,DELETE,UPDATE ON public.employees To pi;
GRANT
pytest=#
```

现在可以使用 pi 用户账户登录 PostgreSQL 服务器，以直接连接 pytest 数据库。在 pi 用户的命令行提示符处，输入如下的命令：

```
pi@raspberrypi ~ $ psql pytest
psql (9.1.9)
Type "help" for help.

pytest=> \dt
List of relations
 Schema |   Name    | Type  |  Owner
--------+-----------+-------+----------
 public | employees | table | postgres
(1 row)

pytest=>
```

当在 psql 命令行上输入数据库的名称后，psql 程序会将你直接带入数据库，而不需要使用元命令\c。即使 employees 表的所有者是 postgres 用户账户，登录角色 pi 仍然有与其交互的权限。

现在表和用户账户都已经设置好了，下一步是为 Python 安装 PostgreSQL 模块。

21.2.3 安装 Python 的 PostgreSQL 模块

就如 MySQL 环境一样，Python 有几个不同的模块支持从 Python 脚本与 PostgreSQL 数据库通信。好在，有一个 PostgreSQL 的 Python v3 模块已经在 Raspbian 的软件仓库中了。这个名字古怪的 psycopg2 模块提供了对 Python 脚本与 PostgreSQL 数据库交互的完全支持。在下面的例子，我们就使用了它。

模块 psycopg2 在软件包 python3-psycopg2 中。要安装它，只需要使用 apt-get 工具就可以，如下所示：

```
pi@raspberrypi ~ $ sudo apt-get install python3-psycopg2
```

psycopg2 模块同时有 Python v2 和 Python v3 版本，因此确保所安装的是 Python3-psycopg2 模块。

21.2.4　用 psycopg2 编写代码

psycopg2 模块安装之后，就可以开始编写 Python 脚本来访问 PostgreSQL 数据库了。可能会见到很多与 MySQL/Connector 中同名的方法在使用。对于大多数的 Python 数据库模块，只要学会了一个，掌握其他的就不是一件太难的事情了。

以下各小节将讲解如何连接到 PostgreSQL 数据库，插入新数据记录，然后检索数据记录。

1. 连接数据库

在可以与表交互之前，Python 脚本必须连接到所创建的 PostgreSQL 数据库。可以使用 connect()方法来做这件事，如下所示：

```
>>>import psycopg2
>>> conn = psycopg2.connect('dbname=pytest')
>>>
```

你可能已经注意到了 connect()方法只是指定了数据库。默认情况下，它使用登录 Linux 系统的相同的账户来登录 PostgreSQL 服务器。因为我们使用登录的 pi 用户运行这个脚本，因此 connect()自动使用登录角色 pi。

也可以在 connect()方法中指定另一个用户和密码，如下所示：

```
>>> conn = psycopg2.connect('dbname=pytest user=pi password=mypass')
```

注意，所有的参数都是一个字符串的一部分，而不是单独的字符串。

现在，脚本已经连接了 pytest 数据库，并且我们已经准备好开始与表交互了。

2. 插入数据

当连接数据库之后，可以插入一些数据记录到 employees 表中。psycopg2 模块提供了类似于 mysql.connector 模块的一个方法。清单 21.3 中的 script2103.py 程序展示了如何添加数据元素到数据库中。

清单 21.3　script2103.py 程序

```
1:  #!/usr/bin/python3
2:
3:  import psycopg2
4:  conn = psycopg2.connect('dbname=pytest')
5:  cursor = conn.cursor()
6:  newemployee = 'INSERT INTO employees (empid, lastname,
 firstname, salary) VALUES (%s, %s, %s, %s)'
7:
8:  employee1 = ('1', 'Blum', 'Katie Jane', '55000.00',)
9:  employee2 = ('2', 'Blum', 'Jessica', '35000.00',)
10: try:
11:     cursor.execute(newemployee, employee1)
```

```
12:      cursor.execute(newemployee, employee2)
13:      conn.commit()
14: except:
15:      print('Sorry, there was a problem adding the data')
16: else:
17:      print('Data values added!')
18: cursor.close()
19: conn.close()
```

execute()方法提交了 INSERT 语句模板连同数据元组到 PostgreSQL 服务器，以进行处理。

警告：数据格式化   ***CAUTION***

当创建数据元组的时候，要小心。注意，必须以逗号结束。psycopg2
库必须在其末尾有一个空的元组值，否则，执行将会失败。

在通过连接执行 commit()方法之前，该数据不会提交到数据库。可以运行 script2103.py，
然后检查 employees 表的数据，如下所示：

```
pi@raspberrypi ~ $ python3 script2103.py
Data values added!
pi@raspberrypi ~ $ psql pytest
psql (9.1.18)
Type "help" for help.

pytest=> SELECT * FROM employees;
empid | lastname | firstname | salary
-------+----------+------------+--------
    1 | Blum     | Katie Jane | 55000
    2 | Blum     | Jessica    | 35000
(2 rows)

pytest=>
```

数据在那儿。下一步是编写代码来查询表和检索数据值。

3. 查询数据

要查询数据，可以使用 execute()方法提交一条 SELECT 语句。然而，要取回查询结果，
需要在光标对象上使用 fetchall()方法。清单 21.4 中的 script2104.py 程序展示了如何做。

清单 21.4　script2104.py 程序

```
1:  #!/usr/bin/python3
2:
3:  import psycopg2
4:  conn = psycopg2.connect('dbname=pytest')
5:  cursor = conn.cursor()
6:  cursor.execute('SELECT empid, lastname, firstname, salary FROM employees')
7:  result = cursor.fetchall()
8:  for data in result:
9:      print(data[0], data[1], data[2], data[3])
10: cursor.close()
11: conn.close()
```

程序 script2104.py 将 fetchall()方法的输入赋值给 result 变量（第 7 行），它包含了查询结果中的数据记录的一个列表。然后使用 for 循环遍历这个列表（第 8 行）。结果列表使用位置索引值来引用数据记录中的每一个数据字段。值的顺序和在 SELECT 语句中列出的数据字段的顺序一致。

当运行程序 script2104.py 时，应该会看到存储在 PostgreSQL employees 表中的数据的一个列表，如下所示：

```
pi@raspberrypi ~ $ python3 script2104.py
1 Blum Katie Jane 55000.0
2 Blum Jessica 35000.0
pi@raspberrypi ~ $
```

可以使用这些方法来处理任何大小的数据库。使用数据库的优点是所有的数据的运算和排列发生在台后，在数据库服务器中。Python 脚本只需要与数据库通信，以提交 SQL 语句来处理数据。

21.3 小结

在本章中，我们学习了如何在 Python 脚本中集成开源数据库。树莓派同时支持 MySQL 和 PostgreSQL 数据库服务器，我们可以在脚本中使用它们来存储和检索数据。

首先，我们学习了如何安装 MySQL 数据库服务器、如何配置以及如何在 Python 脚本中使用 MySQL/Connector 模块与数据库交互。接下来，我们看到了如何安装和配置 PostgreSQL 数据库服务器以及如何使用 psycopg2 模块在 Python 脚本中与其交互。两个系统都提供了高级的数据存储和检索方法来在 Python 脚本中添加强大的功能。

在下一章中，我们将介绍另一种流行的编程方法——网页编程。树莓派提供了一些模块帮助将 Python 程序发布到网上。

21.4 Q&A

Q. 树莓派真的强大到足以支持一个全面的数据库服务器吗？如 MySQL 或 PostgreSQL。

A. 是的，可以在树莓派上运行 MySQL 或者 PostgreSQL 数据库服务器。不建议尝试在同一时间支持数以千计的应用用户，但是对于少数并发用户，树莓派就能很好地处理！

Q. 哪一个数据库服务器更好，MySQL 还是 PostgreSQL？

A. 这已经是在开源数据库领域开展的一个长期辩论了。一般的共识是，MySQL 数据库服务器通常更快，但是 PostgreSQL 数据库支持更多的高级数据库功能。决定使用哪一个，取决于你的具体应用对数据库的要求。

21.5 练习

21.5.1 问题

1. 什么数据存储方法让你可以很容易地存储应用数据并且稍后使用不同的 Python 脚本检索它？

　　a．变量

　　b．关系型数据库

　　c．库模块

　　d．日志文件

2．使用标准的文件存储和检索数据与使用关系型数据库一样简单。对还是错？

3．应该使用 psycopg2 中的什么方法来从 SELECT 查询中获取数据记录？

4．使用哪一条 SQL 语句来创建一个新的数据库？

　　a．SELECT

　　b．INSERT

　　c．CREATE

　　d．DROP

5．使用哪一条 SQL 语句来查询一个表？

　　a．SELECT

　　b．INSERT

　　c．CREATE

　　d．DROP

6．MySQL 使用哪一条 SQL 语句来创建一个用户账户？

　　a．SELECT

　　b．GRANT

　　c．DROP

　　d．PASSWORD

7．PostgreSQL 包使用哪一个用户账户来创建一个管理员账户？

　　a．root

　　b．postgresql

　　c．db

　　d．postgres

8．\l PostgreSQL 元命令显示数据库的列表。对还是错？

9．\dtPostgreSQL 元命令显示一个表中的数据字段。对还是错？

10．execute() psycopg2 方法向数据库提交 SQL。对还是错？

21.5.2　答案

　　1．b．关系型数据库。数据库服务器使用关系型数据库可以快速存储和检索数据，并且不需要你写很多代码。

2．错误。使用标准文件，你必须自己读取数据到 Python 脚本中，然后你必须检索数据。使用关系型数据库、数据库服务器可以帮你做这些工作。

3．fetchall()方法从你发送到 PostgreSQL 服务器的一个 SELECT 查询中检索数据记录。

4．c。CREATE 语句来创建一个新的数据库或表。

5．a。SELECT 语句提交一个查询从表中获取数据。

6．b。GRANT 语句创建了一个新的用户账户并赋予其访问数据库对象的权限。

7．d。PostgreSQL 包创建一个特殊的 postgres 用户账户来运行服务器。

8．对的。\l PostgreSQL 元命令显示服务器上的数据库的列表。

9．错的。\dtPostgreSQL 元命令显示数据中包含的表的列表。

10．错的。execute()方法向 PostgreSQL 服务器提交 SQL，但是，必须还要对服务器使用 commit()方法来向数据库提交该语句。

第 22 章

Web 编程

本章包括如下主要内容：

- 在树莓派上安装 Web 服务器
- 使用 CGI 从网页运行 Python 程序
- 如何使用生成动态网页
- 如果在 Python 网页程序中获取表单数据

随着万维网的普及，现在往往需要编写支持网络的应用程序。虽然 Python 并不打算成为一种基于 Web 的编程语言，但是多年来，它已经演变出很多 Web 功能了。在本章中，我们将学习如何在树莓派上使用 Apache Web 服务器和 Python 标准库中的一些模块，将 Python 程序带入到 Web 世界中。

22.1 在树莓派上运行 Web 服务器

在将 Python 应用程序带入到 Web 世界前，需要一个 Web 服务器来托管它们。树莓派并不打算变成一个服务数以千计的客户的 Web 服务器产品，但是它在本地网络上托管一些小的局域网应用还是可以的。

就像 Linux 世界中所有的其他东西一样，有几种不同的 Web 服务器可供选择安装到树莓派上。如下是最流行的一些 Web 服务器的列表。

- Apache——一个全面的产品级 Web 服务器环境，可以运行在很多平台上。
- Nginx——一个轻量级的 Web 和邮件服务器包。
- Monkey HTTP——一个为 Linux 环境构建的开发 Web 服务器。
- lighttp——一个主要关注性能的小型 Web 服务器。

Apache Web 服务器是目前为止在 Linux 平台最流行的 Web 服务器。它可以运行在树莓派上，只要不会试图托管数以千计的并发用户量。

在本章的例子中，我们将使用 Apache Web 服务器。以下小节将详细讲解在树莓派环境中配置流行的 Apache Web 服务器。

22.1.1 安装 Apache Web 服务器

在树莓派上安装 Apache Web 服务器非常简单，这要感谢 Raspbian 软件仓库。全部的 Apache Web 服务器包都包含在一个软件包 apache2 中。可以使用 apt-get 工具来安装它：

```
pi@raspberrypi ~ $ sudo apt-get install apache2
```

apache2 包安装 Web 服务器以及所有运行服务器所需要的文件。表 22.1 展示了要使用 Apache 服务器需要熟悉的最重要的一些文件和文件夹。

表 22.1 apache2 文件和文件夹

文件或文件夹	描 述
/var/www	提供 Web 文档的文件夹
/usr/lib/cgi-bin	提供脚本的文件夹
/etc/apache2	存储 Web 服务器配置文件的文件夹
/var/log/error.log	Apache Web 服务器错误日志文件

安装过程会自己启动 Apache Web 服务器，因此不需要手动启动服务器。但是，如果需要的话，可以在任何时候在命令行使用 service 命令启动或停止服务器。要停止 Apache Web 服务器，可以使用下面的命令：

```
sudo service apache2 stop
```

同样，如果要重启 Apache Web 服务器，可以使用这条命令：

```
sudo service apache2 start
```

当运行了 Apache Web 服务器后，可以测试它。可以在树莓派的 LXDE 桌面打开一个浏览器，或者如果知道树莓派的 IP 地址的话，可以从网络上的另一个客户端连接它。

如果从树莓派桌面连接，则访问这个特殊的 localhost 主机名：

```
http://localhost/
```

如果从网络上的一个远程客户端连接，则需要知道树莓派的 IP 地址（如果使用动态主机配置协议 DHCP 的话，IP 地址可能会改变）。要查找当前分配给树莓派的 IP 地址，可以在命令行使用 ifconfig 命令：

```
pi@raspberrypi ~ $ ifconfig
```

当知道分配给树莓派的 IP 地址后，就可以在远程客户端指定 IP 地址作为 URL 来访问它了。例如，如果发现分配给树莓派的 IP 地址是 10.0.1.70，可以使用这个 URL 访问它：

```
http://192.168.1.77/
```

无论哪种方法，应该都会看到一个通用的测试网页，如图 22.1 所示。

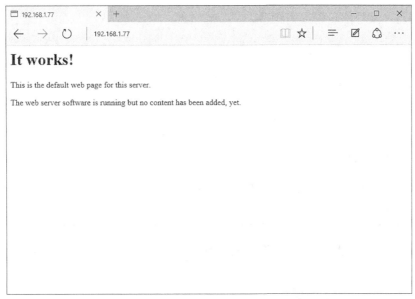

图 22.1 树莓派上默认的 Apache Web 服务器页面

现在 Web 服务器正在运行，可以尝试做一个自己的测试网页，我们接下来将介绍如何做到这一点。

22.1.2 提供 HTML 文件

Apache Web 服务器的核心功能就是为网络上的客户端提供 HTML 文档。默认情况下，树莓派的 Apache Web 服务器只是配置为服务系统/var/www 文件夹中的文件，因此必须将你的 Web 文档放到这个文件夹下面。

但是，这个文件夹是 root 用户账户所拥有。要向这个文件夹存储文件，必须在复制时使用 sudo 命令。接下来的实践练习展示了如何发布一个简单的网页用来测试。

实践练习

发布一个网页

可以在主文件夹建立一个网页文档，这样当准备好发布它的时候，只需将其复制到正确的文件夹中。按照以下步骤进行：

1. 在本章的文件夹中创建 script2201.html 文件，并且输入下面的代码：

```
<!DOCTYPE html>
<html>
<head>
<title>Test HTML Page</title>
</head>
<body>
<h2>This is a test HTML page for my server</h2>
</body>
</html>
```

2. 存储这个文件然后退出编辑器。

3. 复制 script2201.html 文件到/var/www 文件夹，如下所示：

```
pi@raspberrypi ~ $ sudocp script2201.html /var/www
pi@raspberrypi ~ $
```

4. 修改新文件的模式让它对所有人可读：

```
pi@raspberrypi ~ $ sudochmod +r /var/www/script2201.html
pi@raspberrypi ~ $
```

5. 打开一个浏览器，然后使用 http://localhost/script2201.html 访问新页面。

▲

恭喜你！你刚刚在 Apache Web 服务器上发布了一个网页！下一步是发布 Python 程序。

22.2 公共网关接口编程

有很多不同的方法将 Python 程序发布到 Apache Web 服务器上。我们将看看最原始的也是最简单的方法：使用公共网关接口（CGI）。

以下各节将描述 CGI 以及如何使用它，以便让远程网络客户端运行 Python 程序并与程序交互。

22.2.1 什么是 CGI

CGI 是 Apache Web 服务器中构建的一个特性，它允许远程客户端在托管服务器上运行 shell 脚本。允许未知的网站访问者运行脚本可能非常危险。但是，通过使用合适的权限，运行脚本可以为 Web 应用提供一个新的维度。

默认情况下，Apache Web 服务器中的 CGI 限制 shell 脚本只能在服务器上的一个特定的文件中：/usr/lib/cgi-bin。需要将 Python 脚本放在这里让远程客户端访问。

22.2.2 运行 Python 程序

要让一个 Python 程序作为 CGI 脚本运行，需要对它进行一点修改。首先需要告诉 shell 这是一个 Python 脚本。可以使用#!命令指向 python3 应用程序的标准路径，来完成这件事。对于树莓派环境，只要在 Python 程序的顶部添加这一行：

```
#!/usr/bin/python3
```

当 Linux 系统运行这个 shell 脚本时，它知道使用 python3 解释器来处理这个脚本。

使用 Apache Web 服务器运行 Python 程序的另一个问题是，不能访问命令行提示符来查看程序的输出。相反，Apache CGI 将程序的所有输出都重定向到 Web 客户端。该设置是有问题的，因为必须格式化 Python 程序的输出，使 Web 客户端认为它是从一个网页文档获取输出的。

要格式化 Python 程序的输出让浏览器处理，需要在输出的开始添加一个多用途互联网邮件扩展（MIME）的标题。可以使用 Content-Type 头完成这件事，如下所示：

```
print('Content-Type: text/html')
print('')
```

在标识这个输出是 HTML 文档后，同样需要在任何其他输出前放置一个空行。

创建一个 Python 网页程序

现在，已经准备好编写一个测试的 Python 程序在网页服务器中来运行。按照下面的步骤进行：

1. 在本章的文件夹中创建一个叫作 script2202.cgi 的文件。

2. 打开 script2202.cgi 文件，然后输入下面的内容：

```
#!/usr/bin/python3

import math
radius = 5
area = math.pi * radius * radius
print('Content-Type: text/html')
print('')
print('The area of a circle with radius', radius, 'is', area)
```

3. 保存文件，然后退出编辑器。

4. 从 Python 命令行提示符测试脚本，如下所示：

```
pi@raspberrypi ~ $ python3 script2202.cgi
Content-Type: text/html

The area of a circle with radius 5 is 78.53981633974483
pi@raspberrypi ~ $
```

5. 如果它正常工作，则将这个脚本文件复制到/usr/lib/cgi-bin 文件夹来发布，然后给它分配一个任何人都可以执行的权限，确保网页客户端可以运行它，如下所示：

```
pi@raspberrypi ~ $ sudo cp script2202.cgi /usr/lib/cgi-bin
pi@raspberrypi ~ $ sudo chmod +x /usr/lib/cgi-bin/script2202.cgi
pi@raspberrypi ~ $
```

6. 打开浏览器，然后浏览这个新程序。因为这个文件是在 cgi-bin 文件夹中，需要在 URL 中包含这个文件夹：

```
http://localhost/cgi-bin/script2202.cgi
```

应该看到程序的结果出现在网页浏览器中，如图 22.2 所示。

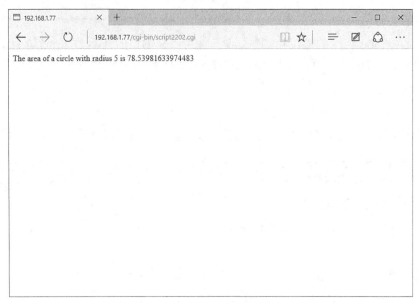

图 22.2　script2202.cgi 在浏览器中的结果

▲

　　恭喜！你已经在网上运行了 Python 程序了！然而，作为一个网页，这非常无聊。在下面的章节，我们将了解如何来调整一下 Python 网页。

22.3　扩展 Python 网页

　　现在，我们已经看到如果让应用程序在网上运行的基础知识，可以再深入一点这个过程。在以下各个小节中，我们将首先学习如何格式化程序代码，使它看起来更像是一个真正的网页而不是程序的输出。然后，我们将了解如何让 Python 网页更动态，通过让它们能访问数据库显示在网页上。最后，我们将添加一些调试的特性以防出现问题。

22.3.1　格式化输出

　　你可能注意到了图 22.2 的例子，将 Python 代码的输出直接显示到网页浏览器上，一点也不令人激动。浏览器使用超文本标记语言（HTML）来显示格式化的文本。HTML 允许使用纯文本命令来标识格式化特性，如布局、字体以及颜色。因为所有 HTML 代码都在文本中完成，可以从 Python 程序中输出这些，然后传递给客户端浏览器。

　　所需要做的就是在 Python 的输出中添加一些 HTML 代码，以增添活力。

　　清单 22.1 显示了 script2203.cgi 程序，在 Python 脚本中，它内嵌了 HTML 代码来格式化程序的输出。

清单 22.1　在 Python 程序的输出中使用 HTML

```
#!/usr/bin/python3

import math
```

```
print('Content-Type: text/html')
print('')
print('<!DOCTYTPE html>')
print('<html>')
print('<head>')
print('<title>The Area of a Circle</title>')
print('</head>')
print('<body>')
print('<h2>Calculating the area of a circle:</h2>')
print('<table>')
print('<tr><th>Radius</th><th>Area</th></tr>')
for radius in range(1,11):
    area = math.pi * radius * radius
    print('<tr><td>', radius, '</td><td>', area, '</td></tr>')
print('</table>')
print('</body>')
print('</html>')
```

当把 script2203.cgi 文件复制到/usr/lib/cgi-bin 文件夹之后，可以在浏览器中访问它来查看结果。图 22.3 展示了所看到的内容。

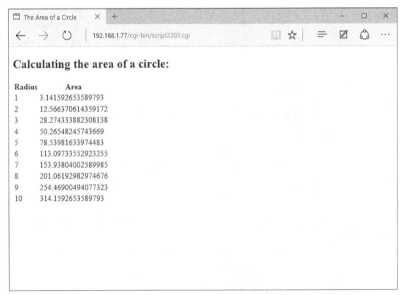

图 22.3　script2203.cgi 程序的输出

令人惊讶的是，少许的 HTML 代码就可以帮助 Python 程序格式化输出！

22.3.2　使用动态网页

Python 脚本允许创建动态网页。动态网页具备基于某些外部事件（例如，更新数据库中的数据）改变网页中内容的能力。

在第 21 章中，我们学会了如何从 Python 脚本中使用树莓派上运行的 MySQL 和 PostgreSQL 数据库存储和检索数据。现在，我们可以将这个知识与 CGI 的知识结合起来，创建一个动态网页将数据库数据直接发布到网络上。

在接下来的实践练习中，我们将编写一个脚本，它可以读取在第 21 章创建的 employees 表，然后在网页上显示这些信息。

在网页上发布数据库数据

动态网页的关键是与后台运行的数据库一起存储和操作数据的能力。

在接下来的步骤中，我们将使用 MySQL 数据库和在第 21 章中创建的 pytest 数据库来为 Python 网页程序提供动态数据。按照下面的步骤进行：

1. 在本章的文件夹中创建 script2204.cgi 文件。

2. 打开 script2204.cgi 文件，然后输入以下内容：

```
 1:  #!/usr/bin/python3
 2:
 3:  import mysql.connector
 4:  print('''Content-Type: text/html
 5:
 6:  <!DOCTYPE html>
 7:  <html>
 8:  <head>
 9:  <title>Dynamic Python Webpage Test</title>
10:  </head>
11:  <body>
12:  <h2>Employee Table</h2>
13:  <table border=1>
14:  <tr><th>EmpID</th><th>Last Name</th><th>First
 Name</th><th>Salary</th></tr>''')
15:
16:  conn = mysql.connector.connect(user='test', password='test',
 database='pytest')
17:  cursor = conn.cursor()
18:
19:  query = ('SELECT empid, lastname, firstname, salary FROM employees')
20:  cursor.execute(query)
21:  for (empid, lastname, firstname, salary) in cursor:
22:      print('<tr><td>', empid, '</td>')
23:      print('<td>', lastname, '</td>')
24:      print('<td>', firstname, '</td>')
25:      print('<td>', salary, '</td></tr>')
26:  print('</table>')
27:  print('</body>')
28:  print('</html>')
29:  cursor.close()
30:  conn.close()
```

3. 保存文件然后退出编辑器。

4. 把文件复制到/usr/lib/cgi-bin 文件夹然后赋予其运行权限，如下所示：

```
pi@raspberrypi ~ $ sudocp script2204.cgi /usr/lib/cgi-bin
pi@raspberrypi ~ $ sudochmod +x /usr/lib/cgi-bin/script2204.cgi
```

5. 在网页浏览器客户端中查看 script2204.cgi 文件。应该会看到在第 21 章输入到

employees 表中的数据（如图 22.4 所示）：

图 22.4 script2204.cgi 程序的结果

script2204.cgi 文件使用了一种略为不同的方法来添加显示输出所需的 HTML 代码。在 script2204.cgi 文件中，使用三重引号方法创建一个长的字符串值（第 4 行～第 14 行），而不是为文档中的每一个元素使用单独 print()方法。这有助于减少一些输入，并且让嵌入到 Python 代码中的 HTML 代码更容易理解。

警告：网页数据库安全   **CAUTION**

脚本 script2204.cgi 将 MySQL 数据库的用户 ID 和密码嵌入到服务器上的每个人都可读的一个文件中。对于在个人树莓派系统测试，这没有问题，但是在一个真实的与他人共享的系统上，这不是一个好主意。一个解决方法是限制只能是 Apache Web 服务器用户账户才可以访问该文件。对于树莓派，Apache Web 服务器以 www-data 用户账户运行。可以使用 chown 命令来将文件的所有者组修改为 www-data 用户账户：

```
sudo chown www-data /usr/lib/cgi-bin/script2204.cgi
```

然后可以修改这个文件权限，只让 www-data 用户能访问它：

```
sudo chmod 700 /usr/lib/cgi-bin/script2204.cgi
```

现在，系统上没有任何其他人能读取这个文件了，但是它将只在 Apache Web 服务器上正常工作。

22.3.3 调试 Python 程序

使用 CGI 运行 Python 程序的缺点是，如果代码中有任何 Python 脚本错误，将不会得到任何反馈。如果 Python 脚本出了问题，也没有办法在客户端浏览器中得到任何输出。清单 22.2 显示了有一个可能会导致问题的数学错误的 Python 脚本。

清单 22.2 运行一个有错误的 Python 程序

```
#!/usr/bin/python3

print('Content-Type: text/html')
print('')
result = 1 / 0
print('This is a test of a bad Python program')
```

需要把这段代码作为 script2205.cgi 文件复制到/usr/lib/cgi-bin 文件夹，修改文件的权限，然后尝试在网页浏览器中运行它。这个数学方程式在第 5 行尝试除以 0，这会在 Python 代码中引发一个异常。然后，当在网页浏览器中运行它的时候，没有看到任何 Python 错误信息。事实上，也不会在浏览器窗口看到任何输出！

好在，有一个简单的方法可以从网页中排除 Python 代码的错误。Python 的 cgitb 模块为 Python 脚本提供了一个简单的调试输出。通过引用 cgitb 模块，可以运行 enable()方法来启动调试输出。清单 22.3 显示了 script2206.cgi 程序，它给糟糕的 Python 程序代码添加了 enable()方法。

清单 22.3 从 Python 网页程序显示错误

```
#!/usr/bin/python3

import cgitb
cgitb.enable()
print('Content-Type: text/html')
print('')
result = 1 / 0
print('This is a test of a bad Python program')
```

script2206.cgi 代码仍然有和 script2205.cgi 程序相同的除以 0 的错误，但是现在，在 Python 脚本中添加了 cgitb.enable()方法来启动调试特性。当程序中发生 Python 错误时，cgitb 调试特性将显示全部错误信息和代码。

现在，当从网页浏览器中运行这个程序时，应该会看到如图 22.5 所示的一个网页。

图 22.5 script2206.cgi 程序的调试输出

这个错误信息不仅告诉你什么出错了，同时还显示 Python 代码以及出错的行。现在可以更好地了解 Python 代码出了什么问题，这样就可以更迅速地让它正常工作。

虽然 cgitb.enable()方法在调试一个 Python 网页应用时是非常有用的，但是它也会帮助任何攻击者尝试深入了解 Python 代码。

另一个可以使用的选项是，将错误信息重定向到一个日志文件中，而不是显示在网页上。要这么做，需要向 enable()方法添加一对参数，如下所示：

```
cgitb.enable(display=0, logdir='path')
```

参数 display 决定是否让错误信息显示在网页上。（如果想让错误同时出现在网页或日志文件中，可以将值设置为 1）。参数 logdir 指定了想要创建日志文件的文件夹的路径。必须记住 Apache Web 服务器的 Linux 账户（树莓派上是 www-data）必须有这个文件夹的写权限。如果不想让树莓派系统上其他人看到生成的日志文件，可以使用/tmp 文件夹，如下所示：

```
cgitb.enable(display=0, logdir='/tmp')
```

添加这一行到 script2206.cgi 后网页会显示的内容如图 22.6 所示。

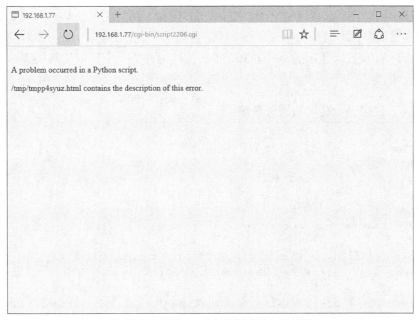

图 22.6　cgitb.enable()在网页上的输出

生成的日志文件会包含了会在浏览器上显示的错误网页的 HTML 代码。

22.4　处理表单

网页应用程序使得我们能够很容易地从站点访问者收集和处理数据。网页表单提供了一种极好的与程序用户交互的方法，它可以获取动态数据以进行处理或存储到数据库中。

Python 的 CGI 环境提供了一个简单方法，让 Python 脚本从网页程序中检索和使用表单数据。以下各小节将讲解如何使用它。

22.4.1 创建网页表单

HTML 标准提供了一些元素用来创建表单。网站访问者可以填写这些表单来向网页应用提交数据。表 22.2 所示为 HTML 表单元素。

表 22.2   HTML 表单元素

元　素	描　　述
checkbox	一个框，用来选择或取消选择项目
fileupload	一个单行的文本框，用浏览按钮来查找和制定文件名
radio	在一组选项中选择的一个按钮
password	一个单行的文本框，输入的字符是被隐藏的
submit	一个按钮，当被选择时会提交表达数据
text	一个单行的文本框
textarea	一个多行的文本框

要在网页中构建表单，必须使用 HTML <form>元素，它定义了当网站访问者单击表单的提交按钮时浏览器应该对表单数据采取的动作。使用这个元素告诉 Python 脚本应该将表单数据传递到哪里。清单 22.4 显示的 script2207.html 文件创建了一个简单的网页表单，可以用来测试<form>元素。

清单 22.4　创建一个简单的网页表单

```
 1: <!DOCTYPE html>
 2: <html>
 3: <head>
 4: <title>Web Form Test</title>
 5: </head>
 6: <body>
 7: <h2>Please enter your information</h2>
 8: <br />
 9: <form action='/cgi-bin/script2208.cgi' method='post'>
10: <label>Last Name:</label><input type="text" name="lname" size="30" />
11: <br />
12: <label>First Name:</label><input type="text" name="fname" size="30" />
13: <br />
14: <label>Age range:</label><br />
15: <input type="radio" name="age" value="20-30" /> 20-30<br />
16: <input type="radio" name="age" value="31-40" /> 31-40<br />
17: <input type="radio" name="age" value="41-50" /> 41-50<br />
18: <input type="radio" name="age" value="51+" /> 51+<br />
19: <br />
20: <label>Select all that apply:</label><br />
21: <input type="checkbox" name="hobbies" value="fishing" /> Fishing<br />
22: <input type="checkbox" name="hobbies" value="golf" /> Golf<br />
23: <input type="checkbox" name="hobbies" value="baseball" /> Baseball<br />
24: <input type="checkbox" name="hobbies" value="football" /> Football<br />
25: <br />
```

```
26: <label>Enter your comment:</label><br />
27: <textarea name="comment" rows="10" cols="20"></textarea>
28: <br />
29: <input type="submit" value="Submit your comment" />
30: </form>
31: </body>
32: </html>
```

第 9 行的<form>元素指定了想要处理表单数据的 Python 脚本的位置。这个表单包含两个文本框、一系列的单选按钮来指定一个年龄范围，还有一系列的复选框来选择一个或多个兴趣以及文本框，以输入评论。

这个网页表单只是 HTML 代码，需要将它放置到/var/www 文件夹来提供给网页客户端：

```
sudo cp script2207.html /var/www
sudo chmod +x /var/www/script2207.html
```

然后，可以打开浏览器使用下面的 URL 来查看这个表单：

```
http://localhost/script2207.html
```

应该会看到如图 22.7 所示的一个表单。

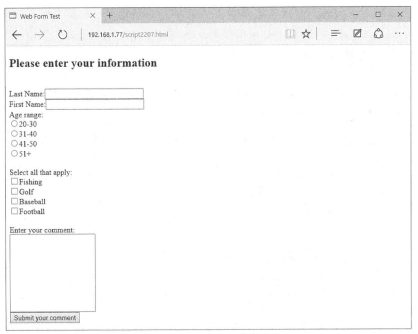

图 22.7　Python 脚本使用的基本的网页表单

现在，已经准备好编写 Python 脚本来获取和处理表单数据了。

22.4.2　cgi 模块

当网页将表单数据传回到 Apache 网页服务器时，它将这些键/值对聚集到一起。键是网页中表单字段的 HTML 元素的名字，值是输入到这个表单字段中的值。

例如，这段 HTML 代码将键名 lname 与输入到这个表单字段中的值关联起来：

```
<input type="text" name="lname" />
```

Apache 网页服务器将这些数据传递到脚本的 shell 环境中，以便 Python 脚本可以获取它。

Python 的 cgi 模块提供了必要的元素让 Python 脚本可以检索 shell 环境数据，以便能够在 Python 脚本中处理它。cgi 模块中的 FieldStorage 类提供了访问这些数据的方法。要检索表单数据，需要在 Python 代码中创建一个 FieldStorage 类，如下所示：

```
import cgi
formdata = cgi.FieldStorage()
```

当创建了 FieldStorage 实例后，需要使用两个方法来检索表单数据。

- getfirst()
- getlist()

getfirst()方法只获取第一次出现的键名作为一个字符串值，也可以使用它来获取文本框、单选按钮以及文本框的值。

CAUTION

> **警告：数值表单字段**
>
> getfirst()方法将表单数据作为字符串值返回，甚至当字符串值是一个数字时，也是这样。如果必要的话，需要使用 Python 的类型转换方法来将数据转换成数值。

getlist()方法获取多个值作为一个列表值。可以使用它来获取复选框的值。网页表单会在列表对象中返回任何选中的复选框的值。

现在，我们已经准备好编写 script2208.cgi 文件来处理表单数据了。清单 22.5 显示了将使用的代码。

清单 22.5　在 Python 脚本中处理表单数据

```
1:  #!/usr/bin/python3
2:
3:  import cgi
4:  formdata = cgi.FieldStorage()
5:  lname = formdata.getfirst('lname', '')
6:  fname = formdata.getfirst('fname', '')
7:  age = formdata.getfirst('age', '')
8:  comment = formdata.getfirst('comment', '')
9:
10: print('Content-Type: text/html')
11: print('')
12: print('''<!DOCTYPE html>
13: <html>
14: <head>
15: <title>Form Results</title>
16: </head>
17: <body>
18: <h2>Here are the results from your survey</h2>
```

```
19: <br />
20: <table border=1>''')
21:
22: print('<tr><th>Name</th><td>',fname, lname, '</td></tr>')
23: print('<tr><th>Age range</th><td>', age, '</td></tr>')
24: print('<tr><th>Hobbies</th><td>')
25: for item in formdata.getlist('hobbies'):
26:     print(item)
27: print('</td></tr>')
28: print('<tr><th>Comments</th><td>', comment, '</td></tr>')
29: print('</table>')
30: print('</body>')
31: print('</html>')
```

将 script2208.cgi 文件复制到/usr/lib/cgi-bin 文件夹，并且赋予每个人运行脚本的许可。

在 script2208.cgi 的代码中，第 5 行～第 8 行使用 getfirst()方法来获取那些单个值的表单数据值：fname、lname、age 以及 comment。第 25 行使用 getlist()方法从复选框获取多个兴趣值。因为不知道选中了多少个复选框，可以使用 for 语句遍历这个列表来检索到底选中了什么。

在浏览器中运行script2207.html文件以产生表单，然后输入一些数据。当从 script2207.html 文件提交表单时，应该看到 script2208.cgi 脚本程序的输出，如图 22.8 所示。

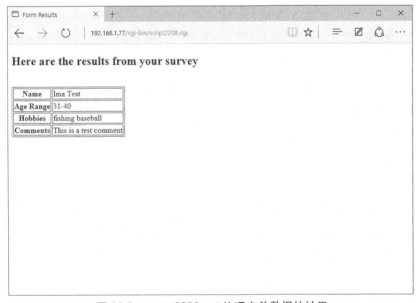

图 22.8　script2208.cgi 处理表单数据的结果

当在 Python 脚本中获取了表单数据后，可以对它进行任何类型的处理，包括存储到数据库（见第 21 章）。现在，我们已经能很好地在树莓派上使用 Python 编写一个动态网页的应用程序了！

22.5　小结

在本章中，我们学习了如何使用 Python 创建动态网页应用。尽管它最初不是为了在网页上使用，但是 Python 提供了很多网页的特性可以在应用中使用。在本章中，我们看到了如何使用 CGI 从浏览器运行简单的 Python 脚本，使用 Apache Web 服务器。接下来，我们学习了如何在 Python 的输出中集成 HTML 代码来格式化一个应用的输出以显示在浏览器上。最后，使用了 cgi 模块来从网页表单获取数据以及在 Python 程序中处理它。

在下一章中，我们将了解如何在树莓派上使用 Python 创建一些应用程序。树莓派由于支持高分辨率图片和视频而为人们所熟知。我们将编写一些应用来利用这些特性。

22.6　Q&A

Q. 除了 CGI 外，有其他的方法可以从网页服务器运行 Python 脚本吗？

A. 有，Apache 插件 mod_python 和 mod_wsgi 支持不使用 CGI 而运行 Python 脚本。

Q. 什么是 Python 网页框架？

A. 网页框架是一些提供底层数据传输、格式化以及存储特性的内建类的模块。当使用这些模块时，可以更多地关注网页应用，而不是那些底层的 Python 编码。诸如 Django 和 Pylons 的模块包，都是在专业的 Python 网页开发人员中很流行的框架。

22.7　练习

22.7.1　问题

1. 应该将 Python 脚本放到哪里，让 Apache 网页服务器查看？

    a．/var/log/apache2

    b．/usr/lib/cgi-bin

    c．/home/pi

    d．/etc/apache2

2. 在 Python 的 CGI 脚本中，只能运行来自 Python 标准库的模块。对还是错？

3. 应该使用哪一个 cgi 模块方法从一个 textarea 表单元素获取数据？

4. 应该使用什么主机名来连接到你自己的桌面系统上运行的 Apache Web 服务器？

    a．home

    b．local

    c．localhost

    d．myhost.com

5. 在 Python 脚本输出中，要添加什么 MIME 头部来表示这是一个 Web 页面？

6. 应该给 Python CGI 脚本限制什么用户权限，以便只有 Apache Web 服务器能够读取它？

7. 什么模块提供了 Python 脚本的简单调试方法？

    a．cgitb

b．cgi

c．mysql-connect

d．debugger

8．哪一个 HTML 表单元素隐藏了在表单字段中输入的文本？

9．哪一个 HTML 表单元素允许你输入多行的文本？

10．你应该用什么 cgi 模块方法来获取一个 textarea 表单元素的值。

22.7.2 答案

1．b。由于安全原因，你必须把所有的网页 Python 脚本放在/usr/lib/cgi-bin 文件夹。

2．错的。你可以从 Python 的 CGI 脚本运行任何安装在树莓派上的模块。

3．getfirst()模块获取从一个 textarea 表单元素传递来的数据。

4．c。localhost 主机名指向本地系统。

5．content-typeMIME 头部允许为 Web 页面定义文本/HTML 内容。

6．Raspbian Linux 使用 www-data 用户账户来运行 Apache Web 服务器。

7．a。cgitb 模块提供了调试模式，可以帮助在 Python CGI 程序中解决故障。

8．password 表单字段隐藏了在表单字段中输入的文本。

9．textarea 表单字段允许输入多行的文本。

10．getfirst()模块方法可以从一个 textarea 表单元素中取回数据。

第六部分

树莓派 Python 项目

第 23 章

创建基础的树莓派 Python 项目

本章包括以下主要内容:

- 如何通过 Python 显示高清图片
- 如何使用 Python 播放音乐
- 如何创建一个特别的报告

在本章中,我们将学习如何使用 Python 在树莓派上创建一些基础的工程。我们将学习如何显示高清图像,如何使用 Python 来播放树莓派上的音乐以及如何使用 Python 创建特别的报告。

23.1 思考基础的树莓派 Python 项目

当使用树莓派和 Python 创建项目时,几乎没有什么会限制你。本章以及下一章的项目,将帮助你改进和加强 Python 脚本编写能力。同样,我们将学习利用树莓派上一些不错的功能的优点。希望通过这些项目,让你有额外的启发!

本章涵盖了一些简单的项目。我们将创建一些有用的、不会花任何钱的项目。我们已经有这个项目所需要的基本元素了:树莓派和 Python。

23.2 通过 Python 显示高清图片

树莓派的最大特点就是它的体积小。随身携带一个树莓派,比携带平板电脑还要容易。另一突出特点就是树莓派有 HDMI 端口。HDMI 端口使得可以通过树莓派显示高分辨率的图片。

这两个特点让树莓派变成了多种用途的完美平台。可以把树莓派拿到朋友家,把它接到电视上,然后显示你的度假照片。对于企业员工,树莓派小巧的尺寸是出差和做商业报告的理想平台。对于学生,想象一下老师不仅可以从树莓派上看到你的报告,还可以了解你编写的代码。

23.2.1 理解高分辨率

对于 HD，可能有很多混淆的地方。因此，在开始构建本章的脚本前，我们需要搞清楚高清（HD）图片是什么意思。

其他用来表示图片大小的术语还有画布、大小和分辨率。这些术语也会导致混淆！基本上，一个图片的大小是图片的宽乘以高。它是以像素来度量的，并且通常写作 width × height。例如，一个图片的大小是 1280 × 720。

图片的大小决定它是否是 HD 的，大尺寸数字意味着更高的分辨率，一个更高的分辨率提供更清晰的图片。因此，如果有一个新的漂亮产品要卖给你的客户，使用一张高清图是值得的。表 23.1 所示为每一种清晰度的分辨率。

表 23.1　　　　　　　　　　　　图片质量定义

清晰度名称	图片分辨率
标清（SD）	640 × 480 像素
高清（HD）	1280 × 720 像素（最小）
全高清（full HD）	1920 × 1080 像素（最小）
超清（ultra HD）	3840 × 2160 像素（最小）

你可能已经注意到了，每英寸的点数（dpi）没有在表 23.1 的定义中提到。这是因为 dpi 对于图片质量没有任何影响。dpi 实际上是一个旧的术语，与在计算机上打印图片有关系。

> **TIP　提示：水平线和百万像素**
>
> 通常一个摄像头拍摄静态高清照片的能力是用高度（水平位置）或者是一个百万像素等级（高乘宽）来决定的。例如分辨率为 1280 × 720 的一个高清摄像头，表示为 720 或者 720p。它的百万像素级别是 0.92MP。

如果不知道一个图片的分辨率，可以使用 Raspbian 上的图片查看器功能确定它是否是高清图。在树莓派的 Raspbian 图形界面上，单击 File Manager 图标（如果需要帮助来回忆这个按钮在哪里的话，可以回顾一下本书的第 2 章）。这将会打开一个 File Manager 应用程序。当打开了 File Manager 之后，可以导航到当前存储于树莓派上或者通过树莓派可以访问的任何图片或图像文件。当图片或图像文件出现在 File Manager 窗口中的时候，可以用鼠标右键单击一个图像文件，并用 Image Viewer 打开它。

图 23.1 所示为一个图片文件的例子，/home/pi/python_games/cat.png。

在图 23.1 中，可以看到 Image Viewer 的标题栏显示这个图片文件的分辨率是 125 × 79。这张猫的图片显然不是高清图片。图 23.2 显示了一个高清图片的例子。

正如在 Image Viewer 的标题栏中看到的一样，这张照片的分辨率是 5616 × 3744。它的分辨率使这张树莓派的外壳照片成为一张超高清图片。

想要通过树莓派展示的图片分辨率是由你决定的。只要记住，高分辨率的照片通常提供更清晰的图像。

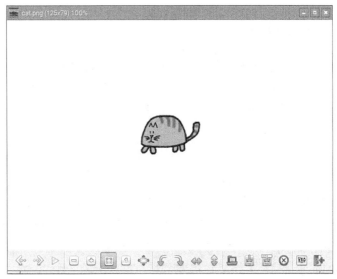

图 23.1　一张低分辨率的图片

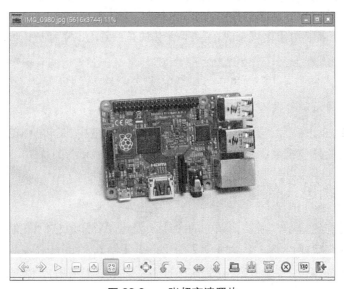

图 23.2　一张超高清照片

23.2.2　使用脚本演示图像

要创建一个高清图像的演示脚本，需要运用目前为止学到的 Python 技能。对于这个脚本，将使用 PyGame 库中的几个方法。

下面是一些基础的代码，用来导入和初始化 PyGame 库：

```
import pygame                    #Import PyGame library
from pygame.locals import *      #Load PyGame constants
pygame.init()                    #Initialize PyGame
```

这应该看起来很熟悉，因为第 19 章介绍过 PyGame 库。如果需要复习一下如何使用 PyGame 库，可以回顾一下第 19 章。

23.2.3 配置演示画面

此时，需要决定想要让背景画面显示什么颜色。照片或图像应该能引导你选择最合适的背景颜色。通常情况下，应使用单色，例如黑色、白色或者灰色。要产生所需的背景颜色，先使用 RGB 颜色设置。获取白色的 RGB 配置是（255,255,255）。黑色是（0,0,0）。下面的例子使用灰色，使用（125,125,125）的配置：

```
ScreenColor=Gray=125,125,125
```

注意到有两个变量要配置：ScreenColor 和 Gray。使用两个变量不仅让脚本可读性提高，而且能在脚本中提供一定的灵活性。如果计划一直使用灰色作为背景颜色，可以在整个脚本中都使用变量 Gray。如果想要改变背景颜色，可以在脚本中使用变量 ScreenColor。

灵活性是这个 Python 脚本的主题。所创建的这个脚本现在是非常灵活的。走进一个房间然后使用任意大小的演示屏幕运行它。这可能是客户桌子上的一个 30 英寸的计算机屏幕，也可能是邻居家的一个 75 英寸的电视，或者是学校的 10 英寸平板电脑。当到达演示地点时，无论屏幕是什么尺寸，都不需要修改脚本就可以使用全屏幕尺寸！要获得这个特性，在使用 pygame.display.set_mode 初始化屏幕时，需要使用 FULLSCREEN 标记，如下所示：

```
ScreenFlag=FULLSCREEN | NOFRAME
PrezScreen=pygame.display.set_mode((0,0),ScreenFlag)
```

这让 PyGame 显示屏幕在设置为以全屏幕大小进行显示。

注意使用 FULLSCREEN 是一个额外的标记，还是需要使用 NOFRAME 标记。在演示时，这可以让画面周围的任何框架都消失，整个屏幕都用来显示高清图片。

23.2.4 查找图片

现在画面已经配置好了，需要找到你的图片，因此需要知道它们的文件名。这个想法也增加了灵活性：即想要能添加或删除照片文件而不需要修改 Python 脚本。

要让脚本能找到图像，在脚本中设置两个变量来描述图片在什么位置以及它们的文件扩展名。在这个例子中，变量 PictureDirectory 设置为指向存储照片的位置：

```
PictureDirectory='/home/pi/pictures'
PictureFileExtension='.jpg'
```

变量 PictureFileExtension 设置为当前照片的文件扩展名。如果有多个文件扩展名，可以直接添加额外的变量，如

```
PictureFileExtension1.
```

CAUTION	**警告：没有图片**
	如果在测试这段脚本的时候，忘了向目录中添加图片，脚本将会挂起并且不会显示一条错误消息。可以按下 Ctrl+Z 组合键来停止测试。如果愿意的话，你可以添加一段脚本，以便当没有找到图片文件的时候，能够显示一条消息而不是自动停止脚本。

在设置完照片的位置以及它们的扩展名后，列出图片文件目录中的文件。要完成这件事，需要导入另一个模块，os 模块，如下所示：

```
import os    #Import OS module
```

可以使用 os.listdir 操作来列出包含照片的文件目录的内容。每一个目录中的文件将被变量 Picture 捕获到。因此，可以使用 for 循环来处理每一个文件：

```
for Picture in os.listdir(PictureDirectory):
```

在这个目录中可能有其他的文件，特别是如果使用一个可移动的驱动器的话（见本章的23.2.5 小节）。要抓取和显示想要的图片，可以使用.endswith 在脚本中检查每一文件的相应的文件扩展名。可以使用 if 语句来完成这一操作。for 循环看起来应该如下所示：

```
for Picture in os.listdir(PictureDirectory):
    if Picture.endswith(PictureFileExtension):
```

现在，所有以相应的文件扩展名结尾的文件都将会被处理。循环剩下的部分就是加载每一张图片，然后使用指定的屏幕颜色填充屏幕：

```
Picture=PictureDirectory + '/' + Picture
Picture=pygame.image.load(Picture).convert_alpha()
PictureLocation=Picture.get_rect()   #Current location
#
#Display HD Images to Screen #################
#
PrezScreen.fill(ScreenColor)
PrezScreen.blit(Picture,PictureLocation)
pygame.display.update()
```

同时，使用.blit 操作将图片放置到屏幕上。最后，pygame.display.update 操作让所有的图片被显示出来。第 19 章介绍了 Surface 对象以及如何显示一个表面。如果需要回顾这些内容，可以参阅第 19 章。

> **技巧：电影**　　**NOTE**
> 很多摄像头能像捕获图片一样捕获高清视频。它们使用一种叫作 HDSLR（高清晰的单镜头反光）的技术。这些摄像头将视频存储为 MPEG 格式。在 PyGame 库中，可以使用 pygame.movie 操作来显示这些 MPEG 格式的视频。

23.2.5　在可移动的驱动器上存储照片

高清照片需要使用很大的空间。如果有很多照片想要展示，SD 卡可能不会有足够的空间来存储它们。记住 Raspbian 操作系统同样也依赖于 SD 卡。解决这个事情的一种方法是使用一个可移动的驱动器来存储演示照片。然而，使用可移动的存储启动器会引入一个新的问题：Python 演示脚本如何访问可移动驱动器上的照片？

在开始修改演示脚本前，需要知道 Raspbian 将要分配给可移动驱动器的"设备文件"名称。基本上，设备文件是 Raspbian 用来访问一个设备的文件名，例如可移除的硬盘这样的设备。要确定这个设备文件名，可以按照如下的步骤进行。

1．当在图形界面中时，将可移除设备插入到树莓派的 USB 端口。

2．当出现 Removable Medium Is Inserted 窗口时，如果没有选择的话，选择在文件管理器中打开，然后单击"OK"按钮。File Manager 窗口打开，显示文件和其他的一些重要的信息（如图 23.3 所示）。

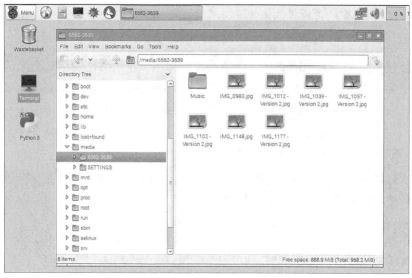

图 23.3　文件管理器显示一个可移动的硬盘

3．观察这个 File Manager 的地址栏，找到包含这些文件的目录。记录这个目录名，以便稍后使用（图 23.3 中目录名是/media/6562-3639）。

4．关闭 File Manager 窗口。

5．在 GUI 中打开一个终端，然后输入命令 **ls** *directory*，其中 *directory* 是刚才在第 3 步中记录的目录名。按下回车键，应该看到可移动硬盘上的图片文件（和在那里的其他文件）了。

6．现在输入 mount，然后按下回车键。应该会看到与清单 23.1 类似的结果。当使用 mount 命令时，可以看到可移动驱动器连接到树莓派后所使用的设备文件名（在清单 23.1 中，这个设备文件是/dev/sda1）。

清单 23.1　使用 mount 显示设备文件名

```
1: pi@raspberrypi:~$ mount
2: /dev/root on / type ext4 (rw,noatime,data=ordered)
3: [...]
5: /dev/sda1 on /media/6562-3639 type vfat [...]
6: /dev/mmcblk0p3 on /media/SETTINGS type ext4 [...]
7: [...]
8: pi@raspberrypi:~$
```

清单 23.1 看起来就是屏幕上大量的字母和数字，但是一些线索将会显示可移动的驱动器的设备文件名。第一条线索是查找在第 3 步中记录的目录名。在这个例子中，这个目录名是/media/6562-3639，如清单 23.1 的第 5 行所示。下一条线索是在目录名的同一行查找单词/dev。在这个例子中，设备文件名是/dev/sda1，也在第 5 行列出。

7. 记录在第 6 行中找到的可移动硬盘设备文件名。在 Python 演示脚本中，会需要这些信息。

警告：修改设备文件名　　　　　　　　　　　　　　　　　　　**CAUTION**

　　设备文件名可以修改！当有其他的可移动硬盘或设备连接到树莓派的 USB 端口时，尤其是这样。任何时候，当你需要修改脚本中的设备文件名的时候，要小心。

---

8. 输入 sudo umount *device_file_name*，其中 *device_file_name* 是刚才在第 6 步中记录的设备文件名（是的，是 umount 而不是 unmount）。这条命令从树莓派上卸载可移动硬盘。然后可以从 USB 端口安全地移除它。

9. 输入 mkdir /home/pi/pictures 来为可移动硬盘的文件创建目录。

现在，你已经确定了 Raspbian 将会用来引用可移动硬盘的设备文件名，需要对演示脚本做一些修改。首先，在 Python 脚本中创建一个变量，来表示在上面的步骤中确定的设备文件名。

```
PictureDisk='/dev/sda1'
```

os 模块有一个小函数叫作.system。这个函数使你可以从 Python 脚本传递一些 bash shell 命令（第 2 章介绍过）到操作系统。

在脚本中，应该确保可移动硬盘没有在脚本运行之前自动挂载。可以使用一条 umount 命令来确保这件事，使用 os.system，如下所示：

```
Command="sudo umount " + PictureDisk
os.system(Command)
```

但是，如果可移动硬盘没有挂载的话，这条命令会产生一条错误信息，然后继续这个演示脚本。看到这条错误信息没问题。但是，错误信息在一个演示中并不怎么好看！不用担心：可以使用一条小小的 bash shell 命令技巧来隐藏可能的错误信息，如下所示：

```
Command="sudo umount " + PictureDisk + " 2>/dev/null"
os.system(Command)
```

现在，要用 Python 脚本将可移动硬盘挂载，可以再次使用 os.system 函数传递一条 mount 命令到操作系统，如下所示：

```
Command="sudo mount -t vfat " + PictureDisk + "" + PictureDirectory
os.system(Command)
```

记住变量 PictureDirectory 设置为/home/pi/picture 了。这些在可移动硬盘上的文件现在不会在/home/pi/picture 目录中可用（不要担心这个概念现在有点令人混淆，这是一个高级 Linxu 概念）。

警告：可移动驱动器的格式　　　　　　　　　　　　　　　　　　**CAUTION**

　　可移动硬盘的主流格式是 VFAT。然而，也有一些使用 NTFS 格式。如果你的硬盘是 NTFS 格式，需要把脚本中的 mount 命令中的-t vfat 修改为-t ntfs。

现在，已经配置好了演示屏幕了，找到了图片文件，甚至在 Python 脚本中加入使用可移动硬盘的部分。然而，在开始演示前，还需要解决一些问题。

23.2.6 缩放照片

你并不总是能知道演示屏幕的大小，可能遇到图片过大而屏幕太小的问题。图 23.4 所示是一个过大的照片在小屏幕上的样子。在这个照片中，只有计算机芯片的部分显示了出来。然而，其实你是想显示整个树莓派的图片，但要显示的图片对于屏幕来说太大了。

图 23.4 在显示屏幕上照片的大小不正确

要确保照片大小合适，需要确定当前的演示屏幕的大小。.get_size 操作能帮助做到这些。当演示画面在最初配置好后，脚本就确定了当前屏幕的大小并且将结果分配给一个变量。然后，可以设置一个名为 Scale 的变量，用来缩小太大的图片，如下所示：

```
PrezScreenSize=PrezScreen.get_size()
Scale=PrezScreenSize
```

在显示图片的 for 循环中，可以添加如下的 if 语句来检查当前图片的大小。如果图片比当前的演示屏幕大，脚本可以使用 pygame.transform.scale 将它缩小到屏幕大小，如下所示：

```
# If Picture is bigger than screen, scale it down.
if Picture.get_size() > PrezScreenSize:
    Picture=pygame.transform.scale(Picture,Scale)
```

这会让图 23.4 中太大的图片现在看起来像一张不错的高清图片，如图 23.5 所示。

图 23.5 在屏幕上显示大小合适的照片

现在图片被正确缩放了，你可以看到整个树莓派而不是一个芯片。

23.2.7 照片居中

还有一个问题没有解决，即要保持图片在演示屏幕的正中央。当使用 PyGame 库中的函数来显示照片时，默认情况下，照片显示于屏幕的左上角。对于较大的有边框的图片，中心偏移的影响是细微的。如图 23.6 所示，现在屏幕的左侧或上面的边框不见了。

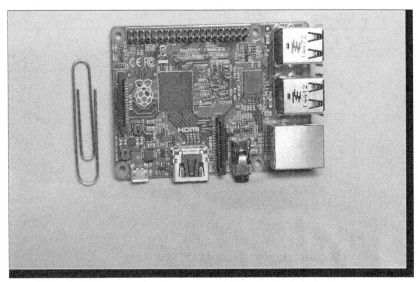

图 23.6　没有居中的照片

要正确地居中照片，在 Python 脚本中，需要添加一个额外的变量定义来显示屏幕的放置方法。这个变量名为 CenterScreen，在显示屏幕上使用.center 方法来找出当前屏幕的确切的中心点。如下面的例子所示：

```
PrezScreenRect=PrezScreen.get_rect()
CenterScreen=PrezScreenRect.center
```

在显示图片的 for 循环中，可以略微修改变量 PictureLocation。在当前图片的矩形区域获取之后，使用.center 方法设置图片的矩形中心：

```
PictureLocation=Picture.get_rect() #Current location
#Put picture in center of screen
PictureLocation.center=CenterScreen
```

因此，当使用下面的代码将图片放到屏幕上时，其中心将是演示屏幕的中心：

```
PrezScreen.blit(Picture,PictureLocation)
```

23.2.8 照片取景

要让照片演示得更好看一点，可以为所有的照片添加一个"框"。只要对 Scale 变量略做修改，如下所示：

```
Scale=PrezScreenSize[0]-20,PrezScreenSize[1]-20
```

现在已经添加了相框，照片看起来像是由屏幕的背景颜色环绕。注意，如果照片有不同的大小，相框的厚度会改变。同样，如果一张照片比当前的演示屏幕小的话，那么边框的厚度会与缩放过的照片的显示厚度不一样。

到目前为止，我们已经看到了很多 Python 代码片段了。清单 23.2 展示了把目前这些片段组合到一起的完整脚本。

清单 23.2　演示脚本 script2301.py

```python
#script2301.py - HD Presentation
#Written by Blum and Bresnahan
#
###########################################
#
##### Import Modules & Variables ######
import os                          #Import OS module
import pygame                      #Import PyGame library
import sys                         #Import System module
#
from pygame.locals import *        #Load PyGame constants
#
pygame.init()                      #Initialize PyGame
#
# Set up Picture Variables ####################
#
PictureDirectory='/home/pi/pictures'
PictureFileExtension='.jpg'
PictureDisk='/dev/sda1'
#
# Mount the Picture Drive #####################
#
Command="sudo umount " + PictureDisk + " 2>/dev/null"
os.system(Command)
Command="sudo mount -t vfat " + PictureDisk + " " + PictureDirectory
os.system(Command)
#
# Set up Presentation Screen ##################
#
ScreenColor=Gray= 125,125,125
#
ScreenFlag=FULLSCREEN | NOFRAME
PrezScreen=pygame.display.set_mode((0,0),ScreenFlag)
#
PrezScreenRect=PrezScreen.get_rect()
CenterScreen=PrezScreenRect.center
#
PrezScreenSize=PrezScreen.get_size()
Scale=PrezScreenSize[0]-20,PrezScreenSize[1]-20
#
###### Run the Presentation    ##############################################
```

```
#
while True:
    #
    #Get HD Pictures ###############################
    #
    for Picture in os.listdir(PictureDirectory):
        if Picture.endswith(PictureFileExtension):
            Picture=PictureDirectory + '/' + Picture
            Picture=pygame.image.load(Picture).convert_alpha()
            #
            # If Picture is bigger than screen, scale it down.
            if Picture.get_size() > PrezScreenSize:
                Picture=pygame.transform.scale(Picture,Scale)
            #
            PictureLocation=Picture.get_rect() #Current location
            #Put picture in center of screen
            PictureLocation.center=CenterScreen
            #
            #Display HD Images to Screen ################
            PrezScreen.fill(ScreenColor)
            PrezScreen.blit(Picture,PictureLocation)
            pygame.display.update()
            pygame.time.delay(500)
            #
            # Quit with Mouse or Keyboard if Desired
            for Event in pygame.event.get():
                if Event.type in (QUIT,KEYDOWN,MOUSEBUTTONDOWN):
                    Command = "sudo umount " + PictureDisk
                    os.system(Command)
                    sys.exit()
    #
```

这个脚本能正常工作，但是它非常慢！让第一张图片显示出来，会花费相当长的时间。

警告：测试过程　　　　　　　　　　　　　　　　　　　　　　　*CAUTION*

在测试演示脚本时，使用小的、简单的、非高清的图片文件，如/home/pi/python_game 中的.png 文件。这样，可以让所有的东西都能正常工作而不会遇到高清文件加载慢的问题。要完成这件事，你只要将变量 PictureDirectory 修改为/home/pi/python_games，并且将变量 PictureFileExtension 修改为.png。

遗憾的是，当加载任何 HD 图像文件时，Python 脚本真的会慢下来。然而，可以做一些事来让脚本加速并且让观众感受到演示速度加快了。

23.2.9　提高演示速度

要提高 Python 高清图片演示脚本的速度，需要做如下的一些修改。

- 移除任何执行的延迟。
- 只加载用到的模块方法而不是加载整个模块。

- 给画面添加缓冲。
- 不转换图片。
- 添加一个标题画面。
- 添加更好的鼠标或键盘控制。

上面的每一项修改都可能会提升一秒或者甚至仅仅一毫秒的演示速度。然而，每个微小处都会改进高清图片的演示流程。以下各小节均描述了如何实现这些优化。

1. 移除任何执行的延迟

这个优化是非常简单的一项！对于比较小的、非高清图片，需要使用 pygame.time.delay 操作让图片在屏幕上"暂停"。当加载较大的高清图片时，这个暂停是不需要的，因此可以直接从脚本中移除下面这行代码：

```
pygame.time.delay(500)
```

同时，需要确保在 pygame 的模块导入语句中删除 time 函数的加载，因为不再需要该函数了。

2. 只加载函数而不是整个模块

只加载使用的函数会加速任何 Python 脚本。当使用 import 语句加载整个模块时，它包含的所有函数都会加载——并且这真的会让脚本变慢。一个好的建议是创建一个表格，列出导入的模块以及实际使用的方法。表 23.2 展示了这个表的样子。这个表列出了每一个模块，以及实际使用的该模块中的每一个函数。这种类型的表格会帮助对脚本做一些必要的修改。

表 23.2	加载的模块中用到的方法
模　块	使用的方法
os	listdir、system
pygame	event、display、font、image、init、transform
sys	exit

要让每一个模块只加载需要用到的方法，可以修改 import 语句，使用已经创建的表格作为指导。现在，这些 import 语句看起来如下所示：

```
##### Import Functions & Variables #######
#
from os import listdir, system       #Import from OS module
#
                                     #Import from PyGame Library
from pygame import event, font, display, image, init, transform
#
from sys import exit                 #Import from System module
```

当做了这些修改后，需要修改所有调用这些函数的地方。例如，要将 pygame.init() 修改成 init()，并且将 sys.exit() 修改成 exit()。Python 不再识别整个 pygame 模块，因为我们不再加载它了。相反，它只识别从该模块加载的这些函数。如果需要回顾这一主题，参见第 13 章。

使用所创建的表格，然后深入代码，修改所有必要的函数调用。当完成这些修改后，应该测试 Python 图像演示脚本。你会惊叹于它的启动变得如此之快！对于任何所编写的 Python

脚本，这都是一个不错的过程：加载全部的模块；调整脚本直到满意；列出模块和它们的函数；修改脚本只加载要用到的函数；并且修改函数调用。

3.　给画面添加缓冲

这个提速方案只会减少 1～2 毫秒，但是实现它仍然是值得的，并且它很简单。只需要向演示画面的标记中添加一个简单的额外标记 DOUBLEBUF，如下所示：

```
ScreenFlag=FULLSCREEN | NOFRAME | DOUBLEBUF
PrezScreen=display.set_mode((0,0),ScreenFlag)
```

4.　避免转换图片

在第 19 章中，我们学习了对游戏明智的做法是使用.convert_alpha() 操作来加载图像。使用这种方法，游戏图片只可以转换一次来提升游戏操作的速度。与此相反的是，在这里这些图片只在屏幕上显示一次。要进行这一修改，需要将 image.load 函数从：

```
Picture=image.load(Picture).convert_alpha()
```

修改为如下所示：

```
Picture=image.load(Picture)
```

这一修改会将图像加载速度提高 3～5 秒。这一修改还提供在屏幕上显示的图像文件的具体像素格式。因此，这是一举两得的事情。

即使采用 image.load 的这两种改进，这个特定的命令在整个脚本中仍然是最慢的，这是由于大尺寸的高清图片文件导致的。然而，由于树莓派的性能改进正在进行中，因此，这在将来不会是一个问题。

> **警告：预加载图片**　　　　　　　　　　　　　　　　　　　　**CAUTION**
>
> 　　因为加载图片会花费很长时间，因此当你在屏幕上显示它们之前，将这些图片预先加载到一个 Python 列表中是有意义的。但是，如果你试图这样做的话，很可能会耗尽内存。如果是非高清图或者只有几张图片而已，这种方法是可以工作的。但是如果试图加载几张高清图片，会引起 Python 脚本运行内存不足，然后突然退出，并留下一条 "Killed" 消息在屏幕上。

5.　添加一个标题画面

接下来能做的最好的提升演示脚本速度的事情，就是给观众视觉造成加速的假象。

发送文本到屏幕上相对来说是非常快的。因此，在脚本开头添加一个标题屏幕，这可以给第一张图片的加载提供时间。同样，这将防止观众一直盯着 5～10 秒的黑屏。

要加入一个标题屏幕，需要配置一些变量和文本以供在演示中使用，如下所示：

```
# Set up Presentation Text ######################
#
# Color #
#
```

```
RazPiRed=210,40,82
#
# Font #
#
DefaultFont='/usr/share/fonts/truetype/freefont/FreeSans.ttf'
PrezFont=font.Font(DefaultFont,60)
#
# Text #
#
IntroText1="Our Trip to the"
IntroText2="Raspberry Capital of the World"
IntroText1=PrezFont.render(IntroText1,True,RazPiRed)
IntroText2=PrezFont.render(IntroText2,True,RazPiRed)
```

注意，对文本所使用的颜色叫作 RazPiRed，它和灰色的演示画面背景形成了一个不错的对比。

现在，将给屏幕发送标题所需的代码，放置在演示脚本的 for 循环之前，如下所示：

```
# Introduction Screen ##############################
#
PrezScreen.fill(ScreenColor)
#
# Put Intro Text Line 1 above Center of Screen
IntroText1Location=IntroText1.get_rect()
IntroText1Location.center=AboveCenterScreen
PrezScreen.blit(IntroText1,IntroText1Location)
#
# Put Intro Text Line 2 at Center of Screen
IntroText2Location=IntroText2.get_rect()
IntroText2Location.center=CenterScreen
PrezScreen.blit(IntroText2,IntroText2Location)
#
display.update()
#
#Get HD Pictures ##################################
#
for Picture in listdir(PictureDirectory):
```

6. 添加更好的鼠标或键盘控制

最后一个措施是添加另一种加速的假象。很多人在做商业演示的时候，使用遥控器或鼠标来控制在屏幕上显示图片的流程。在图片加载后，立即添加一个 event 循环，这可以加入这种控制：

```
Picture=image.load(Picture)
#
Continue=0
# Show next Picture with Mouse
while Continue == 0:
    for Event in event.get():
        if Event.type == MOUSEBUTTONDOWN:
            Continue = 1
```

添加的这个 event 产生一种演讲者控制图片显示的错觉。加载时间还是一样长，但是在知道每一个图片之间的时间后，可以在每一张图片播放时讲话，然后在加载之后的某个时间单击鼠标。这让人产生错觉，以为是图片是在演讲者单击鼠标时立即加载的。

如果只想给朋友和邻居展示度假图片，可以不使用这个优化。在这种情况下，照片会一张接一张地填充屏幕。

7. 优化过的演示

这个高清图像的演示脚本，在使用了这些提速修改后，已经变化挺大了。

清单 23.3 显示了这个新的脚本，现在其名称为 script2302.py。

清单 23.3 优化过的 script2303.py 演示脚本

```
[...]
##### Import Functions & Variables #######
#
from os import listdir, system    #Import from OS module
#
                                  #Import from PyGame Library
from pygame import event, font, display, image, init, transform
#
from sys import exit              #Import from System module
#
from pygame.locals import *       #Load PyGame constants
#
init()                           #Initialize PyGame
#
[...]
# Set up Presentation Text #####################
#
# Color #
#
RazPiRed=210,40,82
#
# Font #
#
DefaultFont='/usr/share/fonts/truetype/freefont/FreeSans.ttf'
PrezFont=font.Font(DefaultFont,60)
#
# Text #
#
IntroText1="Our Trip to the"
IntroText2="Raspberry Capital of the World"
IntroText1=PrezFont.render(IntroText1,True,RazPiRed)
IntroText2=PrezFont.render(IntroText2,True,RazPiRed)
#
# Set up the Presentation Screen ###############
#
ScreenColor=Gray=125,125,125
#
ScreenFlag=FULLSCREEN | NOFRAME | DOUBLEBUF
```

```
PrezScreen=display.set_mode((0,0),ScreenFlag)
#
[...]
###### Run the Presentation ##########################################
#
while True:
    # Introduction Screen ###########################
    #
    PrezScreen.fill(ScreenColor)
    #
    # Put Intro Text Line 1 above Center of Screen
    IntroText1Location=IntroText1.get_rect()
    IntroText1Location.center=AboveCenterScreen
    PrezScreen.blit(IntroText1,IntroText1Location)
    #
    # Put Intro Text Line 2 at Center of Screen
    IntroText2Location=IntroText2.get_rect()
    IntroText2Location.center=CenterScreen
    PrezScreen.blit(IntroText2,IntroText2Location)
    #
    display.update()
    #
    #Get HD Pictures ###################################
    #
    for Picture in listdir(PictureDirectory):
        if Picture.endswith(PictureFileExtension):
            Picture=PictureDirectory + '/' + Picture
            #
            Picture=image.load(Picture)
            #
            Continue=0
            # Show next Picture with Mouse
            while Continue == 0:
                for Event in event.get():
                    if Event.type == MOUSEBUTTONDOWN:
                        Continue=1
                    if Event.type in (QUIT,KEYDOWN):
                        Command="sudo umount " + PictureDisk
                        system(Command)
                        exit()
            #
[...]
```

23.2.10　潜在的脚本修改

希望在阅读清单 23.3 的脚本时，能够思考所做的很多改进。我们已经学习 Python 很长时间了！你可能已经注意到一些改进和修改，如下所示。

- 使用 tkinter 重写脚本，这在第 18 章中讲解过。
- 编写一个额外的脚本，以允许创建一个配置文件。这个配置文件表明在哪里找到文件以及图片文件的扩展名是什么。修改演示脚本，以使用这个配置文件中的信息。

- 在脚本中添加一个字典，以包含和每一张图片一起显示的文字。
- 修改脚本来动态地确定设备文件名，从而不需要在之前手动确定。

可以随意添加尽可能多的修改。这就是高清图片演示脚本！

23.3 播放音乐

可以使用 Python 来创建一些有创意的脚本来播放音乐。在创建了这样的脚本后，可以把树莓派连接到电视上，然后听自己最喜欢的音乐。最好的一点是，可以自己编写脚本来播放音乐！

23.3.1 创建基本的音乐脚本

为了保持音乐脚本简单，我们将继续使用已经学习过的 PyGame 库。PyGame 处理音乐是很不错的。你可能会认为，处理音乐的最好方法是创建一个 Sound 对象，就像在第 19 章中对 Python 游戏所做的一样。事实上，这能工作，但是将音乐文件加载到 Python 中是非常慢的。因此，最好避免使用 Sound 对象来播放音乐。

提示：其他用来播放音乐的模块和包　　　　　　　　　　　　　　　　　　　*TIP*

　　有好几种其他的 Python 模块和包可以用于创建脚本来播放音乐文件。可以在 http://wiki.python.org/moin/PythonInMusic 中找到它们的详细信息。

除了需要做基本的 PyGame 初始化外，在这个脚本中，还需要使用两个方法：pygame.mixer.music.load 和 pygame.mixer.music.play。在每一个音乐文件播放之前，都必须将其从硬盘加载到 Python 脚本中。加载音乐文件的一个例子如下所示：

```
pygame.mixer.music.load('/home/pi/music/BigBandMusic.ogg')
```

提示：MP3 格式的问题　　　　　　　　　　　　　　　　　　　　　　　　*TIP*

　　音乐有几种标准的文件格式。其中最流行的 3 种是 MP3、WAV 和 OGG。但是，需要注意 MP3 格式是一种闭源格式，开源世界通常会对它皱眉头。

　　Python 和 PyGame 可以处理 MP3 文件格式，但是要注意 MP3 文件也许不能在 Linux 系统上播放并且可能会导致系统崩溃。最好的方法是，使用非压缩的音乐文件，如 WAV 格式，或者开源的压缩文件如 OGG 文件。可以使用在线 Web 站点或是本地安装的软件工具将 MP3 音乐文件转换成可以支持的格式。可以在 http://wiki.python.org/moin/PythonInMusic 找到很多音频文件转换工具。

当音乐文件加载后，可以使用 play 方法来播放文件，如下所示：

```
pygame.mixer.music.play(0)
```

这里显示的数字 0 是音乐文件将会播放的次数。可能认为零意味着它会播放零次，但是事实上，当使用 play 方法看到 0 后，它会播放文件一次然后停止。

> **TIP** **提示：排队！**
>
> 　　如果你想播放两三首音乐，可以使用 queue 方法。可以直接加载并播放第一首歌，然后第一首歌会立即开始播放。然后加载并且将第二首歌加入队列。将一首歌加入队列的方法是 pygame.mixer.music.queue("filename")。当第一首歌曲停止播放时，第二首歌曲就开始播放了。

一次只可以排队一首歌。如果在队列中加入第三首歌，那么在第二首歌开始播放之前，第二首歌就会从队列中"擦除"。

23.3.2　将音乐存储在可移动的硬盘上

音乐文件，尤其是使用未压缩的 WAV 文件格式时，可能占用很大的硬盘空间。同样，树莓派可能没有足够的空间来存储要播放的音乐。可以通过脚本使用一个可移动的驱动器来解决这个问题。

就像在 HD 图片展示脚本中使用一个可移动的硬盘驱动器一样，也可以在音乐脚本中使用它。唯一需要做的修改就是，设置变量指向存储音乐的硬盘和文件目录。

请注意，在运行脚本之前，必须要创建一个音乐目录。要创建一个音乐目录，可以打开一个 Terminal 应用程序，输入类似 mkdir /home/pi/music 的命令，然后按下回车键。

与 HD 演示脚本不同，不能直接在脚本末尾卸载驱动器。从可移动驱动器播放音乐可能会导致一些问题，会保持文件打开，并且可能会导致驱动器无法卸载。但是，可以删除掉来自高清演示脚本的命令，然后将它们放到一个函数中（在函数中，它们应该放在最前面）。如下所示：

```
# Gracefully Exit Script Function #################
def Graceful_Exit ():
    pygame.mixer.music.stop() #Stop any music.
    pygame.mixer.quit()        #Quit mixer
    pygame.time.delay(3000)    #Allow things to shutdown
    Command="sudo umount " + MusicDisk
    system(Command) #Unmount disk
    exit()
```

调用 pygame.mixer.music.stop() 方法以停止任何正在播放的音乐。同样，使用 pygame.mixer.quit 命令关闭混音器。最后，添加了一个延迟，让所有的程序在执行 umount 命令之前都有时间关闭，这可能有一点矫枉过正了，但是正确地卸载驱动器是值得的！

23.3.3　使用音乐播放列表

使用本章之前用过的 os.listdir 方法，可以加载音乐文件，但是使用一个播放列表可以有更好的控制（以及更多的 Python 实践）。可以使用 nano 文本编辑器或 IDLE 文本编辑器来创建一个简单的文本文件，其中按照特定顺序包含要播放音乐文件。将这个文件命名为 playlist.txt，并且将其放到可移动硬盘上。

playlist.txt 文件必须列出想要播放的歌曲的文件名，包括文件扩展名。通过这种方式，我们可以播放不同类型的音乐文件，如 OGG 和 WAV。此外，播放列表文件的每一行应该只包含一个音乐文件名。没有包含目录名，是因为会在 Python 脚本中处理它们。下面是一个简单的播放列表的例子，可以在这个脚本中使用它：

```
BigBandMusic.ogg
RBMusic.wav
MusicalSong.ogg
[...]
```

要在 Python 脚本中打开和读取播放列表，可以使用 openPython 语句（要回顾如何打开和读取文件，参见本书第 11 章）。

脚本打开播放列表，然后将所有内容读取进来，然后将音乐文件的信息存储到一个列表中，脚本可以重复地使用这个列表（如果需要回顾列表相关的概念，参见本书第 8 章）。脚本中的这个列表叫作 SongList。

在把音乐文件的名称存储到 SongList 中之前，每一条文件记录末尾的换行字符都会去除掉。.rstrip 方法帮助做到这一点。下面的 for 循环从打开的播放列表中读取音乐文件名，并做相应的数据修改，然后将文件名添加到歌曲列表中：

```
for Song in PlayList:        #Load PlayList into SongList
#
   Song=Song.rstrip('\n')  #Strip off newline
   if Song != "":   #Avoid blank lines in PlayList
      Song=MusicDirectory + '/' + Song
      SongList.append(Song)
```

注意，这个例子使用了一条 ifPython 语句。这跳语句让脚本检查播放列表中任何空行并且删除它们。空行很容易跑到这样的一个文件中。在这个文件的底部如果不小心按了太多次的回车键的话，尤其容易产生空行。

23.3.4 控制回放

现在，我们加载了播放列表，有了一个准备就绪的、存储音乐的可移动驱动器，并且知道如何加载和播放音乐。但是，该如何控制音乐的回放呢？

PyGame 提供了事件处理功能，可以完美地控制音乐回放。使用.set_endevent 方法，会在一首音乐播放结束后添加一个事件到队列中。这个事件称为"结束"事件，因为它在歌曲结束时发送到队列中。如下的例子包含了加载音乐文件、开始播放音乐文件，然后设置一个结束事件等完整功能：

```
# Play The Music Function #########################
#
def Play_Music (SongList,SongNumber):
   pygame.mixer.music.load(SongList[SongNumber])
   pygame.mixer.music.play(0)
   pygame.mixer.music.set_endevent(USEREVENT)
```

注意到结束事件设置为 USEREVENT。这意味着当音乐停止播放时，事件 USEREVENT 会发送到事件队列中。

检查一下，USEREVENT 事件的处理应该在 Python 脚本的主程序部分进行。使用一个 while 循环来保持音乐一直播放，然后使用一个 for 循环从队列中检查歌曲的结束事件：

```
while True: #Keep playing the Music ############
    for Event in event.get():
    #
    if Event.type == USEREVENT: #Play another song
        #
        if SongIndexNo <= MaxSongs:
            Play_Music(SongList,SongIndexNo)
            NowPlaying=SongList[SongIndexNo]
[...]
            if SongIndexNo == MaxSongs: # Loop
                SongIndexNo=0
            else:
                SongIndexNo += 1          # Continue
    #
```

在这个例子中，如果在事件队列中找到歌曲的结束事件 USEREVENT，将会播放下一首歌曲，并且会进行一些检查。如果歌曲列表已经全部播放过了（SongIndexNo == MaxSongs），那么 SongNumber 设置回 0（SongList 中的第一个文件名的列表索引编号），然后，在当前歌曲播放完成后，重新开始循环播放这个列表。

如果歌曲还没有全部播放完（else:），当前歌曲播放完后，将会播放 SongList 中的下一首歌曲。

TIP | **提示：更炫的效果**

在 Python 中，已经看到了一种非常简单的处理播放音乐的方法。然而，可以使用 PyGame 让它更炫一点。使用 .fadeout 来慢慢地让音乐在结尾处渐出，并且使用 .set_volume 让特定的歌曲（例如，你喜欢的歌曲）比其他歌曲声音大。

在这个时候，Python 音乐脚本会不断地播放。要添加一个控制来结束脚本，需要检查另一个事件，例如按键盘的某个键。这就像控制高清图片展示脚本的那样。如下所示：

```
if Event.type in (QUIT,KEYDOWN,MOUSEBUTTONDOWN):
    Graceful_Exit()
```

但是，这实际上不能工作！要让 PyGame 正确地处理事件，显示屏幕必须初始化。因此，需要配置一个简单的显示屏幕，来优雅地控制脚本的结束。如下面的例子所示：

```
MusicScreen=display.set_mode((0,0))
display.set_caption("Playing Music...")
```

现在，当音乐播放时，顶部有标题"Playing Music"的一个屏幕会弹出来。如果愿意的话，可以最小化这个窗口然后听音乐的播放。不想听的时候，可以最大化屏幕，然后单击鼠标或按键盘上的任何键来停止音乐。

由于显示屏幕已经在音乐脚本中初始化了，你可能会想，当音乐播放时，可以在屏幕上添加图片——这是个好主意！

我们将在本章的后面学习如何完成它，但是首先需要做一些音乐脚本相关的事情，包括检查整个音乐脚本，见清单 23.4。

如果需要的话，回顾第 19 章的内容，或者查看其他的章节，以浏览该脚本中所不理解的任何代码。

清单 23.4　script2303.py 音乐脚本

```
#script2303.py - Play Music from List
#Written by Blum and Bresnahan
#
##########################################
#
##### Import Functions & Variables #######
#
from os import system              #Import from OS module
#
                                   #Import from PyGame Library
from pygame import display, event, font, init, mixer, time
#
from sys import exit               #Import from System module
#
from pygame.locals import *        #Load PyGame constants
#
mixer.pre_init(44100,-16,2,1024) #Set Mixer Settings
mixer.init()                       #Intialize Mixer
#
init()                             #Initialize PyGame
#
# Load Music Play List Function ##################
#
def Load_Music ():
#
   SongList=[]                     #Initialize SongList to Null
   #
   PlayList=MusicDirectory + '/' + 'playlist.txt'
   PlayList=open(PlayList, 'r')
   #
   for Song in PlayList: #Load PlayList into SongList
   #
      Song=Song.rstrip('\n') #Strip off newline
      if Song != "": #Avoid blank lines in PlayList
         Song=MusicDirectory + '/' + Song
         SongList.append(Song)
   PlayList.close()
   #
   return SongList
#
# Play The Music Function ######################
#
def Play_Music (SongList,SongIndexNo):
   mixer.music.load(SongList[SongIndexNo])
   mixer.music.play(0)
```

```
        mixer.music.set_endevent(USEREVENT) #Send event when Music Stops
#
# Display the Song Function ######################
#
def Display_Song (NowPlaying,MusicTitleGraphic,MusicFont,blue,black):
#
    MusicTextGraphic=MusicFont.render(NowPlaying,True,black)
    MusicScreen.fill(blue)
    MusicScreen.blit(MusicTitleGraphic,(50,50))
    MusicScreen.blit(MusicTextGraphic,(100,100))
    display.update()
#
# Gracefully Exit Script Function #################
#
def Graceful_Exit ():
    mixer.music.stop()   #Stop any music.
    mixer.quit()         #Quit mixer
    time.delay(3000)     #Allow things to shutdown
    Command="sudo umount " + MusicDisk
    system(Command)      #Unmount disk
    exit()
#
# Set up Music Variables ####################
#
MusicDirectory='/home/pi/music'
MusicDisk='/dev/sda1'
#
# Mount the Music Drive ######################
#
Command="sudo umount " + MusicDisk + " 2>/dev/null"
system(Command)
Command="sudo mount -t vfat " + MusicDisk + " " + MusicDirectory
system(Command)
#
# Queue up the Music ###########################
#
SongList=Load_Music()              #Create a Song List from Play list file
#
MaxSongs=len(SongList)- 1          #Get Maximum Songs index number
SongIndexNo=0                      #Set index number to first song in list
#
Play_Music(SongList,SongIndexNo)
NowPlaying=SongList[SongIndexNo]
SongIndexNo += 1
#
# Set up Display for Event Handling #############
#
MusicScreen=display.set_mode((0,0))
display.set_caption("Playing Music...")
#
# Set up Display for Now Playing ##############
#
```

```
black=0,0,0
blue=0,0,255
MusicFont=font.Font(None,60)
MusicTitleGraphic=MusicFont.render("Now Playing...",True,black)
#
# Display first song
Display_Song(NowPlaying,MusicTitleGraphic,MusicFont,blue,black)
#
while True: #Keep playing the Music ############
    for Event in event.get():
    #
        if Event.type == USEREVENT: #Play another song
        #
            if SongIndexNo <= MaxSongs:
                Play_Music(SongList,SongIndexNo)
                NowPlaying=SongList[SongIndexNo]
                Display_Song(NowPlaying,MusicTitleGraphic,MusicFont,blue,black)
                #
                if SongIndexNo == MaxSongs:      # Loop
                    SongIndexNo=0
                else:
                    SongIndexNo += 1              # Continue
        #
        if Event.type in (QUIT,KEYDOWN,MOUSEBUTTONDOWN): # Exit
            Graceful_Exit()
    #
```

注意这个脚本只导入需要的函数。脚本中的模块操作已经进行了修改反映了这个事实。

在这段脚本中，还要注意，有一些针对 PyGame mixer 的特殊的初始化语句，这些初始化代码如下所示：

```
mixer.pre_init(44100,-16,2,1024)#Set Mixer Settings
mixer.init()                    #Initialize Mixer
#
init()                          #Initialize PyGame
```

.pre_init 操作负责混合器的初始化设置。这一设置负责管理频率、音频采样大小、所采用的声道（2 表示立体声，1 表示单声道播放），以及缓冲大小。这些设置不仅在控制音乐播放的时候使用，而且可用来帮助"加速"音乐文件的加载。最好将缓存大小保持在 1024 和 2048 之间，以便能够较快地加载文件，但是，请对脚本进行尝试看看什么样的设置更加适合你的环境。mixer.init 函数实现了默认的设置。这些语句都必须在 PyGame 模块的初始化 init() 之前。

23.3.5 让播放列表随机播放

如果愿意的话，可以让脚本从播放列表随机地播放音乐。要实现这一点，需要一些小的改动。第一个改动是要从 random 模块导入 randinit 操作，如下所示：

```
from random import randint    #Import from Random module
```

其他的较小的改动都涉及设置 SongIndexNo 变量。当音乐第一次排队（在主循环之前）的时候，并且第一次设置 SongIndexNo 变量，语句修改为：

```
SongIndexNo=randint(0,MaxSongs) #Set index number to random song in list
```

这使得播放的第一首歌是从播放列表中随机选取的。这个变量在脚本中第二次出现，是在语句 if SongNumber >= MaxSongs:中，也修改为：

```
SongIndexNo=randint(0,MaxSongs) #Pick random song in list
```

这样 3 处较小的修改，将会导致每次都是随机地播放一首歌曲。然而，记住，即便播放是随机的，也有可能相同的歌连续播放两次。

> **TIP** **提示：较少的歌曲**
>
> 如果音乐播放列表比较短，例如只有 5 首或 10 首歌曲，最好不要使用随机播放。如果这么做的话，最终会导致第 3 首歌曲连续播放 4 次的情况。当拥有 30 首或更多的歌曲的时候，随机播放的效果是最好的。

23.3.6 创建一个特殊的演示

现在，你可能已经知道了"特殊"的演示是怎么一回事：播放音乐的同时显示高清图像！想要这么做的理由有很多。可能有一个特殊的商业演示，它需要有背景音乐。也可能是想要在看到图片的同时播放音乐。或者，在这个例子中，可能是一位老师正常尝试鼓励学校董事会为学生购买树莓派，并且开设一些课程教授 Python。

> **TIP** **提示：持续播放一首歌**
>
> 你可能想要只播放一首加载的歌，例如贵公司的营销歌曲，在演示的时候无休止地播放。要做到这一点，可以使用 Python 语句 pygame.mixer.music.play（-1）。负 1（-1）告诉 Python 保持一遍又一遍地播放歌曲，直到脚本退出。

基本上，清单 23.5 展示的这个工程，融合了高清图像演示脚本和音乐脚本。它假设高清图片和音乐都在同一个可移动驱动器上。

清单 23.5 特殊的演示脚本 script2305.py

```
#script2305.py - Special HD Presentation with Sound
#Written by Blum and Bresnahan
#
#Assumes Songs & Pictures on same disk & directory
#
####################################################
#
##### Import Functions & Variables #######
#
from os import listdir, system  #Import from OS module
#
                                    #Import from PyGame Library
from pygame import event, font, display, image, init, mixer, time, transform
```

```
#
from random import randint        #Import from Random module
#
from sys import exit              #Import from System module
#
from pygame.locals import *       #Load PyGame constants
#
mixer.pre_init(44100,-16,2,1014)#Set Mixer Settings
mixer.init()                      #Initialize Mixer
#
init()                            #Initialize PyGame
#
# Load Music Play List Function ##################
#
# Read Playlist and Queue up Songs #
#
def Load_Music ():
#
   SongList=[]                    #Initialize SongList to Null
   #
   PlayList=PictureDirectory + '/' + 'playlist.txt'
   PlayList=open(PlayList, 'r')
   #
   for Song in PlayList:    #Load PlayList into SongList
   #
      Song=Song.rstrip('\n') #Strip off newline
      if Song != "": #Avoid blank lines in PlayList
         Song=PictureDirectory + '/' + Song
         SongList.append(Song)
   PlayList.close()
   #
   return SongList
#
# Play The Music Function ########################
#
def Play_Music (SongList,SongIndexNo):
   mixer.music.load(SongList[SongIndexNo])
   mixer.music.play(0)
   mixer.music.set_endevent(USEREVENT) #Send event when Music Stops
#
# Gracefully Exit Script Function ################
#
def Graceful_Exit ():
   mixer.music.stop() #Stop any music.
   mixer.quit()       #Quit mixer
   time.delay(3000)   #Allow things to shutdown
   Command="sudo umount " + PictureDisk
   system(Command)    #Unmount disk
   exit()
#
# Set up Picture Variables ####################
#
```

```
PictureDirectory='/home/pi/pictures'
PictureFileExtension='.jpg'
PictureDisk='/dev/sda1'
#
# Mount the Picture Drive ########################
#
Command="sudo umount " + PictureDisk + " 2>/dev/null"
system(Command)
Command="sudo mount -t vfat " + PictureDisk + " " + PictureDirectory
system(Command)
#
# Set up Presentation Text #####################
#
# Color #
#
RazPiRed=210,40,82
#
# Font #
#
DefaultFont='/usr/share/fonts/truetype/freefont/FreeSans.ttf'
PrezFont=font.Font(DefaultFont,60)
#
# Text #
#
IntroText1="Why Our School Should"
IntroText2="Use Raspberry Pis and Teach Python"
IntroText1=PrezFont.render(IntroText1,True,RazPiRed)
IntroText2=PrezFont.render(IntroText2,True,RazPiRed)
#
# Set up the Presentation Screen ###############
#
ScreenColor=Gray=125,125,125
#
ScreenFlag=FULLSCREEN | NOFRAME | DOUBLEBUF
PrezScreen=display.set_mode((0,0),ScreenFlag)
#
PrezScreenRect=PrezScreen.get_rect()
CenterScreen=PrezScreenRect.center
AboveCenterScreen=CenterScreen[0],CenterScreen[1]-100
#
PrezScreenSize=PrezScreen.get_size()
Scale=PrezScreenSize[0]-20,PrezScreenSize[1]-20
#
###### Run the Presentation ####################################
#
# Queue up the Music ############################
#
SongList=Load_Music() #Create a Song List from Play list file
#
MaxSongs=len(SongList)-1 #Get Max Songs list number
SongIndexNo=0            #Set index number to first song
 #
```

```
Play_Music(SongList,SongIndexNo)
SongIndexNo += 1
#
#
while True:
    # Introduction Screen ############################
    #
    PrezScreen.fill(ScreenColor)
    #
    # Put Intro Text Line 1 above Center of Screen
    IntroText1Location=IntroText1.get_rect()
    IntroText1Location.center=AboveCenterScreen
    PrezScreen.blit(IntroText1,IntroText1Location)
    #
    # Put Intro Text Line 2 at Center of Screen
    IntroText2Location=IntroText2.get_rect()
    IntroText2Location.center=CenterScreen
    PrezScreen.blit(IntroText2,IntroText2Location)
    #
    display.update()
    #
    #Get HD Pictures ##################################
    #
    for Picture in listdir(PictureDirectory):
        if Picture.endswith(PictureFileExtension):
            Picture=PictureDirectory + '/' + Picture
            #
            Picture=image.load(Picture)
            #
            for Event in event.get():
                #
                if Event.type == USEREVENT:
                    if SongIndexNo <= MaxSongs:
                        Play_Music(SongList,SongIndexNo)
                        #
                        if SongIndexNo == MaxSongs:
                            SongIndexNo=0
                        else:
                            SongIndexNo += 1
                                    #
                if Event.type in (QUIT,KEYDOWN):
                    Graceful_Exit()
            #
            # If Picture is bigger than screen, scale it down.
            if Picture.get_size() > PrezScreenSize:
                Picture=transform.scale(Picture,Scale)
            #
            PictureLocation=Picture.get_rect() #Current location
            #Put picture in center of screen
            PictureLocation.center=CenterScreen
            #
            #Display HD Images to Screen ################
```

```
        PrezScreen.fill(ScreenColor)
        PrezScreen.blit(Picture,PictureLocation)
        display.update()
#
# Quit with Keyboard if Desired
for Event in event.get():
    if Event.type in (QUIT,KEYDOWN):
        Graceful_Exit()
#
```

请记住，也可以从出版商的网站得到这些脚本的副本。这样，就不必重新将整个脚本输入到文本编辑器中并将它们修改成需要的样子。

23.4 小结

在本章中，我们学习了如何创建 3 个 Python 工程：一个将高清图片显示到演示屏幕上，一个从音乐播放列表中播放音乐，并且还有一个是合并了这两个脚本的特殊演示脚本。

在开始思考可以对这些工程做的修改之前，请做好准备工作。在下一章中，我们将学习在树莓派上使用 Python 做一些真正酷的和高级的工程。

23.5 Q&A

Q. 什么是 Wayland，它能帮助加速高清图片演示脚本吗？

A. Wayland 是一个替代性的底层程序，它部分地负责 GUI 中的显示窗口。它能够加速高清图像演示脚本吗？有可能。可以在 wayland.freedesktop.org 找到关于 Wayland 的更多信息。

Q. 哪里是树莓派世界的中心？

A. 树莓派世界的中心是霍普金斯大学，在明尼苏达州。全市每年会举办一次树莓节，但这个节日是关于水果的，而不是关于电脑的。

Q. 那么，我能不能用本章的脚本播放 MP3 文件？

A. 欢迎尝试一下。只需要知道，这么做会有潜在的风险。

23.6 练习

23.6.1 问题

1. 你必须为显示屏幕使用已经正确缩放的图片。对还是错？

2. 高清图片的最小分辨率是多少？

3. 可以使用类似 ScreenColor=Blue=0,0,255 的语法一次设置两个变量。对还是错？

4. 当显示图像的时候，_____标志会导致屏幕边缘的任何框都删除掉。

5. 在 Pygame 库中，可以使用_____操作来播放 MPEG 格式的视频。

6. Raspbian 用来访问一个设备的文件名，叫作什么？

    a．Python 文件

    b．设备文件

    c．磁盘文件

7. 设备文件名不能修改，即便是 Raspberry Pi 已经重新启动了。对还是错？

8. 处理歌曲文件播放的最佳方式，是创建一个 Sound 对象。对还是错？

9. PyGame 的什么操作处理音乐的播放？

    a．pygame.music

    b．pygame.music.play

    c．pygame.mixer.music.play

10. 使用 pygame_____操作来让一首歌曲在其末尾的时变得更加柔和。

23.6.2　答案

1. 错的。当使用 PyGame 库时，你可以将一个图片转换成合适大小。然后，如果你增加图片的尺寸，你可能会丢失图片原有的清晰度。

2. 一张图片只有在最少是 1280 × 720 的分辨率时才被认为是高清图片。

3. 对的。可以使用类似 ScreenColor=Blue=0,0,255 的语法一次设置两个变量。

4. 当显示图像的时候，NOFRAME 标志会导致屏幕边缘的任何框都删除掉。

5. 在 Pygame 库中，可以使用 pygame.movie 操作来播放 MPEG 格式的视频。

6. b。设备文件是 Raspbian 用来访问一个设备的文件名。

7. 错的。当一个 USB 驱动器加载或卸载的时候，特别是如果有几个不同的 USB 设备在使用的话，是可以修改设备文件名的。然而，当设备文件名当前在系统中加载的时候，是不能修改设备文件名的。

8. 错。在游戏中，处理歌曲文件播放的最佳方式，是创建一个 Sound 对象。当创建一个 Sound 对象的时候，声音音乐文件需要花太多的时间才能加载。

9. c。pygame.mixer.music.play 操作处理播放加载的音乐。

10. 使用 PyGame.fadeout 操作来让一首歌曲在其末尾时变得更加柔和。

第 24 章

树莓派/Python 高级项目

本章包含如下主要内容：

- 使用 GPIO 接口
- 探索 Python 的 RPi.GPIO 模块
- 使用 GPIO 输出
- 使用 GPIO 输入

树莓派上一个让人激动的特性是 GPIO 接口，可以通过它将树莓派连接到电子电路上，然后可以与外部世界交互。在本章中，我们将学习关于 GPIO 的内容以及如何使用它们来从电子电路接收输入和向电子电路发送输出。在本章中，我们将在项目中使用两个最流行的树莓派电子接口设备：Pi Cobbler 和 Gertboard。

24.1 探索 GPIO 接口

树莓派上有一个通常不会在其他消费级的计算机上看到的特性，通用输入/输出接口（General Purpose Input/Output interface，简称 GPIO 接口）。GPIO 接口是树莓派与外部世界交互的关键。可以使用它控制所有类型的电子元件，从温度计到机器人。在以下的各节中，我们将看到树莓派的数字接口以及如何与它交互。

24.1.1 什么是 GPIO 接口

GPIO 接口提供对树莓派上 Broadcom 芯片的直接访问。最初的树莓派型号 A 和型号 B 都是用一个 26 针的接口，而型号 B+和树莓派 2 型则提供了一个 40 针的接口。Broadcom 芯片包括几种内建的数字接口特性：

- 多个数字输入/输出（I/O）引脚。

- 一个脉冲宽度调制（PWM）输出。
- 一个内部集成电路（I²C）接口。
- 一个串行外设接口（SPI）连接。
- 一个通用异步接收器/发送器（UART）。

最初的树莓派 A 型和 B 型，提供了 17 个数字 I/O 引脚，树莓派 B+型和树莓派 2 提供了 26 个数字 I/O 引脚。这允许从各个设备读取高电平或低电平信号，或者发送高电平或低电平信号到外部设备，或者是两种形式的组合。这些信号可以用来控制电路开或关，或者发送信号来触发设备（例如，打开咖啡机）。

PWM 输出可以用来控制电子发动机的速度。可以控制 PWM 信号让发动机停止、启动、加速或者减速。

I²C 和 SPI 接口提供了一个集成电路控制的数字通信协议。该协议允许连接高级的微控制器，如在 Arduino 爱好者中很流行的 Atmel 的 ATmega 微控制器芯片。

最后，GPIO 接口提供了在 Broadcom 芯片上访问 UART 的引脚。UART 引脚允许将一个串口设备（例如终端或调制解调器）连接到树莓派上。

24.1.2 GPIO 引脚布局

GPIO 接口是在树莓派电路板左上角一系列的引脚。最初的树莓派 A 型和 B 型有 26 个引脚（两排各 13 个引脚）。型号 B+和树莓派 2 有 40 个引脚（两排各 20 个引脚）。前 26 个引脚模拟最初的型号上的 26 个引脚，因此，用于最初的树莓派型号的任何连接图，也都适用于新的树莓派 2。

GPIO 引脚直接和 Broadcom 集成电路芯片上的特定引脚交互，并且根据芯片信号来分配名称。一些引脚具有来自于 Broadcom 芯片的双重功能，这取决于如何对芯片编程。表 24.1 所示为每个引脚的信号名和复用功能。当开始编写 Python 脚本时，需要知道要使用哪些引脚或信号。

表 24.1　　　　　　　　　　GPIO 引脚

引　脚	信　号	复 用 功 能
1	3.3V	
2	5V	
3	GPIO 2	I²C SDA
4	5V	
5	GPIO 3	I²C SCL
6	GND	
7	GPIO 4	GPCLKO
8	GPIO 14	UART TX
9	GND	
10	GPIO 15	UART RX
11	GPIO 17	
12	GPIO 18	PWM

引　　脚	信　　号	复 用 功 能
13	GPIO 27	
14	GND	
15	GPIO 22	
16	GPIO 23	
17	3.3V	
18	GPIO 24	
19	GPIO 10	SPI MOSI
20	GND	
21	GPIO 9	SPIO MISO
22	GPIO 25	
23	GPIO 11	SPI SCLK
24	GPIO 8	SPI CE0
25	GND	
26	GPIO 7	SPI CE1
27	GPIO 0	ID_SD
28	GPIO 1	ID_SC
29	GPIO 5	
30	GND	
31	GPIO 6	
32	GPIO 12	
33	GPIO 13	
34	GND	
35	GPIO 19	SPI1 MISO
36	GPIO 16	SPI1 CE2
37	GPIO 26	
38	GPIO 20	SPI1 MOSI
39	GND	
40	GPIO 21	SPI1 SCLK

CAUTION

> **警告：GPIO 与信号**
>
> GPIO 信号是根据 Broadcom 芯片上的引脚号来编号的。遗憾的是，GPIO 接口与实际使用的引脚并没有关联。（例如，GPIO 信号 2 是在 GPIO 的引脚 3 上）。在参考引脚连接时，一定要小心。确保知道正在使用引脚号还是信号编号。在本章的代码中，使用信号编号，因为这是大多数硬件接口设备使用的方法。

24.1.3　连接 GPIO

有 3 种方法连接树莓派主板上的 GPIO 引脚。

- 直接将电线插上去。

- 使用树莓派扩展板。
- 使用 GertBoard 实验设备。

让我们来仔细看看如何使用树莓派扩展板和 Gertboard 连接 GPIO 接口。

1. 通过 Cobbler 连接 GPIO

树莓派扩展板是一个廉价的分线器，它使用一根标准的 26 引脚或 40 引脚的排线（这里
有两个版本，一个用于最初的树莓派型号，一个用于最新的树莓派型号）连接 GPIO 引脚。
然后将引脚分成一种可以插到标准电子电路板上的形式（如图 24.1 所示）。

图 24.1　树莓派扩展板分线器通过一根排线连接到树莓派

树莓派扩展板使用 GPIO 信号名标记每个引脚，因此可以很容易地识别哪个引脚是什么
信号。一旦将树莓派扩展板插到电子电路板上之后，就可以直接在电子电路板上组装工程了。

2. 通过 Gertboard 连接 GPIO

对于更高级的树莓派实验，Gertboard 能完成一切。Gertboard 是由 Gert van Loo 创建的，
并通过全世界的各个电子产品的分销商进行销售，它是有一个很方便的组件并且可以直接
插入到树莓派 GPIO 引脚的全功能电路板（如图 24.2 所示）。如果购买了树莓派外壳，可能
需要移除外壳来插入 Gertboard。如果树莓派有一个 40 引脚的 GPIO 接口，可以将 Gertboard
插入到该接口（从左边开始）的前 26 个引脚中。由于 40 个引脚的接口中的前 26 个引脚
是向后兼容的，这能够很好地工作。

图 24.2　插入到树莓派上的 Gertboard

Gertboard 包含很多树莓派通用特性的实验电路。

- 12 个缓冲的 I/O 端口。
- 12 个 LED 用来显示逻辑电平。
- 3 个按钮开关用来输入。
- 6 路电极开路继电器，用于开启和关闭高电压电路。
- 1 个 18V、2A 的电机控制器。
- 1 个两通道的模拟数字转换器。
- 1 个两通道的数字模拟转换器。
- 1 个 Atmel ATmega 微控制器（就像 Arduino 一样）。

Gertboard 设计成所有板载组件都有引脚与其相连的模块化板。建立一个电路，简单到只需要在板子上连接线。

Gertboard 套件附带了一组跳线器（连接两个相邻引脚的短芯片）和一组硅胶线（连接两个引脚的较长的线）。

要使用 Gertboard，需要熟悉引脚板子上引脚布局。每一组引脚用一个 J 数字来标识，可以在电路板上看到这个标识。表 24.2 所示为每一个 J 块的引脚用途。

表 24.2　Gertboard 引脚块布局

块	描　　述
J1	连接树莓派 GPIO 引脚（在板子的底部）
J2	为每一个 GPIO 信号提供引脚
J3	提供 I/O 缓冲引脚
J7	为 Gertboard 电路提供 3.3V 电源
J25	连接 ATmega 微控制器

三针的 J7 块是至关重要的。必须在中间的引脚和上面的引脚放置一个跳线器，标记 3.3V，为 Gertboard 供电。没有它，项目将不会工作。

同样电路内还有两组 12 个引脚，其标记为 B1～B12。一组用于缓冲的输入，而另一组用于缓冲的输出。查看 Gertboard 手册，了解关于如何使用缓冲的输入和输出的完整描述。

24.2　使用 RPi.GPIO 模块

要让 Python 程序访问 GPIO 信号，需要使用 RPi.GPIO 模块。RPi.GPIO 模块采用直接内存访问，以提供一个接口来控制 GPIO 信号。以下各小节将介绍 RPi.GPIO 模块的基础知识。

24.2.1　安装 RPi.GPIO

在写作本书时，Raspbian 软件安装的当前版本，树莓派默认安装 Python v2 和 v3 版本的 RPi.GPIO 模块（分别名为 python-rpi.gpio 和 python3-rpi.gpio）。然而，一些较早的 Raspbian 版本安装了 Python v2 版。要使用 Python 3 程序，需要从软件仓库安装 Python v3 版本的模块，如下所示：

```
sudo apt-get update
sudo apt-get install python3-rpi.gpio
```

可以通过尝试导入库，以测试并确保该模块已经安装了，如下面的例子所示：

```
pi@raspberrypi ~ $ python3
Python 3.2.3 (default, Mar 1 2013, 11:53:50)
[GCC 4.6.3] on linux2
Type "help", "copyright", "credits" or "license" for more information.
>>> import RPi.GPIO as GPIO
>>>
```

如果没有得到一条错误消息，表示一切都能正常工作。由于这个模块名较长，在导入 RPi.GPIO 模块时，使用 GPIO 作为别名已经成为某种默认的标准。本章使用了这种约定。

为 Python v3 安装好了 RPi.GPIO 模块后，就已经准备好开始试验了！

24.2.2　启动方法

只需要知道一些访问 GPIO 引脚的基本方法。在可以开始与接口交互之前，需要使用 setmode() 方法来设置这个库如何引用 GPIO 引脚：

```
GPIO.setmode( option )
```

正如本章前面提到的，在选项占位符中有两种方法来引用 GPIO 信号，这有点容易令人混淆。

- 使用 GPIO 接口的引脚号。
- 使用来自于 Broadcom 芯片的 GPIO 信号数。

可以使用 GPIO.BOARD 选项告诉库根据 GPIO 接口的引脚号引用信号，如下所示：

```
GPIO.setmode(GPIO.BOARD)
```

另一个选项是使用 Broadcom 芯片的信号编号，通过 GPIO.BCM 值指定的，如下所示：

```
GPIO.setmode(GPIO.BCM)
```

例如，对于 GPIO 接口的 12 号引脚的 GPIO 信号 18，如果使用 GPIO.BCM 模式，可以使用数字 18 引用它，但是如果使用 GPIO.BOARD 模式，需要使用数字 12 引用它。

本章将使用 GPIO.BCM 模式，因为在树莓派扩展板和 Gertboard 上查看信号编号更简单。

在选择了模式以后，你必须确定在程序中使用哪一个 GPIO 信号以及将它们用来作为输入还是输出。可以使用 setup() 方法来完成这件事，其语法如下所示：

```
GPIO.setup(channel, direction)
```

对于方向参数，可以使用库中定义的常量：GPIO.IN 和 GPIO.OUT。例如，要设置 GPIO 信号 18 用来输出，可以这样写：

```
GPIO.setup(18, GPIO.OUT)
```

现在 GPIO 信号 18 已经准备好用来作为 Python 程序的输出了。下一步是实际控制要输出什么。

24.3 控制 GPIO 输出

GPIO 引脚可以发送一个数字输出信号到外部设备上。以下各小节将讲解如何从 Python 程序中控制输出信号。

24.3.1 配置硬件来查看 GPIO 输出

在深入到编码之前，需要为项目配置硬件环境。可以使用树莓派扩展板分线器以及自己的组件，或者使用 Gertboard，它包含了项目所需的所有组件。以下各小节将会介绍这两种方法。

1. 配置树莓派扩展板用来输出

遗憾的是，要在这个项目使用树莓派扩展板，需要一些其他的硬件。

- 一块电子电路板。
- 一个 1000Ω的电阻。
- 一个 LED。
- 一些线用来连接电子电路板的各个部分。

▼ 实践练习

构建树莓派扩展板电路

按照下面的步骤来配置树莓派扩展板以用于测试 GPIO 输出：

1. 将扩展板的排线一端连接到 GPIO 接口上，然后将排线的另一端连接到扩展板的分线器上。
2. 将扩展板分线器连接到电子电路板上，确保两行引脚跨在电子电路板的中间，这样它们之间就不会连通了。
3. 从扩展板的 GND 引脚连接一条线到电子电路板上（大部分电子电路板有两条沿着电子电路板长边的轨道，分别代表地线和电源供应）。
4. 将 1000Ω 的电阻放到扩展板上标记为 GPIO18 的引脚的路径上的空区域（扩展板上的引脚 12 是标记为 GPIO 18 的信号引脚）。
5. 将 LED 的长导线连接到 1000Ω 电阻，然后将另一条导线连接到电子电路板的地线上。

图 24.3 所示为当你完成这些步骤时电路图的样子。

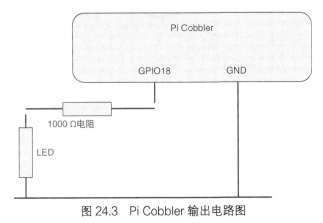

图 24.3　Pi Cobbler 输出电路图

有了这个电路，当 GPIO 18 的信号变为 HIGH 的时候，电路的组件和 LED 灯就会亮起来；当其信号变为 LOW 的时候，电路就会断开，LED 灯就熄灭。

2. 配置 Gertboard 用来输出

Gertboard 的好处是在板子上已经有所有的组件了，因此需要做的就是连接一些跳线器和线。

实践练习

构建 Gertboard 电路

Gertboard 使得开发电路易如反掌！需要按照如下的步骤进行：

1. 在 J7 块连接一个跳线器提供 3.3V 电源（中间的引脚到上面的引脚）。

2. 从 J2 块中 GP18 引脚连接一条线到 J3 块的 B12 引脚。这将 GPIO 18 的信号重定向到 Gertboard 上的 I/O 缓冲的区 12 中。

3. 在两个 B12 输出引脚之间使用跳线器，直接在 U5 块上面。

这个电路使用 Gertboard 顶部的 LED 中的 D12 LED 作为输出 LED。当 GPIO 18 信号是高电平时，LED 灯亮，然后当它变成低电平后，LED 灯灭。

现在，我们已经准备好测试 GPIO 输出了！

24.3.2 测试 GPIO 输出

应该在开始编码之前测试 GPIO 输出。要做到这一点，可以直接从 Python v3 命令行运行一个测试来开关 LED 灯，使用 GPIO 输出信号。

因为 RPi.GPIO 模块使用直接存储器来访问 GPIO，所以，必须使用 sudo 程序以根用户账号在 Python v3 命令行执行命令，如下面的例子所示：

```
pi@raspberrypi ~ $ sudo python3
Python 3.2.3 (default, Mar 1 2013, 11:53:50)
[GCC 4.6.3] on linux2
Type "help", "copyright", "credits" or "license" for more information.
>>>
```

需要设置 GPIO.BCM 模式并且配置 GPIO 18 信号引脚作为输出：

```
>>> import RPi.GPIO as GPIO
>>> GPIO.setmode(GPIO.BCM)
>>> GPIO.setup(18, GPIO.OUT)
>>>
```

现在，可以使用下面两条命令来开关 LED 灯了：

```
>>> GPIO.output(18, GPIO.LOW)
>>> GPIO.output(18, GPIO.HIGH)
```

来回切换几次，看 LED 打开和关闭。然后使用 cleanup() 方法将 GPIO 端口重置为中性设置，如下所示：

```
>>> GPIO.cleanup()
>>>
```

如果这不工作，需要确定使用 sudo 命令开启了 Python v3 命令行。如果确定使用了 sudo 但没有效果，那么再检查一下命令，以确保没有问题。

CAUTION

> **警告：重置 GPIO 接口**
>
> 　　每次当不再使用 GPIO 信号时，使用 cleanup() 方法总是一个不错的主意。它把所有的 GPIO 引脚设置为低电平状态，所以没有多余的信号出现在界面上。在不使用 cleanup()函数的情况下，如果试图配置一个已分配信号值的 GPIO 信号引脚，那么 RPi.GPIO 模块会产生一条警告信息。

24.3.3　闪烁 LED

现在，我们已经准备好开始编写一些 Python 代码了。清单 24.1 显示的 script2401.py 程序切换 GPIO 18 信号的 LED 10 次，导致 LED 闪烁 10 次。打开编辑器然后输入下面清单中的代码。

清单 24.1　script2401.py 程序代码

```
#!/usr/bin/python3

import RPi.GPIO as GPIO
import time
GPIO.setmode(GPIO.BCM)
GPIO.setup(18, GPIO.OUT)
GPIO.output(18, GPIO.LOW)
blinks = 0
print('Start of blinking...')
while (blinks < 10):
    GPIO.output(18, GPIO.HIGH)
    time.sleep(1.0)
    GPIO.output(18, GPIO.LOW)
    time.sleep(1.0)
    blinks = blinks + 1
GPIO.output(18, GPIO.LOW)
GPIO.cleanup()
print('End of blinking')
```

在保存了这些代码以后，需要使用 chmod 命令来修改文件权限，以便可以从命令行运行代码。因为脚本访问直接存储器，所以，需要使用 sudo 命令来运行它，如下所示：

```
pi@raspberrypi ~ $ chmod +x script2401.py
pi@raspberrypi ~ $ sudo ./script2401.py
Start of blinking...
End of blinking
pi@raspberrypi ~ $
```

当这个程序在运行时，应该会看到 LED 闪烁和关闭。恭喜！我们刚刚编写了第一个数字输出信号脚本！

24.3.4　创建一个花式的闪光灯

我们已经编写了很多代码来让 LED 闪烁。好在，GPIO 上有一个特性能帮助我们更简单地完成这个件事。

PWM 是在数字世界中用数字信号来控制发动机速度的一种主要技术。每秒的脉冲数越多，发动机转动得就越快。也可以将它应用到这个闪烁的项目上。通过 PWM，可以控制高电平/低电平信号重复的次数（叫作频率）以及高电平信号的持续时间（叫作占空比）。

巧合的是，Broadcom 的 GPIO 18 信号正好同时充当 PWM 信号。可以用 GPIO.PWM() 将 GPIO 18 信号设置为 PWM 模式，如下所示：

```
blink = GPIO.PWM(channel, frequency)
```

在设置好 GPIO 18 信号后，可以使用 start() 和 stop() 方法来开始或停止它，如下所示：

```
blink.start(50)
blink.stop()
```

start() 方法指定了占空比（从 1 到 100）。在开始 PWM 信号后，程序就可以解放出来做其他的事情了。GPIO 18 会持续地发送 PWM 信号，直到停止它。

清单 24.2 显示的 script2402.py 程序，它展示了使用 PWM 来闪烁 LED 灯。

清单 24.2　script2402.py 程序代码

```
 1: #!/usr/bin/python3
 2:
 3: import RPi.GPIO as GPIO
 4: GPIO.setmode(GPIO.BCM)
 5: GPIO.setup(18, GPIO.OUT)
 6: blink = GPIO.PWM(18, 1)
 7: try:
 8:     blink.start(50)
 9:     while True:
10:         pass
11: except KeyboardInterrupt:
12:     blink.stop()
13: GPIO.cleanup()
```

这段代码在 GPIO 18 上开始发送 PWM 信号，以 1Hz 的频率发送（第 6 行），然后它开始一个无限循环并且什么都不做（使用第 10 的 pass 命令）。在一个 try 代码块中设置这个循环，以便可以捕获到 Ctrl+C 组合键盘中断以停止。

在启动这个程序后（使用 sudo），LED 应该一秒闪烁一次（因为在 PWM() 方法中设置的 1Hz 频率），直到你按 Ctrl+C 组合键。

24.4　检测 GPIO 输入

使用 GPIO 引脚来检测输入信号，比使用它们作为输出麻烦一点。以下各小节介绍了一些不同的方法来处理 GPIO 引脚上的数字输入信号。首先，需要配置在这个项目中使用的硬件。

24.4.1　配置检测输入的硬件

在这个项目中，我们将模拟一个房间和两个门铃：一个是前门，另一个是后门。当有人按其中一个门铃时，项目将告诉你是哪一个门铃响，然后它会让根据这些信息做一些很酷的事情。

以下各小节描述了如何用树莓派扩展板和 Gertboard 配置环境。

1. 配置树莓派扩展板用来输入

对于门铃，你需要两个按钮开关。可以使用所能够找到的任何开关，只要它能在按下的时候连通并且在释放的时候断开连接就可以。可以找一个电子电路板专用的微型按钮，以将其直接插入到电路板上，或者可以使用一个较大的按钮，然后使用线将它们与电子电路板连接起来。如果使用微型按钮，要注意，通常要把 4 个引脚分组到两个分离的开关对中。需要经过尝试，来确定哪一对引脚连接到你的特定开关之上。

实践练习

连接树莓派扩展板

对于这个项目，需要使用上一节创建的 GPIO 输出的电路。除此之外，只需要四个额外的硬件部分：两个按钮开关和两个 1000Ω 的电阻。当有了所有的硬件之后，按照如下的步骤操作：

1. 将每一个按钮开关的一端都连接到地线，并且使用一个 1000Ω 电阻。

2. 使用线将一个按钮的另一端连接到树莓派扩展板上的 GPIO 24 引脚（标记为 18）。

3. 使用线将另一个按钮的一端连接到树莓派扩展板上的 GPIO 25 引脚（标记为 22）。

图 24.4 所示是最终的电路的样子。

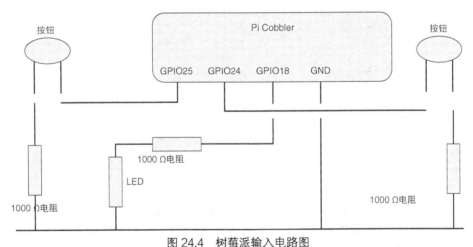

图 24.4　树莓派输入电路图

记住保持 LED 和电阻仍然插到 GPIO 18 引脚上，因为我们将在这个项目中使用它。

2. 配置 Gertboard 用来输入

对于门铃，需要使用 Gertboard 上的 3 个内建的按钮开关中的两个。

实践练习

配置 Gertboard 用来输入

要配置 Gertboard 用来输入，保持 B12 输出缓冲配置为 B12 LED，并且插入到用来测试输出的 GP18 引脚。另外，要确保在 J7 块上有 3.3V 跳线用来提供电源。然后按照下面的步骤设置开关输入。

1. 将 J2 块的 GP24 与 J3 块的 B2 用一条线连接。

2. 将 J2 块的 GP25 与 J3 块的 B1 用一条线连接。

这就可以了！配置完成了，然后就可以开始编写代码了！

24.4.2 处理输入信号

表面上看，在 RPi.GPIO 库的帮助下处理输入信号是轻而易举的工作。只要配置 GPIO 用来输入，然后使用 input() 方法读取引脚的状态，如下所示：

```
pi@raspberrypi ~ $ sudo python3
Python 3.2.3 (default, Mar 1 2013, 11:53:50)
[GCC 4.6.3] on linux2
Type "help", "copyright", "credits" or "license" for more information.
>>> import RPi.GPIO as GPIO
>>> GPIO.setmode(GPIO.BCM)
>>> GPIO.setup(24, GPIO.IN)
>>> print(GPIO.input(24))
0
>>> print(GPIO.input(24))
1
>>> print(GPIO.input(24))
0
>>>
```

在输入这段代码之后，尝试按下连接到 GPIO 24 引脚的按钮。根据按钮是否按下，将会得到 0 或 1。

但是，这个配置有一个隐藏的问题，并且你可能已经在测试中遇到了。将连接到 GPIO 24 的引脚按到底，强制它为低电平值（这应该显示为 0）。但是，当按钮没有按下时，GPIO 18 引脚没有连接到任何部件。这意味着这个引脚可以是高电平或者低电平状态，并且它甚至可能在没有做任何事情的情况下前后切换。这叫作抖动。

要避免抖动，需要设置按钮在没被按下时引脚的默认值。这就是所谓的上拉（设置默认值为高电平）或下拉（设置默认值为低电平）。有两种方法来实现上拉或者下拉：

- 硬件——连接 GPIO 18 引脚到 3.3V 引脚则上拉（使用一个 10000～50000Ω 的电阻，以限制电流），或连接到一个 GND 引脚来下拉（使用一个 1000Ω 的电阻）。

- 软件——RPi.GPIO 库提供了一个选项，用来在内部为引脚定义上拉或者下拉，在 setup() 方法中使用该选项：

```
GPIO.setup(18, GPIO.IN, pull_up_down=GPIO.PUD_UP)
```

当引脚没有直接连接到地线时，添加这一行强制 GPIO 18 引脚总是为高电平状态。

如果使用树莓派扩展板，既可以使用硬件也可以使用软件来上拉或者下拉。但是，Gertboard

不支持这个硬件特性，因此在本章中，我们将使用软件上拉的方法，然后将使用按钮开关把这个引脚连接到 GND 信号以触发低电平值。

现在，我们已经准备好开始编代码了！

24.4.3 输入轮询

监控一个开关的最基本的方法叫作轮询。这段 Python 代码以固定的时间检查 GPIO 的输入引脚的当前值。GPIO 输入引脚值发生变化，则意味着开关被按下。清单 24.3 显示了 script2403.py 程序，它展示了这种功能。

清单 24.3　script2403.py 程序代码

```
 1:  #!/usr/bin/python3
 2:
 3:  import RPi.GPIO as GPIO
 4:  import time
 5:
 6:  GPIO.setmode(GPIO.BCM)
 7:  GPIO.setup(18, GPIO.OUT)
 8:  GPIO.setup(24, GPIO.IN, pull_up_down=GPIO.PUD_UP)
 9:  GPIO.setup(25, GPIO.IN, pull_up_down=GPIO.PUD_UP)
10:  GPIO.output(18, GPIO.LOW)
11:
12:  try:
13:     while True:
14:        if (GPIO.input(24) == GPIO.LOW):
15:           print('Back door')
16:           GPIO.output(18, GPIO.HIGH)
17:        elif (GPIO.input(25) == GPIO.LOW):
18:           print('Front door')
19:           GPIO.output(18, GPIO.HIGH)
20:        else:
21:           GPIO.output(18, GPIO.LOW)
22:        time.sleep(0.1)
23:  except KeyboardInterrupt:
24:     GPIO.cleanup()
25:  print('End of test')
```

这段代码配置的 GPIO 18 用来输出（第 7 行）。然后使用 GPIO 24 和 GPIO 25 用来输入（分别代表前后门铃；第 8 行和第 9 行）。然后这段代码进入到一个循环，在每一次迭代中轮询 GPIO 24 和 GPIO 25 引脚的状态。如果 GPIO 24 引脚是低电平，代码会打印一条消息说后门铃响了并且点亮 LED。如果 GPIO 25 引脚是低电平，则代码会打印一条消息说前门铃响了并且点亮 LED。

只要使用 chmod 命令来设置运行程序的许可，然后使用 sudo 命令运行它就可以了。每次按下按钮的时候，都应该看到与按钮相关的一条消息出现在输出中。

提示：门铃邮件　　　　　　　　　　　　　　　　　　　　　　　　*TIP*
可以添加任何喜欢的代码到检测门铃的 if-then 代码块中。例如，可以使用第 20 章中的电子邮件功能，每次检测到门铃响起时，发送一封定制的电子邮件信息。

轮询是检测输入值的一种简单方法，还有一些其他的方法。下一节将介绍它们。

24.4.4 输入事件

有时候，用轮询确定一个开关是否被按下有点繁琐。我们需要在每一次迭代中手动读取输入值，然后判断值是否改变了。

大多数时候，我们并不会对输入值感兴趣，而一旦值改变了，则会非常关注它。当输入从低变为高的时候，出现上升；当输入从高变为低的时候，出现下降。

RPi.GPIO 模块中的一些不同的方法可以检测一个输入引脚上的上升和下降事件。

1. 同步事件

wait_for_edge() 方法会将程序停止，直到它在输入信号上检测到一个上升或者下降信号。如果想要程序暂停并等待这个事件，应该使用这个方法。清单 24.4 显示了 script2404.py 程序，它演示了如何使用 wait_for_edge() 方法来等待输入的改变。

清单 24.4　script2404.py 程序代码

```
1: #!/usr/bin/python3
2:
3: import RPi.GPIO as GPIO
4:
5: GPIO.setmode(GPIO.BCM)
6: GPIO.setup(24, GPIO.IN, pull_up_down=GPIO.PUD_UP)
7: GPIO.wait_for_edge(24, GPIO.FALLING)
8: print('The button was pressed')
9: GPIO.cleanup()
```

这个脚本监听 GPIO 24 信号。程序会在第 7 行暂停并且不做任何事，直到检测到一个下降的输入值（记住：给输入通道接入了高电平，因此当你按下按钮时，信号从高电平变成低电平）。当事件发生时，程序继续执行。

这种方法的缺点是一次只能等待一个事件。如果某人在等待后门铃响时按了前门铃，则将会错过这个事件。下一个方法会解决这个问题。

2. 异步事件

不一定必须停止整个程序然后等待一个事件发生。相反，可以使用异步事件。使用异步事件，可以定义多个事件让程序来监听。每一个事件指向代码中的一个方法，这个方法将在事件发生时触发。

可以使用 add_event_detect() 方法来定义这个事件和要触发的方法，如下所示：

```
GPIO.add_event_detect(channel, event, callback= method)
```

可以注册与所需的通道数一样多的事件来尽心监控。清单 24.5 中的 script2405.py 程序演示了如何使用此功能。

清单 24.5　script2405.py 程序代码

```
 1:  #!/usr/bin/python3
 2:
 3:  import RPi.GPIO as GPIO
 4:  import time
 5:
 6:  GPIO.setmode(GPIO.BCM)
 7:  GPIO.setup(18, GPIO.OUT)
 8:  GPIO.output(18, GPIO.LOW)
 9:  GPIO.setup(24, GPIO.IN, pull_up_down=GPIO.PUD_UP)
10:  GPIO.setup(25, GPIO.IN, pull_up_down=GPIO.PUD_UP)
11:
12:  def backdoor(channel):
13:      GPIO.output(18, GPIO.HIGH)
14:      print('Back door')
15:      time.sleep(0.1)
16:      GPIO.output(18, GPIO.LOW)
17:
18:  def frontdoor(channel):
19:      GPIO.output(18, GPIO.HIGH)
20:      print('Front door')
21:      time.sleep(0.1)
22:      GPIO.output(18, GPIO.LOW)
23:
24:  GPIO.add_event_detect(24, GPIO.FALLING, callback=backdoor)
25:  GPIO.add_event_detect(25, GPIO.FALLING, callback=frontdoor)
26:
27:  try:
28:      while True:
29:          pass
30:  except KeyboardInterrupt:
31:      GPIO.cleanup()
32:  print('End of program')
```

　　script2405.py 代码注册了两个事件，分别对应每一个按钮。在这个项目中，代码会进入一个循环并且在等待按钮按下时不做任何事（第 27 行～第 31 行）。可以很容易地在循环中加入其他功能，例如检查温度（参见第 20 章回顾使用 urllib 模块从网页上读取温度）。

> **提示：减少开关弹跳**　　　　　　　　　　　　　　　　　　　　*TIP*
>
> 　　你可能注意到了，在测试输入项目时，有时按钮开关会比较灵敏（例如按一次按钮会触发两次不同的接触）。这通常叫作开关弹跳。可以给输入开关添加一个电容器来减少开关弹跳。也可以使用软件控制开关弹跳：add_event_detect() 方法有一个 bouncetime 参数，可以添加一个超时时间来帮助解决开关弹跳的问题。

　　现在，我们知道了从 GPIO 接口使用输入和输出的基础知识了，应该可以创建很多应用了。我们可以混合并匹配引脚，用来输入和输出，基于这些输入输出来创建复杂的项目，以检测输入并且发送输出。

24.5 小结

本章探讨了树莓派上的 GPIO 接口。我们完成了一个项目，输出一个数字信号到 GPIO 引脚上，并且还完成一个项目以输出可以控制发动机的 PWM 信号。我们还完成了一个从 GPIO 引脚上读取输入值的项目，它允许检测按钮按下事件。可以使用这些概念来控制任何类型的电子电路，从读取温度到运行机器人。

24.6 Q&A

Q. 如何在 Gertborad 上控制模拟到数字（A/D）和数字到模拟（D/A）的转换器？

A. 可以直接连接 A/D 和 D/A 到 GPIO 引脚，然后发送输出到 GPIO 引脚，从而在 D/A 转换器中产生一个模拟电压，或者从 GPIO 引脚读取输入来检测 A/D 电压。

Q. 可以在树莓派上使用 Gertboard 上的 ATmega 微控制器吗？

A. 是的，这个流行的 Arduino 集成开发环境（IDE）包已经移植到树莓派上了，因此，可以直接从树莓派运行 Arduino 程序。

24.7 练习

24.7.1 问题

1. 应该使用 RPi.GPIO 的什么方法设置 GPIO 信号来输出？
   a. setmode(GPIO.BCM)
   b. setup(18, GPIO.OUT)
   c. outout(18)
   d. wait_for_edge(18, GPIO.FALLING)
2. 树莓派上的 GPIO 引脚号与 Broadcom 芯片上的 GPIO 信号数字一致。对还是错？
3. add_event_detect() 方法的什么参数可以用来阻止开关弹跳？
4. 树莓派 2 支持多少个数字 I/O 引脚？
   a. 26
   b. 17
   c. 40
   d. 10
5. Gertboard 包含了和流行的 Arduino 相同的控制器。对还是错？
6. 可以将 GPIO 数字引脚用于输入和输出，但是，每次只能用一个方向。对还是错？
7. 如果没有给一个输入定义上拉或下拉，那么默认地使用一个上拉信号。对还是错？
8. Gertboard 只支持使用一个硬件的上拉。对还是错？

9. 使用事件触发器允许代码做其他的事情，而不只是等待一个输入。对还是错？

10. 可以使用 PWM 输出信号来控制一个发电机的速度。对还是错？

24.7.2 答案

1. b。方法 setup（18，GPIO.OUT）语句告诉树莓派设置 GPIO 信号 18 作为输出。

2. 错误。当你编写 Python 脚本时应该小心这个问题！你应该总是使用 setmode() 函数定义你使用什么编码。

3. 使用 bouncetime 参数来对事件检测设置一个时间限制。这将帮助你减少开关弹跳问题。

4. a。树莓派 2 有 40 个引脚，但其中只有 26 个引脚能够用做数字 I/O 信号。

5. 对的。Gertboard 包含了一个 Atmel ATMega 微控制器芯片，它拥有模拟转数字和数字转模拟的功能，允许从各种读取数据。

6. 对的。必须将引脚设置为输入或输出模式。

7. 错的。输入引脚没有默认值。如果没有定义的话，引脚的默认值可能是"抖动"，即随时从一个高值变为低值。

8. 错的。Gertboard 并不支持输入端口上的硬件上拉。必须对每一个输入信号使用软件上拉。

9. 对的。可以定义一个异步的事件触发器，允许脚本处理其他的数据，并且当出现一个输入信号的时候得到通知。

10. 对的。PWM 信号变换脉冲宽度，这反过来可以控制发电机的速度。

第七部分

附录

附录 A

将 Raspbian 操作系统加载到 SD 卡上

为了要启动树莓派，需要一个正确安装了 Raspbian 操作系统的 microSD 卡。不能直接将操作系统复制到卡上。需要使用正确格式化的 microSD 卡，获取一个操作系统 ISO 文件副本，验证该文件副本没有损坏，并且使用镜像烧录软件将操作系统 ISO 文件移动到 SD 卡上。这需要时间、耐心以及几个工具。

为了使得这个过程更容易，树莓派基金会创建了 NOOBS（New Out Of Box Software），它负责完成以下的事情：

- 树莓派的初始化启动。
- 设置 microSD 卡。
- 允许选择一个操作系统。
- 安装所选择的操作系统。

获取 NOOBS 和安装树莓派的 microSD 卡的过程，在第 1 章中介绍过了。本附录介绍有关获取和准备 NOOBS 以便将 Raspbian 操作系统加载到 microSD 卡的其他过程细节。这个特殊的过程，包含了以下的基本步骤：

1. 下载 NOOBS。
2. 验证 NOOBS 的校验和。
3. 解压缩 NOOBS zip 文件。
4. 格式化 microSD 卡。
5. 将 NOOBS 复制到 microSD 卡。

本附录介绍了可能要执行这些任务的 3 种操作系统：Linux、Windows 和 OS X。每个步骤都包含了在这些系统上完成将 NOOBS 复制到 microSD 卡的细节。

提示：预安装的 NOOBS *TIP*

如果觉得下载 NOOBS 并将其放到一个 microSD 卡中的过程太复杂，别忘了，可以购买一个预安装的 SD 卡。参见 elinux.org/RPi_Easy_SD_Card_Setup 页面中的 "Safe/Easy Way" 部分获取销售这些卡的公司的一个列表。

A.1 下载 NOOBS

要获取一份 NOOBS，首先选择要使用它的计算机。在该计算机上打开 Web 浏览器，访问 raspberrypi.org/downloads/noobs。将会看到 Web 站点上有两个 NOOBS 选项，如图 A.1 所示。

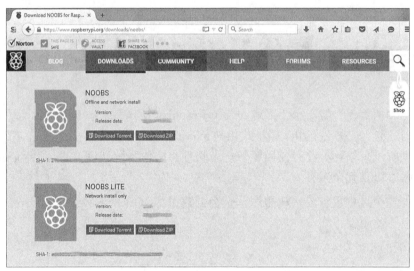

图 A.1　NOOBS 选项

> **TIP**
>
> **提示：NOOBS 相关的更多帮助**
>
> 　　树莓派基金会的 Web 站点有一个很精彩的视频，提供了关于这个过程的更多的细节。请访问 raspberrypi.org/help/noobs-setup/以浏览这个视频。

在这个 Web 站点上，有两个 NOOBS 选项：

- Offline and network install（NOOBS）。
- Network install only（NOOBS Lite）。

Network install only（NOOBS Lite）选项通常是一个更快的下载，但是，必须将树莓派连接到互联网，才能保证这个安装正常工作。Offline and networkinstall（NOOBS）则为安装过程提供了更多的灵活性。这里关注 Offline and networkinstall（NOOBS）选项。

要下载 NOOBS 的话，有两个选项。

- 下载 ZIP 文件。
- 下载 Torrent 文件。

ZIP 文件是一个单个的"包"文件，其中包含了多个文件并且进行了压缩，以便于传输。可以使用 Web 浏览器直接下载它。

Torrent 文件也叫作 Bittorrent，也是一个单个的"包"文件，并且也进行了压缩以便于传输。可以使用 Web 浏览器或者一个 Torrent 客户端应用程序来直接下载它。ZIP 文件和 Torrent 文件的不同之处在于，将其下载到计算机的方式不同。ZIP 文件是直接从单个的 Web 站点下载的，而 Torrent 文件是从多个 Web 来源下载的。实际上，每一个来源提供一个不同的 Torrent 文件"块"，通常这使得下载的时间更短。这里主要关注 NOOBS ZIP 文件选项。

> **警告：使用 Safari 浏览器下载 NOOBS**　　　　　　　　　**CAUTION**
>
> 　　Safari 将会自动解压一个下载的 ZIP 文件，并且在检查其校验和之前，就默认地丢弃掉最初的 ZIP 文件。也可以禁止这种行为，打开 Safari 浏览器并单击 Preferences，去除掉 Open "Safe" files after downloading 选项。

单击 Offline and network install（NOOBS）ZIP 选项，如图 A-1 所示，开始下载过程。下载所需的时间取决于网络连接的速度。如果看上去需要一会儿时间来下载 NOOBS ZIP 文件，继续向前并且从本附录的"格式化 MicroSD 卡"部分开始阅读。

A.2　验证 NOOBS 校验和

在 NOOBS ZIP 文件完成下载之后，应该检查文件的完整性。有时候，在下载的时候，像这样较大的文件容易损坏。通过校验和，可以检查一个文件的完整性。

校验和是一个特定的数学算法所产生的一系列的数组和字符。对一个文件运行该算法，就会产生一个唯一的校验和。如果由于某些原因修改了文件，校验和也会变化。因此，校验和是判断一个文件是否损坏的有用工具。

NOOBS ZIP 文件有一个 SHA-1 校验和列表，在 Raspberry Pi NOOBS 的 Web 站点 raspberrypi.org/downloads/noobs 上。这意味着使用了一个 SHA-1 数学算法来产生最初的校验和。

要检查文件是否损坏，必须对下载的文件使用 SHA-1 数学算法工具。一些操作系统带有 SHA-1 工具，而另一些则没有。

A.2.1　在 Linux 上检查校验和

通常，在 Linux 的发布版上，SHA-1 工具是预先安装的。打开命令行终端，并且将当前的工作目录修改为和 ZIP 文件相同的位置，通常输入 cd Downloads 并按下回车键就可以做到这一点。

输入命令 sha1sum filename.zip，其中 filename 就是 ZIP 文件的名称。如果接受到一条命令而没有发现错误消息，这意味着 Linux 系统上没有安装 SHA-1 工具。参见 Linux 发布版的文档了解如何安装它。

如果接收到一系列的数字和字符，那么，说明 SHA-1 工具在工作。将这个校验和与 NOOBS Web 站点 raspberrypi.org/download/noobs 上的校验和进行比较。

A.2.2　在 Windows 上检查校验和

通常，在 Windows 上，SHA-1 工具不是预先安装的。可以打开浏览器，并使用搜索引擎，在网上找到一个 SHA-1 工具。使用一个搜索关键字，例如 MD5 & SHA Checksum utility，可以找到并下载 MD5 & SHAChecksum 工具。通常，诸如 cnet.com 这样的站点也免费提供这样的工具。

阅读工具的在线文档，以了解如何使用这些工具的最新版本。使用这些工具来产生所下载的 NOOBS ZIP 文件的一个校验和。在生成一连串的数字和字符之后，将这个校验和与 NOOBS Web 站点 raspberrypi.org/download/noobs 上的 Offline and network install（NOOBS）校验和进行比较。

A.2.3　在 OS X 上检查校验和

通常，在 OS X 上，SHA-1 工具是预先安装的。通过单击放大镜进入到 OS X 搜索工具，并且输入 Terminal。在搜索结果中，单击 Terminal 以打开一个 Terminal 应用程序。将你的位置修改为和 ZIP 文件相同的位置，通常在终端窗口输入 cd Downloads 并按下回车键就可以做到这一点。

在提示符后，输入 openssl sha1 filename.zip，其中 filename 就是 ZIP 文件的名称。

如果接收到一连串的数字和字符，SHA-1 工具开始工作了。将这个校验和与 NOOBS Web 站点 raspberrypi.org/download/noobs 上的 Offline and network install（NOOBS）校验和进行比较。

> **TIP** | **提示：校验和不一致**
>
> 如果由于某些原因，NOOBS ZIP 文件的校验和与树莓派网站上的校验和不一致，ZIP 文件在下载的时候损坏了。不能使用这个损坏的文件。因此，需要再次下载。如果互联网连接较慢，最好确保下载是唯一需要互联网的活动，以避免文件损坏。

A.3　解压缩 NOOBS ZIP 文件

在下载了 NOOBS ZIP 文件并检查了其校验和之后，需要解压缩这个 ZIP 文件。ZIP 文件是一个单独的压缩文件，其中包含了多个文件。必须将其解压缩，从中得到的各种文件才能够复制到 microSD 卡中。

通常，这是一个简单的操作。然而，根据所使用的操作系统的不同，这个过程略有不同。

A.3.1　在 Linux 上解压缩一个 ZIP 文件

通常，在一个 Linux 发布版本上，ZIP 工具是预先安装的。打开一个命令行终端。如果在检查 ZIP 文件的校验和的时候仍然有一个命令行终端窗口是打开的，那么，只需要输入 ls 来看看该 ZIP 文件是否在当前的目录中。如果这个 ZIP 文件没有在当前目录中，或者之前没有打开过命令行终端窗口，那么，通过输入 cd Downloads 并按下回车键，将当前的工作目录修改为和 ZIP 文件相同的位置。

输入 unzip filename.zip 命令，其中 filename 就是 ZIP 文件的名称。如果接收到一条命令而没有发现错误消息，这意味着 Linux 系统上没有安装 SHA-1 工具。参见 Linux 发布版的文档了解如何安装它。

如果没有接收到一条错误消息，那么，ZIP 工具已经在工作了。可以通过输入 ls 命令并按下回车键来仔细检查解压的文件。应该会看到压缩文件所创建的一个目录。输入 cd directory_name 并按下回车键，其中，directory_name 就是压缩文件所创建的目录。此时，输入 ls 并按下回车键，看看该目录的内容。

A.3.2 在 Windows 上解压缩一个 ZIP 文件

在 Windows 上，ZIP 工具通常是预先安装的。打开 Windows Explorer 并找到下载的 ZIP 文件的位置，这通常是 Downloads。用鼠标右键单击文件并从下拉菜单中选择 Extract All。

这将会创建和最初的 ZIP 文件具有相同名称的一个目录。使用 Windows Explorer 找到该目录，看看从 ZIP 文件解压的各种文件。

A.3.3 在 OS X 上解压缩一个 ZIP 文件

在 OS X 上，ZIP 工具通常是预先安装的。打开 Finder 工具找到下载的 ZIP 文件的目录，这通常是 Downloads。用鼠标右键单击文件并从下拉菜单中选择 Open With 选项，然后从子菜单中选择 Archive Utility 选项。

这将会创建和最初的 ZIP 文件具有相同名称的一个目录。使用 Finder 找到该目录，看看从 ZIP 文件解压的各种文件。

A.4 格式化 MicroSD 卡

如果前面已经使用过 microSD 卡，在将 NOOBS 文件和目录移动到其中之前，需要完全格式化它并且将 microSD 卡刷回到出厂状态。如果之前没有用过这个 microSD 卡，将 NOOBS 文件和目录移动到其中是没有问题的。然而，格式化 microSD 卡通常是一个好主意。

根据所使用的操作系统的不同，格式化 microSD 卡的过程会有所不同。确保阅读下面适合于你的操作系统的小节。

> **提示：没有 MicroSD 卡读卡器** **TIP**
>
> 如果你的机器只有一个 SD 卡读卡器而没有一个 MicroSD 卡读卡器，可能需要将 MicroSD 卡插入到一个 SD 卡转换器中，然后再加载它。如果连一个 SD 卡读卡器都没有，可以找一个用于 SD 卡的 USB 驱动适配器。

A.4.1 在 Linux 上格式化一个 MicroSD 卡

通常，在 Linux 发布版本上，有几种工具可以用来格式化一个 microSD 卡。在 GUI 中，这些工具的名称通常类似于 DiskPartitioner 或 Parted。参见 Linux 发布版的文档来了解如何使用这些 GUI 工具来格式化一个 microSD 卡。如果熟悉如何使用一个分区工具，那么，对于使用这些 GUI 工具来说会更好。

GNOME Partition Editor 也是一款流行的 GUI 工具，可以在众多的操作系统上使用。参见 gparted.org 了解更多信息。

对于那些想要使用 Linux 命令行的人，有 3 种工具通常可以使用：fdisk、gdisk 和 parted。这里关注 fdisk。

TIP | **提示：超级用户权限**

　　本小节中的命令需要超级用户权限。根据 Linux 发布版的配置，对于每一条命令，均需要作为根用户来登录，或者在命令之前输入 sudo。

在加载 microSD 卡的时候，打开命令行终端，输入 mount，然后按下回车键。这将会显示当前加载的分区、可视化的文件系统以及 USB 驱动器等。

可以使用输出信息来帮助确定 microSD 卡的设备文件名。在 Linux 机器中加载 microSD 卡，并且等待几分钟。输入 mount 并按下回车键。如果 Linux 发布版自动地加载卡，设备文件名现在将会出现在其输出中。将这里的输出和前面发布的 mount 命令的输出进行比较。

NOTE | **技巧：SD 卡设备文件名**

　　整个 microSD 卡设备文件名通常是/dev/mmcblkn，而 n 从 0 开始，并会增加数字编号。microSD 卡设备文件分区名称通常是/dev/mmcblknpN，而 N 从 1 开始并且根据需要增加数字编号。因此，microSD 卡可能有一个设备名，如/dev/mmcblk0p1 或/dev/mmcblk。

如果确定了 microSD 卡的设备文件名并且它自动加载了，那么，现在输入 umountDevice FileName 并按下回车键来卸载它，而 DeviceFileName 就是以/dev 开头的设备文件名。

如果由于 microSD 卡没有自动加载而不能够确定它的设备文件名，输入 fdisk–l 并按下回车键。看是否能够在这个工具的输出中找到设备文件名。如果不能，尝试使用一个 Linux GUI 工具来格式化 microSD 卡。

在有了设备文件名之后，输入 fdiskDeviceFileName 并按下回车键，其中 DeviceFileName 就是以/dev 开头的设备文件名。这将把你带入到一个工具，以便对 microSD 卡进行分区。

按照如下的步骤，完成卡上的分区创建和格式化：

1. 输入 n 并按下回车键，以在卡上创建一个新的分区。

2. 输入 p 并按下回车键，以便将该分区设置为主分区。

3. 输入 1 并按下回车键，将分区编号设置为 1。

4. 两次按下回车键，以获得分区默认的开始点和结束点。

NOTE | **技巧：犯了错误**

　　如果在这个过程中的某处犯了错误，总是可以回过头去并且再次回到 fdisk 和 mkfs 工具。此外，可以在主提示符中输入 q 并按下回车键，从而退出 fdisk。

5．输入 t 并按下回车键，以设置分区类型。

6．输入 1 并按下回车键，以选择分区 1。

7．输入 b 并按下回车键，以便使用一个十六机制代码来表示一个 FAT32 的分区类型。

8．输入 w 来写出信息，并退出 fdisk 工具。

9．输入 mkfs -t vfatDeviceFileName 并按下回车键，其中 DeviceFileName 是设备文件名，以/dev 开头。

在完成了这个过程之后，microSD 卡应该已经准备好了。现在，继续前进将 NOOBS 文件复制到卡中。

A.4.2　在 Windows 上格式化一个 MicroSD 卡

对于 Windows 来说，有很多工具可以用来格式化 MicroSD 卡。然而，推荐从 SD Association 下载 SD Card Formatter 工具并使用它。下载 SD Card Formatter 的 SD Association Web 站点是 sdcard.org/downloads。

在下载并安装了 SD Card Formatter 工具之后，按照如下的步骤来完成卡上的分区创建和格式化：

1．将 microSD 卡加载到计算机中，并且等待一到两分钟。

2．启动 SD Card Formatter 工具。根据工具安装选项的不同，该工具可能位于桌面或者位于菜单系统中。不必使用系统管理员的权限来运行它。图 A.2 展示了在一个 Windows 系统上运行的 SD Card Formatter 工具。

3．在 SD Card Formatter 工具窗口中，单击 Drive 按钮以选择当前 microSD 卡所位于的驱动器。

4．单击 Option 按钮以打开 Option Settings 窗口，以选择 SD Card Formatter 选项。

5．对于 Format 选项，选择 Full（erase），并单击"OK"按钮。这将会关闭 Option Settings 窗口，并且返回到 SD Card Formatter 工具窗口。

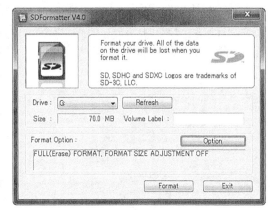

图 A.2　在 Windows 上运行的
SD Card Formatter 工具

6．单击 Format 来启动 microSD 卡的格式化。根据卡的大小的不同，这将会花费几分钟时间。

完成这个过程之后，microSD 卡应该已经准备好了。现在可以将 NOOBS 文件复制到卡中了。

A.4.3　在 OS X 上格式化一个 microSD 卡

对于 OS X，有很多的工具可用来格式化 microSD 卡。然而，推荐从 SD Association 下载 SD Card Formatter 工具并使用它。下载 SD Card Formatter 的 SD Association Web 站点是

sdcard.org/downloads。

在下载并安装了 SD Card Formatter 工具之后，按照如下的步骤来完成卡上的分区创建和格式化：

1. 将 microSD 卡加载到计算机中，并且等待一到两分钟。

2. 启动 SD Card Formatter 工具。该工具位于启动面板上。

3. 在 SD Card Formatter 工具窗口中，从 Select Card 部分中选择 microSD 卡。通常，SD 卡选项会包含类似 Apple SDXC Reader Media 的字样。

4. 在 Select Format Option 部分，选择 Overwrite 格式。

5. 在 Specify Name of Card 部分，为卡输入一个名字，例如 NOOBS。

6. 单击 Format 来启动 microSD 卡的格式化。根据卡的大小的不同，这将会花费几分钟时间。

完成这个过程之后，microSD 卡应该已经准备好了。现在可以将 NOOBS 文件复制到卡中了。

A.5 将 NOOBS 复制到一个 MicroSD 卡中

使用 NOOBS 的一项不错的功能是，不需要使用一个镜像写入程序。只需要将文件复制到新的格式化后的 microSD 卡中就可以了。直接使用 OS 的 GUI 来复制解压缩的 ZIP 文件。

确保将该目录中的所有文件和文件夹都复制，这个文件夹和最初的 ZIP 文件具有相同的名称。不要复制该目录。

附录 B

树莓派型号一览

现在可以购买不同的树莓派型号了。在树莓派基金会选择的销售商处，可以找到当前的型号。参见第 1 章了解具体细节。此外，可以在二手市场上找到以前的型号。

本附录提供了当前型号和旧型号之间的一个对比。尽管这些型号是类似的，但你可能想要看看它们的不同功能，并且选择对你以及想要开发的项目最合适的型号。

B.1 树莓派 2 B 型号

这个 Python 教程主要关注树莓派 2 B 型号。然而，当前和之前的任何型号，都能够用来学习 Python 编程语言。

树莓派 2 B 型号对于通用编程、教育以及需要比树莓派 1 B+ 型号更高的计算能力的项目来说，是很不错的选择。此外，对于树莓派的物理大小和电力需求不是问题的应用程序来说，这个型号工作得很好（如果物理大小或电力需求是个问题，那么树莓派 1 的 A+ 型号可能更适合该应用程序）。

图 B.1 展示了树莓派 2 B 型号，表 B.1 列出了其各项功能。

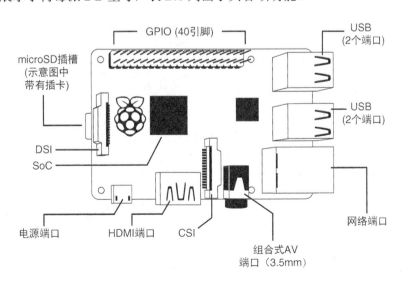

图 B.1　树莓派 2 的 B 型号示意图

表 B.1 树莓派 2 B 型号的功能

项　　目	说　　明
CPU	900MHz 4 核 ARMv7
RAM	1GB
GPIO	40 个引脚
USB 端口	4 个端口
网络端口	RJ-45 端口
HDMI 端口	1 个输出端口
组合式 AV 端口	1 个 3.5mm 端口
SD 卡插槽	1 个推入式 microSD
CSI	1 个 15 针 MIPI 连接器
DSI	1 个 15 针显示连接器
电源频率	800mA
规格大小	86mm × 56mm

B.2　树莓派 1 B+型号

树莓派 1 B+型号在通用计算和教育领域也很流行。对于树莓派的物理大小和电力需求不是问题的应用程序来说，这个型号工作得很好（如果物理大小或电力需求是个问题，那么树莓派 1 A+型可能更适合该应用程序）。树莓派 1 B+型号和图 B.1 所示的相同。表 B.2 列出其各种功能。

表 B.2 树莓派 1 B+型号的功能

项　　目	说　　明
CPU	700MHz 单核 ARMv6
RAM	512MB
GPIO	40 个引脚
USB 端口	4 个端口
网络端口	RJ-45 端口
HDMI 端口	1 个输出端口
组合式 AV 端口	1 个 3.5mm 端口
SD 卡插槽	1 个推入式 microSD
CSI	1 个 15 针 MIPI 连接器
DSI	1 个 15 针显示连接器
电源频率	600mA
规格大小	86mm × 56mm

B.3　树莓派 1 A+型号

树莓派 1 A+型号对于那些需要较低的电力消耗或者（以及）较小的计算机大小的应用程

序来说，是非常不错的。这个型号是嵌入式计算应用程序所追求的型号。

图 B.2 给出了树莓派 1 A+型号的示意图，表 B.3 列出了其各种功能。

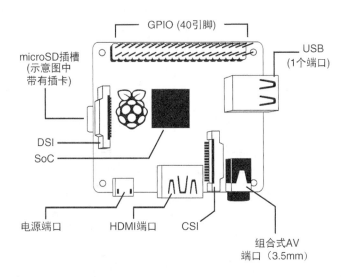

图 B.2 树莓派 1 A+型的示意图

表 B.3 树莓派 1 A+型功能

项 目	说 明
CPU	700MHz 单核 ARMv6
RAM	512MB
GPIO	40 个引脚
USB 端口	1 个端口
网络端口	无端口
HDMI 端口	1 个输出端口
组合式 AV 端口	1 个 3.5mm 端口
SD 卡插槽	1 个推入式 microSD
CSI	1 个 15 针 MIPI 连接器
DSI	1 个 15 针显示连接器
电源频率	200mA
规格大小	65mm × 56.5mm

B.4 较早的树莓派型号

较早的树莓派型号仍然是有用的计算机，在二手市场上可以找到。它们包括树莓派 1 A 型号和树莓派 1 B 型号。这两个计算机最初的名字都叫作树莓派 A 型号和树莓派 B 型号。当新的树莓派型号推出以后，它们都改名字了。

一般来讲，这些旧的型号带有较少的 GPIO 引脚，较少的 USB 端口，更高的电源需求，更大的尺寸。具体细节参见表 B.4 和表 B.5。

表 B.4 树莓派 1 A 型号的功能

项 目	说 明
CPU	700MHz 单核 ARMv6
RAM	512MB
GPIO	26 个引脚
USB 端口	1 个端口
网络端口	无端口
HDMI 端口	1 个输出端口
组合式视频端口	1 个复合视频端口
音频输出端口	1 个 3.5mm 音频端口
SD 卡插槽	1 个推入式 microSD
CSI	1 个 15 针 MIPI 连接器
DSI	1 个 15 针显示连接器
电源频率	300mA
规格大小	86.6mm × 56.5mm

表 B.5 树莓派 1 B 型号的功能

项 目	说 明
CPU	700MHz 单核 ARMv6
RAM	512MB
GPIO	26 个引脚
USB 端口	2 个端口
网络端口	1 个 RJ45 端口
HDMI 端口	1 个输出端口
组合式视频端口	1 个复合视频端口
音频输出端口	1 个 3.5mm 音频端口
SD 卡插槽	1 个密封式 SD 插槽
CSI	1 个 15 针 MIPI 连接器
DSI	1 个 15 针显示连接器
电源频率	700mA
规格大小	86.6mm × 56.5mm